"十三五"普通高等教育本科规划教材

无机非金属材料工艺学

何秀兰　主　编

吴　泽　柳军旺　副主编

化学工业出版社

·北京·

本书主要包括玻璃工艺学、水泥工艺学及陶瓷工艺学三部分内容。本书共25章，详细介绍了上述三种材料的成分、性能及制备工艺，并阐述了无机非金属材料的基本概念、基本理论及其共性规律，扼要介绍了近年来工艺新进展。

本书既可作为高等院校无机非金属材料工程专业本科生教材，也可作为其他材料学科的选修课教材或本行业工程技术人员的参考书。

图书在版编目（CIP）数据

无机非金属材料工艺学/何秀兰主编. —北京：化学工业出版社，2016.4（2024.2重印）

"十三五"普通高等教育本科规划教材

ISBN 978-7-122-26399-5

Ⅰ.①无…　Ⅱ.①何…　Ⅲ.①无机非金属材料-材料-工艺-工艺学-高等学校-教材　Ⅳ.①TB321

中国版本图书馆 CIP 数据核字（2016）第 040496 号

责任编辑：王　婧　杨　菁　　　　　　　　文字编辑：王　琪
责任校对：王素芹　　　　　　　　　　　　装帧设计：关　飞

出版发行：化学工业出版社（北京市东城区青年湖南街 13 号　邮政编码 100011）
印　　装：北京虎彩文化传播有限公司
787mm×1092mm　1/16　印张 17¾　字数 456 千字　2024 年 2 月北京第 1 版第 8 次印刷

购书咨询：010-64518888　　　　　　　售后服务：010-64518899
网　　址：http://www.cip.com.cn
凡购买本书，如有缺损质量问题，本社销售中心负责调换。

定　　价：49.00 元

前　言

随着科学技术的突飞猛进，材料学科也在飞速发展，其专业内涵不断丰富。无机非金属材料原料丰富、成本低廉、产品应用范围广，在各行各业具有广泛的应用前景。无机非金属材料种类繁多，本教材基于编者多年的教学经验，并参考了国内外较新的同类教材，选择目前应用最多、发展较快的玻璃、水泥及陶瓷材料等为主要编写内容。本教材不仅介绍了这些材料的组成、结构、特性和性能之间的关系，还详细介绍了如何通过工艺调整这种关系的方法及这些材料在品种和工艺方面的最新发展。本教材在编写过程中注意到以下几个方面。

1. 根据科学技术发展的最新动态，注重优化课程体系，以加强专业基础、更新专业知识为基本原则。

2. 强调材料组成、结构、工艺及使用效能之间的关系。

3. 坚持体现教材内容适中的深度及广度，适用性强。

4. 教材内容新颖，注重介绍当代科学技术的新知识、新技术、新理论及新工艺。

5. 教材内容丰富、重点突出、深入浅出，可以满足教学要求。

全书由哈尔滨理工大学材料科学与工程学院何秀兰和柳军旺统稿，内容取舍及章节编排由吴泽负责。第 1 篇由何秀兰负责；第 2 篇由柳军旺负责；第 3 篇由吴泽负责。本书由哈尔滨理工大学材料科学与工程学院的郭英奎审稿，并提出许多宝贵意见。哈尔滨理工大学材料科学与工程学院的董丽敏与单连伟参与了本书的图表制作及文字校对等工作，在此一并表示诚挚感谢。

由于教材内容广泛，水平所限，尽管加倍努力，但不足之处在所难免，恳请同行和读者批评指正。

编　者

2015 年 12 月于哈尔滨

目 录

第1篇　玻璃工艺学 / 1

第2篇　水泥工艺学 / 101

第3篇 陶瓷工艺学 / 179

第1篇

玻璃工艺学

1.1 引 言

1.1.1 玻璃的特性

玻璃具有良好的光学性能、电学性能及较好的化学稳定性，质硬而透明，可以制成各种形状的玻璃制品，通过调整玻璃的组成可使玻璃获得各种所需的性能，满足各种需要。制备玻璃的原料容易获得，价格低廉，因此玻璃制品在建筑、交通、化工、航天等领域应用极其广泛。

玻璃的透明性是其他材料无法比拟的，玻璃对光的反射、折射及透过性能使它具有独特的光学性能。玻璃具有良好的化学稳定性，其优良的耐水、耐酸性能超过不锈钢材料，常应用于医疗、化工及化学仪器。玻璃的抗碱性能稍差，但仍强于普通的金属材料。玻璃的硬度也较高，某些经过特殊处理的玻璃制品莫氏硬度最高可达9。玻璃在光、电及磁性能方面特别优异，各种光学仪器，像显微、照相及望远等使用的透镜，都是利用玻璃的优良光学性能。在现代通信传输技术中起重要作用的光纤电缆，也是氟化物玻璃材料。制备玻璃制品的原料来源丰富，容易获得，应用广泛。玻璃制造的主要原料是石英砂、长石、方解石、白云石和纯碱等容易获得的原料。矿物原料占总量的2/3，纯碱也用量较多。玻璃熔制过程的能耗量比金属低得多。成型过程是热成型，方便而快速。如平板玻璃的浮法成型工艺是玻璃液体漂浮在金属锡液上，经摊平、拉薄、硬化而形成的。玻璃材料的价格低，比有机材料也低得多。因此，玻璃得到广泛的应用，已成为仅次于砖、水泥、钢材的第四大建筑材料。

玻璃材料性能也有不足方面，其弹性差，易破碎，不易加工等，但随着技术进步是可以改进提高的。如玻璃的热淬火增强、浮法成型、夹层复合、改性等，有效克服了玻璃性能的不足，使其性能获得较大的改善。

1.1.2 玻璃的发展简史

玻璃有五千年以上的历史，最早的是古埃及制造者用泥罐进行熔融、压制成饰物或器皿。玻璃在中国有三千年左右的历史，在西周时期就有玻璃饰物出现。公元1世纪初，古罗马人用铁管将玻璃液吹成玻璃制品。11～15世纪，崛起的威尼斯是玻璃的制造中心，当时玻璃的价格比黄金还要昂贵。16世纪后，开始有玻璃工匠分散到欧洲各地，欧洲开始生产玻璃。1790年，瑞士钟表匠用搅拌工艺制成光学玻璃原板。17世纪，玻璃工艺发展迅速，已经开始用铸造法生产玻璃镜和平板玻璃。1828年，法国的罗宾发明了第一台吹制玻璃瓶的机器。20世纪50年代末，英国人皮尔金顿开始倡导浮法生产工艺。

1.1.3 玻璃的种类及其应用

玻璃制品种类繁多，在各行各业均具有广泛应用，以下做简单介绍。

1.1.3.1 玻璃容器

玻璃瓶罐是应用最广的玻璃品种，用作各种酒类饮料、罐头食品、化学药品等包装瓶罐。保温容器是玻璃双层真空保温容器，利用玻璃不透气的高真空，阻隔热传导，保温冷藏。药用玻璃为注射药物包装玻璃，是化学稳定性好的硼硅玻璃。玻璃仪器为化学实验仪器，利用玻璃优良的化学稳定性，如硼硅或高硼硅玻璃，用作滴管、试剂瓶、烧瓶、烧杯等。

1.1.3.2 建筑材料

用作建筑材料的玻璃具有采光、挡风、隔热及隔声等功能。其主要包括平板玻璃、压花玻璃、夹丝玻璃、槽形玻璃、强化加工玻璃（钢化、夹层、中空）等品种。可以通过浮法成型、平拉成型、引上成型及压延成型等方法成型。建筑玻璃颜色多，且性能优良。玻璃原板经过特殊处理以后，可以具有各种优良性能。如经过淬火钢化、热弯夹层等工艺加工，可使其力学性能提高2～3倍。

1.1.3.3 功能材料

作为功能材料，玻璃具有隔热、隔声、调光、导电及防护等特殊功能。普通玻璃经过技术加工处理，如镀膜、钢化、夹层、真空、彩印、雕刻及蚀刻等，即可获得特殊功能。钢化玻璃破碎后为钝角的小颗粒，不会严重伤人。汽车、船舶、家具及高层建筑窗户等所用玻璃都是钢化玻璃。夹层玻璃破碎后不掉块，由中间的胶片互相粘连着。夹层玻璃是安全防弹玻璃，由多层玻璃和PVB胶片复合、真空排气、加热加压复合养护而制成，主要用于汽车、飞机、船舶挡风玻璃、公共建筑隔离和屋顶采光等。技术加工玻璃有单一措施，也有复合措施，采用复合技术措施加工的玻璃性能更加优良。镀膜、钢化、夹层和中空，可单一，也可复合。火车窗玻璃是钢化中空、钢化夹层玻璃，建筑门窗玻璃是钢化中空玻璃、镀膜钢化中空玻璃，屋顶采光玻璃是钢化夹层玻璃。

1.1.3.4 光学玻璃

利用玻璃对光的折射、反射、吸收和透过性能，制备各种光学玻璃仪器镜头。一般为钡硅玻璃，以不同的玻璃密度来达到对光的不同折射率，利用玻璃对光的选择性吸收和透过，制成各种颜色的滤色镜片，作为装饰和信号指示使用。镜头玻璃用于照相、显微、望远、投影玻璃镜头，对光学性能要求很高，高折射、低色散，温度系数要低，要保证光学性能的一致性。激光玻璃要求单色性好，对光有受激辐射性能，激光玻璃制备容易，比人工晶体成本要低得多，单色性和耐热性好。建筑彩饰灯光玻璃用于气体放电灯，氢、氖、氩、氮、氙等惰性气体电离激发彩色光，也要求外玻璃壳和罩透光性好。红外透过玻璃的用途广泛，跟踪和夜视都是利用红外线，隐蔽全天候工作。红外透过玻璃是石英玻璃和硫化物玻璃。紫外透过玻璃的用途是杀菌、诱虫及防伪验钞。紫外透过玻璃是石英玻璃和磷酸盐玻璃。石英玻璃透紫外线性能200～380nm透过率在60%以上。

1.1.3.5 其他种类玻璃

微晶玻璃通常被认为是非晶态物质，通过微晶化处理后，其性能大为提高。常见的锂-

铝-硅微晶玻璃，热膨胀系数可控制为零。微晶玻璃强度高，热膨胀小，可以用于潜艇和飞行器的视窗。微珠玻璃是高密度、高反射率、细小的玻璃微珠，直径为 $50\sim80\mu m$，掺在涂料里，制成高反射率标牌，用于交通道路标牌、广告标牌，灯光照射明亮清晰。荧光玻璃微珠在光照以后可以保持长时间的余辉，对道路交通安全极为有利。搪瓷玻璃是低熔点乳浊硼硅玻璃，不透明、高反射，涂覆烧结在金属坯体上，耐腐蚀，是金属和无机材料的复合。常制成搪瓷制品、工业反应罐及工艺品景泰蓝色釉等。

总之，玻璃制品的各种优越性能使其在各行各业的应用极其广泛，通过各种工艺方式可获得具有优异性能的玻璃制品。

1.2　玻璃的结构特征

玻璃的化学组成与结构对其物理化学性质有着重要的影响，通过掌握玻璃的结构特征、组成与性能之间的内在联系，可以改变玻璃成分或利用某些方法即获得具有特殊性能的玻璃制品。

1.2.1　玻璃态的通性

1.2.1.1　晶态与非晶态

自然界的固体物质存在着非晶态与晶态两种状态。所谓晶态是指其原子或离子在三维空间中呈现有规律的周期性排列。而非晶态是指以不同方法获得的以结构无序为主要特征的固体物质状态，原子或离子排列无规律与周期性。

一般情况下，可以通过 X 射线衍射方法来区别晶态物质与非晶态物质。晶态物质在满足布拉格条件时，在衍射角方向会产生强烈的衍射，可得到尖锐的衍射峰。非晶态物质由于原子混乱排列无规律性，无特定间距的晶面存在，因此没有尖锐的衍射峰出现，实际上其原子间距分布在一定尺寸的区间，会有宽化平坦的衍射峰存在。通过透射电镜也可以区别晶态物质与非晶态物质。晶态物质样品的明暗衬度会发生明显变化，其电子衍射花样为规则排列的若干斑点，如图 1-2-1 所示。非晶态物质原子排列无规律，入射电子束几乎不发生衍射，几乎全部透过物质，因此明场成像时，无论怎样倾转样品，非晶区总是亮的，无衬度变化。其衍射花样只是一个漫散的中心斑点，如图 1-2-2 所示。

图 1-2-1　晶体的电子衍射图　　　　图 1-2-2　非晶体的电子衍射图

1.2.1.2　玻璃态物质的主要特征

玻璃态为非晶态的一种，定义为"从熔体冷却，在室温下还保持熔体结构的固体物质状态"，习惯上称为"过冷的液体"，其原子近似于液体一样具有短程有序排列，可以像固体一样能保持一定的外形，但不能像液体一样在重力作用下流动。

玻璃态物质的主要特征表现为如下几个方面。

（1）介稳性

熔体急剧冷却转化为玻璃时，在冷却过程中，黏度急剧增大，质点来不及形成晶体的有规则排列，系统内能未处于最低值，未释放出结晶潜热（凝固热），所以玻璃态物质比相应的结晶态物质具有较大的能量。按热力学观点，玻璃处于亚稳状态，在一定的外界条件下，仍具有自发放热转化为内能较低的晶体的倾向。但实际上，玻璃的常温黏度很大，动力学上是稳定的，因此玻璃不会自发转化成晶体。在合适的条件下，克服析晶活化能（物质由玻璃态转化为晶态的势垒），玻璃才能析晶。

熔体析晶及转变为玻璃的内能变化示意图如图 1-2-3 所示。

（2）性质变化的连续性和可逆性

玻璃的成分在一定范围内可以连续变化，玻璃的性质也随成分发生连续和逐渐的变化。在玻璃的软化温度和玻璃化温度之间，从熔融态到固体状态，其物理化学性质产生逐渐和连续的变化，并且是可逆的，在这一区域内性质有特殊变化。

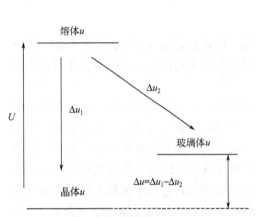

图 1-2-3　熔体析晶及转变为玻璃的内能变化示意图

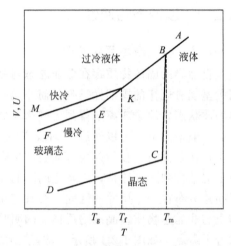

图 1-2-4　物质的内能和体积随温度的变化示意图

图 1-2-4 为物质的内能和体积随温度的变化示意图。

从图 1-2-4 可以看出，对于晶态物质来说（沿 $ABCD$ 变化），从熔融态（液体）到固态过程中，内能与体积在熔点（T_m）发生突变。而冷却形成玻璃时（沿 $ABKFE$ 变化），其内能与体积却是发生连续和逐渐的变化。在 T_m 附近不发生结晶，形成过冷液体，温度继续下降，过冷液体黏度增大，原子间的相对运动变得困难，但温度降到某一临界值以下时，变成了固体，此临界温度称为玻璃化温度（T_g）。T_f 为玻璃的软化温度，KF 区域一般称为转变区或反常区，一般以 $T_g \sim T_f$ 温度区表示，对氧化物玻璃而言，相应于这两个温度的黏度约为 $10^{12} Pa \cdot s$ 和 $10^{10.5} Pa \cdot s$。

玻璃化温度（T_g）相当于（$1/2 \sim 2/3$）T_m，与冷却速度有关，是随冷却速度变化而变化的一个温度范围。

（3）无固定熔点

玻璃态物质与结晶态物质不同，由固体转变成液体是在一定温度区间内进行的，低于此玻璃化温度范围，体系呈现如固体的行为，称为玻璃体，高于此温度范围为熔体，因此玻璃无固定的熔点，只有熔体和玻璃体之间可逆转变的温度范围。在此温度范围内，玻璃液会由黏性体经黏塑性体、黏弹性体逐渐转变成弹性体，这种渐变的性质正是玻璃具有良好加工性能的基础。

（4）各向同性

玻璃态物质的质点呈无规则排列，是统计均匀的，整体表现为近程有序、远程无序。当不存在内应力时，其物理化学性质，如折射率、硬度、热膨胀系数、电导率等在各个方向都是相同的，而非等轴结晶态物质在不同方向上性质不同，表现为各向异性。当玻璃的结构中存在内应力时，其均匀性被破坏，玻璃会显示出各向异性，比如产生双折射现象。另外，由于玻璃表面与内部结构的差异也会造成性质不同。

1.2.2 玻璃的结构与组成

1.2.2.1 玻璃结构

玻璃结构是指玻璃的离子或原子等构造单元在空间的几何配置以及他们在玻璃中形成的结构形成体。了解玻璃的内部结构，有利于确定各种玻璃制品的配方，指导玻璃制品的生产实践。

1.2.2.2 玻璃结构的假说

近代的假说包括晶子学说、无规则网络学说、五角形对称学说、高分子学说、凝胶学说等。前两者为主要的玻璃结构假说。

（1）晶子学说

兰德尔（Randel）于 1930 年提出了晶子学说，认为玻璃的 XRD 呈现宽阔的衍射峰，其中心位置与玻璃材料相对应的晶体衍射图中峰值位置相对应，因此认为玻璃是由一些被称为"晶子"的微晶子组成的。"晶子"分散在无定形的介质当中，二者之间无明显的界限。1921年列别捷夫在进行玻璃的退火研究中，发现玻璃的折射率会随温度变化而变化，且在 573℃出现突然变化，他认为这是玻璃的石英"微晶"发生了晶型转变。

晶子学说揭示了玻璃中存在有规则排列区域，对玻璃的分相、晶化等本质的理解很重要，强调了玻璃结构的近程有序。但机械地认为有序区域为微小晶体，未指出相互之间的联系，理解初级、不完善。

（2）无规则网络学说

查哈里阿森（Zachariasen）于 1932 年提出了无规则网络学说，该学说认为一些共价-离子键的化合物，如硅酸盐、石英等玻璃，是由缺乏对称性、周期性的三维网络或阵列组成的，其中的结构单元不做周期性排列。瓦伦（Warren）等的 X 射线检测结果也与该观点相符。图 1-2-5 为无规则网络学说的玻璃结构示意图。

随后，孙光汉等根据结构化学的观点，按各种氧化物在玻璃结构中所起的不同作用，将其区分为网络形成体、网络修饰体及中间体。

网络形成体的每个氧离子应与不超过两个阳离子相连；中心阳离子周围的 O 离子配位数小于 4；每个多面体至少有三个顶角是共用的；氧多面体相互共角。如 SiO_2、B_2O_3、P_2O_5、V_2O_5 等。

网络修饰体是指其阳离子分布在四面体之间的空隙中，保持网络中局部地区的电中性，

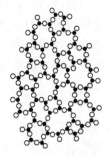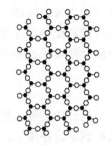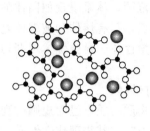

(a) 石英玻璃结构模型　　　(b) 石英晶体结构模型　　　(c) 钠钙硅玻璃结构模型

图 1-2-5　无规则网络学说的玻璃结构示意图

主要提供氧离子。如碱金属或碱土金属。

中间体是指比碱金属或碱土金属化合价高而配位数小的阳离子，可部分地参加网络结构。如 Al_2O_3、ZrO_2 和 BeO 等。

无规则网络学说指出了玻璃的连续性、统计均匀性及无序性，可解释其各向同性、内部性质均匀性和成分改变时玻璃性质变化的连续性，长时间内该理论占主导地位。

晶子学说在微观上强调玻璃的有序性、不均匀性及不连续性，而无规则网络学说则在宏观上强调玻璃中多面体排列的连续性、均匀性与无序性。二者分别反映了玻璃结构矛盾的两个方面。有关于玻璃结构的探索还有待于进一步深入研究。

1.2.2.3　典型玻璃结构

（1）石英玻璃

石英（SiO_2）玻璃结构呈无序、均匀、连续状态。键角分配为 $120°\sim180°$，硅氧四面体之间的旋转角度完全是无序分布的，并以顶角相连，形成一种向三维空间发展的架状结构，

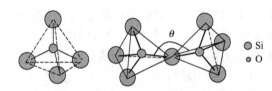

图 1-2-6　Si—O 键及硅氧四面体的结构示意图

内部存在许多孔隙。Si—O 键及硅氧四面体的结构示意图如图 1-2-6 所示。石英玻璃黏度高，热膨胀系数小，化学稳定性高，具有较好的透紫外线、红外线性能，应用范围广泛。

（2）B_2O_3 玻璃

B_2O_3 玻璃由硼氧三角体 ［BO_3］ 形成，B—O 键是极性共价键。低温时，其结构为硼氧三元环及硼氧三角体形成的向二维空间发展的网络，为层状结构。温度升高时，转变为链状结构，由两个三角体在两个顶角上相连形成结构单元。当升到更高温度时，每对三角体共用三个氧形成双锥体，并通过氧原子的两个未耦合的电子和硼接受体互相作用结合成断链。B_2O_3 玻璃的化学稳定性差，热膨胀系数大，软化点低（450℃），实用价值低。B_2O_3 玻璃在不同温度下的结构模型如图1-2-7 所示。

当把碱金属或碱土金属氧化物加入 B_2O_3 中，其中的氧会使硼氧三角体变成由桥氧组成的硼氧四面体，使层状结构变成三维空间的架状结构，加强网络，使物理性质与同条件的硅酸盐向相反方向变化（除电导率、介电损耗、表面张力外），即所谓的"硼氧反常性"。而当硼酸盐中有 B_2O_3，用 Al_2O_3 代替 SiO_2，会使折射率、密度下降，则属于"硼铝反常性"。

（3）钠钙硅玻璃

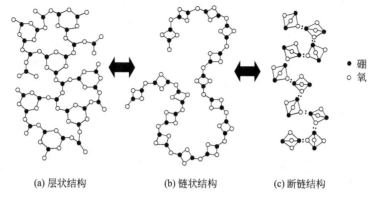

(a) 层状结构   (b) 链状结构   (c) 断链结构

图 1-2-7 B_2O_3 玻璃在不同温度下的结构模型

将 SiO_2 加入 Na_2O 后，有解聚作用，由于氧的比值增大，开始出现非桥氧，使硅氧网络发生断裂，形成碱硅酸盐玻璃，但其性能不好，几乎没有实用价值。图 1-2-8 为碱硅酸盐玻璃示意图。再加入 CaO，钙的半径（0.099nm）与钠的半径（0.095nm）相近，但电荷大一倍，场强大，有强化玻璃结构和限制钠离子的活动的作用，形成了钠钙硅玻璃。钠钙硅玻璃在瓶罐、器皿、保温瓶、平板玻璃等方面应用广泛，是许多日用玻璃的基础。

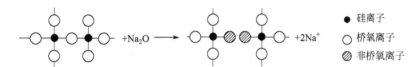

图 1-2-8   碱硅酸盐玻璃示意图

（4）其他氧化物玻璃

铝酸盐玻璃可透过波长达 $6\mu m$ 的红外线，铝硼酸盐玻璃则具有低膨胀系数和良好的电学性能，钒酸盐玻璃具有低折射率并具有半导体性能，磷酸盐玻璃则具有较好的吸热和透紫外线性能。

1.2.2.4   氧化物在玻璃中的作用

（1）碱金属氧化物

碱金属氧化物加入熔融 SiO_2 中，使硅氧四面体间连接断裂，出现非桥氧，玻璃结构疏松，导致一系列性能变坏，但断网会使其具有高温助熔、加速玻璃熔化的作用。在二元碱硅玻璃中，当碱金属氧化物的总量不变，用一种碱金属氧化物取代另一种时，玻璃的性质不是呈直线变化，而是出现明显的极值，这种现象称为混合碱效应。

（2）二元金属氧化物

常见的二元金属氧化物主要包括以下几种。

① CaO   网络外体氧化物，Ca^{2+} 配位数一般为 6，有极化氧和减弱硅氧键的作用，可降低玻璃的高温黏度，CaO 对玻璃结构具有积聚作用，因此 CaO 含量过多时，会使料性变短，脆性增大。

② MgO   存在 4、6 两种配位状态，多数位于八面体中，为网络外体。当碱金属氧化物含量较多时，也有可能处于四面体中进入网络，使玻璃结构疏松。在钠钙硅玻璃中，以 MgO 代替 CaO 会使玻璃结构疏松，导致密度、硬度降低，但可降低玻璃的析晶能力和调节玻璃的料性。

③ ZnO 有两种配位，其中 6 配位较多。[ZnO_6] 可提高耐碱性，但用量过多会增大析晶倾向。

④ BaO 网络外体氧化物，可提高玻璃的折射率及色散，并有防辐射和助熔的作用。

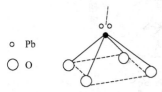

图 1-2-9 PbO 结构示意图

○ Pb
○ O

⑤ PbO 能形成不对称配位，形成螺旋形的链状结构。其结构示意图如图 1-2-9 所示。铅离子外层的惰性电子对受较近的四个氧的排斥，把另外四个氧离子推向另一边，因此形成了一种四方锥体结构单元。一般情况下，这种四方锥体存在于高铅玻璃中，可形成一种具有螺旋形的链状结构，并与硅氧四面体通过共边或顶角相互连接，因此构成了一种特殊的网络结构。此种网络使 $PbO-SiO_2$ 系统具有范围很大的玻璃形成区，也使 PbO 在硅酸盐熔体中具有高度的助熔效果。

（3）其他金属氧化物

① Al_2O_3 Al^{3+} 有两种配位状态，即 4 或 6。在钠硅酸盐玻璃中，当 Na_2O 与 Al_2O_3 的比值小于 1 时，Al^{3+} 处于八面体中；当 Na_2O 与 Al_2O_3 的比值大于 1 时，Al^{3+} 处于四面体中。当某些场强较大的阳离子（如 Li^+、B^{3+}、Be^{2+}）存在时，Al^{3+} 处于八面体中。Al^{3+} 处于四面体中时，参与硅氧四面体网络，可起到一定的补网作用，使玻璃结构更加紧密。在硅酸盐玻璃中，以 Al_2O_3 代替 SiO_2，由于 [AlO_4] 体积较大，使网络孔隙变大，离子迁移至溶液，玻璃的电导率、介电损耗反而上升。

② La_2O_3 网络外体氧化物，可以有效降低热膨胀系数、提高玻璃的化学稳定性，可以改善玻璃的加工性能，常用来制作低色散光学玻璃、折射玻璃和电极玻璃。

③ Bi_2O_3 可用于制备防辐射玻璃和低熔点玻璃。

1.2.3 玻璃的形成规律

1.2.3.1 玻璃形成方法

玻璃是物质的一种存在状态，究竟何种物质可以形成玻璃呢？大量的实践证明，有些物质如石英（SiO_2）熔融后容易形成玻璃，而食盐（NaCl）却不能形成玻璃。究竟何种物质能形成玻璃？玻璃形成的条件及影响因素又是什么？这正是研究玻璃形成规律的对象。研究玻璃形成规律不仅对研究玻璃结构有重要的影响，也是探寻具有特殊性能的新型玻璃的必要途径。因此，研究玻璃形成规律在理论和实践上都有重要的意义。到目前为止，材料科学家发现了许多新的制备玻璃态物质（非晶态固体）的工艺和方法，除传统的熔体冷却法外，还包括气相沉积法、液相沉积法、电沉积法、真空蒸发法及溶胶-凝胶法等方法。

非熔融冷却法是近些年才发展起来的玻璃形成新型工艺。表 1-2-1 列出了非熔融冷却法形成玻璃的一些方法。通过这些方法，可制备一系列高纯度、性能特殊和符合特殊工艺要求的新型玻璃材料，极大地扩展了玻璃形成范围，但不能连续生产，成本高。

表 1-2-1 非熔融冷却法形成玻璃一览表

原始物质	形成原因	获得方法	实例
气体	升华	真空蒸发沉积	低温极板上气相沉积非晶态薄膜
		阴极溅射及氧化反应	低压氧化气氛中，将金属或合金进行阴极溅射，极板上沉积氧化
	电解	阳极法	电解质水溶液电解，阳极析出非晶态氧化物

原始物质	形成原因	获得方法	实例
气体	气相反应	辉光放电	辉光放电形成原子态氧,低压中金属有机化合物分解,基板上形成非晶态氧化物薄膜
		气相反应	$SiCl_4$ 水解,SiH_4 氧化而形成 SiO_2 玻璃;$B(OC_2H_5)_3$ 真空加热 $700 \sim 900℃$ 形成 B_2O_3 玻璃
液体	形成配合物	金属醇盐的水解	Al、Zn、Na、Si、B、P、K 等醇盐的乙醇溶液,水解得到凝胶,加热($T < T_g$)形成单组分、多组分氧化物玻璃
固体（晶体）	剪切应力	冲击波	石英、长石等晶体,通过爆炸,夹于铝板中受冲击波而非晶化,石英变为 $d=2.22$,$N_d=1.46$,接近于玻璃,350kbar[①] 冲击波下不发生晶化
	放射线辐射	磨碎	通过磨碎,晶体粒子表面逐渐非晶化

① 1bar＝10^5Pa。

熔体冷却（熔融）法是形成玻璃的传统方法,是把单组分或多组分物质加热熔融后,熔体冷却固化成型,而不析出晶体。随着冷却工艺的迅速发展,冷却速度可达 $10^7℃/s$ 以上,使过去无法形成玻璃的物质也能形成玻璃,如金属玻璃及水溶液玻璃。对于加热时易蒸发、挥发或分解的物质,可以通过加压熔制淬冷新工艺,制得各种新型玻璃。

1.2.3.2 影响玻璃生成的因素

到目前为止,大量的工业生产还主要采用熔体冷却法制备玻璃制品,在此以用途广、用量最大的氧化物的玻璃为例讨论玻璃生成规律。

（1）热力学条件

依热力学观点,熔体随温度下降可以有三种冷却途径,包括结晶化、玻璃化和分相。结晶化指的是有序度不断增加,直到释放全部多余能量使整个熔体晶化为止;玻璃化指的是过冷熔体在转变温度 T_g 硬化为固态玻璃的过程;分相则指质点迁移使熔体内某组分偏聚,形成互不混溶而组成不同的两个或两个以上的相。

一般情况下,玻璃从熔融态冷却而成。在熔制的高温条件下,晶态物质中原有的质点和晶格的有规则排列被破坏,会发生一系列断键或键角扭曲等无序化现象,并且它是一个吸热过程,体系内能会在一定程度上有所增加。由玻璃的介稳性可知,玻璃是不稳定的,有降低内能的趋势,在一定条件下可转变为多晶体,体系的自由能变化为:

$$\Delta G = \Delta H - T \Delta S \tag{1-2-1}$$

在高温下,$T\Delta S$ 项起主导作用,而代表熔效应的 ΔH 项居于次要地位,就是说溶液熵对自由能的负贡献超过热熔 ΔH 的正贡献,因此体系具有最低自由能组态,从热力学上说熔体属于稳定相。当熔体从高温降温时,由于温度降低,情况发生变化,$-T\Delta S$ 项逐渐转变为次要地位,而与熔效应有关的因素（如离子的场强、配位等）则逐渐增强其作用。当降到某一定温度时（如液相点以下）,ΔH 对自由能的正贡献超过溶液熵的负贡献,使体系自由能相应增大,从而处于不稳定状态。故在液相点以下,熔体体系往往通过析晶或分相途径放出能量,使其处于低能量的稳定态。因此,从热力学角度来看,与相应结晶态物质相比,玻璃态物质具有较大的内能,总是有降低内能向晶态转变的趋势,所以通常说玻璃是不稳定的或亚稳的,在一定条件下（如热处理）可以转变为多晶体。

一方面,由于玻璃与晶体的内能差值不大,因此析晶动力相对较小;另一方面,玻璃析晶首先要克服位垒,因此玻璃这种能量上的亚稳态（介稳态）状态在实际上能够保持长时间的稳定。一般来说，同组成的晶体与玻璃的内能差别越大，玻璃越容易结晶，即越难于生成玻璃；内能差别越小，玻璃越难结晶，即越容易生成玻璃。

（2）动力学条件

由于热力学忽略了时间这一重要因素，热力学考虑的是反应的可能性以及平衡态的问题，形成玻璃的条件虽然在热力学上应该有所反映，但是热力学条件并不能够单独解释玻璃的形成。玻璃的形成实际是非平衡动力学过程。

从热力学的角度分析，玻璃是介稳的，但按动力学观点，它却是稳定的。玻璃转变成晶体的概率很小，很长的时间内也可能观察不到有析晶迹象。这表明，玻璃的析晶过程需要克服一定的势垒（析晶活化能），包括成核所需的建立新界面的界面能以及晶核长大所需的质点扩散的激活能等。当这些势垒较大，尤其当熔体冷却速度很大时，黏度增加明显，质点来不及做有规则的排列，晶核形成和长大比较难于实现，从而有利于玻璃的形成。事实上，如果熔体冷却速度较小，最好的玻璃生成物（如 B_2O_3、SiO_2 等）也可以析晶；反之，若将熔体快速冷却，并且冷却速度大于质点有规则排列成为晶体的速度，则不易玻璃化的物质，例如金属和合金等也有可能形成金属玻璃。

因此从动力学的观点看，生成玻璃的关键因素是熔体的冷却速度（即黏度增大速度）。因此在研究物质的生成玻璃能力时，必须要指明熔体的冷却速度与熔体数量（或体积）的关系，因为熔体的数量小则冷却速度大，数量大则冷却速度小。

塔曼最先提出，在熔体冷却过程中，可将物质的结晶过程分为生成晶核和晶体长大两个阶段，并研究了晶核生成速度、晶体生长速度与过冷度之间的关系。晶核生成速度、晶体生长速度与过冷度之间的关系曲线如图 1-2-10 所示。塔曼认为，玻璃的形成正是由于过冷熔体中晶核形成最大速度（u_v）所对应的温度低于晶体生长最大速度（I_v）所对应的温度所致。因为当高温熔体冷却，温度降低到晶体生长最大速度时，由于熔体成核速度小，只有少量晶核长大；而温度降低到晶核形成最大速度时，晶体生长速度也小，晶核不可能充分长大，最终不能结晶而形成玻璃。因此，两曲线重叠区越小，越容易形成玻璃［图 1-2-10(b)］；反之，两曲线重叠区越大，越容易析晶，而难于形成玻璃［图 1-2-10(a)］。由此可见，要使析晶趋势大的熔体变成玻璃，通过采取增大冷却速度，可以迅速越过析晶区，使熔体来不及析晶而玻璃化。

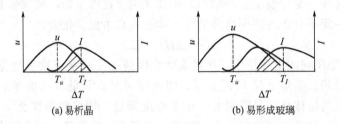

(a) 易析晶 　　　　　　　(b) 易形成玻璃

图 1-2-10　晶核生成速度、晶体生长速度与过冷度之间的关系曲线

乌尔曼（D. R. Uhlmann）提出用三 T 图研究玻璃的转变，成为玻璃形成动力学中重要的方法之一。所谓三 T 图，是通过 T-T-T（即温度-时间-转变）曲线法，确定某种物质形成玻璃的能力及趋势大小。在考虑冷却速度时，必须选定可测出的晶体大小，即某一熔体究竟需要多快的冷却速度，才能防止产生能被测出的结晶。据估计，玻璃中能测出的最小晶体体积与熔体之比约为 10^{-6}（即容积分率 $V_L/V=10^{-6}$）。由于晶体的容积分率与描述成核和晶体长大过程的动力学参数有密切的联系，为此提出了熔体在给定温度和给定时间条件下，微

小体积内的相转变动力学理论。作为均匀成核过程（不考虑非均匀成核），在时间 t 内单位体积的结晶 V_L/V 描述如下：

$$\frac{V_L}{V} = \frac{\pi}{3} I_v u^3 t^4 \tag{1-2-2}$$

式中，u 为单位体积内结晶频率（即晶核形成速度）；I_v 为晶体生长速度。

$$u = \frac{f_s KT\left[1-\exp\left(-\dfrac{\Delta H_f \Delta T_r}{RT}\right)\right]}{3\pi a_0^2 \eta} \tag{1-2-3}$$

$$I_v = \frac{10^{30}}{\eta}\exp\left(-\frac{B}{T_r \Delta T_r^2}\right) \tag{1-2-4}$$

$$T_r = T/T_m$$
$$\Delta T_r = \Delta T/T_m$$
$$\Delta T = T_m - T$$

式中，a_0 为分子直径；K 为玻耳兹曼常数；ΔH_f 为摩尔熔化热；η 为黏度；f_s 为晶液界面上原子易于析晶或溶解部分与整个晶面的比值；R 为气体常数；B 为常数；T 为实际温度；ΔT 为过冷度；T_m 为熔点。

当 $\Delta H_f/T_m < 2R$ 时，$f_s \approx 1$；当 $\Delta H_f/T_m > 4R$ 时，$f_s = 0.2\Delta T_r$。

必须指出，在作三 T 曲线时，必须选择一定的结晶容积分率（即 $V_L/V = 10^{-6}$）。利用所测得的动力学数据，并通过式(1-2-2)～式(1-2-4)，可以计算出某物质在某一温度结晶容积分率所需的时间，并可得到一系列温度所对应的时间，从而作出三 T 图。由于成核速度与温度的对应关系计算不很可靠，实际上，成核速度一般由实验求得。图 1-2-11 为 SiO_2 的三 T 图。

由图 1-2-3 可看出，利用三 T 图和式(1-2-2)，就可以得出为防止产生一定容积分率（即 $V_L/V = 10^{-6}$）结

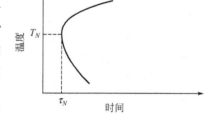

图 1-2-11　SiO_2 的三 T 图

晶的冷却速度。由三 T 曲线"鼻尖"之点即可大致求得该物质的形成玻璃的临界冷却速度，由下式表示：

$$\left(\frac{\mathrm{d}T}{\mathrm{d}t}\right)_c \approx \frac{\Delta T_N}{\tau_N} \tag{1-2-5}$$

式中，$\Delta T_N = T_m - T_N$；T_N 为三 T 曲线"鼻尖"之点的温度；τ_N 为三 T 曲线"鼻尖"之点的时间；T_m 为熔点。

（3）玻璃形成的结晶化学条件

动力学因素虽是玻璃形成的重要条件，但它毕竟是反映物质内部结构的外部属性。只有对决定物质构造的基本因素，如化学键性质、单质和化合物结构类型进行研究，才能获得玻璃形成根本性的规律。因此，结晶化学条件是研究玻璃形成理论的重要组成部分。

① 熔体结构　熔体自高温冷却，其内部的原子、分子的动能减小，必将进行聚合并形成大阴离子[如 $(Si_2O_5)_n^{2-}$ 为层状，$(SiO_3)_{2n}$ 为链状等]，造成熔体黏度增大。一般认为，如果熔体中的阴离子集团是低聚合的，形成玻璃比较困难。主要原因是小阴离子集团（特别是离子）结构简单，容易发生位移、转动，生成晶体，而不利于形成玻璃；反之，如果熔体中阴离子集团是高聚合的，例如，形成三维空间的网络结构或两维空间的层状结构、一维空

间的链状结构的大阴离子（在玻璃中通常三者兼而有之），这种错综复杂的网络，则发生位移、转动及重排非常困难，所以不易成为晶体，即容易形成玻璃。例如，NaCl熔体是由Na^+与Cl^-构成的，二者自由度很高，在冷却过程中，很容易定向排列成为NaCl晶体，不利于生成玻璃。SiO_2熔体是一种高聚合、具有三维空间网络的大阴离子，因此冷却过程中，由于网络熔体结构复杂，转动、重排都不易发生，故不易调整成为晶体，玻璃形成趋势很大。B_2O_3熔体是一种链状结构，由于阴离子集团具有较高的聚合程度，在冷却过程中，也不容易规则排列成为晶体，形成玻璃趋势强。但形成玻璃的必要条件不是熔体的阴离子集团的大小，低聚合的阴离子因特殊的几何结构或因其间有某种方向性的作用力存在，只要析晶激活能比热能相对大得多，都有可能成为玻璃。

② 键强　根据实验数据发现，化学键的强度对熔体形成玻璃的趋势有重要的影响。熔体具有"大分子"结构，熔体内原有的化学键被破坏，质点发生位移，新键形成，能够形成具有晶格排列的结构，熔体才能够析晶。当化学键强大且不易被破坏，很难做有规则的排列，则易于生成玻璃。孙光汉提出了单键能理论，用单键强度（即MO_x的解离能除以阳离子M的配位数）来衡量玻璃形成的能力（各种氧化物的单键强度）。

根据单键强度的大小，将氧化物分成三类：键强在80kcal/mol[1]以上者为玻璃形成氧化物（或网络形成体），它们本身可形成玻璃，如B_2O_3、SiO_2、GeO_2等；键强在60kcal/mol以下者为玻璃调整氧化物（或网络外体），在通常条件下不能生成玻璃，但可改变玻璃的性能，一般会使玻璃结构变弱，如K_2O、Na_2O、CaO等；键强在$60\sim80$kcal/mol者为中间体氧化物（或网络中间体），其玻璃形成能力介于上两者之间，但本身不能单独形成玻璃，加入玻璃后能改善玻璃的性能，如ZnO、Al_2O_3、TiO_2等。

键强是衡量玻璃生成条件之一，对许多氧化物是适用的，但仍具有一定的不确定性及局限性。如某些阳离子的配位数不确定，计算解离能的方法和数据不够严格。另外，由于原子间距难于确定，因此利用单键强度或阳离子场强来衡量玻璃生成能力，并不是很精确的。

③ 键型　化学键表示原子间的作用力，键型是决定物质结构的主要因素，对玻璃的形成也有重要的影响。键型一般分为共价键、离子键、金属键、氢键及范德华键五种形式。除此之外，还存在着这些键型的过渡形式，例如共价键与离子键，共价键与金属键之间有过渡形式。

a. 离子键　离子键以正负离子形式单独存在，流动性比较大，作用范围广，无方向性和饱和性，离子倾向于紧密排列，原子间相对位置容易改变，其析晶活化能小，因此离子相遇组成晶格的概率大，难形成玻璃。例如，离子键化合物NaCl、CaF_2等在熔融状态时，以单独离子存在，流动性很大，在凝固点靠库仑力迅速组成晶格。

b. 金属键　金属键无方向性、饱和性，金属结构倾向于最紧密排列形式，在金属晶格内形成一种最高的配位数（12），原子间相遇组成晶格的概率最大，冷却过程中会形成分子晶格，因此最不容易形成玻璃。单质金属或合金，在熔融时以正离子状态存在，很难形成玻璃。

c. 纯粹共价键　纯粹共价键无方向性，为分子结构，分子内部为共价键，分子间为范德华力，冷却时质点容易进入点阵而构成分子晶格。

d. 混合键　金属共价键为金属键向共价键过渡的混合键，极性共价键为离子键向共价

---

[1]　$1cal=4.1840J$。

键过渡的混合键。这两种混合键具有两种键的性能，容易形成玻璃。例如，极性共价键具有sp电子形成的杂化轨道，并可构成σ键和π键。这种混合键，既具有离子键易改变键角、易形成无对称变形的趋势，又具有共价键的方向性和饱和性，不易改变键长和键角的倾向。前者造成玻璃的长程无序，后者赋予玻璃的短程有序，因此极性共价键化合较易形成玻璃。例如，具有极性共价键的 SiO_2 与 B_2O_3 等都容易形成玻璃。在 SiO_2 的 $[SiO_4]$ 四面体内表现为共价键特性，其 O—Si—O 键角符合理论值 $109.4°$，当四面体共顶角时，Si—O—Si 键角可在较大范围内无方向性地连接起来，体现了离子键的特性。实践表明，在离子键与共价键的混合键中，键的离子性在 50% 左右才能形成玻璃。表 1-2-2 为若干氧化物的键性和玻璃形成倾向。

表 1-2-2　若干氧化物的键性和玻璃形成倾向

氧化物的分子式	结构类型	配位数	键的离子性/%	玻璃形成倾向
SO_3	分子结构	4	20	不形成玻璃
P_2O_5	层状结构	4	39	形成玻璃
B_2O_3	层状结构	3 或 4	42	形成玻璃
SiO_2	三维空间结构	4	50	形成稳定玻璃
GeO_2	三维空间结构	4	55	形成稳定玻璃
Al_2O_3	刚玉型结构	4 或 6	60	难形成玻璃
MgO	NaCl 结构	4 或 6	70	不形成玻璃
Na_2O	CaF_2 结构	6 或 8	80	不形成玻璃

1.2.4　熔体与玻璃的相变

研究熔体和玻璃的相变，对改变和提高玻璃的性能、防止玻璃析晶以及对微晶玻璃的生产具有重要的意义。玻璃的相变是指熔体和玻璃体在冷却或热处理过程中，从均匀的液相或玻璃相分解为两种互不相溶的液相（分相）或转变为晶相（析晶）。

1.2.4.1　玻璃的分相

玻璃在高温下为均匀的熔体，在冷却过程中或在一定温度下热处理时，由于内部质点迁移，某些组分分别浓集，形成化学组成不同、互不相溶（或部分溶解）的两种或两种以上的相，这个过程称为分相，分相对玻璃的结构和性质有重要影响。分相区一般可从几纳米至几百纳米，因而属于不均匀的亚微结构。这种微分相区只有在高倍电子显微镜下，有时要在 T_g 点附近经适当热处理，才能观察到。

（1）分相机理

玻璃系统具有两种不同类型的不混溶特性：一种是在液相线温度以上就开始发生分液，以 $MgO\text{-}SiO_2$ 等系统为代表，这种分相从热力学上说称为稳定分相（或稳定不混溶性），在玻璃生产过程中稳定分相会带来困难，玻璃容易产生分层或强烈的乳浊现象；另一种分相是在液相线温度以下开始发生，以 $BaO\text{-}SiO_2$ 系统为代表，这种分相称为亚稳分相（或亚稳不混溶性）。分相对玻璃的性能及结构具有较大的影响。

相平衡图中，在不混溶区内，自由焓 G 与化学组成 C 的关系如图 1-2-12（a）所示。由图可以看出，曲线上存在着拐点 S（inflection point；spinode），且拐点的位置随温度变化而改变。拐点的轨迹，称为 $S\text{-}T$ 曲线（亚稳极限曲线），在此曲线上的任一点，$\delta^2 G/\delta C^2 = 0$ [图 1-2-12（b）]。$S\text{-}T$ 曲线外围的实曲线定义为不混溶区边界。在亚稳极限曲线所围成的区域（S 区）内，为亚稳分解区（或不稳区）。介于亚稳极限曲线以外和不混溶区边界所围成的区域，即 N 区，称为不混溶区（或亚稳区）。

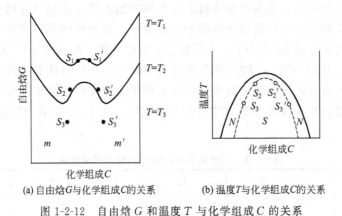

(a) 自由焓 G 与化学组成 C 的关系　　　(b) 温度 T 与化学组成 C 的关系

图 1-2-12　自由焓 G 和温度 T 与化学组成 C 的关系

由图 1-2-12 可知，在 S 区内，$\delta^2 G/\delta C^2 < 0$，当成分有无限小的起伏时，会使自由焓降低，单相不稳定，会发生瞬时、自发的分相。在 S 区发生亚稳分解。当均匀的高温液体冷却到亚稳极限曲线上时，晶核形成功趋向于零，当过了亚稳极限曲线进入 S 区以后，体系中无成核势垒，会自发发生只受不同种类分子的迁移率所限制的液相分离。在亚稳分解区（S 区）中，当成分和密度发生无限小的起伏时，会产生具有中心的成分波动变化。在 N 区内，$\delta^2 G/\delta C^2 > 0$，当成分发生无限小的起伏时，自由焓升高，因此成分无限小的起伏对单相液体来说处于稳定或亚稳状态。在该亚稳区内，通过做功可以形成新相（即新相形成不是自发的），并可通过成核和生长过程形成一个平衡的两相系统。形成晶核需具有一定的形核能，即形成新的界面需要一定的界面能。在该亚稳区内，晶核一旦形成，其长大过程需要扩散才可以实现。随着某些晶粒长大，大晶粒可通过消耗小晶粒逐渐长大。

（2）分相的原因

氧化物玻璃熔体产生不混溶性（分相）的原因可从结晶化学的观点来解释，阳离子对氧离子的争夺会引起氧化物熔体的液相分离。在硅酸盐熔体中，硅离子以硅氧四面体的形式将桥氧离子吸引到自己周围，非桥氧离子则被吸引到网络外体（或中间体）阳离子周围依本身结构要求进行排列。正是由于与硅氧网络之间结构上的差别大，当网络外体离子的含量多、势较大时，系统自由能较大而不能形成稳定均匀的玻璃，阳离子会自发地从硅氧网络中分离出来，产生液相分离，自成一个体系，形成一个一个富硅相和富碱相（或富硼相）。实践证明，对氧化物玻璃的分相有决定性的作用是阳离子势的大小。

（3）分相对玻璃性质的影响

分相会影响到玻璃的各种性质。其中，分相对电导率、黏度、化学稳定性等具有迁移性能的性质影响较大，而对密度、折射率、弹性模量和热膨胀系数等具有加和特性等的性质影响相对较小。分相区域的成分和体积分数决定了这些性质的变化，但仍符合加和原则。

① 对玻璃析晶的影响

a. 分散相具有高的原子迁移率　分相可能会导致液相中的一相具有较大的原子迁移率。迁移率高会促进均匀成核，造成某些系统中，原子迁移率高的分散相也相应形成。

b. 为成核提供界面　玻璃相之间的界面会由于玻璃的分相而有所增加，因此在相的界面上总是会优先成核。实验证明，某些微晶玻璃成核剂（如 P_2O_5）正是通过促进玻璃强烈分相而影响玻璃的结晶。

c. 使成核剂组分富集于一相　加入的成核剂的组分会由于分相而富集于两相中的一相，因而可起到晶核作用。但热处理时只能发生表面析晶。

② 对迁移性能的影响　一般来说，分相的形态（即亚微结构）对性能有直接的影响。当液滴状的富碱硼相分散地嵌在富硅氧基相中时，化学稳定性好的硅氧相会将化学稳定性不良的碱硼相包围起来，使其免受介质的侵蚀，这样的分相过程对提高玻璃的化学稳定性有益。反之，如果在分相过程中，当高硅氧相和高钠硼相形成相互连通结构时，化学稳定性不良的碱硼相会直接暴露于侵蚀介质中，玻璃的化学稳定性将直线下降。玻璃成分以及热处理的温度和时间会对分相的形态有影响。一般具有相互连通结构的玻璃，侵蚀速度会随热处理时间而增大。另外，富碱硼相的成分对侵蚀速度也有一定的影响，碱硼相中 SiO_2 含量多的侵蚀速度较慢；反之，侵蚀速度较快。

③ 对玻璃着色的影响　实验证明，玻璃中含有过渡金属元素时（如 Ni、Cu、Fe、Co 等），发生分相过程中，在微相（如高碱相或碱硼相）液滴中会将全部过渡元素富集在此，而不是富集在基体玻璃中。例如，高硅氧玻璃的铁总是富集于钠硼相中。这种过渡元素有选择地富集的特性，对制备激光玻璃、颜色玻璃、光敏玻璃以及光色玻璃都有重要的作用。例如著名陶瓷铁红釉大红花，就是利用铁在玻璃分相过程中有选择地富集的特性形成的。

1.2.4.2　熔体和玻璃体的析晶

熔体和玻璃体的析晶过程包括晶核成核及晶体长大两个过程。

（1）熔体与玻璃体的成核过程

① 均匀成核　宏观均匀的玻璃中在没有外来物参与下与相界、结构缺陷等无关的成核过程称为均匀成核，也称为本征成核或自发成核。

玻璃熔体处于过冷状态时，热运动会造成组成及结构的起伏，使其中一部分变成晶相。

体系体积自由能会由于晶相内质点的有规则排列而减小。在新相产生的同时，新的界面又将在新生相和液相之间形成，造成界面自由能升高，对成核造成势垒。因此，在新相形成过程中，两种相反的能量变化同时存在。当新相的颗粒较小时，界面对体积的比例大，整个体系的自由能增大。但当新相长到一定大小（临界值）时，界面对体积的比例就减小，系统自由能的变化 ΔG 为负值，这时新生相就有可能稳定成长。一般定义较小的不能稳定成长的新相区域为晶坯。

假设晶核（坯）为球形，且其半径为 r，上述内容可表示为：

$$\Delta G = \frac{4}{3}\pi r^3 \Delta G_v + 4\pi r^2 \sigma \tag{1-2-6}$$

式中，ΔG_v 为相变过程中单位体积的自由能变量；σ 为熔体与新相之间的界面自由能。根据热力学推导有：

$$\Delta G_v = n\frac{D}{M}\times\frac{\Delta H \Delta T}{T_e} \tag{1-2-7}$$

式中，D 为新相密度；n 为新相所含分子数；ΔH 为熔变；M 为新相的分子量；T_e 为析晶温度；ΔT 为过冷度，是析晶温度与系统实际温度的差值。

将 ΔG_v 对 r 作图，可得到图 1-2-13。由图 1-2-13 可知，该曲线有一极大值，与此值相应的核半径称为临界核半径，用 r_c 表示。

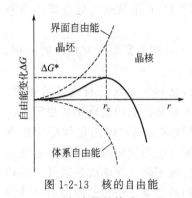

图 1-2-13　核的自由能
与半径的关系

当 $r = r_c$ 时，ΔG_v 的一阶导数应为 0，可得出：

$$r_c = -\frac{2\sigma M T_e}{nD\Delta H\Delta T} \tag{1-2-8}$$

r_c 为形成稳定晶核必须达到的核半径的最小值，该值越小，越容易形成晶核。

② 非均匀成核　依靠相界、晶界或基质和结构缺陷等不均匀部位而成核的过程，即为非均匀成核，也称为非本征成核。相界一般包括气泡、杂质、颗粒容器壁或添加物等与基质之间的界面，或是分相而产生的界面，以及空气与基质的界面（即表面）。在生产实际中常出现的是非均匀成核，形核剂等或是相应的界面可使界面自由能下降，此时 ΔG 与润湿角 θ 的关系为：

$$\Delta G = \frac{16\pi\sigma^3}{3(\Delta G_v)^2} \times \frac{(2+\cos\theta)(1-\cos\theta)^2}{4} \tag{1-2-9}$$

$\theta < 180°$ 时，非均匀成核的自由势垒比均匀成核小而易于发生，成核剂与初晶相之间的界面张力越小，它们之间的晶格常数越接近，越容易成核。

常见的成核剂包括以下几种类型。

a. 氟化物　常用的氟化物有冰晶石（Na_3AlF_6）、氟化钙（CaF_2）、氟硅化钠（Na_2SiF_6）和氟化镁（MgF_2）等。当氟含量大于 2% 时，氟化物就会在降温（或热处理）过程中从熔体中分离出来，由于形成细结晶状的沉淀物而造成玻璃乳浊，氟化物微晶体成为玻璃的形核中心，通常可促使玻璃在低于晶体生长温度成核。因此用氟化物核化、晶化的玻璃，不是数量少的粗晶，而是一种数量巨大的微小晶体。

b. 氧化物　常用的这一类成核剂包括 P_2O_5、TiO_2、ZrO_2 和 Cr_2O_3 等，其中 TiO_2、ZrO_2、P_2O_5 三种氧化物的阳离子电荷高、场强大，对玻璃有积聚作用，是目前微晶玻璃生产中最常用的成核剂。其中 P^{5+} 由于场强大于 Si^{4+}，会加速玻璃分相。而 Ti^{4+}、Zr^{4+} 等由于场强小于 Si^{4+}，当加入量比较少时，可以减弱玻璃分相。

c. 贵金属盐类　贵金属 Ag、Cu、Au、Pt 和 Rh 等的盐类熔入玻璃后，在高温时以离子状态存在，而在低温则分解为原子状态。金属晶体颗粒在经过一定的热处理后，高度分散的状态可促成"诱导析晶"。

（2）晶体生长

在适当的过冷度条件下，熔体中的原子或原子团向形成的晶核表面迁移，到达适当的位置，晶体长大。晶体生长速度的决定因素是物质向晶核表面扩散的速度和物质加入晶体结构的速度。

一般情况下，晶体的生长速度可用下式表示：

$$u = va_0\left[1-\exp\left(-\frac{\Delta G}{KT}\right)\right] \tag{1-2-10}$$

式中，u 为单位面积的生长速度；v 为晶体液面质点迁移的频率因子；a_0 为界面层厚度；ΔG 为液体与固体自由能之差。

玻璃析晶的影响因素主要包括以下几个。

① 温度　熔体从 T_m 冷却，过冷度 ΔT 增大，则形核与晶体生长的驱动力增加。

② 黏度　温度远低于熔点 T_m 以下时，黏度限制了质点扩散，阻碍晶核长大。

③ 杂质　引入杂质会促进结晶，起成核作用，同时可增加界面处的流动度，促进长大处于分相玻璃中的一相中，达到一定浓度时，促使微相由非晶相转化成晶相。

④ 界面能　固液界面能越小，核生长所需能量越低，结晶速度越大，加入形核剂、杂质以及分相都可以改变界面能，促进结晶过程。

1.3　玻璃的性质

1.3.1　玻璃的黏度

1.3.1.1　黏度的定义

黏度是玻璃的重要性质之一，它贯穿于玻璃生产和加工的整个过程中。比如在玻璃的熔制过程中，黏度对原料的溶解、熔体中气泡的排除、各组分的成分扩散均化等有重要的影响；在玻璃的成型过程中，不同的成型方法及成型速度要求不同的黏度；在退火过程中，玻璃的黏度与制品内应力的消除具有重要的联系，因此研究玻璃的黏度对玻璃制品的生产具有重要的意义。

在机械力、重力和热应力等的作用下，玻璃熔体中的结构组元（离子或离子组团）相互间发生流动。如果这种流动是通过结构组元依次占据结构空位的方式来进行，则称为黏滞流动。黏度是指接触面积为 S 的两平行液层，当以一定的速度梯度 $\mathrm{d}v/\mathrm{d}x$ 移动时，需要克服的摩擦力。

$$f = \eta S \frac{\mathrm{d}v}{\mathrm{d}x} \tag{1-3-1}$$

式中，η 为熔体的黏度或黏滞系数；S 为两平行液层间的接触面积。

1.3.1.2　黏度产生的理论

有关于黏度产生的理论，主要包括如下三种。

（1）绝对速度理论

熔体质点均被束缚在相邻质点的键力作用下，即每个质点均处于一定大小的位垒之间，因此当这些质点具有克服这些位垒的足够能量，它们即可以自由移动。当活化质点数量越多，则熔体流动性越大；反之，则流动性越小。

（2）过剩熵理论

熔体由许多结构单元（离子、原子、质点、集团）构成，这些结构单元的再排列即可以形成液体的流动，结构单元的大小是温度的函数，并由结构位形熵决定。

（3）自由体积理论

该理论认为，液体中分布着大小不等、不规则的"空洞"，这些空洞是由系统中自由体积的再分布形成的。液体流动时，必须打开一些蕴藏在液体内部的空隙，才可允许液体分子的运动，液体才能流动。

1.3.1.3　黏度与温度的关系

由于玻璃熔体的结构特性与晶体（如金属、盐类）有显著差别，因此玻璃熔体的黏度随温度的变化而不同。熔融金属和盐类在温度高于熔点时，黏度变化相对较小，当到达凝固点时，熔融态金属和盐类会转变成晶态，黏度呈直线上升。而玻璃液处于高温时，黏度变化也不大，随着温度降低，黏度的变化逐渐增大，当温度降到低温时，黏度会急剧增大。所以在玻璃黏度随温度变化的曲线上，没有出现类似于熔融金属或盐类在凝固点时那样的黏度突变点，玻璃的黏度随温度降低而增大。另外，玻璃从熔融态到固态的变化过程中，黏度的变化是连续渐变的，中间没有突变点。

图 1-3-1 为两种不同类型玻璃的黏度与温度的关系。黏度随温度变化的快慢程度是玻璃很重要的生产指标之一，一般称为玻璃的料性。短性玻璃是指黏度随温度变化快的玻璃，而黏度随温度变化慢的玻璃则称为长性玻璃。如图 1-3-1 所示，玻璃 A 曲线的斜率较小，称为长性玻璃或料性长，长性玻璃 A 又称为慢凝玻璃。玻璃 B 曲线斜率相对较大，称为短性玻璃或料性短，玻璃 B 又称为快凝玻璃。玻璃熔体在冷却过程中黏度不断增长称为玻璃液的硬化或固化。

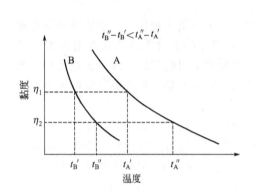

图 1-3-1　两种不同类型玻璃的黏度
与温度的关系

A—长性玻璃；B—短性玻璃

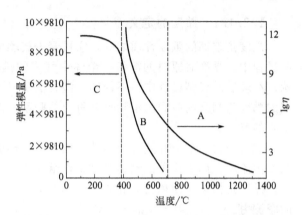

图 1-3-2　Na_2O-CaO-SiO_2 玻璃的弹性模量、
黏度与温度的关系

A—温度较高区；B—温度转变区；C—温度较低区

图 1-3-2 为 Na_2O-CaO-SiO_2 玻璃的弹性模量、黏度与温度的关系。如图 1-3-2 所示，图中分三个区，在温度较高的 A 区，玻璃为典型的黏性液体，其弹性性质近于消失，在此区内黏度仅决定于玻璃的温度与组成。B 区为温度转变区，此区内黏度随温度下降而迅速增大，弹性模量也迅速增大，在此温度区，黏度（或其他性质）除决定于组成和温度外，还与时间有关。当温度继续下降进入 C 区后，弹性模量进一步增大，黏滞流动速度非常小。在这一温度区，玻璃的黏度（或其他性质）又仅决定于组成和温度，而与时间无关。

1.3.1.4　玻璃黏度与成分的关系

玻璃黏度与化学组成之间存在复杂的关系。氧硅比大（如熔体中碱含量增大，游离氧增多），非桥氧增加，网络结构不牢固，熔体黏度减小；在同条件的前提下，黏度随阳离子与氧的键强增大而增大；离子极化能力大的阳离子对桥氧的极化力强，使 Si-O 键作用减弱，网络结构易于调整与移动，黏度下降；网络基本结构单元的结构不对称，会存在缺陷或弱点，使黏度下降；4 配位形成四面体进入网络结构，使结构紧密，黏度增加。

氧化物的性质及加入玻璃中的数量和玻璃本身的组成对玻璃黏度均有重要的影响。一般来说，当加入 Al_2O_3、SiO_2 及 ZrO_2 等氧化物时，由于这些阳离子的离子半径小、电荷多，故作用力大，总是具有形成更为复杂巨大的阴离子团倾向，使黏滞活化能变大，玻璃的黏度增加。当引入碱金属氧化物时，因能提供"游离氧"，原来复杂的硅氧阴离子团会解离，黏滞活化能变小，玻璃的黏度降低。二价氧化物对玻璃黏度的影响则相对复杂，它们不但提供游离氧使复杂的硅氧阴离子团解离，使黏度减小，而且这些阳离子电价较高、离子半径小，可夺取原来复合硅氧阴离子团中的氧离子，致使复合硅氧阴离子团"缔合"，黏度增大。另外，B_2O_3、ZnO、CaO、Li_2O 对黏度影响最为复杂。低温时 ZnO、Li_2O 可使黏度增加，高温时黏度降低。总之，玻璃组成与黏度之间存在复杂的关系。

1.3.1.5　玻璃黏度的参考点

玻璃常用的黏度参考点一般包括以下几个。

① 转变点　相当于黏度为 $10^{12}Pa \cdot s$ 的温度，用 T_g 表示，高于此温度，玻璃处于黏滞状态，可出现塑性变形，相关的物理性能会发生变化。

② 应变点　应力能在几小时内消除的温度，大致相当于黏度为 $10^{13.6}Pa \cdot s$ 的温度，也可称为退火下限温度。

③ 变形点　相当于黏度为 $10^{10} \sim 10^{11}Pa \cdot s$ 的温度范围。

④ 退火点　应力能在几分钟内消除的温度，大致相当于黏度为 $10^{12}Pa \cdot s$ 的温度，也可称为退火上限温度。

⑤ 操作温度　相当于成型时玻璃表面的温度范围，为 $10^3 \sim 10^{6.6}Pa \cdot s$，一般包括准备成型时的温度（相当于黏度 $10^2 \sim 10^3Pa \cdot s$ 温度）及成型时能保持制品形状的温度（相当于黏度 $10^5Pa \cdot s$ 温度）。

⑥ 软化温度　与玻璃的密度和表面张力有关，相当于黏度为 $(3 \sim 15) \times 10^6Pa \cdot s$ 的温度

⑦ 熔化温度　相当于黏度为 $10Pa \cdot s$ 的温度，在此温度下玻璃以一般要求的速度熔化。

⑧ 自动供料机供料的黏度　$10^2 \sim 10^3Pa \cdot s$。

⑨ 人工挑料黏度　$10^{2.2}Pa \cdot s$。

1.3.1.6　玻璃黏度的测定和近似计算

玻璃黏度的计算方法主要包括如下两种。

（1）奥霍琴法

该法适用于含有 MgO 及 Al_2O_3 的钠钙硅系玻璃。当 Na_2O 在 $2\% \sim 16\%$、$MgO+CaO$ 在 $5\% \sim 12\%$、Al_2O_3 在 $0 \sim 5\%$、SiO_2 在 $64\% \sim 80\%$ 范围内时，可利用下式计算：

$$T = aX + bY + cZ + d \tag{1-3-2}$$

式中，T 为某黏度值对应的温度；X、Y、Z 分别为 Na_2O、$MgO+CaO$ 3%、Al_2O_3 的质量分数；a、b、c、d 分别为 Na_2O、$MgO+CaO$ 3%、Al_2O_3 及 SiO_2 的特性常数，随黏度而变。若 MgO 含量不等于 3%，T 值必须校正。该法从玻璃黏度值计算相应温度的常数见表 1-3-1。

表 1-3-1　根据玻璃黏度值计算相应温度的常数

玻璃黏度 /Pa·s	系数值				校正值
	a	b	c	d	
10^2	−22.87	−16.10	6.50	1700.40	9.0
10^3	−17.49	−9.95	5.90	1381.40	6.0
10^4	−15.37	−6.25	5.00	1194.217	5.0
$10^{5.5}$	−12.19	−2.19	4.58	980.72	3.5
10^6	−10.36	−1.18	4.35	910.86	2.6
10^7	−8.71	0.47	4.24	815.89	1.4
10^8	−9.19	1.57	5.34	762.50	1.0

玻璃黏度/Pa·s	系数值				校正值
	a	b	c	d	
10^9	−8.75	1.92	5.20	720.80	1.0
10^{10}	−8.47	2.27	5.29	683.80	1.5
10^{11}	−7.46	3.21	5.52	632.90	2.0
10^{12}	−7.32	3.49	5.37	603.40	2.5
10^{13}	−6.29	5.24	5.24	651.50	3.0

例如，某玻璃的化学组成为：Al_2O_3 1.5%，Na_2O 13.5%，MgO 4%，CaO 8%，SiO_2 72.6%。求黏度为 10^3Pa·s 的温度。

查表 1-3-1，可知 $a=-17.49$，$b=-9.95$，$c=5.90$，$d=1381.40$，代入公式，可得：

$$T=-17.49\times13.5-9.95\times(8.0+4.0)+5.90\times1.5+1381.40=1035℃$$

因 MgO 实际含量为 4%，需进行校正。查表可知，黏度在 10^3Pa·s 左右时，以 4%−3%=1% MgO 代替 1% CaO 时，温度将提高 6℃。

因此，$T=1035+6=1041℃$。

（2）富尔切尔法

此法适用于工业玻璃。其成分以相对于 SiO_2 为 1.00mol 含量来表示，即以氧化物摩尔数/SiO_2 摩尔数表示。计算系统适用玻璃的成分范围为：SiO_2 1.00mol，Na_2O 0.15～0.20mol，CaO 0.12～0.20mol，MgO 0～0.051mol，Al_2O_3 0.0015～0.073mol。此时黏度-温度关系式为：

$$T=T_0+\frac{B}{\lg\eta+A} \tag{1-3-3}$$

式中，A、B、T_0 可从下式中求出：

$$A=-1.4788Na_2O+0.8350K_2O+1.6030CaO+5.4936MgO-1.5183Al_2O_3+1.4550$$
$$B=-6039.7Na_2O-1439.6K_2O-3919.3CaO+6285.3MgO+2253.4Al_2O_3+5736.4$$
$$T_0=-25.07Na_2O-321.0K_2O+544.3CaO-384.0MgO+294.4Al_2O_3+198.1$$

1.3.2 玻璃的表面张力

1.3.2.1 玻璃的表面张力

熔融玻璃表面层的质点均会受到内部相邻质点的作用力，使玻璃熔体表面有收缩的趋势，即表面张力。表面张力的物理意义为：玻璃与另一相接触的相分界面上（一般指空气），在恒温、恒容下增加一个单位表面时所做的功。它的国际单位为 N/m 或 J/m²。硅酸盐玻璃的表面张力一般为 $(220～380)\times10^{-3}$N/m，比熔融的盐类大，也比水的表面张力大 3～4 倍。

在玻璃制品的生产过程中，熔融玻璃的表面张力有重要意义，比如表面张力对玻璃的澄清、均化、成型、玻璃液与耐火材料相互作用等方面均有着重要影响。在熔制过程中，表面张力在一定程度上决定了玻璃液中气泡的长大和排除。在均化时，条纹及节瘤扩散或溶解的速度决定于主体玻璃和条纹表面张力的相对大小。在玻璃成型过程中，人工挑料或吹小泡及滴料供料时，需要通过表面张力使之达到一定形状。拉制玻璃管、玻璃棒、玻璃丝时，通过表面张力才能获得正确的圆柱形。采用浮法成型工艺制备平板玻璃，也是基于玻璃的表面张力作用，使玻璃液在锡液表面实现有限铺展，获得平整的优质平板玻璃。但是，表面张力有时对某些玻璃制品的生产会带来不利影响。例如，在生产平板玻璃特别是薄玻璃拉制时，要用拉边器克服因表面张力所引起的收缩。在生产压花玻璃及用模具压制的玻璃制品时，在表面张力作用下，其表面图案往往会出现尖锐的棱角变圆，清晰度变差。在生产玻璃薄膜和玻璃纤维时，必须很好地克服表面张力的作用。

1.3.2.2 玻璃的表面张力与温度的关系

由表面张力的概念可知，温度升高，质点热运动增加，物质体积膨胀，质点之间的相互作用力松弛，因此，液-气界面上的质点在界面两侧所受的力场差异也随之减少，即表面张力降低，因此表面张力与温度的关系几乎呈直线。在高温时，玻璃的表面张力受温度变化的影响不大，一般温度每升高 100℃，表面张力减少 $(4\sim10)\times10^{-3}\,N/m$。当玻璃温度降到接近其软化温度范围时，此时体积突然收缩，质点间作用力会显著增大，其表面张力也会显著增加。

在高温区及低温区，对于不缔合或解离的液体来说，表面张力会随温度升高而减小，二者几乎呈直线关系，可用下述经验公式表示：

$$\sigma=\sigma_0(1-bT) \tag{1-3-4}$$

式中，σ_0 为一定条件下的表面张力值；b 为与组成有关的经验常数；T 为温度变动值。

对于硅酸盐熔体来说，复合硅氧阴离子团结合方式为缔合或解离，在软化温度附近出现转折，不呈直线关系，不能用上述经验公式计算。

玻璃熔体周围的气体介质对其表面张力也有一定的影响，如干燥的空气、N_2、H_2、He 等对玻璃表面张力影响较小，而极性气体如水蒸气、SO_2、NH_3 和 HCl 等对玻璃表面张力影响较大，通常使表面张力明显下降，介质的极性越强，表面张力降低得越多。当温度升高时，由于气体吸附能力降低，气氛的影响同时减小，在温度超过 850℃ 或更高时，此现象完全消失。此外，熔炉中的气氛性质对玻璃液的表面张力有强烈影响。一般还原气氛下玻璃熔体的表面张力较氧化气氛下大 20%。由于表面张力增大，玻璃熔体表面趋于收缩，这样促使新的玻璃液到达表面，这对于提高熔制棕色玻璃时色泽的均匀性有着重大意义。

1.3.2.3 玻璃的表面张力与组成的关系

各种氧化物对玻璃的表面张力的影响不同，引入大量的 PbO、B_2O_3、K_2O、Sb_2O_3 等氧化物则显著降低表面张力，而 MoO_3、Cr_2O_3、V_2O_5、WO_3 等氧化物，即使引入量较少，也可剧烈地降低表面张力。Al_2O_3、CaO 及 MgO 等可增大表面张力，表 1-3-2 为组成氧化物对玻璃表面张力的影响。

表 1-3-2　组成氧化物对玻璃表面张力的影响

类别	组分	组分的平均特性常数 σ_L（当温度为 1300℃ 时）	备注
I 非表面活性组成	SiO_2	290	La_2O_3、Pr_2O_5、Nd_2O_3、GeO_2 也属于上述组成
	TiO_2	250	
	ZrO_3	(350)	
	SnO_2	(350)	
	Al_2O_3	380	
	BeO	390	
	MgO	520	
	CaO	510	

类别	组分	组分的平均特性常数 σ_L （当温度为 1300℃时）	备注
I 非表面活性组成	SrO	490	
	BaO	470	
	ZnO	450	
	CdO	430	
	MnO	390	La_2O_3、Pr_2O_5、Nd_2O_3、GeO_2 也属于上述组成
	FeO	490	
	CoO	430	
	NiO	400	
	Li_2O	450	
	Na_2O	290	
	CaF_2	（420）	
II 中间性质的组分	K_2O Rb_2O、Cs_2O PbO B_2O_3 Sb_2O_3 P_2O_5	可变的,数值小,可能为负值	Na_3AlF_6、Na_2SiF_6 也能显著地降低表面张力
III 难熔表面活性强组分	As_2O_3 V_2O_5 WO_3 MoO_3 $CrO_3(Cr_2O_3)$ SO_3	可变的,并且是负值	这种组分能使玻璃的 σ 降低 20%～30%,或更多

表 1-3-2 中第 I 类组成氧化物对表面张力符合加和性原则,可用下式计算:

$$\sigma = \sum \sigma_i \alpha_i \qquad (1\text{-}3\text{-}5)$$

式中,σ 为玻璃的表面张力;σ_i 为各种氧化物的表面张力;α_i 为各种氧化物的质量百分含量。

其他两类组成氧化物则不符合加和性原则,此时熔体的表面张力是组分的复合函数。

1.3.3 玻璃的力学性能

玻璃的力学性能主要包括玻璃的机械强度、玻璃的弹性、玻璃的硬度和脆性以及玻璃的密度等。这些性能对玻璃制品的制备及使用有着非常重要的作用。

1.3.3.1 玻璃的机械强度

玻璃是一种脆性材料,它的机械强度可用抗压强度、抗折强度、抗张强度、抗冲击强度等指标表示。相对来说,玻璃的耐压强度及硬度较高,所以应用广泛。但它的抗折强度和抗张强度不高,并且脆性较大,使得应用受到一定的限制。为了改善玻璃的这些性能,可采用微晶化、退火、钢化(淬火)、表面处理与涂层、与其他材料制成复合材料等方法,这些方法可有效改善玻璃的强度。

材料的理论强度,就是从不同理论角度来分析材料所能承受的最大应力或分离原子(离子或分子等）所需的最小应力。其值决定于原子间的相互作用及热运动。石英玻璃的理论强度大致为 $1.2×10^{10}$ Pa。表 1-3-3 为不同材料的弹性模量、理论强度及实践强度。

表 1-3-3 不同材料的弹性模量、理论强度及实践强度

材料名称	键型	弹性模量 E/Pa	系数 χ	理论强度/Pa	实际强度/Pa
石英玻璃纤维	离子-共价键	$12.4×10^{10}$	0.1	$1.24×10^{10}$	$1.05×10^{10}$
玻璃纤维	离子-共价键	$7.2×10^{10}$	0.1	$0.72×10^{10}$	$(0.2\sim0.3)×10^{10}$
块状玻璃	离子-共价键	$7.2×10^{10}$	0.1	$0.72×10^{10}$	$(8\sim15)×10^{7}$
氯化钠	离子键	$4.0×10^{10}$	0.06	$0.24×10^{10}$	$0.44×10^{7}$
有机玻璃	共价键	$(0.4\sim0.6)×10^{10}$	0.1	$(0.04\sim0.06)×10^{10}$	$(10\sim15)×10^{7}$
钢	金属键	$20×10^{10}$	0.15	$3.0×10^{10}$	$(0.1\sim0.2)×10^{10}$

由表 1-3-3 可看出，块状玻璃的实际强度比理论强度相差 2～3 个数量级。由于玻璃脆性大，玻璃中存在有微裂纹（尤其是表面微裂纹），内部不均匀区及缺陷的存在造成应力集中，所引起块状玻璃实际强度低，其中表面微裂纹对玻璃强度影响更重要。

玻璃强度的影响因素很多，主要包括以下几个。

（1）化学组成

固体物质各质点的键强及单位体积内键的数目决定了其强度的大小。玻璃化学组成不同，其结构间的键力及单位体积的键数不同，因此强度也不同。对硅酸盐玻璃来说，桥氧与非桥氧所形成的键强度不同。石英玻璃中的氧离子全部为键力很强的桥氧，因此石英玻璃的强度最高。就非桥氧来说，含大量碱金属离子的玻璃强度最低，单位体积内的键数也即结构网络的疏密程度较小，强度就低。图 1-3-3 为三种不同结构强度的玻璃。

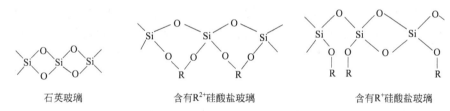

石英玻璃　　　　　含有 R^{2+} 硅酸盐玻璃　　　　　含有 R^{+} 硅酸盐玻璃

图 1-3-3　三种不同结构强度的玻璃

加入少量 Al_2O_3 或引入适量 B_2O_3（小于 15％），使玻璃结构网络紧密，强度提高。此外，CaO、BaO、PbO、ZnO 等氧化物也可有效提高玻璃强度。各氧化物对玻璃抗张强度提高作用顺序为：

$$CaO>B_2O_3>Al_2O_3>PbO>K_2O>Na_2O>(MgO、Fe_2O_3)$$

各氧化物对玻璃抗压强度提高作用顺序为：

$$Al_2O_3>(SiO_2、MgO、ZnO)>B_2O_3>Fe_2O_3>(BaO、CaO、PbO)>Na_2O>K_2O$$

（2）温度

温度对玻璃强度的影响较大。在接近绝对零度（－273℃附近）到 200℃范围内，强度随温度的上升而下降。此时由于温度升高，裂纹端部分子的热运动增加，导致键断裂，增加玻璃破裂的概率。在 200℃左右，强度最低。高于 200℃时，强度逐渐增加，这主要是因为钝化的裂口缓和了应力的集中。图 1-3-4 为玻璃强度与温度的关系。

（3）玻璃中的应力

玻璃中残存分布不均匀的残余应力，会使玻璃强度降低。实验证明，当玻璃内残余应力

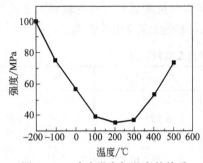
图 1-3-4 玻璃强度与温度的关系

增加到 1.5～2 倍时，抗弯强度降低 9%～12%。将玻璃进行钢化后，使其表面产生均匀的压应力、内部形成均匀的张应力，玻璃的耐机械冲击和热冲击的能力要高 5～10 倍。

（4）玻璃中的缺陷

玻璃中存在固体夹杂物（结石）、化学不均匀（条纹）、气体夹杂物（气泡）等宏观缺陷，因其成分、膨胀系数与主体玻璃不一致，最终在玻璃内部造成内应力。另外，宏观缺陷也提供了界面，从而使点缺陷、局部析晶、晶界等微观缺陷集中，从而产生裂纹，最终会影响玻璃的强度。

（5）玻璃的疲劳现象

在常温下，随加荷速度的增大或加荷时间的延长，玻璃的破坏强度会发生变化。加荷速度越大或加荷时间越长，其破坏强度越小，短时间不会破坏的负荷，时间久了可能会破坏，这种现象称为玻璃的疲劳现象。玻璃在实际使用时，当经受长时间、多次负荷的作用，或在弹性变形温度范围内经受多次温差的冲击，都会受到"疲劳"的影响。研究表明，在加荷作用下微裂纹的加深会导致玻璃疲劳现象的发生。而玻璃在液氮、更低温度下和真空中，不出现疲劳现象。此外，疲劳与裂纹大小无关。

1.3.3.2　玻璃的硬度与脆性

（1）硬度

硬度是固体材料抵抗另一种固体深入其内部而不产生残余形变的能力。硬度的表示法很多，包括显微硬度（压痕法）、莫氏硬度（划痕法）、研磨硬度（磨损法）和刻划硬度（刻痕法）等。一般玻璃用显微硬度表示。测定硬度的方法可以划分为刻划硬度法、研磨硬度法与压入硬度法三种。一般采用显微硬度法测定玻璃硬度。此法是利用金刚石正方锥体以一定负荷在玻璃表面打入印痕，然后测量印痕对角线的长度（属于压入硬度法）。

$$H = \frac{1.854P}{L^2} \qquad (1\text{-}3\text{-}6)$$

式中，H 为显微硬度；P 为负荷，N；L 为印痕对角线的长度，mm。

硬度的决定因素有以下几个。

① 一般来说，玻璃的硬度随着碱性金属氧化物含量的增加而降低，随着网络外体离子半径的减小和原子价的上升而增加。各种氧化物对玻璃硬度提高的作用大致如下：

$$SiO_2 > B_2O_3 > (MgO、ZnO、BaO) > Al_2O_3 > Fe_2O_3 > K_2O > Na_2O > PbO$$

② 玻璃的硬度还与温度有关，温度的升高会使分子间结合强度降低，硬度也降低。

（2）脆性

玻璃的脆性是指当负荷超过玻璃的极限强度时，不产生明显的塑性变形而立即破裂的性质。可以用抗冲击能力来表示或者以破坏单位体积所需的功来计算，也可用玻璃的耐压强度与抗冲击强度之比来表示。玻璃是典型的脆性材料之一，它没有屈服延伸阶段，特别是受到突然施加的负荷（冲击）时，玻璃内部的质点来不及发生适应性的流动，就相互分裂。松弛速度低是导致脆性的重要原因。

玻璃的脆性通常用它破坏时所受到的抗冲击强度来表示。也可用玻璃的耐压强度与抗冲击强度之比来表示。根据对石英玻璃的显微硬度测定表明，在负荷达到 30g 时，压痕即开始破裂，因而脆性是比较大的。加入碱金属和二价金属氧化物时，玻璃脆性随加入离子半径的增大而增加。玻璃中引入阳离子半径小的氧化物，如 Li_2O、BeO、MgO 等，有利于制备硬度大而脆性小的玻璃。

1.3.3.3 玻璃的弹性

材料在外力的作用下发生变形，当外力去除后能恢复原来形状的性质称为弹性。在 T_g 温度以下，玻璃基本上是服从虎克定律的弹性体。玻璃的弹性主要是指弹性模量 E（即杨氏模量）、剪切模量 G、泊松比 μ 和体积压缩模量 K。弹性模量是表示材料应力与应变关系的物理量，是表示材料对形变的抵抗力。一般玻璃的弹性模量为 $(441\sim882)\times10^8Pa$，而泊松比在 $0.11\sim0.30$ 范围内变化。各种玻璃的弹性模量及泊松比见表 1-3-4。

表 1-3-4　各种玻璃的弹性模量及泊松比

玻璃类型	弹性模量 E/Pa	泊松比 μ
微晶玻璃	1204×10^3	0.25
石英玻璃	705.6×10^3	0.16
高硅氧玻璃	676.2×10^3	0.19
硼硅酸盐玻璃	617.4×10^3	0.20
铝硅酸盐玻璃	842.8×10^3	0.25
钠钙铅玻璃	578.2×10^3	0.22
钠钙硅玻璃	676.2×10^3	0.24

玻璃弹性的影响因素有以下几个。

（1）玻璃的成分

玻璃内部质点间化学键的强度与结构决定了弹性模量。质点间化学键力越强，变形越小，结构越坚实，则弹性模量就越大。在玻璃中引入半径小、极化能力强的离子如 Li^+、Be^+、Mg^{2+}、Al^{3+}、Ti^{4+}、Zr^{4+} 等，能提高玻璃的弹性模量；相反，引入离子半径较大、电荷较低的 Na^+、K^+、Sr^{2+}、Ba^{2+} 等离子，不利于提高弹性模量。

（2）温度

温度升高，硅酸盐玻璃的离子间距离增大，相互作用力降低，弹性模量随之降低。此外，高温时质点热运动的增加也是造成弹性模量 E 降低的原因之一。弹性模量与温度的关系对某些玻璃却有正比关系。例如，热膨胀系数小的石英玻璃、高硅氧玻璃，当温度升高时，其弹性模量反而增加。此反常现象与热膨胀系数、玻璃的组成有很大关系。由于温度升高，引起玻璃内部结构的重组，使较弱结合的结构基团转化为较强结合的结构基团。对于硼硅酸盐玻璃的弹性模量 E，不论是淬火的还是退火的，都随温度升高而增大，只有在接近 T_g 温度时，退火玻璃的弹性模量与淬火玻璃不同。

（3）热处理

由于弹性模量随温度的升高而降低，淬火玻璃基本保持了高温状态的疏松结构，因此同组成的淬火玻璃的弹性模量较退火玻璃小，一般低 $2\%\sim7\%$，具体降低的幅度与淬火的程度、玻璃的组成有关。

1.3.4 玻璃的光学性能

玻璃的光学性能是指玻璃的折射、反射、吸收和透射等性质。玻璃高度透明，具有很好的光学性能，可以通过调整玻璃的成分、着色、热处理、光化学反应以及涂膜等工艺过程，获得一系列玻璃的光学性能，满足各种光学材料对特定的光性能和理化性能的要求。因此，研究玻璃的光学性能具有重要意义。

1.3.4.1 玻璃的折射率

光照射到玻璃时，一般会产生反射、透过和吸收三种现象，这三种基本性质与折射率有关。电磁波在玻璃中传播速度的降低（以真空中的光速为准）是因为玻璃的折射率。玻璃的折射率为：

$$n = \frac{c}{v} \tag{1-3-7}$$

式中，n 为玻璃的折射率；c 为光在真空中的传播速度；v 为光在玻璃中的传播速度。

一般玻璃的折射率为 1.50～1.75，平板玻璃的折射率为 1.52～1.53。

玻璃的折射率的影响因素包括以下几个。

（1）玻璃的组成

玻璃内部离子的极化率和玻璃的密度决定玻璃的折射率。玻璃内部各离子的极化率（即变形性）越大，光波通过后能量被吸收，传播速度降低，则折射率增加；玻璃的密度越大，光在玻璃中的传播速度也越慢，其折射率也越大。玻璃中阳离子的半径越大，则极化率越高。氧离子与其周围阳离子之间的键力越大，极化率越小。因此当阳离子半径增大时，不仅其本身的极化率上升，而且也提高了氧离子的极化率，因而促使玻璃分子折射率迅速上升。

（2）色散

色散是指玻璃折射率随入射光波长不同而不同的现象。玻璃中电子振子的自然频率在近紫外区，因此，近紫外区的光受到较大削弱。绝大多数的玻璃，在近紫外区折射率最大并逐步向红光区降低。在可见光区玻璃的折射率随光波频率的增大而增大。这种折射率随波长减小而增大，当波长变短时，变化更迅速的色散现象，称为正常色散。大部分透明物质都具有这种正常色散现象。

（3）热历史

将玻璃在退火区内某一温度保持足够长的时间后达到平衡结构，再以无限大速度冷却到室温，玻璃仍保持此温度下的平衡结构及相应平衡折射率。在退火温度范围内的某一温度，温度越高，玻璃趋向该温度下的平衡折射率速度越快。玻璃在退火温度范围内达到平衡折射率后，冷却速度快，其折射率低。当成分相同的两块玻璃处于不同退火温度范围内保温，分别达到不同的平衡折射率后，以相同的速度冷却时，则保温时的温度越高，折射率越小。

（4）温度

玻璃的折射率与温度的关系与玻璃组成及结构有密切的关系。一方面，当温度上升时，玻璃受热膨胀使密度减小，折射率下降；另一方面，温度升高导致阳离子对 O^{2-} 的作用减小，极化率增加，使折射率变大。玻璃折射率的温度系数值有正和负两种可能。

1.3.4.2 玻璃的着色

玻璃的着色不仅关系到各种颜色玻璃的生产，也是研究玻璃结构的重要方法。物质呈现颜色的原理是：物质之所以能吸收光，是由于原子中电子（主要是价电子）受到光能的激发，从能量较低的轨道跃迁到能量较高的轨道，亦即从基态跃迁到激发态所致，因此只要基态和激发态之间的能量差处于可见光的能量范围时，相应波长的光就被吸收，从而呈现颜色。

玻璃着色的方法大致包括以下三种。

（1）离子着色

钛、钒、锰、铁、钴等过渡金属在玻璃中以离子状态存在，它们的价电子在不同能级间跃迁，可引起对可见光的选择性吸收，导致着色。另外，玻璃成分、熔制温度、时间、气氛等对离子着色有重要影响。

常见离子的着色包括以下几种。

① 钛　Ti^{4+} 的 3d 轨道全空，稳定、无色。可强烈吸收紫外线，吸收带进入可见光区紫蓝光部分使玻璃显棕黄色。钛可加强过渡元素着色，在铅玻璃中比较显著。

② 钒　钒可以 V^{3+}、V^{4+}、V^{5+} 三种状态存在。钒在钠钙硅玻璃中可产生绿色，一般由 V^{3+} 产生。钒在钠硼酸盐玻璃中，根据熔制条件和钠含量的不同，可以产生青绿色、绿色、棕色或蓝色。

③ 铬　铬可以 Cr^{3+}、Cr^{6+} 两种状态存在，前者产生绿色，后者产生黄绿色。铬在硅酸盐玻璃中溶解度比较小，因此给玻璃着色较困难。

④ 锰　在高温熔制条件下，锰一般以 Mn^{2+} 和 Mn^{3+} 状态存在，在氧化条件下，以 Mn^{3+} 形式存在，使玻璃产生深紫色，氧化越强，着色越深，在铝硅酸盐玻璃中，锰产生棕红色。

⑤ 铁　铁可以 Fe^{2+} 和 Fe^{3+} 两种状态存在，Fe^{3+} 着色弱，使玻璃产生淡蓝色。铁离子具有吸引紫外线和红外线的物性，常用于生产太阳眼镜、焊片玻璃。在磷酸盐玻璃中，在还原条件下，铁完全处于 Fe^{2+} 状态，吸热性好，可见光透过率高，是著名的吸热玻璃。

⑥ 钴　在一般熔制条件下，钴常以低价 Co^{2+} 状态存在，着色稳定，受熔制条件和玻璃成分的影响较小。钴的着色能力很强，只要引入 0.01% 的 Co_2O_3 就能使玻璃产生深蓝色。钴不吸收紫外线，在磷酸盐玻璃中与氧化镍共同作用制造褐色透短波紫外线玻璃。

⑦ 铜　铜可以 Cu^0、Cu^+、Cu^{2+} 三种状态存在于玻璃中，Cu^{2+} 产生天蓝色，Cu^+ 无色，原子状态的 Cu^0 能使玻璃产生红色和铜金星。Cu^{2+} 常用来制造绿色信号玻璃。

（2）硫、硒及其化合物的着色

单质硫在含硼很高的玻璃中才是稳定的，可使玻璃产生蓝色。单质硒可在中性条件下存在于玻璃中，产生淡紫红色。"硫碳"着色玻璃，颜色棕而透红，色似琥珀。硫化镉和硒化铬着色玻璃是目前黄色和红色玻璃中颜色鲜明、光谱特性最好的一种玻璃。

（3）金属液体的着色

玻璃可以通过微细分散状态的金属对光的选择性吸收而着色。一般认为，选择性吸收是由于胶态金属颗粒的光散射而引起。铜红、金红、银黄玻璃即属于这一类。玻璃的颜色很大程度上决定于金属粒子的大小。铜、银、金为贵金属，它们的氧化物都易分解为金属状态，这是金属胶体着色物质的共同特点。为了实现金属胶体着色，它们先是以离子状态溶解于玻璃熔体中，然后通过还原剂或热处理，使之还原为原子状态，并进一步使金属原子聚集，使其长大成胶体态，从而使玻璃着色。

1.3.5　玻璃的热学性能

玻璃的热学性能包括热膨胀系数、导热性、比热容、热稳定性等，其中热膨胀系数对玻璃制品的使用和生产都有重要影响。

1.3.5.1　热膨胀系数

玻璃的热膨胀主要决定于离子之间的键力、配位数、电价及离子之间的距离。

对于玻璃工业，一般可按下式计算玻璃的线膨胀系数：

$$\alpha = \frac{L_2 - L_1}{L_1(t_2 - t_1)} = \frac{\Delta L}{L_1 \Delta t} \tag{1-3-8}$$

式中，ΔL 为试样从 t_1 加热到 t_2 时长度的伸长值，cm；Δt 为试样受热后温度的升高值，℃。

不同组成的玻璃的线膨胀系数可在 $(5.8 \sim 150) \times 10^{-7} ℃^{-1}$ 范围内变化。目前知道若干非氧化物玻璃的线膨胀系数甚至超过 $200 \times 10^{-7} ℃^{-1}$。随着科学技术的发展，将玻璃微晶化后可获得零膨胀或负膨胀的玻璃材料，从而开辟了新的应用领域。表 1-3-5 为几种典型玻璃及有关材料的平均线膨胀系数。

表 1-3-5　几种典型玻璃及有关材料的平均线膨胀系数

玻璃	线膨胀系数/$℃^{-1}$	玻璃	线膨胀系数/$℃^{-1}$
光学玻璃	$(55 \sim 85) \times 10^{-7}$	石英玻璃	5×10^{-7}
平板玻璃	95×10^{-7}	钨组玻璃	$(36 \sim 40) \times 10^{-7}$
钠钙硅玻璃	$(60 \sim 100) \times 10^{-7}$	钼组玻璃	$(40 \sim 50) \times 10^{-7}$
派来克斯玻璃	32×10^{-7}	铂组玻璃	$(86 \sim 93) \times 10^{-7}$
高硅氧玻璃	8×10^{-7}		

各组分氧化物对玻璃的热膨胀系数 α 的影响如下。

① 在比较各成分对 α 的作用时，首先要区别它们在玻璃中的作用。即网络形成物、中间物和网络调整物。

② 能增强网络的成分使 α 降低，使网络断裂者使 α 上升。

③ R_2O 和 RO 主要使网络断裂，起断网作用，积聚作用是次要的。对于高电荷离子，它们主要起积聚作用。

④ 网络生成体使玻璃 α 下降，中间体在有足够"游离氧"的条件下也使玻璃 α 下降。除此之外，在玻璃组分中 R_2O 总含量不变时，引入两种不同的 R^+ 离子，将产生"混合碱效应"，使玻璃 α 出现极小值。

⑤ 玻璃的热膨胀系数在退火温度以下可认为是一个常数，与温度无关。但是热历史可以对玻璃的热膨胀系数有明显的影响。组成相同的淬火玻璃比退火玻璃的热膨胀系数大百分之几。在转变温度范围内淬火玻璃的热膨胀系数变化不大，而退火玻璃却激烈上升直到软化为止。这是由于淬火玻璃保持高温时的结构存在着巨大的应变，质点间距较大，相互间吸引力较弱，因此在升温过程中其膨胀略高于退火玻璃。

1.3.5.2　比热容

加热 1g 物质使其升高 1K 所需的热量称为比热容，比热容的单位为 J/(kg·K)，玻璃的比热容为 $335 \sim 1047 J/(kg·K)$。

物质的比热容决定于晶格（骨架）的振动。高温时物质的热容量是一个常数，与物质结构关系不大，而在低温时，晶格发出的是低频声子的声频波。玻璃的比热容取决于化学组成与温度。温度升高，玻璃由低温致密结构转变为高温疏松结构，所以在加热到软化温度之前，玻璃的比热容增加不大，而高于软化温度时开始迅速增加。SiO_2、Al_2O_3、B_2O_3、MgO、Na_2O 及 Li_2O 能提高玻璃的比热容，含有大量 PbO 或 BaO 的玻璃比热容较低，其余的氧化物影响不大。通常，玻璃的密度越大则比热容越小，比热容和密度之积近似为常数。

1.3.5.3　导热性

导热性指的是物质靠质点的振动把热能传递至较低温度方面的能力，其单位为 W/(m·K)。

各种不同物质的导热性都以热导率 λ 来表示。所以 λ 表征着物质传递热量的难易，它的倒数值称为热阻。

玻璃是热的不良导体，热导率较小，在 $0.71\sim1.34\mathrm{W/(m\cdot K)}$ 之间。玻璃的导热性与温度、组成和颜色都有关系。玻璃的透明性增加会提高辐射热的透过性，因此在高温时，玻璃的热导率随着温度的升高而增强，如加热到软化温度时玻璃的导热性几乎增加一倍。石英玻璃的热导率最大，玻璃中的 SiO_2、Al_2O_3、B_2O_3、CaO、MgO 等含量增加，都能提高玻璃的导热性能。一般情况下，键强度越大，热传导性能越好，因此在玻璃中引入碱金属氧化物会降低热导率。玻璃颜色的深浅对热导率的影响也较大，对玻璃制品的制造工艺具有显著的影响。一般玻璃的颜色越深，其导热能力也越小。

1.3.5.4 玻璃的热稳定性

玻璃经受剧烈的温度变化而不破坏的性能称为玻璃的热稳定性，其大小与玻璃的形状和厚度有一定关系。

凡是能降低玻璃机械强度的因素，都能使玻璃的热稳定性降低；反之亦然。尤其是玻璃的表面状态，如果表面上出现裂纹以及各种缺陷都能使玻璃的热稳定性降低。玻璃表面经受抛光或酸处理后就能提高其热稳定性，淬火能使玻璃的热稳定性提高 $1.5\sim2$ 倍。玻璃经受急热要比经受急冷好得多。原因在于急热时，玻璃的表面产生压应力，而急冷时，玻璃表面形成的是张应力，玻璃的耐压强度比抗张强度要大十多倍。玻璃的热膨胀系数越小，其热稳定性就越好，试样能承受的温度差也越大。凡是能降低玻璃热膨胀系数的组分都能提高玻璃的热稳定性，如 SiO_2、B_2O_3、Al_2O_3、ZrO_2、ZnO、MgO 等。碱金属氧化物 R_2O 能增大玻璃的热膨胀系数，故含有大量碱金属氧化物的玻璃，热稳定性就差。玻璃的热稳定性还与制品的厚度有关。

1.3.6 玻璃的化学稳定性

玻璃在各种气候条件下抵抗天然水、大气的风化作用以及在各种人工条件下抵抗各种化学试剂、药物溶液的侵蚀破坏作用的能力，称为玻璃的化学稳定性，有时也称为耐久性或抗蚀性。

各种用途的玻璃均要求具有一定的化学稳定性。例如，化学稳定性不良的平板玻璃，在存放和运输中往往会受潮粘片，光学仪器的各类透镜在大气和水的作用下会发霉报废，化学仪器因玻璃受侵蚀而影响分析结果，任何玻璃制品都必须具有它所规定的化学稳定性指标。玻璃的化学稳定性包括耐水性、耐酸性和耐碱性。

1.3.6.1 玻璃表面的侵蚀机理

（1）水对玻璃的侵蚀

水对硅酸盐玻璃的侵蚀主要是包括交换反应［反应式(1-3-9)］、水化反应［反应式(1-3-10)］和中和反应［反应式(1-3-11)］三个过程，反应过程如下：

$$\mathrm{-Si-Na^+ + H^+\ OH} \rightleftharpoons \mathrm{-Si-OH + NaOH} \tag{1-3-9}$$

$$\mathrm{-Si-OH + \tfrac{3}{2}H_2O} \rightleftharpoons \mathrm{HO-Si-OH} \tag{1-3-10}$$

$$\mathrm{Si(OH)_4 + NaOH} \rightleftharpoons \mathrm{[Si(OH)_3O]^- Na^+ + H_2O} \tag{1-3-11}$$

中和反应的产物硅酸钠电离度要低于 $NaOH$ 的电离度，因此中和反应使溶液中的 Na^+

浓度降低促进水化的进行。另外，水分子也可与硅氧骨架直接反应。随反应的进行，Si 周围的四个桥氧全部变成了 OH^-，反应产物 $Si(OH)_4$ 为极性分子，可将周围的水分子极化，定向地吸附在自己的周围，形成一层薄膜，具有较强的抗水和抗酸性能，称为保护膜层。这三个反应互为因果，循环进行，但总的反应速率决定于反应式(1-3-8)。

（2）酸对玻璃的侵蚀

玻璃有很强的耐酸性，除 HF 酸外，一般的酸均通过 H_2O 的作用侵蚀玻璃，所以浓酸侵蚀小于稀酸，水对硅酸盐玻璃侵蚀的产物之一是金属氢氧化物，这一产物会受到酸的中和，中和作用有两种相反效果。

① 玻璃和水溶液之间的离子交换使反应加速进行，增加玻璃的失重。

② 降低溶液的 pH 值，使 $Si(OH)_4$ 溶解度减小，从而减小玻璃的失重。

当玻璃中 R_2O 含量较高时，前一种效果是主要的；反之，当玻璃中 SiO_2 含量较高时，则后一种效果是主要的。即高碱玻璃的耐酸性小于耐水性，而高硅玻璃的耐酸性大于耐水性。

（3）碱对玻璃的侵蚀

碱对玻璃的侵蚀，主要是通过 OH^- 破坏硅氧骨架而产生硅氧群，使 SiO_2 溶解在溶液中，所以在玻璃被侵蚀过程中，不形成硅凝胶薄膜，而使玻璃的表面层全部脱落。碱对玻璃侵蚀程度与时间成直线关系，与 OH^- 离子浓度成正比，随碱中阳离子对玻璃表面的吸附能力增加而增大，不同阳离子的碱对玻璃的侵蚀顺序为：

$$Ba^{2+}>Sr^{2+}>NH_4^+>Rb^+\approx Na^+\approx Li^+>Ca^{2+}$$

碱对玻璃的侵蚀随侵蚀后在玻璃表面形成的硅酸盐在碱溶液中的溶解度增大而加重。

（4）大气对玻璃的侵蚀

大气对玻璃的侵蚀，实质上是水汽、CO_2、SO_2 等对玻璃表面侵蚀的总和。侵蚀过程是：玻璃表面的某些离子吸附大气中的水分子，这些水分子以 OH^- 基团形式覆盖在玻璃表面上，形成一个薄层。

如果玻璃化学组成中，碱金属氧化物组分含量少，这种薄层形成后，就不再继续发展；如果碱金属氧化物组分含量多，则被吸附的水膜会变成碱金属氢氧化物的溶液，并能不断积累，随着侵蚀的进行，碱浓度越来越大，pH 值迅速上升，最后类似于碱对玻璃的侵蚀，从而大大加速了对玻璃的侵蚀。因此，水汽对玻璃的侵蚀，先是以离子交换为主的释碱过程，后来逐渐过渡到以破坏网络为主的溶蚀过程。

1.3.6.2 影响玻璃化学稳定性的主要因素

影响玻璃化学稳定性的主要因素包括以下几个。

（1）热处理

玻璃的退火程度可使其结构的稳定性不同，一般来说，急冷玻璃比徐冷玻璃的密度小，折射率也处于结构较松弛的介稳状态，因此急冷玻璃的化学稳定性也较差。所以在化学稳定性测定前必须进行一定的退火。急冷玻璃比徐冷玻璃的化学稳定性好，退火温度越高，时间越长，化学稳定性越差。

① 在酸性炉气中退火时，玻璃中的部分碱金属氧化物移动到表面后，被炉中酸性气体（主要为 SO_2）所中和形成白霜（主要成分为 Na_2SO_4），通常称为"硫酸化"，因白霜易被除去，从而降低碱金属氧化物含量，提高化学稳定性；相反，在非酸性炉气中退火时，引起碱在玻璃表面上的富集，从而降低玻璃的化学稳定性。

② 玻璃钢化作用，一方面是使表面产生压应力，微裂纹减少，提高稳定性；另一方面

是碱在表面的富集，降低玻璃的化学稳定性，总体来说，可以提高玻璃的化学稳定性。

（2）气体和液体

玻璃侵蚀首先是从表面进行反应，新断口的表面化学稳定性最低，新成型的玻璃表面与酸性气体、湿气，尤其是水或酸溶液预先接触，均能生成一定厚度的表面保护层，使其他侵蚀剂的作用减小，因此不能测定出玻璃原来的化学稳定性，在对耐水性进行测定时，此点必须考虑。

（3）化学组成

化学组成包括以下几种。

① SiO_2 含量多，$[SiO_4]$ 互相连接紧密，化学稳定性升高，碱金属氧化物含量越高，网络结构越易破坏。

② 电场强度大的离子如 Li_2O 取代 Na_2O，可加强网络，提高化学稳定性，若引入量过多，会由于积聚，而促进分相，化学稳定性降低。

③ 在玻璃中同时有两种碱金属氧化物时，由于混合碱效应，化学稳定性出现极值。

④ 以 B_2O_3 取代 SiO_2 时，由于硼氧反常现象，在 B_2O_3 引入量为 16% 以上时，化学稳定性出现极值。

⑤ 少量 Al_2O_3 引入玻璃组成，$[AlO_4]$ 能修补 $[SiO_4]$ 网络，提高化学稳定性。

1.4 玻璃原料及配合料的制备

玻璃性能优异，容易加工，因此在各个领域应用广泛。玻璃原料的选择及配合料的制备是玻璃生产工艺的重要组成部分，会直接影响到玻璃制品的质量与产量。玻璃原料是指用于制造玻璃的矿物原料、化工原料及碎玻璃。配合料是指为了熔制具有某种组成的玻璃所采用的，具有一定配合比的玻璃原料的混合物。

1.4.1 玻璃原料

玻璃原料按用量及作用的不同可分为主要原料及辅助原料。主要原料是指向玻璃中引入各种氧化物（如 SiO_2、Na_2O、CaO、Al_2O_3、MgO）的材料，如石英砂、长石、石灰石、纯碱等。按所引入的氧化物的性质，又分为酸性氧化物原料、碱性氧化性原料、碱土金属和二价金属氧化物原料、多价氧化物原料。按所引入的氧化物在玻璃结构中的作用，又分为玻璃形成氧化物原料、中间体氧化物原料及网络外体氧化物原料。

辅助原料是指为使玻璃获得某些必要的性质和加速熔制的原料，虽然用量少，但作用大，且是不可替代的。根据作用不同，分为澄清剂、脱色剂、着色剂、乳浊剂、氧化剂、还原剂、助熔剂等。

1.4.1.1 主要原料

（1）引入 SiO_2 的原料

SiO_2 是玻璃中最主要的化学成分，以 $[SiO_4]$ 结构形成不规则的连续网络，组成玻璃的骨架，使玻璃具有高的化学稳定性、力学性能、电学性能及热学性能。但 SiO_2 含量过高会提高熔化温度（SiO_2 的 T_m 为 1713℃），而且可能导致析晶。

引入 SiO_2 的原料主要包括硅砂、砂岩和石英岩，在玻璃中用量较大，占配合料的 60%～

70％以上。

① 硅砂　也称为石英砂，主要由石英颗粒组成，纯净的为白色。含有 Fe 的氧化物及有机质的石英砂呈淡黄色或褐红色。

评价硅砂质量的三个指标如下。

a. 化学组成　主要成分为 SiO_2，另外含有少量 Al_2O_3、Na_2O、K_2O、CaO 等无害物质。有害杂质为 Fe_2O_3，会使玻璃呈蓝绿色，影响玻璃透明度，Cr_2O_3 使玻璃呈绿色，TiO_2 使玻璃呈黄色，与 Fe_2O_3 同时存在使玻璃呈黄褐色。

b. 颗粒组成　这是一个重要指标，硅砂的颗粒大小和组成决定了玻璃熔体的质量，同时对原料制备、玻璃熔制、储热室堵塞有直接影响。因此应严格控制石英砂的颗粒组成。一般颗粒越细，其铝铁含量也越大。一般要求在 0.15～0.8mm 之间。

c. 矿物组成　与其伴生的无害物质有长石、高岭石、白云石、方解石等。伴生的有害物质有赤铁矿、磁铁矿、钛铁矿等。

② 砂岩　砂岩是石英颗粒和黏性物质在地质高压下胶结而成的坚实致密的岩石。根据黏性物质的性质可分为黏土质砂岩、长石质砂岩、钙质砂岩。其中的有害杂质是 TiO_2。

③ 石英岩　石英岩是石英颗粒彼此紧密结合而成的，是砂岩的变质岩，石英岩硬度比砂岩高，莫氏硬度为 7，强度大，使用情况与砂岩一样。表 1-4-1 为硅质原料的成分范围。

表 1-4-1　硅质原料的成分范围

原料	成分/％					
	SiO_2	Al_2O_3	Fe_2O_3	CaO	MgO	R_2O
硅砂	90～98	1～5	0.1～0.2	0.1～1	0～0.2	1～3
砂岩	95～99	0.3～0.5	0.1～0.3	0.05～0.1	0.1～0.15	0.2～1.5

(2) 引入 Na_2O 的原料

在玻璃中引入 Na_2O，使 O/Si 比增加而使玻璃的黏度降低，热膨胀系数增加，化学稳定性下降，一般情况下，Na_2O 加入量<18％。引入 Na_2O 的原料主要包括纯碱和芒硝。

① 纯碱（Na_2CO_3）　纯碱是微细白色粉末，易溶于 H_2O。主要杂质是 NaCl（≤1％），纯碱易潮解、结块，它的含水量通常波动在 9％～10％之间，应储存在通风、干燥的库房内。对其质量要求为：Na_2CO_3＞98％，NaCl<1％，Na_2SO_4<0.1％，Fe_2O_3<0.1％。

② 芒硝（Na_2SO_4）　芒硝包括无水芒硝和含水芒硝（$Na_2SO_4 \cdot 10H_2O$）两类。用芒硝可取代碱，也是生产中常用的澄清剂。常加入还原剂降低芒硝的分解温度（主要为炭粉、煤粉等）。但芒硝的缺点是：热耗大、侵蚀大、易产生芒硝泡，当还原剂使用过多时，会使玻璃着色显棕色。对芒硝的质量要求为：Na_2SO_4＞85％，NaCl>2％，$CaSO_4$>4％，Fe_2O_3<0.1％，H_2O<5％。

(3) 引入 Al_2O_3 的原料

引入 Al_2O_3 的原料主要包括长石和高岭土。

① 长石　自然界中常见的长石有淡红色钾长石（$K_2O \cdot Al_2O_3 \cdot 6SiO_2$）、白色钠长石（$Na_2O \cdot Al_2O_3 \cdot 6SiO_2$）、钙长石（$CaO \cdot Al_2O_3 \cdot 2SiO_2$）。在矿物中常以不同比例存在，因此长石化学组成波动大。对长石的质量要求为：Al_2O_3＞16％，Fe_2O_3<0.3％，R_2O＞12％。

② 高岭土　高岭土也称为黏土（$Al_2O_3 \cdot 2SiO_2 \cdot 2H_2O$），其中 SiO_2 与 Al_2O_3 为难熔氧化物，所以在使用前应细磨。对高岭土的质量要求为：Al_2O_3＞25％，Fe_2O_3<0.4％。表 1-4-2 为高岭土及长石的成分范围。

表 1-4-2　高岭土及长石的成分范围

原料	成分/%					
	SiO_2	Al_2O_3	Fe_2O_3	CaO	MgO	R_2O
长石	55～65	18～21	0.15～0.4	0.15～0.8	—	13～16
高岭土	95～99	30～40	0.15～0.45	0.15～0.8	0.05～0.5	0.1～1.35

（4）引入 CaO 的原料

引入 CaO 的原料主要有石灰石及方解石。两者的主要成分均为 $CaCO_3$，后者含量高。对含钙原料的质量要求为：$CaO>50\%$，$Fe_2O_3<0.15\%$。

（5）引入 MgO 的原料

引入 MgO 的原料主要有白云石（$MgCO_3 \cdot CaCO_3$），呈蓝白色、浅灰色、黑灰色。对白云石的质量要求为：$MgO>20\%$，$CaO<32\%$，$Fe_2O_3<0.15\%$。

（6）引入 BaO 的原料

引入 BaO 的原料主要有硫酸钡和碳酸钡。

① 硫酸钡（$BaSO_4$）　$BaSO_4$ 为白色结晶，天然矿物称为重晶石。对 $BaSO_4$ 的质量要求为：$BaSO_4>95\%$，$SiO_2<1.5\%$，$Fe_2O_3<0.5\%$。

② 碳酸钡（$BaCO_3$）　$BaCO_3$ 是无色晶体，天然的碳酸钡称为毒重石。对 $BaCO_3$ 的质量要求为：$BaCO_3>97\%$，$Fe_2O_3<1\%$。

（7）引入 B_2O_3 的原料

引入 B_2O_3 的原料主要有硼酸和硼砂。

① 硼酸　硼酸为白色鳞片状固体，易溶于水，挥发量为 $5\%～15\%$，含 B_2O_3 56.45%，H_2O 43.55%。

② 硼砂　硼砂（$Na_2B_4O_7 \cdot 10H_2O$），含 B_2O_3 6.65%。含水硼砂是坚硬的白色菱形结晶，易溶于水。无水硼砂（$Na_2B_4O_7$）或煅烧硼砂是无色玻璃状小块，含 B_2O_3 69.2%，Na_2O 30.8%。对硼砂的质量要求为：$B_2O_3>35\%$，$Fe_2O_3<0.01\%$。

1.4.1.2　辅助原料

（1）澄清剂

澄清剂是指凡在玻璃熔制过程中能分解产生气体，或能降低玻璃黏度促使玻璃液中气泡排除的原料。常用的澄清剂可分为以下三类。

① 硫酸盐原料　主要是硫酸钠（Na_2SO_4），它在高温下分解，可起到有效的澄清作用。玻璃厂常采用此类原料。

② 氧化砷（As_2O_3）和氧化锑（Sb_2O_3）原料　均为白色粉末，单独使用时将升华挥发，仅起鼓泡作用。与硝酸盐组合使用，在低温吸收 O_2，在高温放出 O_2，起澄清作用。As_2O_3 有毒，大都改用 Sb_2O_3。

③ 氟化物类原料　主要包括氟化钙（CaF_2）和氟化硅钠（Na_2SiF_6），萤石是天然矿物，是由蓝、白、绿、紫组成的微透明岩石。熔制时可降低黏度，起澄清作用。但产生的气体（HF、SiF_4）污染环境，已限制使用。

（2）着色剂

① 离子着色剂　离子着色剂包括以下几种。

a. 锰化合物原料　包括软锰矿（MnO_2）、氧化锰（Mn_2O_3）、高锰酸钾（$KMnO_4$）。Mn_2O_3 使玻璃显紫色，若还原成 MnO 则为无色。

b. 钴化合物原料　包括绿色粉末状氧化亚钴（CoO）和深紫色的氧化钴（Co_2O_3）。CoO 使玻璃呈天蓝色。

c. 铬化合物原料　包括重铬酸钾（$K_2Cr_2O_7$）和铬酸钾（K_2CrO_4）。热分解后的 Cr_2O_3 使玻璃呈绿色。

d. 铜化合物原料　包括蓝绿色晶体硫酸铜（$CuSO_4$）、黑色粉末状氧化铜（CuO）、红色结晶粉体氧化亚铜（Cu_2O）。热分解后的 CuO 使玻璃呈湖蓝色。

② 化合物着色剂

a. 单质硫及硒着色　单质硫可使玻璃产生蓝色，单质硒可以在中性条件下存在于玻璃中，产生淡紫红色。在氧化条件下，其紫色显得更纯更美，但氧化又不能过分，否则将形成 SeO_2 或无色的硒酸盐，使硒着色减弱或失色。为了防止产生无色的碱金属硒化物和棕色的硒化铁，必须严防还原作用。

b. 硫碳着色玻璃　在硫碳着色玻璃中，碳仅起还原剂作用，并不参加着色。一般认为，它的着色是硫化物（S^{2-}）和三价铁离子（Fe^{3+}）共存而产生的。有人认为，琥珀基团是由于 [FeO_4] 中的一个 O^{2-} 为 S^{2-} 取代而形成，玻璃中 Fe^{2+}/Fe^{3+} 和 S^{2-}/SO_4^{2-} 的比值对玻璃的着色情况有重要作用。一般来说，Fe^{3+} 和 S^{2-} 含量越高，着色越深；反之，着色越淡。

c. 硫化镉和硒化镉　着色玻璃是目前黄色和红色玻璃中颜色最鲜明、光谱特性最好的一种玻璃。这种玻璃的着色物质为胶态的 CdS、CdS·CdSe、CdS·CdTe、Sb_2S_3 和 Sb_2Se_3 等，着色主要决定于硫化镉与硒化镉的比值（CdS/CdSe），而与胶体粒子的大小关系不大。氧化镉玻璃是无色的，硫化镉玻璃是黄色的，硫硒化镉玻璃随 CdS/CdSe 比值的减小，颜色从橙红色到深红色，碲化镉玻璃是黑色的。镉黄、硒红一类的玻璃，通常是在含锌的硅酸盐玻璃中加入一定量的硫化镉和硒粉熔制而成，有时还需经二次显色。

③ 胶体着色剂　玻璃可以通过细分散状态的金属对光的选择性吸收而着色。一般认为，选择性吸收是由于胶态金属颗粒的光散射而引起。铜红、金红、银黄玻璃即属于这一类。玻璃的颜色很大程度上取决于金属粒子的大小。例如金红玻璃，金粒子小于 20nm 为弱黄色，20～50nm 为红色，50～100nm 为紫色，100～150nm 为黄色，大于 150nm 发生金粒沉析。铜、银、金是贵金属，它们的氧化物都易于分解为金属状态，这是金属胶体着色物质的共同特点。为了实现金属胶体着色，它们先是以离子状态溶解于玻璃熔体中，然后通过还原剂或热处理，使之还原为原子状态，并进一步使金属原子聚集长大成胶体状态，使玻璃着色。

（3）脱色剂

脱色剂的主要作用是可以减弱铁的氧化物对玻璃着色的影响。根据脱色原理可分为化学脱色剂（如 As_2O_3、Sb_2O_3、Na_2S、硝酸盐等）和物理脱色剂（如 Se、MnO_2、NiO、Co_2O_3）。

（4）氧化剂与还原剂

氧化剂是指熔制玻璃时能释出氧气的原料，能吸收氧气的原料称为还原剂。属于氧化剂的原料主要有硝酸盐（硝酸钠、硝酸钾、硝酸钡）、As_2O_5、Sb_2O_5、氧化铈等。属于还原剂的原料主要有炭（煤粉、焦炭、木屑）、酒石酸钾、氧化锡等。

（5）乳浊剂

乳浊剂是指使玻璃产生乳白不透明的原料。最常用的原料有氟化物（萤石、氟硅酸钠）、磷酸盐（磷酸钙、骨灰、磷灰石）等。

（6）碎玻璃

① 碎玻璃作用　回收重熔相同或相似组分的碎玻璃可以变废为宝、保护环境。从工艺上看，引入碎玻璃会加速熔制过程，降低玻璃熔制的热消耗。一般情况下，玻璃原料中碎玻

璃使用的比率变化10%时，熔化玻璃所需的燃料量将变化2.5%，从而降低生产成本、增加玻璃制品的产量。

② 碎玻璃用量　一般的玻璃配合料中引入量为25%～30%，高硼玻璃、高硅玻璃配合料中用量可达70%～100%，碎玻璃的使用会影响到配合料的熔化、澄清、热耗、玻璃制品的性能、加工性能和生产效率等。

③ 加入碎玻璃的注意事项

a. 碎玻璃粒度　碎玻璃粒度小于0.25mm和粒度范围为2～20mm时，熔化效果好。碎玻璃加入量较多时，可缩短熔化时间，但加入量过多时，会延长玻璃液澄清时间。

b. 二次挥发与二次积累　在碎玻璃重熔后，易挥发组分（如碱金属氧化物、氧化铅、氧化硼、氧化锌等）会产生第二次挥发，如重熔后的 Na_2O 比重熔前平均低0.15%，所以必须补挥发。另外，由于高温玻璃液对耐火材料有侵蚀，碎玻璃中 Fe_2O_3 和 Al_2O_3 的含量增加，重熔时就会产生二次积累现象。

c. 碎玻璃表面与内部成分的差异　碎玻璃（尤其是化学稳定性较差的玻璃）表面由于断键多，会吸附水分和水汽并水解成胶态，造成表面成分与内层成分的差别，若熔制温度偏低或缺少有效对流，熔制后玻璃会产生明显的线痕。

d. 重熔玻璃液的还原性　碎玻璃重熔时，其中某些组分会发生热分解并释出氧气，进入周围气泡后逸出玻璃液，使玻璃液具有还原性，当玻璃组分中含有变价元素，会导致玻璃产生色泽的变化。

e. 澄清　碎玻璃中含有少量化学结合的气体，重熔时会产生相当于二次气泡的微小气泡，因此加入碎玻璃量过多时，导致玻璃液难以澄清。

1.4.2　玻璃原料的选择与加工

玻璃原料的选择是制备玻璃制品工艺的重要组成部分，它会直接影响到玻璃制品的质量及产量，因此具有重要的意义。

1.4.2.1　玻璃原料的选择

制备玻璃时引入的每一种氧化物都可以选用不同的原料，因此在选择玻璃原料时，应根据玻璃性质的要求、原料的来源及性能等加以全面考虑。一般在选择玻璃原料时应遵循以下原则。

① 原料应矿藏量大、运输方便、容易加工。

② 便于玻璃厂在日常生产中调整成分。

③ 原料应化学成分稳定，含水量稳定，颗粒组成稳定，含有害杂质少。

④ 原料应适于熔化与澄清，挥发与分解的气体无毒性。

⑤ 对玻璃熔窑的耐火材料腐蚀性要小。

1.4.2.2　玻璃原料的加工

（1）原料的破碎与粉碎

玻璃厂选用的原料基本上是块状的矿物材料，因此必须对矿物原料进行破碎与粉碎，玻璃原料中的砂岩、长石、石灰石、萤石、白云石等均需要破碎与粉碎。根据矿物原料的大小、硬度和需要的粒度等来选择加工处理方法和相应的设备。

砂岩结构致密、硬度高，可直接由粗碎破碎机破碎。目前常用的是复摆式颚式破碎机。图1-4-1为颚式破碎机结构示意图。颚式破碎机构造简单，维修方便，机体坚固，能处理粒度范围大和硬度大的矿物，目前使用广泛。其缺点是破碎比相对较小，一般为4～6。不宜用于片状岩石和湿塑性物料的破碎。

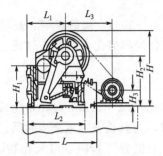

图 1-4-1　颚式破碎机结构示意图

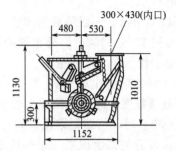

图 1-4-2　反击式破碎机结构示意图

中碎与细碎的设备有反击式破碎机及对辊破碎机。图 1-4-2 及图 1-4-3 分别为反击式破碎机及对辊破碎机的结构示意图。反击式破碎机破碎比大，生产能力高，产物粒度均匀，构造简单，效率高，电耗小，适宜对硬脆矿物进行中碎。其缺点是板锤和反击板磨损大，须经常更换。主要用来进行砂岩的中碎。对辊破碎机能破碎坚硬物料，设备磨损小，常用作中块砂岩的细碎，且过粉碎的物料少。其缺点是入料粒度不能过大，产量偏低，噪声和振动大。可用于白云石、石灰石、长石、萤石、菱镁石等原料的中细碎。

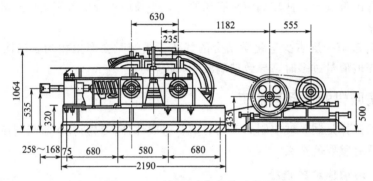

图 1-4-3　对辊破碎机结构示意图

（2）原料的筛分

玻璃原料粉碎后都必须进行筛分。生产中常用的筛分设备主要有六角筛和机械振动筛两种。图 1-4-4 为六角筛结构示意图。六角筛适用于筛分砂岩、白云石、长石、石灰石、纯碱、芒硝等粉料，但不适用于含水量高的物料。其优点是运转平稳，密闭性好，振动小，噪声小；其缺点是产量低。

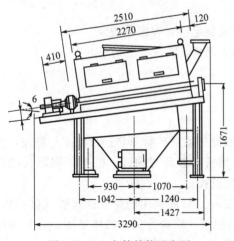

图 1-4-4　六角筛结构示意图

1.4.2.3　玻璃组成的设计与确定

玻璃的化学成分决定了玻璃的物理化学性能，也是计算玻璃配合料的主要依据。生产中调整玻璃性能、控制玻璃生产、改进玻璃性质及研制新品种玻璃均通过改变玻璃的组成来进行。

（1）设计玻璃组成的原则

设计玻璃组成的原则如下。

① 设计的玻璃组分应能满足玻璃制品的性能要求。

② 参考相关相图,使玻璃的组成形成玻璃析晶的倾向小(微晶玻璃除外)。

③ 根据生产条件,使设计的玻璃组成适应熔制、成型、加工等工艺要求。

④ 所设计的玻璃组成所需原料应易于获得且性能稳定。

⑤ 玻璃的组成应满足环保要求。

(2) 设计及确定玻璃组成的步骤

一般情况下,设计与确定玻璃组成需采取如下步骤。

① 确定玻璃性能的指标 列出玻璃制品主要的性能要求,如热稳定性、热膨胀系数、软化点、机械强度、光学性能等。同时还要将工艺性能也一并列出,如熔制温度、成型操作温度及退火温度等。

② 拟定玻璃的组成 一般需根据生产经验和查阅大量文献,按照不同的方法设计不同类型的玻璃制品。对于新品种玻璃,需参考相图或玻璃形成图,选择组成点,拟出玻璃的原始组成,再根据玻璃性能和工艺要求适当添加其他氧化物,拟出玻璃的实验组成。对于性能改善及工艺改进的玻璃制品则需参考现有的玻璃组成及现有的生产工艺条件,拟出玻璃的最初组成(原始组成)。

③ 实验测试及确定组成 通过实验和测试,对组成逐次调整修改,反复修改,直至设计的玻璃达到给定的性能要求和工艺要求。

1.4.3 配合料的制备

配合料的制备过程主要包括首先计算出配合料的料方、称量各种原料以及配合料的混合均匀。

1.4.3.1 配合料的计算

以玻璃的组成和原料的化学组成为基础进行配合料的计算。首先计算熔化 100kg 玻璃需要的各种原料的用量,然后算出每副配合料中,即 500kg 或 1000kg 玻璃配合料各种原料的用量。另外,精确计算时,应补足各种氧化物的挥发损失及粉料的飞扬损失。

例如,某厂制备某玻璃制品,根据其物理化学性能要求和本厂的熔制条件,确定玻璃组成如下:SiO_2 70.5%,Al_2O_3 5.0%,B_2O_3 6.2%,CaO 3.8%,ZnO 2.0%,Na_2O 12.5%。计算其配合料的配方。

选用石英粉引入 SiO_2,长石粉引入 Al_2O_3,硼砂引入 B_2O_3,方解石引入 CaO,氧化锌引入 ZnO,纯碱引入 R_2O(Na_2O+K_2O)。采用白砒与硝酸钠为澄清剂,萤石为助熔剂。原料的化学组成见表 1-4-3。

表 1-4-3 原料的化学组成

原料	组成/%							
	SiO_2	Al_2O_3	B_2O_3	Fe_2O_3	CaO	Na_2O	ZnO	As_2O_3
石英粉	99.89	0.18		0.01				
长石粉	66.09	18.04		0.20	0.83	14.80		
纯碱						57.80		
氧化锌							99.86	
硼砂			36.21			16.45		
硝酸钠						36.35		
方解石					55.78			
萤石					68.40			
白砒								90.90

设原料均为干燥状态，计算时不考虑其水分问题。

（1）计算石英粉与长石粉用量

设熔制 100kg 玻璃需石英粉 X kg，长石粉 Y kg，按照玻璃组成中 SiO_2 与 Al_2O_3 的含量可列出以下方程组

$$\begin{cases} 0.9989X + 0.6609Y = 70.5 \\ 0.0018X + 0.1804Y = 5 \end{cases}$$

解此方程得：$X = 52.6$，$Y = 27.2$。

即熔制 100kg 玻璃，需要石英粉 52.6kg，长石粉 27.2kg。

由石英引入的 Fe_2O_3 为 $52.6 \times 0.0001 = 0.0053$（kg）

由长石同时引入的 R_2O、CaO 和 Fe_2O_3 为

$$Na_2O：27.2 \times 0.1480 = 4.03（kg）$$
$$CaO：27.2 \times 0.0083 = 0.226（kg）$$
$$Fe_2O_3：27.2 \times 0.0024 = 0.054（kg）$$

（2）计算硼砂用量

根据硼砂的化学成分和玻璃组成中的 B_2O_3 含量，硼砂用量为 $\dfrac{6.2 \times 100}{36.21} = 17.1$（kg）

同时引入的 Na_2O 为 $17.1 \times 0.1645 = 2.82$（kg）

（3）计算纯碱用量

扣除由长石和硼砂引入的 Na_2O 后，尚需引入的 Na_2O 为 $12.5 - 4.03 - 2.82 = 5.65$（kg）

故纯碱用量为 $\dfrac{5.65 \times 100}{57.8} = 9.78$（kg）

（4）计算方解石用量

扣除由长石引入的 CaO 后，尚需引入的 CaO 为 $3.8 - 0.226 = 3.574$（kg）

故方解石用量为 $\dfrac{3.574 \times 100}{55.78} = 6.41$（kg）

（5）计算氧化锌用量

氧化锌用量为 $\dfrac{2.0 \times 100}{99.80} = 2.01$（kg）

由以上计算的熔制 100kg 玻璃各原料用量为

石英粉 52.6kg   纯碱 9.78kg

长石粉 27.2kg   方解石 6.41kg

硼砂 17.1kg   氧化锌 2.01kg

总计 115.10kg

（6）计算辅助原料及挥发损失的补充

考虑用白砒作澄清剂为配合料的 0.2%，则白砒用量为 $115 \times 0.002 = 0.23$（kg）

因白砒应与硝酸钠共用，设硝酸钠的用量为白砒的 6 倍，则硝酸钠的用量为 $0.23 \times 6 = 1.38$（kg）

由硝酸钠引入的 Na_2O 为 $1.38 \times 0.3635 = 0.502$（kg）

相应地应减去纯碱用量为 $\dfrac{0.502 \times 100}{57.8} = 0.87$（kg）

所以纯碱用量为 $9.78 - 0.87 = 8.91$（kg）

用萤石为助熔剂，以引入配合料的 0.5%氟计，则萤石大致为配合料的 1.03%。

故萤石用量为 $115.10 \times 0.0103 = 1.18$ （kg）

由萤石引入的 CaO 为 $1.18 \times 0.684 = 0.8$ （kg）

相应地应减去方解石的用量为 $\dfrac{0.80 \times 100}{55.78} = 1.45$ （kg）

故方解石实际用量为 $6.41 - 1.45 = 4.96$ （kg）

考虑 Na_2O 及 B_2O_3 的挥发损失，根据一般情况，B_2O_3 的挥发损失为本身质量的 12%，Na_2O 的挥发损失为本身质量的 3.2%，应补足 B_2O_3 为 $6.2 \times 0.12 = 0.74$ （kg），Na_2O 为 $12.5 \times 0.0322 = 0.4$ （kg）

故还需加入硼砂 $\dfrac{0.74 \times 100}{36.21} = 2.04$ （kg）

2.04 kg 硼砂引入的 Na_2O 为 $2.04 \times 0.1645 = 0.34$ （kg）

故纯碱的补足量为 $\dfrac{(0.4 - 0.34) \times 100}{57.8} = 0.1$ （kg）

即纯碱实际用量为 $8.91 + 0.1 = 9.01$ （kg）

硼砂的实际用量为 $17.1 + 2.04 = 19.14$ （kg）

所以熔制 100kg 玻璃实际原料用量为

石英粉 52.6kg　　方解石 4.96kg

长石粉 27.2kg　　氧化锌 2.01kg

硼砂 19.14kg　　硝酸钠 1.38kg

纯碱 9.01kg　　白砒 0.23kg

总计 117.71kg

（7）计算配合料气体率

配合料的气体率为 $\dfrac{117.71 - 100}{117.71} \times 100\% = 15.05\%$

玻璃产率为 $\dfrac{100 - 15.05}{100} \times 100\% = 84.95\%$

如玻璃每次配合料量为 500kg，碎玻璃用量为 30%，碎玻璃中 Na_2O 与 B_2O_3 的挥发损失略去不计，则碎玻璃用量为 $500 \times 30\% = 150$ （kg）

粉料用量为 $500 - 150 = 350$ （kg）

增大倍数为 $\dfrac{350}{117.10} = 2.973$

500kg 配合料中各原料的粉料用量 = 熔制 100kg 玻璃各原料用量 × 增大倍数

每副配合料中

石英粉的用量为 $52.6 \times 2.973 = 156.38$ （kg）

长石粉的用量为 $27.2 \times 2.973 = 80.87$ （kg）

硼砂的用量为 $19.14 \times 2.973 = 56.90$ （kg）

纯碱的用量为 $9.01 \times 2.973 = 26.79$ （kg）

方解石的用量为 $4.96 \times 2.973 = 14.75$ （kg）

氧化锌的用量为 $2.00 \times 2.973 = 5.98$ （kg）

萤石的用量为 $1.19 \times 2.973 = 3.51$ （kg）

白砒的用量为 $0.23 \times 2.973 = 0.08$ （kg）

总计 349.96 （kg）

原料中如含水分，按下列公式计算其湿基用量

$$湿基用量=\frac{干基用量}{1-水分}$$

其计算结果如表 1-4-4 所示。

表 1-4-4　玻璃配合料的湿基计算结果

原料	熔制 100kg 玻璃原料用量/kg	原料的含水率/%	每次配制 500kg 配合料减去碎玻璃后各种原料用量/kg	
			干基	湿基
石英粉	52.6	1	156.38	157.95
长石粉	27.2	1	80.87	81.62
硼砂	19.14	2	56.90	58.06
纯碱	9.01	0.5	26.79	26.92
方解石	4.96	0.8	14.75	14.86
氧化锌	2.01	0.5	5.98	6.01
硝酸钠	1.38	1	4.10	4.14
萤石	1.18	1	4.10	4.14
白砒	0.23		0.68	0.68
总计			349.96	353.70

拟定配合料粉料中含水量为 5%，计算加水量

$$加水量=\frac{粉料干基}{1-水分}-粉料湿基$$

即为 $\frac{349.96}{1-0.05}-353.070=14.68$（kg），即在制备配合料时，需要加润湿水的水量为 14.68kg。

1.4.3.2　配合料的质量要求

配合料的质量是加速玻璃熔制及提高玻璃质量的基本条件。对于配合料的质量要求如下。

（1）合理的颗粒级配

配合料的颗粒级配指的是构成配合料的各种原料之间粒度分布。颗粒级配不仅要求同种原料有合适的颗粒度，而且要求其他原料之间有一定的粒度分布，可防止配合料的分层，提高配合料混合质量。

（2）成分的正确性及稳定性

原料的化学成分必须正确且稳定，才能获得合格的配合料。因此需要正确计算配方，根据实际情况随时调整配方，称量准确，保证配合料的成分准确及稳定。

（3）具有适当的水分

含有一定量的水，可润湿石英，加速溶解纯碱、芒硝等原料；使混合料易于混合均匀，不易分层；还可以减少输送过程中的粉料飞扬，减少损失。

（4）具有一定的气体率

配合料中含有部分受热分解放出气体的原料，有利于玻璃液的澄清与均化。钠钙硅玻璃的气体率为 15%～20%，过高会引起玻璃起泡，过低会使玻璃"发滞"。

（5）混合均匀性好

配合料混合均匀，其物理化学性质均匀一致，可避免因熔化不均匀而产生结石、条纹、气泡等缺陷。

1.4.3.3 配合料的称量

根据所设计的玻璃成分及给定的原料成分进行料方计算后确定配料单。按配料单逐个进行原料的称量。

常用的秤有台秤、标尺式自动秤、多杆秤及自动电子秤等。当工艺上采用排库，一般就采用单独称量，即一种原料单独使用一个秤。当工艺布置采用塔库，则采用集中称量，即各种原料共用一个秤进行称料。小型厂一般采用磅秤。自动化程度高的大厂则采用标尺式自动秤。若配料采用电脑控制，则采用自动电子秤。其优点是可以实行远距离给定、远距离操作及回零指示。

对秤的精度要求是根据玻璃成分允许波动范围而定，一般要求成分稳定在 $0.05\%\sim0.1\%$ 之间，对 SiO_2 要求在 0.2% 以内，所以要求秤在使用时的称量精度在 $1/500$ 以上，为保证这一精度，要求秤在出厂时的精度达到 $1/1000$。

1.4.3.4 配合料的混合

配合料混合的均匀度除与混合设备性能有关外，与原料的物理性质（颗粒组成、密度、表面性质）、加料量、加料顺序、加水方式、混合时间及是否加入碎玻璃等也有关系。

配合料加料量为混料设备容量的 $30\%\sim50\%$。加料顺序是：一般先加石英原料，同时喷水润湿，再按长石、石灰石、白云石、纯碱、澄清剂和脱色剂等顺序加其他原料。碎玻璃对混合均匀度有不良影响，一般在混合终了近卸料时才加入。混料时间在 $2\sim8min$ 范围内。

混合机按结构不同，大致包括以下几种。

① 鼓形混合机　与搅拌机相近，容量大，效率高，混合质量好，结构简单。加入碎玻璃能防止产生料蛋及减少疙瘩，动力消耗大，不便于维修。

② 强制式混合机　由一个能旋转和带两个耙子的轴组成，底盘与耙子旋转方向相反，达到强制混合目的，混合质量优于其他混合机。

③ 桨叶式混合机　横向圆筒内，中间主轴旋转，带动焊在其上的刮板回转，使料混合均匀，适于中小企业。结构简单，但桨叶接触不到的地方容易形成不动层，出现料团，且混合时间长，需要动力大。

1.4.3.5 配合料的质量控制

配合料的质量对玻璃制品的产量和质量有较大的影响。不同的玻璃制品对配合料的质量在一些基本要求上是一致的，在生产过程中必须控制各个工艺环节以保证配合料的质量。

（1）原料成分的控制

厂外控制时，要求矿山的原料成分波动范围小，应尽可能使用同一矿山与同一矿点的原料。厂内控制时，对进厂的原料成分要勤加分析，各种原料应分别堆放，不能混放，对不同时间进厂的原料也应分别堆放。

（2）原料的粒度控制

原料一般均采用筛分法以控制粒度的上限，有时由于混合质量较差而产生料蛋时，往往把配合料进行再筛选，这有利于提高玻璃的熔制质量。

（3）原料的水分控制

原料的水分波动将直接影响称量的精度，对易潮解的原料，如纯碱、芒硝等，应在库中存放。对水分波动较大的硅砂应进行自然干燥或强制干燥，对防尘用水应严格控制用量。对各种原料应定期检测水分含量。

（4）称量误差程度的控制

称量误差程度直接影响各原料间的配合比。它的误差取决于秤的精度误差、容量误差及操作误差。当所称的原料量越接近秤的全容量时，就越接近秤本身所标定的精度，即容量误差越小。因此，在选用秤时必须遵循大料用大秤、小料用小秤的原则。操作误差主要有工人的读数误差、库闸关闭不严造成的漏料误差以及加料过猛造成的冲击误差。

（5）混合均匀度的控制

混合均匀度主要与下列因素有关，合理的进料顺序能防止原料结块，并使难熔原料表面附有易熔原料。一般的进料顺序是：先加难熔的硅砂和砂岩，并同时加水混合，使硅质原料表面附有一层水膜，然后加入纯碱，使其部分溶解于水膜之中，最后加入白云石、石灰石、萤石及已预混合的芒硝和炭粉。混合时间的影响是：混合均匀度与混合时间有关，混合时间过长或过短都不利于配合料的混合均匀，它的最佳值应由实验决定。

1.5 玻璃的熔制

1.5.1 玻璃的熔制过程

熔制过程是玻璃生产中重要的工序之一，它是配合料经过高温加热后，形成均匀、无缺陷并符合成型要求的玻璃液的过程。在熔制过程中，会产生许多诸如气泡、条纹、结石等缺陷，因此合理的熔制工艺是使整个玻璃生产过程得以顺利进行，并生产出优质玻璃制品的重要保证。

玻璃的熔制过程包括一系列物理或化学变化，各种玻璃原料由简单的机械混合物变成复杂的熔融物即玻璃液。配合料在高温加热过程中发生的变化如表 1-5-1 所示。因此，必须充分了解玻璃熔制过程中所发生的变化和进行熔制所需要的工艺条件。

表 1-5-1　配合料加热时的各种过程

物理过程	化学过程	物理化学过程
配合料加热	固相反应	共熔体的生成
配合料脱水	各种盐分解	固态溶解、液态互熔
各个组分熔化	水化物分解	玻璃液、炉气与气泡间的相互作用
晶相转化	结晶水分解	玻璃液与耐火材料间的相互作用
各别组分的挥发	硅酸盐形成与相互作用	

从加热配合料到熔成玻璃液，可根据熔制过程中发生的主要变化分成以下五个阶段：硅酸盐形成阶段、玻璃形成阶段、澄清阶段、均化阶段及冷却阶段。这五个阶段具有各自的特点，但又彼此关联，在实际熔制过程中并不严格按上述顺序进行。如玻璃液的澄清阶段包含玻璃液的均化过程。

1.5.1.1 玻璃熔制的五个阶段

（1）硅酸盐的形成

硅酸盐形成阶段基本上是在固体状态下进行的。在加热过程中，配合料各组分经过了一系列的物理、化学和物理化学变化，结束了主要反应过程，大部分气态产物逸散，到这一阶段结束时配合料变成由硅酸盐和剩余 SiO_2 组成的烧结物。对普通钠钙硅玻璃而言，这一阶段在 $800\sim900℃$ 结束。

在这一阶段所发生的变化如下。

排出吸附水及结晶水：$Na_2SO_4 \cdot 10H_2O \longrightarrow Na_2SO_4 + 10H_2O$

硫酸钠发生多晶转变：Na_2SO_4（斜方晶体）$\Longleftrightarrow Na_2SO_4$（单斜晶体）

盐类分解：$CaCO_3 \longrightarrow CaO + CO_2 \uparrow$

生成低共熔混合物：$Na_2SO_4 + Na_2CO_3 \longrightarrow Na_2SO_4 \cdot Na_2CO_3$

形成复盐：$CaCO_3 + MgCO_3 \longrightarrow MgCa(CO_3)_2$

生成硅酸盐：$CaO + SiO_2 \longrightarrow CaSiO_3$

硅酸盐形成阶段的动力学主要是研究反应进行的速率和各种不同因素对其的影响，因此研究动力学具有重要意义。一般来说，反应进行时的条件对反应速率的影响是敏感的。随着温度的升高，熔体中各组分的自由能增加，增加了反应的可能性。质点运动速度增加，增大了分子间的碰撞概率，反应速率也随着提高。在外界条件不变时，任意化学反应的速率不是常数，随着反应物的减少，反应速率也逐渐减慢。随着反应物的浓度的增加，分子间碰撞次数增加，导致反应速率增大。

（2）玻璃的形成

烧结物继续加热时，在硅酸盐形成阶段生成的 $CaSiO_3$、$NaSiO_3$ 等硅酸盐及反应后剩余的 SiO_2 开始熔融，且相互溶解和扩散，到此阶段结束时烧结物变成了透明体，再无未反应的配合料颗粒，在 1200～1250℃ 范围内完成玻璃形成过程。但玻璃中还有大量气泡和条纹，因而玻璃液在此阶段化学组成及玻璃性质都是不均匀的。硅酸盐形成和玻璃形成两个阶段没有明显界限，在硅酸盐形成阶段结束前，玻璃形成阶段就已开始，而且两个阶段所需时间相差很大。例如，以平板玻璃的熔制为例，从硅酸盐形成开始到玻璃形成阶段结束共需 32min，其中硅酸盐形成阶段仅需 3～4min，而玻璃形成阶段却需要 28～29min。

由于石英砂粒溶解扩散速度比其他各种硅酸盐的溶解扩散速度低得多，所以玻璃形成过程的速度实际上取决于石英砂粒的溶解扩散速度。石英砂粒首先是砂粒表面发生溶解，而后溶解的 SiO_2 向外扩散。这两者的速度是不同的，其中扩散速度最慢，所以玻璃的形成速度实际上取决于石英砂粒的扩散速度。由此可知，玻璃形成速度与玻璃成分、石英颗粒直径以及熔化温度等因素有关。除 SiO_2 与各硅酸盐之间的相互扩散外，各硅酸盐之间也相互扩散，后者的扩散有利于 SiO_2 的扩散。

对于一般工业玻璃，玻璃熔化速度常数 τ 可用下式表示：

$$\tau = \frac{SiO_2 + Al_2O_3}{Na_2O + K_2O} \tag{1-5-1}$$

式中，τ 为熔化速度常数，为一无因次值，表示玻璃相对难熔的特征值；SiO_2、Al_2O_3、Na_2O、K_2O 为氧化物在玻璃中的质量分数。

上式只适用于玻璃液形成直到砂粒消失为止的阶段。τ 值越小，玻璃越容易进行熔制。此常数相同的各种玻璃，其熔制温度也大致相同。τ 值与一定熔化温度相适应，因此，当室内气氛、气体性质固定时，根据 τ 值可以按玻璃化学组成来确定最有利的熔制温度。表 1-5-2 为与 τ 值相应的熔化温度值。

表 1-5-2　与 τ 值相应的熔化温度值

τ 值	6	5.5	4.8	4.2
熔化温度/℃	1450～1460	1420	1380～1400	1320～1340

实际上，有时 τ 的计算值并不完全符合实际情况。当熔制含有较多量的 B_2O_3 的玻璃时

就很明显。这是由于 SiO_2 和 B_2O_3 在熔体中的扩散速度很小，需要较长的熔化时间和较高的熔制温度。必须指出，常数 τ 是一经验值，在评定熔制速度时，此常数不能认为是唯一的决定因素，而应与其他影响熔制速度的因素一起考虑。

（3）玻璃液的澄清

玻璃液的澄清过程对玻璃制品的产量和质量有重要影响。在硅酸盐形成与玻璃形成阶段中会发生各种反应而析出大量气体，其中大部分气体将逸散于空间，剩余的大部分气体将溶解于玻璃液中，少部分气体还以气泡形式存在于玻璃液中，存在于玻璃中的气体主要有三种状态，即可见气泡、溶解的气体和化学结合的气体。此外，尚有吸附在玻璃熔体表面上的气体。随玻璃成分、原料种类、炉气性质和压力、熔制温度等不同，在玻璃液中的气体种类和数量也不相同。常见的气体有 CO_2、O_2、N_2、H_2O、SO_2 及 CO 等。此外，还有 H_2、NO、NO_2 及惰性气体。

玻璃的澄清过程是指排除可见气泡的过程。去气为排除玻璃液中的全部气体，其中包括化学结合的气体在内，在一般生产条件下这是不可能的。

① 玻璃熔体中气体的析出　玻璃熔窑的结合气体为原料的 $10\%\sim20\%$，特别是碳酸盐分解时析出大量气体，其中大部分在配合料反应及初熔阶段排入窑炉气氛中。留在熔体中的气泡或溶解的气体必须在澄清过程中排出或减少。澄清后的玻璃液中所含的气体总量只占玻璃质量的 $0.01\%\sim0.15\%$。残余的溶解气体是熔体再生气泡或"重沸"的根源，必须尽可能减少到最小量。在澄清过程中要排除多少气泡和排除多少溶解的气体，由澄清条件、各种气体排出时间顺序以及在配合料反应和初熔阶段排气是否充分决定。

② 玻璃熔体气泡的形成　玻璃液相形成之前释放的气体可以经过松散的配合料层排出，配合料堆的表面积越大，气体在窑炉气氛中的分压越小，气体就越容易排出。液相形成后，气体的排出受到阻碍而形成气泡。初熔阶段存在含碱量大且能溶解 CO_2、H_2O、SO_2 等气体的熔体相，也出现许多气泡。此外，由于非均匀相成核，在熔化中的石英颗粒附近的过饱和熔体中析出气体也不断地产生新的气泡。

③ 气体在熔体中的溶解与扩散　原料中析出的气体与窑炉气氛中气体及玻璃熔体中的气体相互作用使某些气体能溶解在玻璃熔体中。气体在玻璃熔体中的溶解度与温度、玻璃组成以及通过扩散气体在熔体中的物质传递都有重要关系。在初熔阶段石英砂粒的熔化，改变了熔体的酸碱度，使溶解在熔体中的大部分气体已被排出，但在澄清的无气泡熔体中还含有溶解的气体并可能形成气泡。温度、玻璃组成或窑炉气氛中气体的分压发生变化时，会使大量的化学溶解气体析出。

④ 气泡及气体在熔体中的排出　澄清就是排除存在的气泡，降低溶解气体的浓度，以防止出现再生气泡以及使熔体均化。

a. 澄清机理　澄清的过程就是首先使气泡中的气体、炉内气体与玻璃液中物理溶解和化学结合的气体之间建立平衡，使可见气泡漂浮于玻璃液的表面而加以消除。气体会从分压高的一相转入分压低的另一相中，如果用 $P_A^{炉}$、$P_A^{液}$、$P_A^{泡}$ 分别表示炉气中、玻璃液中和气泡中 A 气体的分压，则存在以下转变关系：

$$\text{炉气中的气体} \underset{P_A^{炉}<P_A^{液}}{\overset{P_A^{炉}>P_A^{液}}{\rightleftarrows}} \text{玻璃液中溶解的气体}$$

$$P_A^{泡}>P_A^{液} \updownarrow P_A^{泡}<P_A^{液}$$

$$\text{漂浮消除} \longleftarrow \quad \text{气泡中的气体}$$

在澄清过程中，可见气泡的消除按两种方式进行：一是气泡体积增大加速上升，漂浮出玻璃表面后破裂消失；二是使小气泡中的气体组分溶解于玻璃液中，气泡被吸收而消失。由上可知，气体间的转化平衡与澄清温度、炉气压力与成分、气泡中气体的种类和分压、玻璃成分、气体在玻璃液中的扩散速度有关。

b. 气泡从玻璃熔体中排出　液体的表面张力使液体中上升的气泡穿过液体表面时会受到一定的阻碍，达到玻璃液面的气泡上升力超过表面张力时气泡才能破裂。图 1-5-1 为气泡穿过液面时的情况。气泡高出液面后，上面包的玻璃膜受到外面的表面张力和黏度的作用。如果熔体的温度高于周围的温度，即在散热的情况下，就会形成较冷，也就是黏度较大的表面层，从而阻碍气泡的排出。

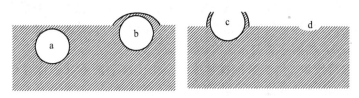

图 1-5-1　气泡穿过液面时的情况

a—接近表面；b—液膜突出；c—液膜裂开；d—遗留带环形隆起的低凹面

c. 化学澄清　化学澄清剂可在较高温度下才形成高分解压（蒸发压），即在熔化的配合料排气过程基本结束而熔体的黏度足够低时，就可使气泡以足够大的速度上升。根据澄清剂的作用机理可把澄清剂分为如下三类。

（a）硫酸盐类澄清剂　主要指 Na_2SO_4，其分解后可以产生 O_2 和 SO_2，对气泡的溶解及长大起着重要作用，它的澄清作用与玻璃熔化温度密切相关，在 $1400 \sim 1500℃$ 范围内就能充分显示其澄清作用。

（b）卤化物类澄清剂　主要包括 CaF_2、NaF_2、氯化物、溴化物、碘化物等，其主要作用是降低玻璃黏度，使气泡容易上升排出。工业上常用氯化物和氟化物。氟化物在熔体中可形成 $[FeF_6]^{3-}$ 无色基团、生成挥发物 SiF_4 及使玻璃结构断裂而起澄清作用。

（c）变价氧化物类澄清剂　主要包括 As_2O_3 及 Sb_2O_3，其特点是在低温下吸收氧气，在高温下放出氧气，在溶解于玻璃液中后，经过扩散进入气泡，使气泡长大排出。其反应式如下：

$$As_2O_3 + O_2 \longrightarrow As_2O_5$$

澄清剂的作用实质在于在气泡中强烈地析出它所分解的气体，在澄清剂所析出的气体总量中，一部分直接形成气泡，另一部分溶解于玻璃液中，它增加了该气体在玻璃液中的饱和度，而后经扩散、渗透进入气泡中，使气泡增大。阿品（H. Anne）提出了另一种观点，他认为吸附现象决定了澄清剂析出的气体向气泡渗透的速度。澄清剂是表面活性物质，可降低熔体的表面张力。澄清剂的分子被吸附在气泡表面上而形成吸附层。在高温作用下，吸附层发生裂解，气体随之进入气泡中。在吸附层裂解的同时，由于吸附力的作用在气泡表面的吸附层开始不断恢复。吸附层的不断裂解与恢复，造成气泡迅速长大。

d. 物理澄清　物理澄清方法包括如下几种。

（a）短暂时间内升高熔体温度，降低熔体黏度。

（b）利用玻璃液的对流作用。

（c）用机械方法搅动熔体。

（d）采用人工方法鼓泡或吹入气体。

(e) 采用声波或超声波使熔体做机械振动，通过离心力作用除去气泡。

(f) 利用真空或加压方法。

（4）玻璃液的均化

在玻璃形成阶段结束后，玻璃液中仍存在与主体玻璃化学成分不同的不均匀体，消除这种不均匀体的过程即为玻璃液的均化过程。不均匀体的存在对玻璃制品质量有较大的影响。例如，不均匀体与玻璃主体两者膨胀系数不同，则在两者界面上将产生应力；两者光学常数不同，将产生折光现象；两者黏度和表面张力不同，将产生波筋、条纹等缺陷。通常，玻璃液的均化过程受下述三个方面的影响。

① 不均匀体的溶解、扩散、均化过程　玻璃液中不均匀体随温度变化，不断溶解和扩散，由于扩散速度低于溶解速度，所以玻璃液的均化速度随扩散速度的增大而加快，而扩散速度却又和均化温度及搅拌过程密切相关。提高均化温度可以降低玻璃液的黏度，增加分子热运动，对均化有利，然而它受制于耐火材料的质量。

② 玻璃液的热对流和气泡上升的搅拌作用　由于玻璃液不同部位存在温差，形成玻璃液的对流，成型引起的玻璃液流动，也会起一定的搅拌作用。在流动的玻璃液中进行扩散要比在静止的玻璃液中快 10 万倍，它比延长玻璃液在高温下停留时间的效果大得多。然而，热对流也有不利的一面，加强热对流往往同时增加了对耐火材料的侵蚀，导致产生新的不均匀体。

③ 玻璃液与不均匀体的表面张力　在玻璃液的均化过程中，除黏度有重要影响外，玻璃液与不均匀体的表面张力对均化也有一定的影响。当玻璃液的表面张力小于不均匀体的表面张力时，则不均匀体的表面积趋向减小，这不利于均化；反之，将有利于均化过程。

在熔窑的澄清区完成玻璃液的澄清、均化过程。澄清区的功能则是使玻璃液中的气泡快速完全排出，使玻璃液质量达到生产优质玻璃的要求。

（5）玻璃液的冷却

玻璃液冷却后，温度降低，可使玻璃液的黏度增大到成型制度所需的范围。在冷却过程中玻璃液温度通常降低 $200\sim300℃$，另外，冷却的玻璃液温度要求均匀一致，以有利于成型。在玻璃液冷却过程中，不同位置玻璃液之间多少总会存在一定的温差，即存在热不均匀性，当其超过某一范围时，会给生产带来不利影响。例如，可能会造成玻璃产品厚薄不均匀、产生波筋或微裂纹、导致玻璃炸裂等。

在玻璃液冷却过程中，由于温度降低和炉气改变，澄清时已建立的平衡可能会被破坏，但在高黏度的玻璃熔体中建立新的平衡是比较缓慢的。因此，在已澄清的玻璃液中，有时会出现许多直径在 0.1mm 以下的小气泡，称为二次气泡或再生气泡，数量为在每 $1cm^3$ 的玻璃中可达到数千个，严重影响玻璃产品质量。二次气泡产生，可能是由于以下几种原因。

① 硫酸盐或碳酸盐的热分解　在已澄清的玻璃液中往往残留有硫酸盐，这些硫酸盐可能来自配合料中的芒硝，也可能是炉气中的二氧化硫、氧气与碱金属氧化物反应的结果。

$$Na_2O+SO_2+\frac{1}{2}O_2\longrightarrow Na_2SO_4$$

硫酸盐在以下两种情况下，会形成二次气泡。

a. 当炉气中存在还原气氛时，导致硫酸盐产生热分解，析出二次气泡。

$$SO_4^{2-}+CO\longrightarrow SO_3^{2-}+CO_2\uparrow$$
$$SO_3^{2-}+SiO_2\longrightarrow SiO_3^{2-}+SO_2\uparrow$$

b. 由于某种原因使已冷却的玻璃液被重新加热，较快的升温速度均能使硫酸盐产生热分解，析出二次气泡。

② 含钡玻璃在高温下降温时易产生二次气泡　含钡光学玻璃中，BaO 在高温下被氧化成 BaO_2，这个反应是吸热的。当温度降低时，BaO_2 开始分解放出氧气即生成小气泡，出现二次气泡。另外，含钡玻璃在降温时，由于玻璃液对耐火材料的侵蚀也会产生二次气泡。

$$BaO_2 \longrightarrow BaO + \frac{1}{2}O_2 \uparrow$$

③ 物理溶解气体析出　气体的溶解度一般随温度的下降而增加，冷却后的玻璃液再次升高温度时将放出气泡。因此，在冷却过程中必须防止玻璃液温度回升，以避免二次气泡产生。

玻璃液热均匀程度及是否产生二次气泡，是降温冷却阶段影响玻璃产品产量与质量的重要因素。池窑中玻璃液的冷却是在冷却部通过流液洞、窑坎等深层分隔设备和冷却水管、卡脖等浅层分隔设备进行的，目的是将玻璃液均匀冷却降温到成型要求的温度。

综上所述，玻璃熔制过程的五个阶段，彼此相互密切联系，实际过程中并不严格按上述顺序进行。例如，在硅酸盐形成阶段中有玻璃形成过程，在澄清阶段中同样含有玻璃液的均化。熔制的五个阶段，在池窑中的不同空间同一时间内进行，在坩埚窑中则是在同一空间不同时间内完成。

1.5.1.2　玻璃熔制的影响因素

在玻璃生产中，需要不断地研究燃料消耗量、熔窑生产率、玻璃产品的产量及质量等方面，这些均与玻璃熔制过程的状况密切相关。玻璃熔制的影响因素众多，其中玻璃的成分、原料及配合料的性质、熔制制度等对玻璃熔制过程影响较大。

（1）玻璃组成

玻璃的化学组成对玻璃熔制速度有重要影响，玻璃的化学组成不同，熔化温度和澄清时间也不同。在生产中往往以改变少量氧化物的含量来改善玻璃质量与相应操作要求。玻璃中的高熔点组分（如 SiO_2、Al_2O_3 等）含量较高时，会降低玻璃熔制速度，而碱金属或碱土金属氧化物（如 Na_2O、K_2O 等）含量高，有利于提高熔制速度。

（2）原料及配合料性质

① 原料的性质及其种类的选择　原料的性质对熔制的影响很大。同一玻璃成分采用不同原料时，它将在不同程度上影响其质量，如配合料的分层（轻碱和重碱）、挥发量（硬硼石和硼砂）、熔化温度（如引入氧化铝时所用原料的选择，氧化铝粉和长石）。

② 配合料的水分　在配合料中引入一定量的水分是必要的，有利于减少粉尘，防止物料分层，提高物料混合的均匀性。直接向配合料加水会引起混合不均匀，所以常按顺序加入原料，加入石英原料后，加水润湿，使水分均匀地分布在砂粒表面形成水膜，再顺次加入其他原料。水膜约可溶解 5% 的纯碱和芒硝，有利于玻璃的熔制。砂粒越细，所需水的量越多，当使用纯碱配合料时，水分以 4%～6% 为宜。芒硝配合料的水分在 7% 以下。

③ 配合料的粒度及均匀性　原料的粒度对熔化影响较大，原料颗粒越细，比表面积越大，活化能高，反应速率快。实验指出，将配合料最大限度地粉碎之后，对纯碱配合料来说，玻璃形成的速度增加了 3～5 倍，纯碱-芒硝玻璃形成的速度则增加了 6 倍（与普通粒度相同的配合料相比）。原料的颗粒度和形状对熔制影响的顺序为：石英砂、白云石、纯碱、芒硝。过大的石英砂颗粒度，易造成熔制困难，如果颗粒度不均匀，粗粒砂会在玻璃中形成结石缺陷。但在实际生产中，石英砂的颗粒度不宜太细，否则会引起粉料飞扬和使配合料分层结块，破坏配合料的均匀性，使玻璃成分发生变化，澄清时间延长，玻璃质量降低。一般

对钠钙玻璃来说，石英的颗粒度控制在 0.15～0.80mm 范围内最合适。

配合料均匀度的优劣将影响玻璃制品的产量和质量，一般玻璃制品对配合料均匀度的具体要求是均匀度大于 95%。

④ 配合料的气体率　配合料含有一定的气体比，在受热分解后所逸出的气体对配合料和玻璃液有搅拌作用，能促进硅酸盐形成和玻璃的均化。对钠钙玻璃而言，配合料的气体率为 15%～20%，气体率过大容易使玻璃产生气泡。

⑤ 投料方式　配合料层厚度会影响到配合料熔化速度及熔窑的生产率。如果投料间歇时间长，料堆大，会造成料层和火焰接触面积小，表面温度高，内部温度低，使熔化过程变慢，当表面的配合料熔化后形成一层含碱量低、黏度大的膜层，气体难于通过，澄清效果降低。目前采用薄层投料法，使配合料上面依靠对流和辐射得到热量，下面由玻璃热传导得到热量，因此热分解过程大大加速。此外，由于料层薄，玻璃液表面层温度高，黏度小，有利于气泡的排出，提高澄清速度。

⑥ 碎玻璃　在配合料中加入一部分成分与生产玻璃一致、无有害杂质的碎玻璃，用量一般控制在 20%～40%，可以防止配合料分层，促进玻璃熔化。在长期使用碎玻璃的同时，要及时检查成分中的碱性氧化物烧失和二氧化硅升高等情况，及时调整补充，确保成分稳定。

（3）玻璃的熔制制度

根据玻璃原料性质、颗粒度、玻璃产品性能等制定玻璃的熔制制度，熔制制度主要包括温度制度、气氛制度、压力制度。

① 温度制度　温度制度包括熔制温度、温度制度的稳定性、间歇式窑的温度随时间的分布、连续式窑的温度随窑长空间的分布。熔制温度决定熔化速度，硅酸盐反应及石英熔化速度受温度影响较大，温度对澄清、均化过程也有显著的影响。生产实践表明，在 1400～1500℃范围内，玻璃熔化温度每提高 1℃，熔化率增加 2%。提高熔制温度需考虑耐火材料质量及其寿命。

② 气氛制度　窑炉气氛对熔制过程有重要影响。窑内气氛的性质按其组成可分为氧化气氛、中性气氛或还原气氛三种，根据配合料和玻璃的组成以及各项具体工艺要求确定气氛制度。

例如，在熔制颜色玻璃时，必须保持一定的气氛。熔制铜红玻璃，必须保持还原气氛。而熔制纯碱-芒硝配合料时，窑的熔化部应为还原气氛，且配合料中还要有足够的还原剂，使芒硝分解完全。若是炭粉作还原剂，则澄清部最后又必须是氧化气氛，以烧掉过剩的炭粉。由此，成型部内由芒硝可能产生的二次气泡也可避免。

③ 压力制度　压力制度会影响到温度制度，窑压常保持在零压或微正压，一般不允许呈负压。负压会引入冷空气，不仅窑温下降，热损失增加，还使窑内温度分布不均匀。但正压也不能过大，否则会使燃耗增大，窑体烧损加剧，影响澄清速度。

（4）采用澄清剂和加速剂

在配合料中引入适量的不改变玻璃成分和性质的化学活性物质，如硝酸盐、硫酸盐、氟化物、变价氧化物等，其分解产物也可组成玻璃成分，还可以降低熔体的表面张力、黏度，增加玻璃液的透热性，此类物质为加速剂，往往也是澄清剂，澄清剂还可以用来加速玻璃液的澄清过程。

（5）其他辅助措施

① 机械搅拌与鼓泡　在窑池内进行机械搅拌或鼓泡，可有效提高玻璃液澄清速度和均

化速度。

② 采用高压与真空熔炼　在制备石英光学玻璃工艺中，采用高压和真空熔炼技术可以消除玻璃液中的气泡。其中，高压法可使可见气泡溶解于玻璃液中，而真空法则有利于可见气泡迅速膨胀而排出。

③ 辅助电熔　在用燃料加热的熔窑中，同时向熔化部、加料口、作业部的玻璃液通入电流，可增加热量，在不增加熔窑容量下增加产量，这种新的熔制方式称为辅助电熔，可有效提高料堆下的玻璃液温度 $40\sim70℃$，显著提高熔窑的熔化率。

1.5.2　玻璃熔制的温度制度

合理的熔窑温度制度是熔制高质量玻璃的必要条件。按照熔窑的操作形式，可分为间歇式作业、连续式作业。间歇式窑炉又可分为坩埚窑和池窑，连续式窑炉均为池窑。这里介绍坩埚窑、池窑的温度制度。

1.5.2.1　坩埚窑中玻璃熔制的温度制度

坩埚窑熔制玻璃属于间歇式作业，玻璃熔制的全部过程是在同一空间、不同时间内顺序进行的。玻璃的化学组成不同，其熔制条件也不同。在同一坩埚窑内的各个坩埚中，不能同时熔制各种不同熔制条件的玻璃。

根据玻璃和配合料的组成确定熔化温度，而澄清温度、均化温度和冷却温度则根据玻璃液在这三个阶段所需的黏度来进行确定。澄清温度一般是相当于黏度为 $10^{0.7}\sim10\mathrm{Pa\cdot s}$ 时的温度，冷却温度一般是达到开始成型所要求的 $10^2\sim10^3\mathrm{Pa\cdot s}$ 黏度。同时，温度与时间关系密切，温度高则熔制时间短，但需要考虑坩埚所能承受的温度。另外，使用坩埚窑时，也需要建立相应的气氛制度，如用开口坩埚熔制一般器皿玻璃时，最好采用弱氧化气氛，在炉气中保持 $1\%\sim2\%$ 的氧气。某些玻璃则在中性气氛条件下熔制更为合适，不允许采用还原气氛。但有些颜色玻璃的着色必须保持还原气氛。熔制玻璃重要的条件是必须保持熔窑气氛和温度制度恒定。

在开口坩埚中熔制玻璃时，配合料主要依靠火焰和窑墙的辐射得到热量得以熔化，因此玻璃液的透热性影响较大。透热性低，依靠辐射所能达到的液层厚度小，所以熔化透热性小的玻璃液时，应采用低而宽的坩埚。从热传导的意义来说，椭圆形的坩埚要比圆形的坩埚热传导性能好。闭口坩埚则全靠坩埚侧壁的热传导取得热量。

坩埚窑熔制玻璃包括以下五个阶段。

（1）加热熔窑

每次使用新坩埚熔制玻璃时，须将坩埚预先焙烧至 $1450\sim1480℃$，在一昼夜不加料的条件下，使坩埚烧结并具有较高的耐侵蚀能力。在加热阶段中，炉气的气氛可保持还原性或中性，以避免温度升高过快而损坏坩埚。炉气应保持微正压，避免因吸入冷空气影响温度升高。在添加配合料前，须先加入与熔制玻璃同一化学组成的碎玻璃，使其在低温下熔化，形成保护釉层，减少对坩埚底部的侵蚀，还可以缩短熔化时间。

（2）熔化

熔化阶段有下列几种方式。

① 在 $1350℃$ 时即开始加料，然后逐渐升高温度，直到配合料熔透为止，再在温度 $1450\sim1460℃$ 时开始玻璃的澄清。

② 在温度为 $1400\sim1490℃$ 时，开始加料，保持这个温度直到配合料熔透为止，然后再升高到玻璃澄清的温度 $1450\sim1460℃$。

③ 加料及熔化均保持在较低而恒定的 1360～1380℃ 温度下进行，直到配合料熔透，然后再提高到 1450～1460℃。这种方式在熔化含有最易熔化组分的配合料时被采用，例如熔制铅晶质玻璃。

（3）澄清与均化

玻璃液澄清与均化时，保持稍高温度可以降低玻璃黏度，常采用一次或多次"沸腾"的办法进行。澄清过程应十分剧烈，澄清结束前，只能有极少量的大气泡。澄清阶段保持恒定的温度及气体制度特别重要，这些条件的改变会使玻璃液难于澄清，甚至重新出现小气泡。

（4）冷却

玻璃液澄清完毕后，当玻璃液没有气泡或仅存在着个别气泡时，才能开始冷却。一般依玻璃的组成，缓慢地将玻璃液降低到必要的温度，为 1180～1250℃，此时窑膛的压力可以是负的。生产中一定注意避免将玻璃液冷却到低于所需的温度，然后再重新加热，否则可能产生小气泡。

（5）成型

在成型制品时，必须经常保持窑内与玻璃操作黏度相适应的温度。

1.5.2.2 池窑中玻璃熔制的温度制度

采用池窑熔制玻璃过程大致与坩埚窑相似，可进行周期性操作。一般是在 12h 添加配合料和使之熔化，澄清和冷却 6h 左右，成型操作大致 8h。成型完毕时，残留玻璃液有 100～150mm 深，不能再继续取用。

在连续作业的池窑中，熔制是在同一时间而在不同空间内进行的。玻璃熔制的各个阶段是沿窑的纵长方向按一定顺序进行的，并形成未熔化的、半熔化的和完全熔化的玻璃液的运动路线。在连续作业的池窑中，可沿窑长方向分为几个地带以对应于配合料的熔化、澄清与均化、冷却及成型的各个阶段。图 1-5-2 为池窑中玻璃熔融过程示意图。

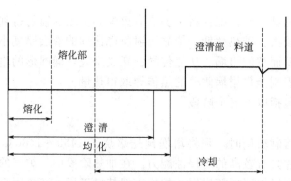

图 1-5-2　池窑中玻璃熔融过程示意图

如图 1-5-2 所示，从加料口加入配合料后，进入熔化带，即在熔融的玻璃表面上熔化，并沿窑长向最高温度的澄清带运动，在到达澄清带之前，熔化应该已经完成。当进入高温区域时，玻璃熔体即进行澄清和均化。已澄清和均化的玻璃液继续流向前面的冷却带，温度逐渐降低，玻璃液也逐渐冷却，接着流入成型部，使玻璃冷却到符合于成型操作所必需的黏度，即可用不同方法来进行成型。沿窑长的温度曲线上，玻璃澄清时的最高温度点（热点）、成型时的最低温度点是具有决定意义的两点，因此，不允许玻璃在熔制的过程中经受比热点更高的温度，否则会重新析出气体，产生气泡。

1.5.3 玻璃的熔窑

玻璃熔窑是指玻璃制造中把合格的玻璃配合料熔制成无气泡、条纹的透明玻璃液的热工设备。玻璃熔窑熔制玻璃除进行热量传递、动量传递外，还要进行质量传递。热量传递包括在火焰空间内和玻璃液中，由温度差引起的玻璃液内热交换、火焰空间热交换、蓄热室内热交换和窑墙与外界环境的热交换。动量传递是指由压强差引起的可压缩气体流动、不可压缩气体流动、气体射流和玻璃液流动。质量传递是指燃烧过程中由气相浓度差引起的气相扩散和玻璃液浓度差引起的液相扩散。玻璃熔窑与玻璃制品的产量、质量、能耗、成本等有密切关系。

玻璃熔窑主要分为坩埚窑和池窑。池窑是指把配合料直接放在窑池内熔化成玻璃液的窑，品种单一、产量大的玻璃采用池窑熔制。坩埚窑是指把配合料放入窑内的坩埚中熔制玻璃，玻璃产品品种多、产量小的采用坩埚窑熔制。

1.5.3.1 坩埚窑

坩埚窑的窑膛内可放置单只或多只坩埚。坩埚窑（图1-5-3）中玻璃熔制的各阶段在同一坩埚中随时间推移依次进行，窑内温度制度随时间推移变动。

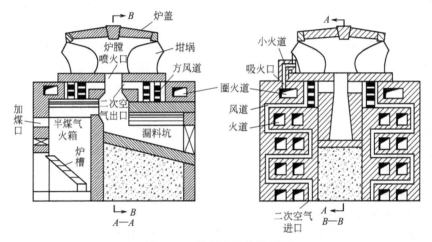

图 1-5-3　坩埚窑结构示意图

坩埚材质常用黏土，也有用铂的。形状有开口和横口（闭口）两种。开口坩埚的坩埚口朝向窑膛，玻璃液直接与火焰接触，能直接得到窑墙及热源辐射和传递的热能，熔化快；闭口坩埚的坩埚口朝向窑外，玻璃液不和火焰接触，要通过坩埚壁间接取得热量，能避免窑内气氛对玻璃液的影响和污染，产量小。每个坩埚可容纳单个或多至20个坩埚，配合料分3～5批依次加入坩埚中。

当配合料在坩埚中完成熔化、澄清、均化、冷却后即可成型。成型后再重新分批加入配合料，进行下一循环的熔制周期。一般一个熔制周期为一昼夜，难熔的玻璃可适当延长熔制时间。成型时，人工从坩埚口取料，再进行吹制、压制、拉引、浇注等，也可以坩埚底供料，或将整坩埚移出取料。

坩埚窑结构简单、成本低，操作制度容易调节，可采用机械搅拌等方法制备质量高的玻璃产品，可随时换料或同时在不同坩埚熔制性质相近的玻璃。但其产量小、热效率低，不易实现机械化，生产效率低，玻璃液的利用率较低。坩埚窑适用于熔制产量小、品种多或经常更换料种的玻璃。

1.5.3.2 池窑

池窑有各种类型，可以按如下几种特征分为以下几类。

（1）按熔制过程的连续性

池窑可分为间歇式窑和连续式窑两种。间歇式窑又称为日池窑，其玻璃熔制的各个阶段是在窑内同一部位不同时间依次进行的。体积较小，熔池面积仅有几平方米。熔制完成后，从取料口取料，成型方法大多采用手工或半机械。适用于特种玻璃的生产。目前，大多数池窑属于连续式，各个熔制阶段在窑的不同部位顺序进行，各部位的温度制度是稳定的。由投料口投入配合料，在熔化部熔化、澄清及均化，进入冷却部进一步均化和冷却，最后进入成型部均化（包括玻璃液温度均化、成分均化）和稳定供料温度。池窑的底部玻璃液温度低，黏度大，玻璃液呈滞流状态，因此池窑玻璃液总容量大于作业玻璃量，连续作业的加料量与成型量保持平衡。熔化好的玻璃液采用连续机械化成型。连续式窑容量大，散失热量少，热效率明显高于坩埚窑，适于大批量、高效率的连续性生产，主要用于制造平板玻璃、瓶罐玻璃及玻璃管等。平板玻

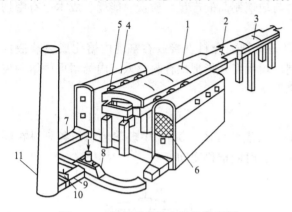

图 1-5-4　平板玻璃池窑结构示意图

1—熔化部；2—卡脖；3—冷却部；4—蓄热室；5—小炉；
6—格子砖；7—烟道；8—交换器；9—总烟道；
10—总烟道闸板；11—大烟囱

璃池窑结构示意图如图 1-5-4 所示。

（2）按熔制玻璃使用的热源

池窑可分为火焰窑、电热窑及火焰电热窑三种。火焰窑以燃烧燃料为热能来源，电热窑以电能为热能来源，火焰电热窑以燃料为主，电能为辅。

（3）按窑内火焰流动的方向

池窑可分为横焰窑、纵焰窑和马蹄焰窑三类。横焰窑是指窑内火焰做横向流动，与玻璃流动方向垂直，我国大型玻璃窑多是此种形式。纵焰窑是指窑内火焰做纵向流动，与玻璃液流动方向相平行。马蹄焰窑是指窑内火焰做马蹄形流动，多在中、小型玻璃窑使用。

（4）按废气余热回收的方式

池窑可分为蓄热式窑和换热式窑两种。蓄热式窑是指由废气把热能直接传给格子体进行蓄热，而后在另一燃烧周期开始后，格子体把热传给助燃空气与煤气，回收废气的余热。换热式窑是指废气通过管壁把热量传导到管外的助燃空气，以达到废气余热回收的目的。

1.6　玻璃的成型

1.6.1　玻璃成型原理

玻璃的成型是指熔融玻璃转变为具有固定几何形状制品的过程，此过程是复杂的多种性质不同作用的结果，起决定作用的是机械和热的作用。

1.6.1.1 玻璃的性能对成型的作用

在玻璃液的成型过程中，玻璃液做机械运动，即在外力作用下，质点移动，达到所需形状，玻璃液的流变性质（如黏度、表面张力及弹性等）对成型有重要影响。在玻璃液的定型过程中，玻璃液与周围介质发生热传递，由黏性液态转变为脆性固态，玻璃液及周围介质的热物理性质（比热容、热导率、透热性等）对玻璃的定型有影响。

(1) 黏度对成型的作用

在玻璃的成型过程中，起决定作用的是黏度，开始成型的黏度为 $10^2\,Pa\cdot s$，在 $10^3\sim4\times10^7\,Pa\cdot s$ 黏度范围内，玻璃液逐渐定型硬化。玻璃成分不同，相应的黏度范围的温度区域也不相同，由于成型方法不同，要求有较宽的或较窄的成型温度区域。在成型过程中，玻璃液黏度产生的黏滞力与重力、摩擦力和表面张力形成平衡力系，使成型过程顺利进行。如黏度没有控制好，就不能获得需要的厚度和宽度的玻璃，甚至会使成型无法进行。

例如，垂直引上法提高引上速度时，必须加强冷却，玻璃黏度会迅速增加，黏滞力才可与拉引力平衡。如黏滞力小于拉引力，玻璃带会剧烈收缩，甚至被拉断。浮法生产工艺中，玻璃的成型在锡槽中进行，因此控制各阶段的黏度尤为重要。例如，在抛光阶段，应有较低的黏度（$10^{3.7}\sim10^{4.2}\,Pa\cdot s$），拉薄阶段应保持较高的黏度（$10^{5.25}\sim10^{6.75}\,Pa\cdot s$），锡槽出口端黏度应更高些（$10^{11}\,Pa\cdot s$），此黏度是玻璃的荷重软化点，玻璃带已具有固定的形状，但还略带有塑性，在这样的黏度下，将玻璃带拉引出锡槽，不容易断裂，但黏度大于 $10^{11}\,Pa\cdot s$ 时，玻璃会呈现一定程度的脆性，容易发生断板事故，黏度小于 $10^{11}\,Pa\cdot s$ 时，玻璃带在出口处会变形或擦伤。

(2) 弹性对成型的作用

玻璃的弹性与黏度密切相关。黏度在 $10^6\,Pa\cdot s$ 以下称为黏滞性，黏度为 $10^5\,Pa\cdot s$ 或 $10^6\sim10^{15}\,Pa\cdot s$ 称为黏弹性，黏度在 $10^{15}\,Pa\cdot s$ 以上称为弹性。大多数玻璃的成型范围为 $10^2\sim10^6\,Pa\cdot s$，已经达到了弹性发生作用的温度，至少在某些部位已经接近这样的温度。

(3) 表面张力对成型的作用

表面张力表示物质表面的自由能，使表面有尽量缩小的倾向，是温度和组成的函数。在浮法成型过程中，在高温下，玻璃液和锡液的相界面上，存在着表面张力，对玻璃液的抛光和拉薄起着重要作用。在玻璃液流入锡槽开始的初始阶段，玻璃液表面波是一种重力波，在重力作用下，表面波的能量逐渐衰减，振幅和波长逐渐减小，毛细压强逐渐增大，在表面张力的作用下，毛细波的能量逐渐衰减，表面波逐渐消失，玻璃带得到了抛光。在重力和表面张力平衡时，玻璃液可以在锡液面上形成一定厚度的玻璃带，在拉薄的过程中，拉力使玻璃厚度减薄，而表面张力会使玻璃增厚、带宽收缩。有时要克服表面张力带来的不利影响，必要时采用拉边器等措施克服由于表面张力所引起的收缩或摊平。

(4) 其他热性能对成型的作用

玻璃成型时的冷却速度决定于外界的冷却条件，但也和玻璃自身的热性能有关。比如，在成型过程中需要放出的热量（比热容）、单位时间内传热的量（热导率）、红外线与可见光的透过能力（透热性）、玻璃表面辐射热量的能力（表面辐射强度）、与玻璃中应力的产生和制品尺寸公差有关系的热膨胀等热性能对玻璃的成型均有重要影响。

1.6.1.2 玻璃的成型制度

玻璃的成型制度包括确定成型温度范围、各工序的温度和持续时间及冷却介质或模型的温度。合理的成型制度应使玻璃在成型各工序的温度和持续时间同玻璃液的流变性质及表面热性质协调一致。

（1）成型过程中的热传递

玻璃的热传递过程是冷却与加热过程反复进行，其中的热阻主要包括玻璃的热阻、玻璃及模型临界层热阻、模型热阻和模型与空气临界层热阻。玻璃及模型的温度变化包括与模型接触的玻璃表面温度下降很大，内部温度仍较高，与玻璃接触的模型内表面温度升高较小。

（2）玻璃冷却速度的计算

玻璃液在成型过程中的冷却速度受众多因素影响，其中包括玻璃制品的质量（m）和表面积（S）、玻璃的比热容（C_p）、成型开始温度（T_1）和成型终了温度（T_2）、玻璃表面辐射强度（用辐射系数 C 表示）、玻璃的透热性（用在可见光谱红外区光能吸收系数 K 表示）以及所接触冷却介质（空气或模型）的温度 θ。

对微量玻璃来说，空气中的冷却速度为：

$$\frac{\Delta T}{\Delta t} = -\frac{CS}{C_p}(T-\theta) \qquad (1\text{-}6\text{-}1)$$

式中，S 为玻璃制品的表面积；C_p 为玻璃的比热容；T 为玻璃的温度；C 为玻璃的表面辐射系数；θ 为玻璃所接触的冷却介质的温度。

质量为 m 的玻璃的冷却时间 t 为：

$$t = \frac{mC_p}{SC}\ln\frac{T_1-\theta}{T_2-\theta} = \frac{1}{K}\ln\frac{T_1-\theta}{T_2-\theta} \qquad (1\text{-}6\text{-}2)$$

式中，m 为玻璃质量；T_1 为玻璃制品成型开始温度；T_2 为玻璃制品成型终了温度；K 为计算系数，$K = \dfrac{SC}{mC_p}$。

玻璃表层和内部冷却到同一温度的时间差为：

$$\Delta t = \frac{mC_p}{SC}\ln\left(1+\frac{Bd^2}{T_2-\theta}\right) \qquad (1\text{-}6\text{-}3)$$

玻璃成型中，表面和内部的温差和厚度的平方成正比，即：

$$\Delta T = T_{cp} - T_d = Bd^2 \qquad (1\text{-}6\text{-}4)$$

式中，T_{cp} 为制品中部的温度；T_d 为制品外表面的温度；d 为制品表面至中部的距离；B 为温度分布常数，主要决定于玻璃的着色性质与着色程度、玻璃的辐射系数和透热性。

$$t_d = \frac{1}{K}\ln\frac{T_{1d}-\theta}{T_{2cp}-\theta} \qquad (1\text{-}6\text{-}5)$$

$$t_{cp} = \frac{1}{K}\ln\frac{T_{1cp}-\theta}{T_{2d}-\theta} \qquad (1\text{-}6\text{-}6)$$

$$\Delta t = t_{cp} - t_d = \frac{1}{K}\ln\frac{T_{2cp}-\theta}{T_{2d}-\theta} = \frac{1}{K}\ln\left(1+\frac{Bd^2}{T_2-\theta}\right) \qquad (1\text{-}6\text{-}7)$$

其中：
$$T_{1d} = T_{1cp} = T_1$$
$$T_{2cp} = T_{2d} + Bd^2 = T_2 + Bd^2$$

根据式(1-6-3)可计算出制品成型过程中冷却所需要的时间，绘制出玻璃的温度-时间曲线（图 1-6-1），即玻璃的冷却曲线；结合黏度-温度曲线，进一步绘制出玻璃的黏度-时间曲线（图 1-6-2），即玻璃的硬化曲线，从而制定出相应的成型制度。

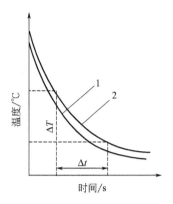

图 1-6-1　玻璃液的温度与冷却时间的关系
1—表层；2—平均层

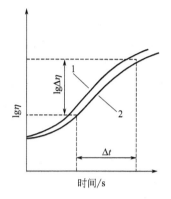

图 1-6-2　玻璃液的黏度与冷却时间的关系
1—制品的表层；2—制品的平均层

（3）成型制度的确定

玻璃液的黏度-时间或温度-时间曲线是确定成型制度的主要依据。成型制度的主要工艺参数包括成型温度范围、各工序的持续时间、冷却介质或模型的温度。

成型温度范围即工作黏度范围，在此范围内，玻璃液应具有完整成型的流动性，在外力作用下易于成型，有一定冷却硬化速度且不产生析晶和缺陷。一般选择黏度-温度曲线的弯曲处，黏度在 $10^2 \sim 10^6$ Pa·s 范围内。成型各阶段的持续时间则根据玻璃液黏度-时间曲线来确定。模型的温度制度在成型前，模型应加热到适当的操作温度，成型中，模型从玻璃中吸取的热量应等于散失到冷却介质中的热量，以维持稳定的操作制度。

1.6.2　平板玻璃成型方法

玻璃制品的成型方法主要包括热塑成型法和冷加工成型法。冷加工成型主要指化学成型（微孔玻璃等）和物理成型（研磨、抛光等），冷加工成型一般属于玻璃冷加工。本章主要介绍玻璃的热塑成型法，如吹制法、压制法、浮法、拉制法等。

1.6.2.1　水平拉引法

（1）浮法成型

浮法是指经过熔化、澄清、冷却的合格玻璃液平稳而连续地流入到具有一定温度的浮托介质上，在自身重力、表面张力及拉引力的作用下，成型为平板玻璃的方法。

浮法工艺最初是由英国皮尔金顿（Pilkington）兄弟公司发明的，1957 年开始工业化生产，1959 年正式宣布浮法研制成功并获得专利权。我国于 1971 年 10 月在洛阳建成第一条浮法生产线，中国的浮法玻璃技术被命名为洛阳浮法技术。还有一个是美国 PPG 公司拥有的独立浮法技术。

① 浮托介质　在浮法工艺中，用于承托玻璃液的物质，理论上可以是金属或合金，实际生产中用得比较多的是金属锡。

采用浮法成型玻璃的浮托介质必须满足如下条件。

a. 浮托介质熔点应低于 500℃，主要是因为玻璃带在锡槽出口端的温度为 500～600℃，浮托介质为液体状态，可以避免因凝固成固态擦伤玻璃带。

b. 浮托介质与玻璃液应互不浸润、不与玻璃起化学反应、不黏着玻璃。

c. 在温度为 1050℃时，浮托介质的密度必须大于玻璃密度（普通钠钙硅玻璃的密度大

致为 $2.5 \times 10^3 \, kg/m^3$）。

d. 浮托介质应饱和蒸气压低、沸点高、挥发性低，可避免因其长期处于高温条件而挥发，减少产生畸变点缺陷的机会。

金属锡的密度大、熔点低、沸点高、挥发性小、流动性好、渗透能力强，但在高温状态下易氧化，在还原气氛下，以单质形态存在，金属锡的特性基本满足了浮法成型玻璃的浮托介质的性质要求，目前，玻璃厂均采用锡液浮法成型平板玻璃。

表 1-6-1 为不同纯度的锡杂质含量。

表 1-6-1 不同纯度的锡杂质含量

牌号	Sn 含量/% 大于	杂质含量/% 小于						
		As	Fe	Cu	Pb	Bi	Sb	S
01	99.95	0.003	0.004	0.004	0.003	0.003	0.005	0.001
1	99.90	0.015	0.007	0.01	0.005	0.015	0.015	0.001
2	99.75	0.02	0.01	0.03	0.008	0.05	0.05	0.01
3	99.56	0.02	0.02	0.03	0.3	0.05	0.05	0.01
4	99.00	0.1	0.05	0.1	0.6	0.06	0.15	0.02

由表 1-6-1 可知，锡中所含的杂质均为组成玻璃的元素，在玻璃成型过程中可以夺取玻璃中的游离氧生成氧化物，成为玻璃表面的膜层。但 Fe 含量达到 0.2% 时，会形成铁锡合金附着在锡液表面，使锡液的"硬度"增加；杂质 S 会生成 SnS，形成缺陷；Al_2O_3 含量高，会在锡液表面形成 Al_2O_3 薄膜使锡液表面不光滑。上述杂质都会影响玻璃的抛光度，因此生产浮法玻璃时，所用的锡液其纯度要求在 99.90% 以上。

表 1-6-2～表 1-6-5 为锡的物理性质及其各种性能与温度的关系。

表 1-6-2 锡的物理性质

性质	数值	性质	数值
熔点/℃	231.96	熔化潜热/(J/g)	60.3
沸点/℃	2270	蒸发潜热/(J/g)	3018
密度/(g/cm³)	7.298	固-液相体积变化/%	2.7
热导率/[W/(m·K)]	65.7	表面张力(232℃)/(N/m)	531×10^{-3}

表 1-6-3 锡液密度、表面张力与温度的关系

项目	指标						
温度/℃	600	700	800	900	1000	1050	1100
密度/(g/cm³)	6.711	6.643	6.574	6.505	6.437	6.403	6.368
表面张力/(N/m)	502×10^{-3}	494×10^{-3}	486×10^{-3}	478×10^{-3}	470×10^{-3}	466×10^{-3}	462×10^{-3}

如表 1-6-2 和表 1-6-3 所示，锡的密度远大于玻璃的密度（钠钙硅玻璃的密度为 2.7g/cm³），因此可以作为玻璃的浮托介质；锡的熔点远低于玻璃出锡槽口的温度（650～700℃），有利于玻璃的抛光；锡的热导率为玻璃的 60～70 倍，有利于玻璃的温度均匀；锡液的表面张力高于玻璃的表面张力 [(220～380)×10^{-3}N/m]，有利于玻璃的拉薄。

由表 1-6-4 可知，锡液的黏度较低，具有良好的热对流性能，会影响浮法玻璃的表面温度。由表 1-6-5 可以看出，在浮法玻璃的成型温度范围内，锡液的蒸气压在 1.94×10^{-4} ～0.133Pa 之间，因此锡液的挥发量极小。

表 1-6-4　锡液黏度与温度的关系

项目	指标					
温度/℃	300	320	350	450	605	750
黏度/Pa·s	1.68×10^{-3}	1.593×10^{-3}	1.52×10^{-3}	1.27×10^{-3}	1.045×10^{-3}	0.905×10^{-3}

表 1-6-5　锡液蒸气压与温度的关系

项目	指标					
温度/℃	730	880	940	1010	1130	1270	1440
蒸气压/Pa	1.94×10^{-4}	2.3×10^{-2}	4.13×10^{-2}	0.133	1.33	13.3	133

② 浮法玻璃成型机理

a. 浮法玻璃的成型工艺过程　玻璃熔窑中的配合料经过熔化、澄清、冷却成为1100～1150℃范围内的玻璃液，通过熔窑和锡槽相连的流槽流进熔融的锡液表面，在自身重力、表面张力和拉引力的作用下，玻璃液实现有限铺展成为玻璃带，在密封的锡槽中完成抛光及拉薄，到达锡槽末端的玻璃带已冷却到600℃左右，把即将硬化的玻璃带引出锡槽，通过过渡辊台进入退火炉，其工艺过程及锡槽主体结构示意图如图1-6-3所示。

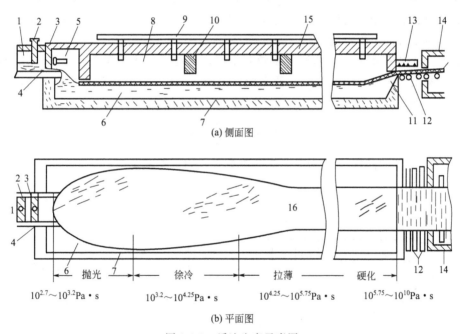

(a) 侧面图

(b) 平面图

图 1-6-3　浮法生产示意图

1—窑尾；2—安全闸板；3—节流闸板；4—流槽；5—流槽电加热；6—锡液；7—流槽槽底；8—锡槽上部加热空间；9—保护气体管道；10—锡槽空间分隔墙；11—锡槽出口；12—过渡辊台传动辊子；13—过渡辊台电加热；14—退火窑；15—锡槽顶盖；16—玻璃带

浮法成型平板玻璃的锡槽采用耐火黏土砖和耐火混凝土砌筑，外壳用钢板制作；锡槽胸墙的主要作用是密封锡槽、构成密封空间、吊挂电加热设施等；锡槽的顶盖主要用来保护气体管道，密封、吊装和安装电热元件、测压元件、测温元件；电加热系统是为了满足烤窑、保温以及控制成型温度；锡槽中的分隔装置可实现空间分隔、锡液分隔、温度分区；过渡辊台和可调辊道可牵引玻璃带前进，其中的挡帘可以保护气体的出口压力，防止外界空气进入锡槽。

b. 浮法成型平板玻璃的工艺原理 物理学的界面现象表明，两种互不相溶的液体界面处会出现轻液体在重液体表面上铺展的现象，选择不同的液体即可实现有限铺展，当这种有限铺展达到平衡状态时，轻液体的液层平衡厚度 He 可用下式计算：

$$He^2 = \frac{2\rho_2(\sigma_1 + \sigma_{2-1} - \sigma_2)}{\rho_1 g(\rho_2 - \rho_1)} \tag{1-6-8}$$

式中，ρ_1、ρ_2 为轻、重液体的密度；σ_1、σ_2 为轻、重液体的表面张力；σ_{2-1} 为两种液体界面处的界面张力。

由重力及浮力产生的铺展力和由表面张力所产生的收缩力达平衡时有：

$$（收缩力） \quad \sigma_1 + \sigma_{2-1} - \sigma_2 = \frac{1}{2}\rho_1 g He^2\left(1 - \frac{\rho_1}{\rho_2}\right) \quad （铺展力） \tag{1-6-9}$$

当轻液体的液层厚度 $H > He$ 时，铺展力大于收缩力，轻液体层会自动铺展，使 $H = He$ 为止；

当轻液体的液层厚度 $H < He$ 时，铺展力小于收缩力，轻液体层会自动收缩，使 $H = He$ 为止。

浮法工艺即应用了这个原理，$\rho_{锡液} > \rho_{玻璃}$，当熔融的玻璃液漂浮在熔融的锡液面上时，在重力、浮力、表面张力的作用下发生有限铺展，平整化形成薄板状体，冷却后会形成厚薄均匀、表面质量好的平板玻璃。

c. 玻璃液的浮起高度 玻璃液与锡液互不浸润，相互间无化学反应，由于锡液的密度大于玻璃液密度，因而玻璃液浮在锡液表面，如图 1-6-4 所示。其浮起高度 h_1 和沉入深度 h_2 可用下式表示：

$$h_1 = \left(1 - \frac{\rho_1}{\rho_2}\right)H \tag{1-6-10}$$

式中，h_1 为浮起高度；H 为玻璃液在锡液面上的自由厚度。

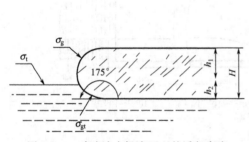

图 1-6-4 玻璃液在锡液面上的浮起高度

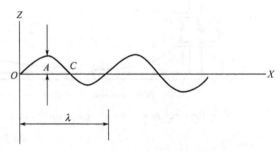

图 1-6-5 玻璃带的纵向断面

③ 浮法玻璃的抛光时间 玻璃液由流槽流入锡槽时，由于流入时的速度不均匀以及流槽面与锡液面存在落差，将会形成正弦波纹，在进行横向扩展的同时，向前漂移，且会逐渐减弱，如图 1-6-5 所示。玻璃液处于高温状态下，会在表面张力的作用下获得平整的表面，达到抛光的目的，此过程所用的时间为抛光时间。

可以把玻璃液由流槽面落入锡槽面所形成的冲击波的断面曲线近似假定为正弦函数：

$$Z = A\sin\frac{2\pi}{\lambda}X \tag{1-6-11}$$

把 OC 段的玻璃液视为一个玻璃液滴，则其中任一点 X 处所受到的压强 P 是玻璃表面张力所形成的压强和流体的静压强的和：

$$P = \sigma_1\left(\frac{1}{R_1} + \frac{1}{R_2}\right) + \rho_1 g Z \tag{1-6-12}$$

式中，σ_1 为玻璃液的成型温度（1000℃）时的表面张力，N/m；R_1、R_2 分别为玻璃液在长度和宽度方向的曲率半径；ρ_1 为玻璃液在成型温度时的密度；g 为重力加速度；$\sigma_1\left(\frac{1}{R_1} + \frac{1}{R_2}\right)$ 为表面张力形成的附加压强，又称为拉普拉斯公式。经运算可得下式：

$$P = \left(\frac{4\pi^2}{\lambda^2}\sigma_1 + \rho_1 g\right)Z \tag{1-6-13}$$

玻璃板的抛光作用主要是表面张力，因而表面张力的临界值应不低于静压力值，此时：

$$\lambda^2 \leqslant \frac{4\pi^2}{\rho_1 g}\sigma_1 \tag{1-6-14}$$

由上面可求得 λ 的临界值 λ_0。

在表面张力作用下，波峰与波谷趋向于平整的速度 V，可应用黏滞流体运动的管流公式：

$$\sigma_1 = \eta V \tag{1-6-15}$$

式中，η 为玻璃黏度。

例如，设浮法玻璃的成型温度为 1000℃，其相应参数分别为：$\eta = 10^3 \text{Pa·s}$，$\sigma_1 = 350 \times 10^{-3}\text{N/m}$，$\rho_1 = 2.4\text{g/cm}^3$，$g = 1000\text{cm/s}^2$。再把上述各值代入式（1-6-14）和式（1-6-15）可得 $\lambda_0 = 2.4\text{cm}$，$V = 3.5 \times 10^{-2}\text{cm/s}$，由于 $t = \lambda/V$，得 $t = 68.5\text{s}$。

④ 玻璃的拉薄　浮法玻璃的拉薄有两种方法，即高温拉薄法和低温拉薄法。高温拉薄的结果是厚度变化很小，宽度却大大收缩，导致拉引速度高，增加了玻璃在锡槽的降温幅度，给成型带来很多压力。低温拉薄的黏度较高阻滞了表面张力的增厚作用，增厚趋势明显降低，宽度上的收缩容易控制，拉薄十分有效。其拉薄曲线如图 1-6-6 所示。

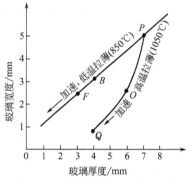

图 1-6-6　浮法成型玻璃高温拉薄
和低温拉薄曲线

如图 1-6-6 所示，在低温拉薄（850℃）的曲线为 PBF，高温拉薄（1050℃）的宽度与厚度变化为 POQ，两种不同的拉薄法的效果并不相同。例如，设原板在拉薄前为 P 点，即原板宽度为 5mm，厚度为 7mm。如分别用高温拉薄法和低温拉薄法进行拉薄，若使两者的宽度均为 2.5m，则相应得 F 点和 O 点，其厚度分别为 3mm（低温法）和 6mm（高温法），可见低温拉薄法可以拉制更薄的玻璃。如拉制厚度为 4mm 的玻璃，则相应得 B 点和 Q 点，其板宽分别为 3m（低温法）和 0.75m（高温法）。由以上可知，采用低温拉薄法比高温拉薄法更有利。

实际上低温拉薄法还可以分为两种，即低温急冷法和低温徐冷法，两者拉薄过程如图 1-6-7 所示。

低温徐冷法是指玻璃在离开抛光区后，进入徐冷区，温度达 850℃，再配合拉边器进行高速拉伸，此种方法的收缩率可降到 28% 以下。低温急冷法指的是玻璃离开抛光区后，进入强制冷却区，温度降到 700℃（黏度为 10^7Pa·s），然后玻璃进入重新加热区，其温度回升到 850℃（黏度为 10^5Pa·s），在使用拉边器情况下进行拉薄，收缩率可达 30%。在进行

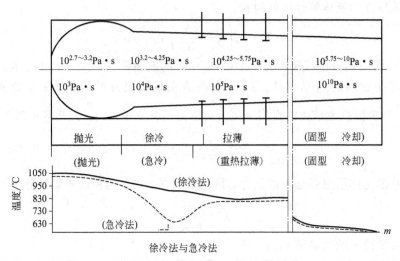

$$10^{2.7\sim3.2}Pa\cdot s \quad 10^{3.2\sim4.25}Pa\cdot s \quad 10^{4.25\sim5.75}Pa\cdot s \quad 10^{5.75\sim10}Pa\cdot s$$

$$10^3Pa\cdot s \quad 10^4Pa\cdot s \quad 10^5Pa\cdot s \quad 10^{10}Pa\cdot s$$

抛光	徐冷	拉薄	(固型　冷却)
(抛光)	(急冷)	(重热拉薄)	(固型　冷却)

图 1-6-7　徐冷拉薄法和急冷拉薄法

拉薄时，必须使用拉边器，使用的拉边器台数与拉制的玻璃的厚度有关。

⑤ 拉边器　拉边器是浮法成型工艺的一个重要设备，一般成对地配置在锡槽的两侧，

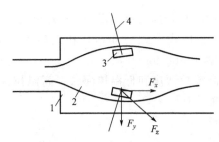

图 1-6-8　拉边器工作示意图

1—锡槽；2—玻璃带；3—拉边头；4—拉边杆

使用对数视生产玻璃的厚度而定，由于拉边头与玻璃液直接接触，要求运转速度必须平稳，实际应用时，采用调速电机通过减速机带动拉边辊转动，其工作示意图如图 1-6-8 所示。

如图 1-6-8 所示，拉边器工作实质是旋转的拉边头压在流动的玻璃带边缘上，可以对玻璃带起到牵引及稳定带宽的作用。另外，拉边器还能保持玻璃边稳定，防止玻璃带左右摆动。拉边轮对玻璃带的作用力为合力 F_z，可以分解为水平方向的 F_x 及垂直方向的 F_y，其中 F_x 可以加速玻璃带前进，F_y 保持或增加玻璃带的厚度。当生产厚玻璃时，拉边杆的水平摆角与图中相反，F_y 亦相反，把玻璃液向里推。

拉边器的主要参数是指拉边机的"四度"，要求这"四度"尽可能对称，主要包括以下四个。

a. 速度　拉边头的运转线速度，一般情况下，薄玻璃每对拉边机速度由前向后递增，厚玻璃递减。

b. 角度　拉边机机杆与锡槽边线垂直线之间的夹角，生产薄玻璃时为正角度，生产厚玻璃时为负角度。

c. 机头压入深度　拉边机机头压入玻璃带的深度，实际生产时要求压入深度要均匀适中。

d. 机杆伸入长度　主要是控制玻璃带的内牙距。拉边机使用时应注意机杆要直，拉边机的冷却水要通畅，且其运转速度与显示速度要一致。

⑥ 保护气体　锡液作为浮法成型平板玻璃的浮托介质的主要缺点是 Sn 很容易被氧化，生成 SnO 及 SnO_2，不利于玻璃的抛光，同时还会生成沾锡、虹彩、光畸变点等玻璃缺陷，因此必须采用保护气体。在生产平板玻璃时，一般在锡槽中充满还原性气体，常采用 N_2＋H_2 作保护气体，N_2 可以在锡槽内形成稳定的微正压，可阻止外界空气进入锡槽，与锡液

接触发生反应，H_2 的作用是与进入锡槽中的 O_2 反应，减少 O_2 对锡液的污染，同时还可将锡槽中已形成的 SnO、SnO_2 和 SnS 等杂质部分还原成单质 Sn。N_2 与 H_2 的大致比例范围为 $92\%\sim96\%$：$4\%\sim8\%$，锡槽内氧气含量小于 $(5\sim10)\times10^{-6}$。当锡槽高温区为正压时，低温区为负压；上部为正压时，下部为负压；当保护气量不足，或锡槽密封不好时，会造成局部负压，使空气漏入，影响玻璃质量，因此必须密封锡槽。

对锡槽的密封操作方法有两种：一种是采用气封装置，在锡槽端部和操作孔处，横向喷进一定速度的保护气体，形成一定压力的气幕，防止氧气扩散进入锡槽；另一种是采用耐火挡帘，在出口处采用一道或多道耐火挡帘，可形成一定阻力，从而提高锡槽内的保护气体压力，阻止氧气或空气进入锡槽。

（2）平拉法成型

平拉法是在玻璃液的自由液面上垂直拉出玻璃板。图 1-6-9 为平拉法示意图。平拉法垂直拉出的玻璃板在 $500\sim700mm$ 高度处，经转向辊转向水平方向，由平拉辊牵引，当玻璃板温度冷却到退火上限温度后，

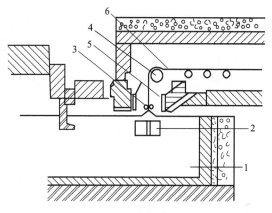

图 1-6-9　平拉法成型示意图
1—玻璃液；2—引砖；3—拉边器；4—转向辊；
5—水冷却器；6—玻璃带

进入水平辊道退火窑退火。玻璃板在转向辊处的温度为 $620\sim690℃$。

1.6.2.2　垂直引上法成型

（1）有槽垂直引上法

有槽垂直引上法成型示意图如图 1-6-10 所示。图中的 4 为槽子砖，是成型的主要设备，图 1-6-11 为槽子砖结构示意图，有槽垂直引上法主要是通过槽子砖缝隙成型平板玻璃。其中的小眼 2 可以用来观察、清除杂物和安装加热器。玻璃液由通路 1 经大梁 3 的下部进入引上室，玻璃液在静压的作用下，通过槽子砖的缝隙上升到槽口，在表面张力的作用下，温度达到 $920\sim960℃$ 的玻璃液会在槽口形成葱头状的板根 7，板根处的玻璃液通过引上机 9 的石棉辊 8 的拉引作用，不断上升与拉薄，形成玻璃原板 10，玻璃原板在引上后受到主水包 5 和辅助水包 6 的冷却而逐渐硬化。

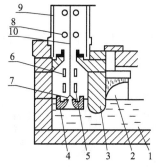

图 1-6-10　有槽垂直引上法成型示意图
1—通路；2—小眼；3—大梁；4—槽子砖；5—主水包；
6—辅助水包；7—板根；8—石棉辊；9—引上机；10—原板

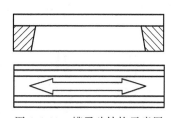

图 1-6-11　槽子砖结构示意图

在有槽法成型过程中，玻璃性质、边子的成型、板根的成型及原板的拉伸力是玻璃成型机理的关键所在。

① 边子的成型　在玻璃原板成型过程中，其宽度和厚度会同时产生两种收缩：一是由黏度和表面张力共同作用引起的自然收缩；二是热塑性玻璃在受到外力拉伸时，就会产生横向收缩，拉力大小、材料的性质、温度等决定收缩率的大小。因此，无法得到与槽口长度相同的玻璃。

② 板根的成型　板根的大小、形状与位置决定于以下因素。

a. 槽子砖沉入玻璃液深度　沉入深度越深，槽口的玻璃液越多，且在槽口的停留时间越长，引上量增大。

b. 玻璃液温度　玻璃液温度高，黏度下降，玻璃流动阻力小，因此槽口流出的玻璃液量增加，板根上升；反之，则下降。

c. 窑压　熔化部窑压增加，使玻璃液温度升高，与上述同理，使板根上升；反之，则下降。

d. 熔窑玻璃液面波动　玻璃液面的升降将直接影响板根的位置。

③ 原板的拉伸力　原板在恒速上升时要克服三类矢力：一是原板的自身重力；二是形成新表面所需的表面力，引上后的原板在其固化前厚度不断地变薄形成二次表面；三是沿槽口长度方向的板根体积不同，而引上的原板是等厚的，在引上过程中塑状玻璃内部质点间存在速度梯度，且存在于原板的厚度及宽度上，形成了玻璃液的黏滞力。

（2）无槽垂直引上法

图 1-6-12 为无槽垂直引上法成型示意图，该法与有槽垂直引上法的区别是：有槽法采用槽子砖成型，而无槽法采用沉入玻璃液的引砖，并在玻璃液

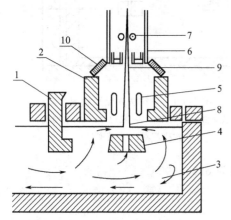

图 1-6-12　无槽垂直引上法成型示意图
1—大梁；2—L 形砖；3—玻璃液；4—引砖；
5—冷却水包；6—引上机；7—石棉辊；
8—板根；9—原板；10—八字水包

表面的自由液面上成型，其槽口由于玻璃液析晶等原因容易造成不平整，因此不容易产生波筋，质量优于有槽法，但操作技术难度比较大。

1.6.3　其他玻璃产品成型方法

1.6.3.1　人工成型

人工成型是原始的成型方法，目前一些特殊制品的成型仍在沿用，比如瓶罐玻璃、器皿玻璃等的成型。目前常用的是人工吹制法。人工吹制示意图如图 1-6-13 所示。

挑料　　滚料　　吹小泡　　　　吹料泡　　吹制及　　割口
　　　　　　　　　　　　　　　　　　　　击脱吹管　烘口

图 1-6-13　人工吹制示意图

人工吹制的工具包括吹管和衬碳模。吹管由空心铁管和挑料端组成，与玻璃液接触的一端称为挑料端，目前常用镍铬合金制成，焊在空心铁管的端头。人工吹制法的工序主要包括以下几个步骤。

① 挑料　当玻璃液冷却至 200~300℃ 时，可以采用吹管蘸取玻璃液，但吹管必须先加热至适当温度，方便粘住玻璃液。吹管斜插入玻璃液少许，并不断旋转，挑料端就会卷上一定分量的玻璃液。

② 吹小泡　将挑好料的吹管在滚料板（金属平板）或滚料铁碗中滚压玻璃液，使其具有一定形状、平滑表面、对称分布，达到所需要的黏度，然后进行吹气，成为中空的厚壁小泡，如吹制大型制品，可在小泡上进行第二次、第三次挑料—滚压—吹气过程。

③ 吹制　将吹好的料泡放入预先用水冷却的衬碳模中，不停地转动、吹气使料泡胀大成制品。

④ 加工　用特制的夹子夹住制品，击脱吹制用的吹管，重新加热，用剪刀剪齐口部，再送去退火，即制得成品。

1.6.3.2　机械成型

（1）供料

① 液流供料　利用池窑中的玻璃液自身的流动性进行连续供料。

② 真空吸料　在真空条件下，将玻璃液吸出池窑进行供料，此种方法的优点是料滴的形状、温度和重量都比较稳定，玻璃分布较均匀，产品质量好。

③ 滴料供料　当池窑中的玻璃液流出，达到所要求的成型温度，供料机制成具有一定形状和重量的料滴，按一定的时间间隔顺次将料滴送入成型机的模型中。

（2）成型

① 压制法　压制法主要是采用供料机供料，利用自动压机压制玻璃液成型，其主要机械部件包括冲头、模坯和模型。压制法成型示意图如图 1-6-14 所示。压制法制备的制品形状精准，还可压制外面带花纹的制品，工艺简单，生产能力高，主要是用来制备各种实心或空心的玻璃制品，如耐热餐具、烟灰缸、玻璃砖、水杯、透镜等。

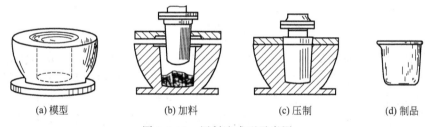

(a) 模型　　　　　(b) 加料　　　　　(c) 压制　　　　　(d) 制品

图 1-6-14　压制法成型示意图

② 吹制法

a. 压-吹法　采用压制的方法制备制品的雏形，然后在成型模中吹成成品，主要用于生产小口瓶、广口瓶等空心制品。压-吹法成型广口瓶示意图如图 1-6-15 所示。具体过程是：成型时口模放在雏形模上，由滴料供料机送来的玻璃液料滴滴入雏形模后，冲头向下压制成雏形和口部，然后将口模及雏形一同移入成型模中，从吹气头吹入压缩空气即可吹成成品，之后打开口模，取出制品，再送去退火。

b. 吹-吹法　吹-吹法主要用来生产小口瓶。该方法的特点是先在带有口模的雏形模中制成口部和吹成雏形，再将雏形移入成型模中吹成制品。根据供料方式的不同可分为翻转雏形

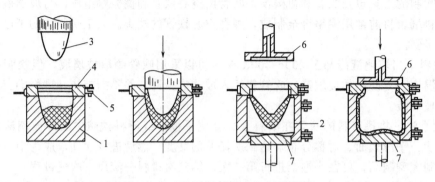

图 1-6-15　压-吹法成型广口瓶示意图

1—雏形模；2—成型模；3—冲头；4—口模；5—口模铰链；6—吹气头；7—模底

法成型和真空吸料法成型。

　　翻转雏形法的工作特点是采用雏形倒立的方法使滴料供料机送来的玻璃液料滴落入带有口模的雏形模中，然后采用压缩空气将玻璃液向下压实形成口部（扑气）。在口模中心的顶芯子可使压下的玻璃液形成适当的凹口，口部形成后，口模中的顶芯子可自行下落，采用压缩空气向形成的凹口吹气形成雏形，然后将雏形翻转移入正立的成型模具中，经过重热、伸长、吹气，最终吹成制品。翻转雏形法成型示意图如图 1-6-16 所示。

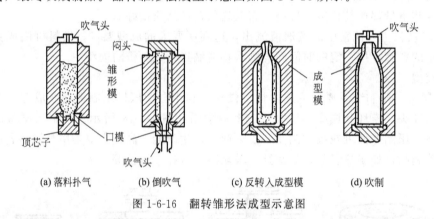

(a) 落料扑气　　　(b) 倒吹气　　　(c) 反转入成型模　　　(d) 吹制

图 1-6-16　翻转雏形法成型示意图

　　真空吸料法成型示意图如图 1-6-17 所示。首先将供料机或池窑中的玻璃液直接吸入正立的雏形模中，模的下端浸入玻璃液中，借真空的抽吸作用，将模内空气从口模排除，使整个雏形模和口模中吸满玻璃液，将雏形模提高，使之离开玻璃液，用滑刀沿模型下端切断玻璃液。打开雏形模使雏形自由地悬挂在口模中，微吹气并进行重热和伸长，接着移入成型模中，用压缩空气吹成制品。

　　c. 转-吹法　吹-吹法的一种，主要用来吹制电灯泡、热水瓶胆、薄壁器皿等玻璃制品，其工艺特点是吹制时料泡不停地旋转，所用的模型是用水冷却的衬碳模。

　　d. 带式吹制法　带式吹制法主要用来生产电灯泡和水杯，该方法是采用液流供料，从料碗中不断地向下流泻玻璃液，经过用水冷却的辊角压成带状。依靠玻璃本身重力和扑气，在有孔的链带上形成料泡，再用旋转的成型模抱住料泡，吹成制品。

　　③ 压延法　采用压延法可制备表面具有花纹图案的玻璃，此种玻璃既可透光又能遮挡视线，也就是具有不透明但透光的特点，可以起到很好的装饰作用。根据距离、花纹的不同，玻璃的透视效果可分为稍微透明可见的、几乎看不见的和完全看不见的几种类型。采用

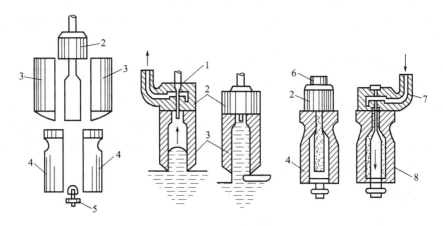

图 1-6-17　真空吸料法成型示意图

1—吸气头；2—口模；3—雏形模；4—成型模；5—模底板；6—闷头；7—吹气头；8—制品

压延法还可以生产夹丝网玻璃、槽形玻璃、玻璃马赛克、熔融微晶玻璃等玻璃产品。

压延法包括单辊压延法和对辊压延法两种。单辊压延法比较古老，把玻璃液倒在浇铸平台的金属板上，然后用金属压辊滚压成平板，最后送入退火炉中退火［图 1-6-18(a)］。目前，单辊压延法应用较少。双辊压延法也称为对辊压延法，玻璃液由池窑的流槽中流出后，进入成对、相向运动的水冷中空压辊，经滚压后成平板，再送到退火炉退火。玻璃的质量好，生产时间短，产量高，属于连续作业方式［图 1-6-18(b)］。对辊压延法压制的玻璃板两面冷却强度比较相近，玻璃液与压辊的成型面接触时间短，所以采用温度较低的玻璃液即可成型，对辊压延法的质量、产量、成本都优于单辊压延法。

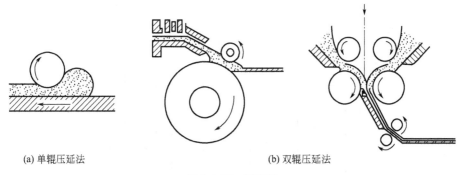

(a) 单辊压延法　　　　　　　　　　　　　　　(b) 双辊压延法

图 1-6-18　压延法

制备压延玻璃必须保证压延前玻璃液具有较低的黏度，可以保持良好的可塑性，压延后玻璃的黏度迅速增大，可保持压延玻璃的花纹稳定及清晰度好，且玻璃制品具有一定的强度并容易退火。

1.7　玻璃的退火与淬火

玻璃制品在生产过程中，由熔融状态的玻璃液变成脆性固体玻璃制品，会经受激烈、不均匀的温度变化，制品内外层会形成温度梯度，造成其硬化速度不一样，在制品中产生不规则的热应力。这种热应力存在于制品中，在冷却、存放、使用或加工中，不但降低了机械强度和热稳定性，而且也会影响玻璃的光学均一性，当应力超过制品的极限强度时会自行破裂，甚至炸裂。

退火是一种可使玻璃中的热应力尽可能地减小至允许值或消除的热处理过程。除纤维薄壁小型空心制品和玻璃外，几乎所有玻璃制品都需要进行退火。某些光学玻璃和特种玻璃则需要进行精密退火，必须在退火的温度范围内保持相当长的时间，使各部分的结构均匀，然后以最小的温差进行降温，以达到要求的光学性能。但玻璃制品存在的热应力并不都是有害的，采用热处理过程使玻璃表面层产生均匀分布、有规律的压应力，即所谓的玻璃的钢化，玻璃制品的机械强度和热稳定性会有所提高。

1.7.1 玻璃的应力

物质内部单位截面上的相互作用力称为内应力。玻璃的内应力根据产生的原因不同可分为三类：由于温差产生的应力称为热应力；因组成不一致而产生的应力称为结构应力；因外力作用产生的应力称为机械应力。玻璃中的热应力按其存在的特点，可以分为暂时应力和永久应力。

1.7.1.1 玻璃中的热应力

（1）暂时应力

暂时应力是指玻璃温度低于应变点而处于弹性变形温度范围内，在加热或冷却的过程中，即使加热或冷却的速度不是很大，玻璃的内层和外层也会形成温度梯度，从而产生一定的热应力。暂时应力的特点是随着温度梯度的存在而存在。

图 1-7-1 表明玻璃经受不同的温度变化时暂时应力的产生和消失过程。

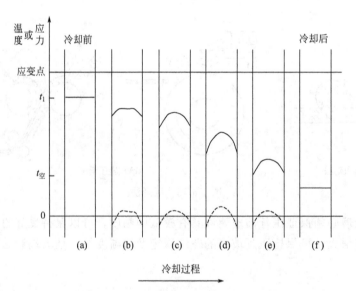

图 1-7-1　玻璃暂时应力的产生示意图
— 温度分布曲线；-- 应力分布曲线

如图 1-7-1(a) 所示，假设一块具有一定厚度、没有应力的玻璃板，从常温加热至该玻璃应变点以下某一温度，经保温使整块玻璃板中不存在温度梯度。在玻璃板双面均匀自然冷却的过程中，由于玻璃导热性能差，表面层的温度下降迅速，而玻璃内层的温度下降缓慢，在玻璃板中产生了温度梯度，沿着与表面垂直的方向，温度呈抛物线型曲线分布，如图 1-7-1 所示。

玻璃板在冷却过程中，外层温度低，收缩较大，内层收缩相对较小，会阻碍外层的正常收缩，使外层不能收缩到正常值而处于拉伸状态，产生了张应力。而内层则由于外层收缩较大而处于压缩状态，产生了压应力。此时，玻璃板厚度方向的应力从最外层的最大张应力值，连续地变化到最内层的最大压应力值，但其间必定存在着某一层的张应力同压应力大小相等，方向相反，相互抵消，称为中性层。玻璃冷却到外表层温度接近外界温度时，外层体积几乎不再收缩。但此时玻璃内层的温度仍然较高，将继续降温，体积继续收缩。这样外层就受到内层的压缩，产生压应力。而内层的收缩则受到外层的拉伸，产生张应力。其应力值随内部温度的降低而增加，直到温差消失为止。这时内外层产生的应力方向，刚好同冷却过程中玻璃所产生的应力方向相反，而大小相等，相互可以逐步抵消，如图 1-7-1(e) 所示。所以在玻璃冷却到内外层温度一致时，玻璃中不存在任何热应力，如图 1-7-1(f) 所示。应力的产生和消失过程与在冷却过程中应力的产生和消失相同，只是方向相反。即外层为压应力，内层为张应力。

综上所述，玻璃中的暂时应力会随着温度均衡以后消失。但当暂时应力值超过玻璃的极限强度时，玻璃同样会自行破裂，所以玻璃在脆性温度范围内的加热或冷却速度也不宜过快。因此可以利用这一原理以急冷的方法切割管状物和空心玻璃制品。

（2）永久应力

玻璃在常温下，内外层温度均衡后，不存在温度梯度的条件下，在玻璃中仍然存在着热应力，这种应力称为永久应力或残余应力。图 1-7-2 表明玻璃中产生永久应力的原因及其形成过程。

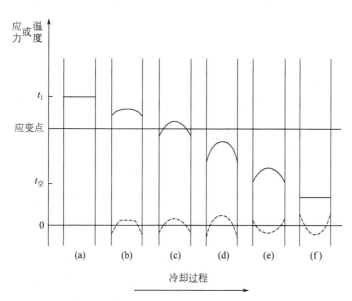

图 1-7-2　玻璃永久应力的产生示意图
—温度分布曲线；---应力分布曲线

将一块没有应力的玻璃板，加热到高于应变点以上某一温度，如图 1-7-2(a) 所示。均热后的玻璃板，经一定时间后两面均匀自然冷却，玻璃中的温度分布呈抛物线型，如图 1-7-2(b) 所示，形成温差。

玻璃外层温度低，收缩大，内层会阻碍外层在降温收缩过程中，产生张应力，而内层的温度高，收缩小，受外层收缩的压力作用，产生压应力。但温度在应变点以上时，玻璃具有黏弹性，质点的热运动能力较大，玻璃内部结构基团可以产生位移和变形，使由温度梯度所产生的内应力得以消失，这个过程称为应力松弛。这时玻璃内外层虽然存在温度梯度，但其中不存在应力。当玻璃处于应变温度并以一定速度冷却时，玻璃通常会从黏性体逐渐地转变为弹性体，内部结构基团之间的位移受到限制，由温度梯度所产生的应力不能全部消失。当玻璃继续冷却到室温，均热后玻璃的表面层产生压应力，而内层产生张应力。所以，在玻璃的温度趋于同外界温度一致的过程中，玻璃内保留下来的热应力，不能刚好抵消温度梯度消失所引起的反向应力。即玻璃冷却到室温，内外层温度均衡后，玻璃中仍然存在应力，如图1-7-2(e) 所示。

综上所述，玻璃内永久应力的产生是在应变温度范围内，应力松弛的结果。应力松弛的程度取决于在这个温度范围内的冷却速度、玻璃的黏度、膨胀系数及制品的厚度。为了减少永久应力的产生，应根据玻璃的化学组成、制品的厚度，选择适当的退火温度和冷却速度，使其残余应力值在允许的范围内。

1.7.1.2 玻璃中的结构应力

结构应力指的是玻璃中因化学组成不均匀导致玻璃结构上不均匀而产生的应力。结构应力属于永久应力，熔制不均匀、不同膨胀系数的两种玻璃间及玻璃与金属间的封接等都会引起结构应力。例如，在玻璃的熔制过程中，由于澄清、均化不良，在玻璃中产生化学组成与主体玻璃不同的条纹和结石等缺陷，其膨胀系数也与主体玻璃不同，如硅质耐火材料结石的膨胀系数为 $6×10^{-6}℃^{-1}$，而一般玻璃在 $9×10^{-9}℃^{-1}$ 左右。在温度到达常温后，由于不同膨胀系数的相邻部分收缩不同，使玻璃产生应力。用退火的办法无法消除这种由于玻璃固有结构所造成的应力。应力的大小取决于两种相接物的膨胀系数差异程度。如果差异过大，制品就会在冷却中炸裂。

1.7.1.3 玻璃中的机械应力

当外力作用在玻璃上，在玻璃中引起的应力称为机械应力，它属于暂时应力，其特点是随着外力的消失而消失，不是玻璃体本身的缺陷，在制品的生产过程及机械加工过程中所施加的机械力不超过其机械强度，玻璃制品就不会破裂。

1.7.1.4 玻璃中的应力表示方法

由于玻璃中的应力会对玻璃制品性能有重要的影响，因此对玻璃制品中的应力进行测量意义重大，一般情况下，可以采用偏振光通过玻璃时所产生的双折射来观察和测量玻璃中存在的应力。

（1）玻璃中的应力计算方法

优质玻璃是无应力的均质体，由于各向同性，光通过具有这样性质的玻璃，其各方向上速度及折射率均相同，不产生双折射现象。而当玻璃中存在应力时，各向异性的特点使进入玻璃的偏振光分为两个振动平面相互垂直的偏光，即产生双折射现象，由于传播速度不同，产生了光程差。双折射的程度与玻璃中所存在的应力大小成正比，即玻璃中的应力与光程差成正比。

如图1-7-3所示的玻璃单元体，受到单向应力 F，

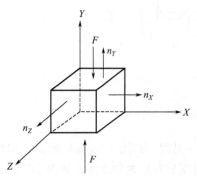

图 1-7-3　玻璃单元体折射率示意图

当光线沿 Z 轴通过时，沿 X、Y、Z 三个方向的折射率分别为 n_X、n_Y、n_Z，且各个方向均不同，沿 X 和 Z 方向通过的光线可产生双折射，可用下式计算：

$$\Delta n = n_Y - n_Z = (C_1 - C_2)F = BF \tag{1-7-1}$$

式中，Δn 为通过玻璃单元体两个垂直方向振动光线的折射率差；C_1、C_2 均为光弹性系数；B 为应力光学常数，当 n 以 nm/cm 表示时，B 的单位为布，1 布 $= 10^{-12}\,\text{Pa}^{-1}$；$F$ 为单向应力，Pa。

某些玻璃的应力光学常数如表 1-7-1 所示。

表 1-7-1　某些玻璃的应力光学常数

玻璃种类	B/Pa^{-1}	玻璃种类	B/Pa^{-1}
石英玻璃	3.46×10^{-12}	平板玻璃	2.65×10^{-12}
$96\%\text{SiO}_2$ 玻璃	3.67×10^{-12}	钠钙玻璃	$2.44 \sim 2.65 \times 10^{-12}$
铝硅酸盐玻璃	2.63×10^{-12}	低膨胀硼酸盐玻璃	3.87×10^{-12}

玻璃中的应力与双折射成正比，即与光程差成正比，因此可以用测量光程差的办法间接测量应力的大小。

设玻璃单位厚度上的光程差为 δ（nm/cm），则 δ 可用下式计算：

$$\delta = \frac{V(t_y - t_x)}{d} \tag{1-7-2}$$

$$t_x = \frac{d}{V_x},\ t_y = \frac{d}{V_y}$$

式中，δ 为玻璃单位厚度上的光程差，nm/cm；V 为光在空气中的传播速度；t_x、t_y 分别为光沿 x 及 y 方向通过玻璃的时间；V_x、V_y 分别为光在玻璃中沿 x 及 y 方向的速度；d 为玻璃的厚度，cm。

因为 $\delta = \Delta n = BF$，则玻璃中的应力为：

$$F = \frac{\delta}{B} \tag{1-7-3}$$

（2）玻璃中的允许应力

玻璃的用途不同，其内部允许的应力值也不同，应力值为玻璃抗张极限强度的 $1\% \sim 5\%$。表 1-7-2 为各种玻璃允许的应力（以光程差表示）。

表 1-7-2　各种玻璃允许的应力（以光程差表示）

玻璃种类	允许应力/(nm/cm)	玻璃种类	允许应力/(nm/cm)
平板玻璃	$20 \sim 95$	镜玻璃	$30 \sim 40$
瓶罐玻璃	$50 \sim 400$	望远镜反光镜	20
空心玻璃	60	光学玻璃粗退火	$10 \sim 30$
玻璃管	120	光学玻璃精密退火	$2 \sim 5$

（3）玻璃内应力的测定方法

① 偏光仪器法　图 1-7-4 为偏光仪的结构示意图。光源的白光以 57°（布儒斯特角）通过毛玻璃后，入射到起偏镜，产生的平面偏振光通过灵敏色片后到达检偏镜。起偏镜的偏振面与检偏镜的偏振面正交。灵敏色片的双折射光程差为 565nm，视场呈现紫色，当具有应力的玻璃被引入偏振场中时，视场的颜色会发生改变，呈现干涉色，根据干涉色的分布和性质，可以粗略估计出应力的大小和位置。在观察转动的玻璃局部有强烈的颜色改变时，即可

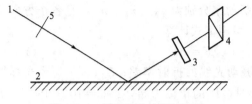

图 1-7-4 偏光仪的结构示意图

1—光源；2—起偏镜；3—灵敏色片；

4—检偏镜；5—毛玻璃

推断出玻璃中存在较大和不均匀的应力，颜色变化最多的地方，应力最大。灵敏色片光程差与玻璃应力产生的光程差相减或相加，可使玻璃中存在的较小应力明显地被观察出来。

② 干涉色法 干涉色法可以进行玻璃中应力的定量测量。将被测的玻璃样品试样放在偏光仪的正交偏光下使玻璃和水平面呈 45°角，此时确定视场中所呈现的颜色，向左右两个方向转动玻璃，根据这两个方向上的最大的颜色变化，根据表 1-7-3 查出其对应的光程差。

表 1-7-3 正交偏光下视场颜色与光程差的关系

颜色	总光程差（压应力下）/nm	颜色	总光程差（张应力下）/nm
铁灰	50	蓝	640
灰白	200	绿	740
黄	300	黄绿	840
橙	422	橙	945
红	530	红	1030
紫	565	紫	1100
—	—	蓝绿	1200
—	—	绿	1300
—	—	黄	1400
—	—	橙	1500

如仪器中装有灵敏色片，则必须考虑灵敏色片固有的光程差，转动玻璃时，视场颜色变化为灵敏色片与玻璃的总光程差。加有灵敏色片时视场颜色与光程差的关系如表 1-7-4 所示。

表 1-7-4 加有灵敏色片时视场颜色与光程差的关系

张应力时的颜色	光程差/nm	张应力时的颜色	光程差/nm
黄	325	红	35
黄绿	275	橙	108
绿	175	淡黄	200
蓝绿	145	黄	265
蓝	75	灰白	330

一般引起视场呈紫色的灵敏色片，其光程差为 565nm，当玻璃的应力为压应力时，视场总光程差为灵敏色片光程差同玻璃固有光程差之差，玻璃的光程差为 565nm 减去视场总光程差。而当玻璃的应力为张应力时，视场总光程差为灵敏色片光程差同玻璃固有光程差之和，玻璃的光程差为视场总光程差减去 565nm。

③ 补偿器测定法 在正交偏光下，可以用补偿器来补偿玻璃内应力所引入的相位差，仪器的检偏器由旋转度盘、补偿器和尼科尔棱镜组成。测定时，旋转检偏器，视场呈现黑色，放置玻璃后，如有双折射，视场中可看到两个黑色条纹隔开的明亮区。旋转检偏器，重新使玻璃中心变黑，记下此时检偏器的角度差 φ，按下面公式计算玻璃光程差：

$$\delta = \frac{3\varphi}{d} \tag{1-7-4}$$

式中，δ 为玻璃的光程差，nm/cm；φ 为检偏镜旋转角度差；d 为玻璃中光通过处的厚度，cm。此法可测出 5nm 的光程差。

1.7.2 玻璃的退火

玻璃的退火可减少或消除玻璃在成型或热加工过程中产生的永久应力，提高玻璃的使用性能。

1.7.2.1 玻璃的退火温度

根据玻璃内应力的形成原因，玻璃的退火实质上包括两个过程：一是应力的减弱和消失；二是防止新应力的产生。玻璃无固定的熔点，从高温冷却，经过液态转变成脆性固态物质，此温度区域称为玻璃转变温度区域，上限温度为玻璃软化温度，下限温度为玻璃转变温度。由于在转变温度范围内玻璃中的质点仍可进行位移，即在转变温度附近的某一温度下，进行保温及均热，可以消除玻璃中的热应力。

（1）玻璃的退火温度范围

玻璃的黏度对玻璃中内应力的消除有重要影响，黏度越小，则内应力消除越快。将玻璃加热到低于转变温度 T_g 附近的某一温度进行保温均热，使应力松弛。选定的保温均热温度，即为玻璃退火温度。退火温度可分为最高退火温度和最低退火温度。最高退火温度是指在该温度下经 3min 能消除应力 95%，一般相当于退火点（$\eta = 10^{12} Pa \cdot s$）的温度，也称为退火上限温度。最低退火温度是指在此温度下经 3min 仅消除应力 5%，也称为退火下限温度。最高退火温度至最低退火温度之间称为退火温度范围。

大部分平板玻璃的最高退火温度为 550～570℃，瓶罐玻璃为 500～600℃，铅玻璃为460～490℃。一般情况下，所采用的退火温度比最高退火温度低 20～30℃，最低退火温度则比最高退火温度低 50～150℃。

（2）退火温度与玻璃组成的关系

玻璃的化学组成与其退火温度有密切关系，能降低玻璃黏度的成分，均可以降低退火温度。如碱金属氧化物能显著降低退火温度，其中 Na_2O 的作用大于 K_2O；SiO_2、CaO 和 Al_2O_3 可以提高退火温度；BaO 使退火温度降低；而 ZnO 和 MgO 对退火温度的影响相对较小。含有 B_2O_3 15%～20% 的玻璃，其退火温度随着 B_2O_3 含量增加而明显地提高。如果超过这个含量时，则退火温度随着含量的增加而逐渐降低。

（3）玻璃退火温度的测定

玻璃的最高退火温度可以按奥霍琴经验公式计算黏度 $\eta = 10^{12} Pa \cdot s$ 时的温度。另外，还可以按如下几种方法进行测定。

① 黏度计法　用黏度计直接测量玻璃的黏度 $\eta = 10^{12} Pa \cdot s$ 时的温度，但设备复杂，测定时间长，工厂不常用。

② 差热法　玻璃在加热或冷却过程中，会分别产生吸热或放热效应，采用差热分析仪测量玻璃的加热或冷却曲线，加热过程中吸热峰的起点为最低退火温度，最高点为最高退火温度，冷却过程中放热峰的最高点为最高退火温度，而终止点为最低退火温度。

③ 双折射法　在双折射仪的起偏镜及检偏镜之间放置管状电炉，将玻璃试样置于电炉中，电炉的升温速度为 2～4℃/min，观察干涉条纹在升温过程中的变化，应力开始消失时，干涉条纹也开始消失，即为最低退火温度；干涉色完全消失时的温度为最高退火温度。

④ 热膨胀法　玻璃的热膨胀曲线包括低温膨胀线段和高温膨胀线段，两个线段延长线

的交点的温度即为最高退火温度，约等于 T_g 温度。它会随升温速度不同而变化。

1.7.2.2 玻璃的退火工艺过程

玻璃制品的形状、大小、成分、允许的应力值、退火炉内的温度分布等情况对玻璃的退

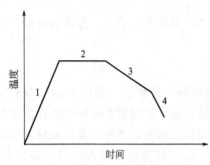

图 1-7-5 玻璃退火温度制度曲线
1—加热阶段；2—均热阶段；
3—慢冷阶段；4—快冷阶段

火制度有重要影响。根据退火原理，可以把退火工艺分为加热、均热、慢冷和快冷四个阶段。根据各阶段的升温速度、降温速度及保温温度、保温时间，作温度与时间的关系曲线，称为退火曲线，如图 1-7-5 所示。

（1）加热阶段

玻璃制品的退火可以分为一次退火和二次退火。制品在成型冷却后再经加热退火，称为二次退火；制品在成型后直接进入退火炉进行退火的工艺，称为一次退火。玻璃制品在加热过程中，制品表面产生压应力，内层产生张应力。加热阶段的升温速度可以快些。玻璃制品厚度的均匀性、形状、大小等因素均会影响到升温速度。例如，20℃的平板玻璃可直接进入 700℃的退火炉进行退火，加热速度为 300℃/min。一般玻璃制品的加热速度为 $20/a^2 \sim 30/a^2$℃/min，其中 a 为玻璃制品厚度的一半。

（2）均热阶段

均热阶段是把玻璃制品在退火温度进行保温，可消除玻璃中固有的内应力。均热阶段必须确定保温温度和保温时间。制品的最高退火温度可直接测定或按奥霍琴法进行确定，生产中的退火温度比最高退火温度低 20~30℃，退火保温时间可按下式计算：

$$t = \frac{520a^2}{\Delta n} \tag{1-7-5}$$

式中，t 为保温时间，min；a 为制品厚度，cm；Δn 为玻璃退火后允许存在的内应力，nm/cm。

（3）慢冷阶段

经保温后的玻璃，其内部的应力消除后，必须严格控制玻璃在退火温度范围内的冷却速度，防止在冷却过程中产生过大的温差，形成新的应力或永久应力。慢冷速度取决于玻璃制品所允许的永久应力值，当此应力值大些，速度就可以相应快些，慢冷速度（℃/min）可按下式计算：

$$h = \frac{\delta}{13a^2} \tag{1-7-6}$$

式中，δ 为玻璃制品最后允许的应力值，nm/cm；a 为玻璃的厚度（实心制品的厚度的一半），cm。

（4）快冷阶段

快冷的开始温度，必须低于玻璃的应变点，此时虽然产生温度梯度，由于在应变点以下玻璃的结构完全固定，玻璃不会产生永久应力。在快冷阶段，由于只能产生暂时应力，在保证玻璃制品不因暂时应力而破裂的前提下，可尽快冷却，一般玻璃的最大冷却速度（℃/min）为：

$$h = \frac{65}{a^2} \tag{1-7-7}$$

由于玻璃制品中或多或少地存在某些缺陷，生产中常采用较低的冷却速度，避免在玻璃主体和缺陷的界面处产生张应力。一般玻璃采用此值的 15%～20%，光学玻璃取 5% 以下。

1.7.2.3 玻璃的退火设备

玻璃的退火设备主要是退火窑，退火窑的作用就是将玻璃带从拉出锡槽的温度按照退火要求逐渐冷却下来，若玻璃带进入退火窑时低于退火上限温度，则需要适当加热和均热，然后冷却到便于切割和搬运的温度。对冷却的要求是残余内应力，即永久内应力，不超过允许值。退火窑按制品的移动情况主要分为间歇式、半连续式和连续式三种。

（1）间歇式退火窑

间歇式退火窑的工作特点是制品不运动，根据工艺要求，窑内温度随时间而变。所用的燃料包括煤和燃气，也可用电加热。此种退火窑按加热方法分为明焰窑和隔焰窑两种。明焰窑适合制备大型、厚壁、特种制品；而隔焰窑适合光学玻璃的粗、精退火。图1-7-6 为间歇式退火窑结构示意图。

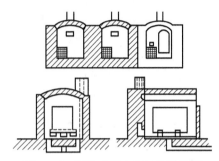

图 1-7-6　间歇式退火窑结构示意图

间歇式退火窑的生产能力低，燃耗多，占地面积大，操作不易形成机械化，调节灵活，能满足特殊制品的精退火要求，正逐步被连续式退火窑取代。

（2）半连续式退火窑

半连续式退火窑的制品间歇移动，且温度制度恒定不变，包括牵引式和隧道式两种。

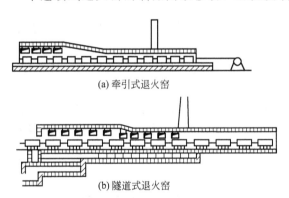

(a) 牵引式退火窑

(b) 隧道式退火窑

图 1-7-7　半连续式退火窑结构示意图

牵引式退火窑主要是通过卷扬机牵引小箱；隧道式退火窑则通过绞车牵引小车。图 1-7-7 为半连续式退火窑结构示意图。

半连续式退火窑的温度变化是不连续的，呈跳跃式变化，对退火不利，制品温度分布不均匀，热损失较大，工人劳动强度大，窑内的运行设备易损坏，需要经常维修。

（3）连续式退火窑

连续式退火窑的制品则连续移动，窑内的各处温度恒定不变。主要包括立式、网带式和轨道式三种。图 1-7-8 为连续式退火窑结构示意图。

立式也称为竖式或垂直送带式，与水平式相比，其占地面积小，缩短了装、出制品的水平距离，而且立式结构也可以减少冷空气吸入的危害，但其结构复杂，对运输装置的耐热性能要求较高。

轨道式退火窑是主要用来生产浮法、平拉、压延平板玻璃的退火窑。轨道式退火窑的辊道由耐热钢管组成，辊数大致有 160 多根，辊径为 200～300mm，采用镍铬合金制成，用电动机经变速箱和传动机构带动所有钢辊转动，浮法成型工艺中的钢辊最大转速为 900m/h。

轨道式退火窑主要由钢壳、加热系统、冷却系统、控制系统、传动辊和传送系统组成。退火窑可一共分为如下几个区域。

① 均匀加热带，预退火区　长度在 17～20m 范围内，温度在 550～570℃ 范围内，板上

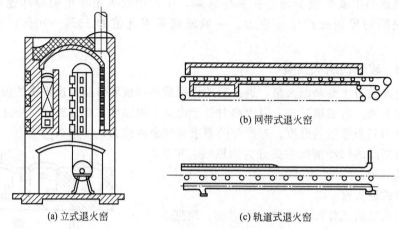

(a) 立式退火窑

(b) 网带式退火窑

(c) 轨道式退火窑

图 1-7-8　连续式退火窑结构示意图

两边装有电加热元件，板下横向分五区装加热元件。

②重要退火带，退火区　长度在 17～20m 范围内，温度在 450～550℃ 范围内，板上两边装有电加热元件，板下不装。

③缓慢冷却带，间接冷却区　长度在 10～15m 范围内，温度在 270～450℃ 范围内，板上两边加热。

④间冷到直冷的过渡带，封闭自然冷却区　长度在 10～20m 范围内，在封闭条件下进行自然冷却。

⑤热风循环冷却区　自动控制的热空气直接冷却。

⑥敞开自然冷却区　长度在 10～12m 范围内，温度在 180～270℃ 范围内，自然进行冷却。

⑦敞开强制冷却区　长度在 25～30m 范围内，温度在 60～180℃ 范围内，风机提供，室温空气冷却。

网带式退火窑主要用作日用玻璃的退火，其特点是热交换以对流为主，长度方向的温度分段控制，气流呈水平状态，结构主要包括网带及传动装置、窑膛及燃烧设备。网带及网带传动装置的结构示意图如图 1-7-9 及图 1-7-10 所示。

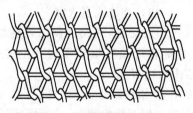

图 1-7-9　网带结构示意图

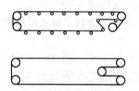

图 1-7-10　网带传动装置结构示意图

网带式退火窑按使用的燃料可分为内炉加热式退火窑、强制气流循环式退火窑、烧重油的退火窑、电热退火窑及利用反射隔热技术的退火窑六种。内炉加热式退火窑结构示意图如图 1-7-11 所示。其特点是温度分布不均匀，需要改进，其直火式火箱设于网带下面，布满棋盘状小孔，使燃烧产物分散上升。

强制气流循环式退火窑包括加热带、慢冷带、快冷带（利用风扇和风机强制循环），慢冷带间接冷却，快冷带直接冷却，其结构示意图如图 1-7-12 所示。其工作特点是温度分布

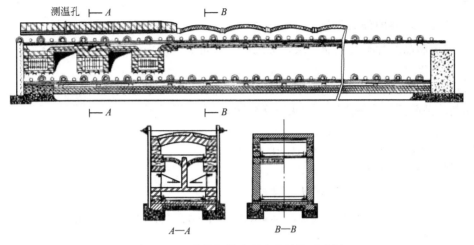

图 1-7-11　内炉加热式退火窑结构示意图

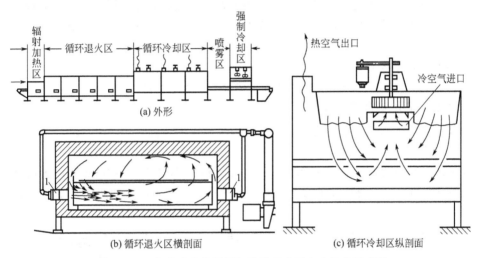

图 1-7-12　高速喷嘴的强制气流循环式退火窑结构示意图

不均匀，气流速度快，对流快，风扇、热交换器、风机的位置可调，网带的使用期长，可利用冷却带排出的热空气作助燃空气，消耗低。

烧重油的退火窑的火焰流程合理，退火温度分布均匀，耗油少，结构简单。电热退火窑使用电热丝或电热板作发热体，也可采用远红外电热板。

1.7.3　玻璃的淬火

玻璃属于脆性物质，其破坏为脆性断裂，破坏的直接原因是由于张应力所致，其破坏也往往开始于表面。玻璃理论强度很高（Si—O 键强可高达 10000MPa），但实际强度并不高，还不到理论强度的 1%，使其应用范围受到了一定的限制。为改善力学性能，提高抗张强度，研究人员提出了一些有价值的玻璃强度增大法，淬火处理就是其中之一。

淬火是指将制品加热到 T_g 以上 50～60℃，在冷却介质中，急速均匀冷却，使表面和内层产生大的温度梯度，由此引起的应力会由于玻璃的黏滞流动而被松弛，到最后温度梯度消除，松弛的应力转化为永久应力，使玻璃表面形成分布均匀的压应力层。玻璃的淬火也称为物理钢化。

1.7.3.1 玻璃的淬火工艺

根据玻璃制品的种类及性能要求，玻璃的淬火可分为风冷和液冷两种工艺。

(1) 风冷淬火

平板玻璃和器皿玻璃一般均采用风冷淬火，淬火制品是平板状的，称为平板淬火（平淬火），如制品是曲面的，称为弯面淬火（弯淬火）。

平板玻璃的淬火工艺流程如下：

玻璃切割→端面研磨→清洗干燥→装炉加热→出炉→风冷→检验包装

器皿玻璃的淬火工艺流程如下：

玻璃杯（未退火）
↓
玻璃杯（退火）→外观检查→传送带→电炉加热→风冷→性能检测（热稳定性、强度)→包装

(2) 液冷淬火

对于厚度小于 2.5～3mm 的薄壁制品，在风冷时，由于玻璃内外层温差小，由此在玻璃内部产生的热弹性应力也相对较小，因此淬火程度很低。通过采用热容量大的低温液体作为淬火介质，可提高薄壁玻璃制品的淬火程度，工业上采用硅树脂、低熔点金属或熔盐等作为淬火介质。

液冷淬火工艺流程如下：

制品→检查→加热→液冷→洗涤→检验→包装

1.7.3.2 淬火玻璃的特性

玻璃经过淬火处理后，其各方面性能均有较大程度的提高。

(1) 抗弯强度

淬火玻璃的抗弯强度比普通玻璃高 4～5 倍。例如，厚度为 5～6mm 的淬火玻璃，抗弯强度可达到 167MPa。淬火玻璃的应力分布与退火玻璃完全不同，如图 1-7-13 所示。

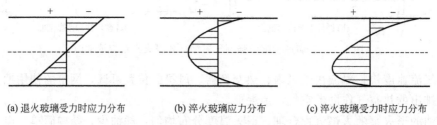

(a) 退火玻璃受力时应力分布　　(b) 淬火玻璃应力分布　　(c) 淬火玻璃受力时应力分布

图 1-7-13　退火玻璃和淬火玻璃受力时应力沿厚度分布示意图
＋表示张应力；－表示压应力

如图 1-7-13 所示，淬火玻璃的应力分布在玻璃厚度方向上呈抛物线型。玻璃表面层为压应力，内层为张应力 [图 1-7-13(b)]，当玻璃受到弯曲载荷时，在力的合成结果作用下，最大应力值不在玻璃表面，而是会移向玻璃内层，这样玻璃即可经受更大的弯曲载荷 [图 1-7-13(a)、(c)]。

(2) 热稳定性

淬火玻璃的抗张强度升高，弹性模量下降。另外，其密度也比退火玻璃低。从热稳定性系数 K 的计算公式可知，淬火玻璃可经受温度突变的范围为 250～320℃，而普通玻璃只能经受 70～100℃，如表 1-7-5 所示。

表 1-7-5　淬火玻璃与普通玻璃性能的对比

种类	厚度/mm	热稳定性/℃		抗冲击强度/kg·m	抗弯强度/MPa
		无破坏	100%破坏		
普通玻璃	2	100	140	0.07	73.5
	3	80	120	0.14	63.7
	5	60	100	0.17	49
淬火玻璃	5	170	220	0.83	147
	8	170	220	1.2	
	10	150	200	1.5	

（3）抗冲击性

玻璃淬火后其抗冲击强度比一般玻璃增大好几倍，如表 1-7-5 所示。

（4）其他性能

玻璃经过淬火处理后，当其破坏时，由张应力作用引起的裂纹在内部的传播速度较大，同时，外层的压应力可以保持已经破碎的内层不散落，因此淬火的玻璃破裂时，不会产生具有尖锐角的小碎片。另外，由于淬火玻璃中的应力分布较平衡，玻璃表面裂纹减少，表面状况得到较好的改善，所以一般不能再进行切割，具有强度高、热稳定性好的特点。

1.7.3.3　影响玻璃淬火的工艺因素

玻璃淬火程度是指当玻璃的淬火温度达到一定值时，其应力松弛程度几乎不再增大，应力趋于一个极限值，此极限值称为玻璃的淬火程度，与玻璃的厚度、化学组成和冷却强度有关。

（1）玻璃厚度

在相同条件下，玻璃越厚，淬火程度越高。一般淬火平板玻璃的厚度在 2.5mm 以上，可以产生较大的永久应力，厚度小的平板玻璃淬火时，需要极高的冷却速度才能得到较好的淬火程度。非平板玻璃淬火时，要求厚度均匀，相差不能太大，否则会产生不均匀应力而开裂。

（2）玻璃化学组成

玻璃的化学组成决定了玻璃制品的热膨胀系数 α、杨氏模量 E、泊松比 μ，玻璃中产生的应力与温度梯度 ΔT 成正比，与泊松比 μ 成反比，应力与 α 及 E 也有密切关系，因此不同化学组成的玻璃淬火程度是不同的。在 $R_2O\text{-}SiO_2$ 玻璃中，用 20%RO 取代 SiO_2，则淬火程度会增大一倍。

（3）冷却强度

在工业生产玻璃过程中，一般淬火采用风冷，冷却强度大，则淬火程度高。空气的风压、风栅上小孔与玻璃的距离、喷嘴的直径等决定冷却强度。

1.8　玻璃的缺陷

玻璃缺陷主要是指气泡、线道、条纹、结节以及结石等。玻璃缺陷的形成同工艺制造上各个环节具有紧密联系。这些缺陷会往往直接影响到玻璃制品的外观质量。虽然有些条纹对包装容器来讲关系不大，但对于要求较高的玻璃制品，如光学玻璃，即使肉眼看来不太明显的条纹，亦属不允许之列。在厚壁瓶罐玻璃中，一般可容许存在一些条纹或尺寸较小和数量不多的气泡。研究玻璃缺陷的形成原因，提出相应的防止和改善的措施对提高玻璃制品的产量和质量意义重大。

用适当的研究方法和有效的测试手段，可以正确检验玻璃缺陷产生的原因，如化学分析方法、偏光显微镜、密度、折射率测定、X射线荧光分析、电子显微镜、电子探针等方法。但后面一些新的研究方法，目前还不能作为日常分析之用。

1.8.1　气泡

气泡是玻璃中的气体以可见状态存在的形式，常会严重影响玻璃的质量。在通常条件下，细小的气泡不能被肉眼所看见。当熔制条件变化时，玻璃液中极细的气泡甚至无气泡的玻璃可能会转化成为可见气泡。玻璃中物理溶解的气体是十分有限的，而化学吸附与结合却是气体存在于玻璃中的主要形式。在玻璃制品中的气泡按直径大小或单位体积（或质量）内的个数来划分玻璃制品的等级。气泡尺寸过小的称为灰泡。气泡的形状可呈球形、椭圆形或细长的线形，它们的变形主要同成型过程有关。

1.8.1.1　残留气泡

在硅酸盐玻璃的熔制过程中，达到一定的温度时，原料中的碳酸盐、硫酸盐、硝酸盐等都会发生分解，放出大量气体。在高温熔化阶段，气体继续不断地自熔体内排出，而后熔体转入澄清、均化阶段。通常情况下，加入澄清剂或降低表面张力的物质，提高炉温或控制窑内压力，可以加速气泡的排出。但仍有些气泡会残留在玻璃内，形成残留气泡。一般可采取调整熔制温度、改变所用的澄清剂种类、增大澄清剂用量、升高澄清温度、延长澄清时间等措施，可使玻璃中的残留气泡减少到最少。

1.8.1.2　二次气泡

二次气泡的产生包括物理原因和化学原因。玻璃液在澄清结束后，气泡处于平衡状态。溶解于液相中的气体在降温时，一般不会重新生成气泡，但是有些系统的玻璃液在冷却过程中，由于外界气相中某组分分压的改变，使溶解气体不再处于平衡状态，于是便会重新出现气泡，即为二次气泡。此种情况为物理原因产生的二次气泡。化学原因产生二次气泡的原因较多。含硫酸盐的玻璃和硫化物着色的玻璃相接触会产生二次气泡；含钡玻璃由于过氧化钡在低温时的分解形成二次气泡；在使用芒硝的玻璃液中，未分解完全的芒硝在冷却阶段继续分解而形成二次气泡。

由于二次气泡产生于玻璃液的低温状态，因此黏度很大，二次气泡一经形成，排除非常困难。解决的方法是尽可能避免或减少玻璃在澄清后的温度波动，同时采用正确的温度和压力制度对玻璃中产生气泡的特殊条件加以控制。

1.8.1.3　芒硝泡

芒硝泡一般是长形的，内部带有发亮芒硝沉淀物的气体类夹杂物，在薄玻璃中，该缺陷表现为一条亮线道。该类泡大多呈枣核形状，里面充满白色晶体，通常在玻璃板的上表面，泡周围有波纹。有的呈不规则颗粒状，浮在玻璃上表面，呈白色或乳白色，颗粒旁有波纹。

芒硝泡如图1-8-1所示。

1.8.1.4　耐火材料引起的气泡

玻璃液与耐火材料接触，两者可能发生交互作用。耐火材料含有一定的气孔，与玻璃液接触后，玻璃液会在毛细管力的作用下，进入到孔隙当中，然后将原先存在于气孔中的气体挤出形成气泡，耐火材料的气孔率越大，放出的气体量越大；在还原焰中烧成的耐火材料，在其表面或气孔中，可能沉积着一些碳质，这些物质也会因氧化而生长成为气泡；耐火材料所含铁的氧化物对玻璃液中残留的盐类分解起着催化作用，从而使玻璃液产生气泡。为了预防这种气泡的产生，必须提高耐火材料的质量，降低其气孔率，严格遵守熔制工艺制度，减少温度的波动。

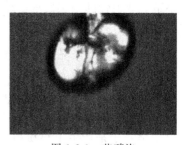

图 1-8-1　芒硝泡
（正交光下，40 倍）

1.8.1.5　其他气泡

（1）铁器引起的气泡

如果在玻璃窑中落入了铁器，长时间内铁器受到氧化而溶解使玻璃着成褐色。同时，铁中的 C 也将氧化而形成 CO 或 CO_2 气泡。因此，由铁器引起的气泡周界上，常伴随有褐色的玻璃膜。生产实践中，由于操作不慎将工具等铁制器物落入窑内或者在检修时没有将铁制器物取出，有时在配合料中也可能混入铁钉及刨屑等。为了防止此种气泡的产生，必须仔细地配制原料料粉，加强熔制前对窑的检查，成型时应该采用质量较好的金属制作模具。

（2）空气泡

加料时，在粉料颗粒间隙中不可避免地会带入空气，在熔化时即形成空气泡，除部分随粉料分解出来的气体或在澄清剂的作用下排出，还会在玻璃液中存留部分空气泡；在搅拌光学玻璃液时，搅拌翼桨放入玻璃液也可带入空气泡；在成型时由于挑料操作不适当，或是工具质量较差，也容易带入空气泡；玻璃液表面遭受急冷时，外层已经结硬而内层还将收缩，只要有些小空间存在（本身可能是气泡），便会造成真空条件，气泡迅速长大，形成所谓真空泡；在玻璃电熔过程中，如果电流密度过大，在电极附近也容易产生氧气泡。由于操作原因产生的气泡可以通过谨慎操作来设法避免。

（3）搅拌气泡

由于玻璃液的"不动层"太厚或搅拌杆插入玻璃液面太浅，造成在搅拌玻璃液过程中把空气裹进玻璃液而形成搅拌气泡。搅拌气泡的直径较大，一般都位于玻璃板的上表面，有波纹，气泡位置较为固定，泡内的气体成分接近空气成分。搅拌气泡内的气体成分如表 1-8-1 所示。

表 1-8-1　搅拌气泡内的气体成分

搅拌气泡直径/nm	压力/kPa	成分（体积分数）/%		
		CO_2	Ar	N_2
1.33	34	10.1	0.91	87
1.46	34	9.2	0.92	89
1.50	34	8.7	0.93	90

1.8.2　结石

结石是出现于玻璃中的结晶夹杂物，对玻璃质量影响极为严重，它不仅影响玻璃外观，同时容易使玻璃制品开裂损坏，降低了玻璃制品的使用价值。结石的尺寸大小不一，有的呈针头状细点，有的可大如鸡蛋，甚至连片成块。其中包含的晶体有的用肉眼或放大镜即可觉察，有的需用偏光显微镜才能清楚地辨别。因为结石周围总是同玻璃液接触，所以它们往往和结节、线道伴随一起出现。结石有不同的类型，按其产生原因划分如下。

1.8.2.1　料粉结石

配合料中某些结晶组分没有很好地溶解，即被带入到玻璃制品中，形成料粉结石。在很多情况下，以石英最为常见。

在一定熔制制度下，如 SiO_2 在配合料中所占比例大，料粉成分发生变化或料粉的飞扬造成碱性物质缺少时，若不及时提高熔制温度，由于 SiO_2 是最难熔化的组分，造成 SiO_2 难以溶解，于是产生了料粉结石。图 1-8-2 为未熔石英结石。石英结石通常呈白色，其边缘由于溶解变圆，表面有沟槽，在 SiO_2 周围有一层 SiO_2 含量高的无色圈，黏度高，不易扩散，易形成粗筋，石英颗粒边缘有方石英和磷石英的晶体。配合料调和不均匀，形成局部的硅砂富集、配合料分层，熔化温度低时，也会形成硅砂富集，形成结石，如图 1-8-3 所示。

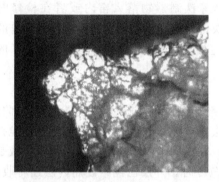
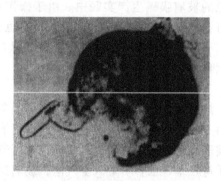

图 1-8-2　未熔石英结石（50 倍）　　　　　图 1-8-3　硅砂富集（50 倍）

防止产生料粉结石的措施主要是严格控制硅砂的上、下限粒度，加强熔化操作，保证原料配合均匀。

1.8.2.2　析晶结石

如果已经形成的玻璃在一定温度下重新析出晶体，即成为析晶结石，析晶结石的产生通常与该部分玻璃的析晶倾向有密切的关系。析晶结石也称为失透，比如熔池死角部位，池窑成型部处于比其液相温度稍低的温度，会产生失透这类结石。玻璃中析晶结石的存在往往使玻璃产生白点或呈现具有明显结晶形态的产物。析晶结石特别容易发生在两相界面上，例如在玻璃液的表面、气泡上、玻璃液与耐火材料接触的界面上。

析晶结石的种类主要包括以下几种。

（1）硅质析晶

当配合料混合不均匀产生富硅相，耐火材料渗出的玻璃相进入到玻璃液中，配合料分层，硅质耐火材料结石二次入窑，再次熔化后形成局部高硅相。硅质析晶在玻璃中呈乳白色半透明，呈颗粒状、点状、串状或骨架状，还有部分会呈现树枝状磷石英析出，显微照片如图 1-8-4、图 1-8-5 所示。避免产生硅质析晶的措施是：应使配合料尽可能均匀，保证配合料的水分、温度，减少配合料分层现象，稳定熔化温度制度，减少耐火材料玻璃相的渗出。

（2）硅灰石析晶

硅灰石析晶在玻璃中呈线团状、毛虫状，为半透明析晶夹杂物。在显微镜下观察，多呈棒状、板状、放射状或薄的柱状，如图 1-8-6 所示。

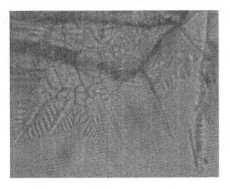

图 1-8-4　方石英析晶（200 倍）

图 1-8-5　磷石英析晶（100 倍）

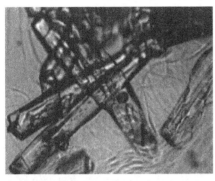

(a) 200倍

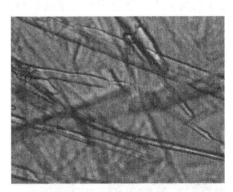

(b) 100倍

图 1-8-6　硅灰石析晶

避免产生硅灰石析晶的具体措施是：保证配合料混合均匀；检查石灰石的计算料方，保证准确无误；检查石灰石颗粒是否有大颗粒或细粉过多问题；吸水淋湿的石灰石要晾干；采取措施避免处于死角部位的玻璃液流入成型流；保证合理的冷却降温制度。

（3）透辉石析晶

透辉石析晶外观同硅灰石，在显微镜下观察，晶体外形与硅灰石相似，呈束状、放射状，显微照片如图 1-8-7 所示。

(a) 200倍

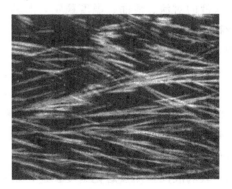

(b) 100倍

图 1-8-7　透辉石析晶

透辉石析晶产生的原因是：配合料中白云石混合不均匀；白云石粉料含有大颗粒或细粉过多结成团；称料错误引入白云石过多；位于死角的凉玻璃液流入了成型流；玻璃液的冷却降温制度不合理。

避免产生透辉石析晶的具体措施是：改善配合料的均匀性；保证白云石加入量正确；严格控制白云石粉料的上、下限粒度。

1.8.2.3 耐火材料结石

玻璃的熔制必须接触耐火材料。当耐火材料受到侵蚀剥落或者在高温时同玻璃液发生交互作用，有些碎屑形成的新矿物就可能夹杂到玻璃制品中，形成耐火材料结石。

耐火材料结石的种类主要包括以下几种。

（1）霞石

其外观和形貌为白色颗粒结石，有时呈半透明析晶状。在显微镜单偏光下呈羽毛状或阶梯状，而在正交光下，会呈现出鲜艳的干涉色，显微组织照片如图1-8-8所示。

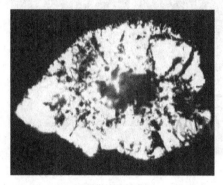 

(a) 显微镜单偏光下   (b) 正交光下的照片
的照片(50倍)   (50倍)

图 1-8-8　霞石析晶

霞石的形成原因是：铝硅质原料中有大颗粒；钾长石细粉过多、水分偏高形成结团；在原料加工、运输及储存的过程中引入了铝硅质、高铝质杂质；池壁锆刚玉砖的冲刷、溶蚀形成的高黏度玻璃液进入玻璃液形成析晶。

预防霞石的措施主要包括：严格控制钾长石上、下限颗粒组成；保证配合料的均匀性；保证玻璃液的对流、液面、温度稳定，严禁液面的起伏，减轻对池壁的冲刷；减少玻璃液中的夹杂物。

（2）斜锆石

斜锆石可分为一次斜锆石和二次斜锆石，二者外观无较大的区别。在玻璃中呈白色及灰白色致密小颗粒状，与玻璃基体界限分明。一次斜锆石在显微镜下呈细小颗粒状或纺锤状，二次斜锆石呈松枝状，显微照片如图1-8-9和图1-8-10所示。

斜锆石的产生原因主要是：高温玻璃液对池壁的化学侵蚀及对流冲刷造成电熔砖的剥落；锆英石落入玻璃液；窑底不动层卷入主体玻璃液。预防斜锆石的措施是：加强熔化操作，稳定玻璃液流，加强熔化制度稳定，防止凉玻璃液上翻。

（3）碹滴

碹滴呈大小不等半透明状，通常为白色、灰色或浅黑色。碹滴边部有溶解蚀变和析晶，

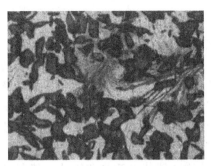

图1-8-9 一次斜锆石（100倍）

图1-8-10 二次斜锆石（100倍）

结石还常伴随着裂纹。在显微镜下呈方石英、磷石英晶体，晶体粗大的磷石英在单偏光下，呈浅黄色，突起较低，在正交光下，有灰白色、浅黄色的干涉色，如图1-8-11和图1-8-12所示。

图1-8-11 磷石英（40倍）

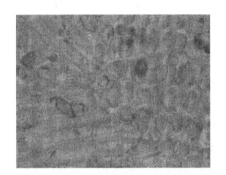

图1-8-12 方石英（100倍）

熔化部的碹顶硅砖和碹滴有密切关系，产生部位不同，碹滴的物相组成和化学组成也不同。预防碹滴的措施主要是：通过调整火焰角度，减少火焰对碹顶的烧损；适当降低熔窑温度；减少澄清剂芒硝的用量；提高所使用重油的质量。

（4）莫来石

莫来石在玻璃板面呈白色或浅黄色颗粒状，与玻璃液界限分明。在显微镜下观察，中心为莫来石结构，边部有刚玉、针状莫来石及霞石析出。预防措施是：减少投料时配合料细粉的飞扬及对吊墙的侵蚀。

（5）刚玉

刚玉在玻璃板面上呈白色致密颗粒状，颗粒较小，结石与玻璃界限较清晰。在显微镜下观察，结石中心呈致密状，结石旁边有粒状、柱状、板状刚玉颗粒析出，或刚玉周围有二次莫来石、霞石伴生。

刚玉主要是各种类型的耐火砖侵蚀剥落的蚀变产物。预防措施主要是：禁止大幅度变化温度及液面的频繁起落，避免对池壁的严重冲刷。

（6）黑点

黑点一般指存在于玻璃板中的褐色、墨绿色、棕黑色的颗粒。在显微镜下观察，中心为黑色，边部呈绿色，为俗称的铬点。

铬点的产生原因主要是由原料本身含有铬铁矿或加工、运输、存放过程混入铬铁矿引起的。预防措施主要是：保证原料运输工具的洁净，防止各种杂物引入原料。

1.8.3 玻璃夹杂物

在玻璃主体内存在的异类玻璃夹杂物，通常指结节、节瘤或线道，条纹也属于此类缺陷，下节详述。夹杂物属于一种比较普遍的缺陷，由于其成分、性质与玻璃主体不同，可使玻璃界面上的力学性能、耐热性、密度、黏度、色泽等与主体玻璃有较大的差别，降低玻璃制品性能。结节或节瘤由结石与周围玻璃液中的组分在长期高温下作用形成，或由碹滴转化形成玻璃状团块。线道多是由于玻璃液中存在着尚未均化、黏度高、表面张力大的玻璃在拉制过程中形成的。

玻璃状夹杂物按夹杂物的化学成分可以分成硅质玻璃状夹杂物和铝硅质玻璃状夹杂物两类。

1.8.3.1 硅质玻璃状夹杂物

由富硅质玻璃产生的线道和结节，同料粉混合不均匀或投料熔化时产生分层有关。当料粉混合不均匀时，可能形成富硅质的料团，在高温长时间作用下，便可形成结节；SiO_2 在料粉各部分中含量不同，也会形成富硅质的线道；石英砂颗粒发生波动，不同颗粒的石英砂因溶解速度不同也会产生线道；在成堆集中加料时，料堆表面易熔组分很容易流到下面，过剩的 SiO_2 便集中浮在上面；在光学玻璃生产中，由于加料温度过高，也会发生分层现象。

除了上述原因之外，硅质耐火材料侵蚀下来的东西也都是硅质线条、结节的重要来源。池窑小胸墙的硅砖工作部表面会遭到侵蚀，炉温越高或是炉龄越长，侵蚀越严重，于是侵蚀形成的表层物质可能呈熔化物淌下，或者呈碎屑剥落，这些侵蚀产物即使开始时尚有晶态物质存在，后来总可呈玻璃化。最后进入成型部夹杂进制品中间，便成为缺陷。由耐火材料引入的玻璃状夹杂物，多半含有较多量的铁质，尤其在结节中，当内外组分扩散尚浅时，即留下黄绿色的痕迹，依此可以同料粉石英造成的缺陷相区别。

1.8.3.2 铝硅质玻璃状夹杂物

铁砖和黏土砖或高铝砖侵蚀是铝硅质玻璃状夹杂物的来源。玻璃配合料中引入或者夹杂进黏土矿物，在混合或熔化不良的条件下，这种缺陷也可以出现。

铝硅质耐火材料结构不够致密时，玻璃液容易从毛细孔或微细裂纹处渗进，随着组分间扩散的深入，便逐渐形成富铝硅质的玻璃。在液流和温度保持稳定的情况下，黏度和表面张力都比较高，因此它在砖体表面可以形成一层保护层，从而使砖体侵蚀变得缓慢。但当温度发生波动时，液流即被扰乱，在窑体结构特殊部位上侵蚀下来的高黏度玻璃便混入正常玻璃中，形成了线道。另外，当耐火砖表面受到侵蚀后，砖体碎屑也可能剥落下来，若经长时间作用而玻璃化，即可形成铝硅质结节。甚至在一定条件下，从中可能析出霞石之类的晶体，玻璃状结节便转化成为结石。

如果电熔耐火材料的显微结构不够适当，在砖体内部容易造成粗晶和空洞，同时产生裂纹。这些砖体本身结构缺陷的存在，将导致侵蚀的加速。尤其是当窑炉温度控制过高，而温度又不稳定时，在电熔莫来石砖的表面都很容易成为线道的发源地。但是当这种砖受到严重侵蚀时，在玻璃中的缺陷，除线道和条纹外，也很容易发现结石。

1.8.4 条纹

条纹是玻璃主体内存在的异类夹杂物，组成性质与玻璃主体不同，由于成分和特性与玻璃主体不同，不仅影响外观，也可使玻璃的性能受到影响。显微照片如图 1-8-13 所示。条纹存在于玻璃内部、表面，呈条纹状、线状、纤维状，依产生原因不同，可为无色、绿色或棕色。

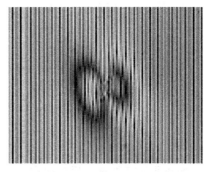

图 1-8-13　玻璃条纹（100 倍）

按条纹产生的原因，可以分成如下几类。

1.8.4.1　熔制不均匀引起的条纹

在玻璃熔化过程中，在澄清、均化阶段，可使熔体的化学成分、温度等实现均化，消除不均一性。但均化进行得不够完善时，就会产生条纹缺陷。另外，配合料均匀度、料粉飞扬、碎玻璃质量与使用情况、熔制制度、窑内气氛对条纹的产生都有一定影响。这些原因引起的条纹和节瘤往往富含 SiO_2。

1.8.4.2　结石熔化引起的条纹

结石在玻璃熔体中受到高温作用，会逐渐溶解，当结石有较大的溶解度，且在高温停留一段时间后，就会逐渐消失。但其溶解后，其化学组成与玻璃主体仍然不同。

1.8.4.3　窑碹玻璃滴引起的条纹

碹滴滴入或流入玻璃体中，会产生条纹。由于它们富含 SiO_2 或 Al_2O_3，且黏度很大，在玻璃体中扩散很慢，来不及溶解，形成条纹。

1.8.4.4　耐火材料被侵蚀引起的条纹

玻璃熔体侵蚀耐火材料，被破坏的部分会以结晶态进入玻璃体内，形成结石。如形成的玻璃态物质溶解在玻璃液中，使黏度和表面张力增大的组分含量升高，也会形成条纹。

1.8.4.5　颜色玻璃的条纹

蓝色、绿色玻璃是目前应用较广泛的玻璃品种，常以 Fe_2O_3 为着色剂，但玻璃产品中存在的细小条纹会影响产品质量。以上引起玻璃产生条纹的原因不再叙述，以下主要介绍一下由于火焰气氛的波动引起的条纹。

（1）条纹的产生原因

① 不动层的存在是根源　玻璃熔窑内部的玻璃液深度方向上存在着温度梯度，窑中的火焰温度最高，热量会以辐射形式传递，玻璃液在此条件下可熔制，且在玻璃液内部热量以对流及传导方式从上向下传递，从熔窑池底向外界散失，因此在玻璃液内部有温度梯度存在。熔窑池底温度较低，黏度大，形成了流速缓慢的不动层。不动层的厚度随温度波动而变化，越深则不动层越厚，火焰温度高，辐射能力强，则不动层越薄。在熔窑池底做保温，温度高，则不动层越薄。不动层中的玻璃容易析晶，且不动层流速慢，当温度与析晶温度范围有重叠时，不可避免地有结晶体存在，结晶体的成分与主体不同。

② 玻璃液流动创造了条件　熔窑内的玻璃液温度分布具有如下特点：深度方向上，上部温度高，下部温度低，宽度方向上，中间温度高，两侧温度低，长度方向上，热点温度高，两端温度低，所以在宽、长方向上，存在着两大回流，池底的不动层完全有可能随成型流 2 到达成型部位，产生条纹，如图 1-8-14 所示。

③ 气氛波动对产生条纹有促进作用　以 Fe_2O_3 为着色剂制备颜色玻璃时，Fe 在硅酸盐玻璃中以 Fe^{2+} 和 Fe^{3+} 两种离子存在，并有如下动态平衡：

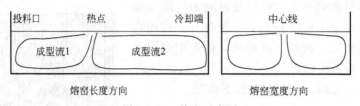

图 1-8-14　熔窑示意图

$$Fe_2O_3 \Longrightarrow 2FeO + \frac{1}{2}O_2 \qquad\qquad (1\text{-}8\text{-}1)$$

如还原气氛加重，反应向右进行，则 FeO 含量升高；如氧化气氛加重，反应向左进行，则 Fe_2O_3 含量升高。Fe^{2+} 对热的吸收能力比 Fe^{3+} 高 10 倍以上，当气氛波动时，会使 Fe 的价态发生改变，影响其吸热能力，进而会影响传递到池底的热量，使玻璃液温度波动，不动层与玻璃主体的交换有变化，形成条纹。

（2）条纹的预防措施

① 升高熔化部温度　升高池底温度，降低不动层厚度，减少条纹的产生。

② 升高玻璃液温度　使玻璃液在更长的时间内处于更高的温度，短期内可消除条纹，长期不适合，还有可能产生二次气泡。另外，还可以提高熔化部末端温度，降低不动层厚度，减少条纹。

③ 进行机械搅拌　加速玻璃液对流速度，使不均匀体分散。

④ 适当提高液面高度　升高池底温度，降低不动层厚度。

⑤ 稳定火焰气氛　可稳定 Fe 的存在价态。

⑥ 准确控制 Fe 含量　Fe 含量会影响吸收的热量，影响不动层厚度。

1.8.5　浮法成型平板玻璃的缺陷

在浮法玻璃生产过程中，从原料加工到配合料在高温熔化炉中熔化，再到锡槽中的成型，最后经退火到冷端获得玻璃产品，在这些生产环节中，每一环节的失控都有可能使玻璃产生缺陷。

1.8.5.1　光畸变点缺陷

光畸变点是浮法成型平板玻璃中特有的质量缺陷，可产生于玻璃板横向任何部位，呈密集状分布，是影响浮法玻璃的成品率和等级品质的重要影响因素。

（1）产生原因

① O 的污染　浮法成型平板玻璃的锡槽内的锡液温度处于 600～1050℃，在高温熔融状态下，Sn 极易氧化，在生产平板玻璃时，常用 $N_2 + H_2$ 作保护气体，尽管可以阻隔 O_2 侵入，但仍有少量 O_2 通过各种途径进入锡槽，生成 SnO 和熔点极高的 SnO_2：

$$Sn + O_2 \longrightarrow SnO_2 \qquad\qquad (1\text{-}8\text{-}2)$$

$$2Sn + O_2 \longrightarrow 2SnO(固) \qquad\qquad (1\text{-}8\text{-}3)$$

SnO 在温度低于 1040℃ 时稳定，高于 1040℃ 时其挥发性极强，SnO 遇 O_2 生成 SnO_2：

$$2SnO + O_2 \longrightarrow 2SnO_2(固) \qquad\qquad (1\text{-}8\text{-}4)$$

在有 SnO_2 存在的条件下，纯 Sn 的挥发能力也会提高几十倍，因此在锡槽内由于 O 的污染，会存在有 Sn、SnO 及 SnO_2 的挥发物。

② S 的污染　在生产浮法玻璃时，进入锡槽的微量 S 以 S、H_2S、SO_2 及 SO_3 等多种

形式存在，S 与 Sn 反应生成 SnS，SnS 的熔点为 870℃，挥发性极强，在 1200℃ 即可达 101.325kPa 的挥发度。另外，当锡液中有 S 时，锡液的挥发量也成倍增加。

③ 光畸变点的形成　上述挥发物在锡槽热端遇到冷物体，如热电偶、硅碳棒、加热元件、拉边机的机头等冷物体时，产生遇冷凝结现象，形成蓝黑色或蓝灰色的"锡石"，锡石沉积到一定量时脱落，黏附在玻璃的上表面（此时玻璃的黏度为 $10^{2.6} \sim 10^{4} Pa \cdot s$，具有很强的可塑性），在随后的冷却过程中，变成"凹坑"，引起光畸变。

（2）光畸变点的预防措施

① 锡槽应有充足的 $N_2 + H_2$ 的量保证，H_2 有洁净锡液并减少挥发物还原的作用，应适当增加 H_2 的含量：

$$2H_2 + O_2 \longrightarrow 2H_2O(气) \tag{1-8-5}$$

$$2H_2 + SnO_2(固) \longrightarrow Sn(液) + 2H_2O \tag{1-8-6}$$

$$SnS(固) + H_2 \longrightarrow H_2S(气) + Sn(液) \tag{1-8-7}$$

② 保持锡槽密封，经常观察锡槽热端"锡石"凝结情况，并及时用高压 N_2 吹扫，使其集中掉落。

1.8.5.2　雾点

浮法玻璃的锡污染造成的缺陷很多，常出现在玻璃下表面的有雾点缺陷。

（1）雾点的特点

玻璃下表面发雾，用肉眼观察似乎有一种雾状的东西，有时夹杂气泡，在显微镜下观察是一种密集的开口小泡，严重的时候，每平方米有几十万个，使玻璃下表面呈磨砂状。

（2）产生原因

锡槽内氧含量高，Sn 在 232℃ 以上，O 在锡液中以 Sn_3O_4 形式存在。氧含量越高，Sn_3O_4 在 Sn 中的溶解度越大，由于锡液对流和有温度的波动，低温区含 Sn_3O_4 高的锡液进入高温区后受热分解放出气体：

$$Sn_3O_4 \longrightarrow 3SnO + \frac{1}{2}O_2 \tag{1-8-8}$$

O_2 的逸出破坏了熔融的玻璃带下表面，形成了无数的开口气泡。另外，保护气体中的 H_2 也会溶于锡液，当温度由 1000℃ 下降到 800℃ 时，溶解于锡液中的 O_2、H_2 会逸出，形成雾点，其中，后者为主要原因。

（3）雾点的预防措施

① 保持锡槽密封，增加保护气体含量，降低氧含量。

② 合理调节保护气体中 H_2 的量，维持槽内的温度制度，使雾点缺陷减少。

1.8.5.3　虹彩

浮法玻璃在进行钢化或热弯时，玻璃下表面会呈现光干涉色——虹彩。

（1）产生原因

锡槽内存在微量 O、S 等杂质时，会生成 SnO 及 SnO_2，当 Sn^{2+} 渗入玻璃的下表面，进行玻璃的热弯、钢化时，其板表面的 Sn^{2+} 被氧化成 Sn^{4+}，Sn^{4+} 的半径比 Sn^{2+} 的半径大，使玻璃板表面产生裂纹，在光照情况下，就会产生干涉，出现虹彩。

（2）虹彩的预防措施

① 尽量保证锡槽的密封，防止 O_2 进入锡槽。

② 在锡液中加入铁片（C>0.003%，Mg<0.02%，P<0.008%，S<0.02%），由于

Fe 更容易与 O_2 反应，加入 Fe 片可以消耗锡液中的 O_2。

1.8.5.4 沾锡

沾锡指的是沾在浮法平板玻璃的下表面的锡灰或锡。

（1）产生原因

锡液中有 Al、Mg、O、S 等杂质时，Sn 的表面张力或润湿性会发生改变，产生沾锡。

（2）沾锡的预防措施

① 避免 Mg、O、S 等杂质污染锡液，严格控制锡纯度。

② 保证锡槽出口端锡液面干净，没有锡灰，因此必须密封锡槽，防止 O_2 进入，锡槽的出口端必须定期清理。

③ 保证平板玻璃离开锡槽时，具有适当的提升高度，提升高度太小就会发生沾锡，提升高度太大会发生断板现象。

1.8.5.5 锡石

（1）产生原因

锡石外观呈白色或浅灰色，紧贴在玻璃板表面，主要成分为 SnO_2，是由聚集在流液道、闸板附近的 SnO 掉到玻璃上形成的，锡石在显微镜下呈针状，则锡石来自闸板上游，如锡石呈珊瑚状，则锡石来自闸板下游。

（2）锡石的预防措施

① 加强锡槽的密封。

② 锡石较多时，用 N_2 吹扫闸板、盖板，集中吹落锡石。

③ 保持适当的槽压，避免使之过高。

1.8.5.6 气泡

（1）产生原因

锡槽烘烤不彻底时，由于锡液中溶解的气体受到振动时，会在玻璃表面形成直径只有几微米的开口小泡，并且数量多，使玻璃表面呈雾状。

（2）气泡的预防措施

① 彻底烘烤锡槽，减少气体。

② 避免振动锡槽。

1.8.5.7 磷石英缺陷

（1）产生原因

当玻璃液冷却到 996℃时会产生析晶现象，因此锡槽闸板受侵蚀或凉玻璃滞留会形成磷石英缺陷，如图 1-8-15 所示。

图 1-8-15 磷石英缺陷（100 倍）

（2）磷石英缺陷的预防措施

① 及时用铁钩子刮闸板。

② 升高或降低玻璃液温度，避免在析晶温度区停留。

1.8.5.8 顶锡

顶锡是指沾在玻璃表面上的锡点。如锡点呈圆形，并很容易从玻璃表面剥落，则锡点来自冷端锡槽顶；如锡点呈椭圆形，且嵌入玻璃很深，则锡点来自热端锡槽顶。

1.8.5.9 滴落物

滴落物是沾在玻璃表面像灰一样的物质。如看起来像白灰，擦掉后，玻璃表面上似乎有擦不掉的油污，则滴落物来自锡槽冷端；如看起来像棕色橄榄球，围绕中间缺陷有变形，则来自锡槽热端。

顶锡及滴落物的预防措施如下。

① 预防 O_2 进入锡槽，定期检查锡槽密封情况及是否有裂纹，在 Sn 氧化生成物沉积前将其排除掉。

② 控制 H_2 的使用，为使锡液不易被氧化，避免造成缺陷，引入 H_2 耗尽锡槽中的 O_2。但 H_2 引入量太多时，会与 SnO_2 发生反应，生成顶锡；H_2 引入量太少时，滴落物增多。

③ 吹顶，用 N_2 吹扫锡槽的槽顶，清除 O_2。

1.9 玻璃制品的生产

1.9.1 钢化玻璃

在常温下，玻璃是一种典型的脆性材料，从力学性能来看，玻璃的抗压强度高、硬度也高，但它的抗张强度不高。主要是因为玻璃表面有微裂纹、微观缺陷、结构不均匀、残余应力等造成的，其中表面的微裂纹是造成玻璃机械强度低的主要原因。目前，最有效的方法是物理钢化或化学钢化。

1.9.1.1 物理钢化玻璃

（1）玻璃物理钢化的原理

物理钢化的原理是在玻璃内形成永久应力。将玻璃在加热炉内按一定升温速度加热到低于玻璃的软化温度时，将玻璃迅速送入冷却装置，用低温高速气流进行淬冷，玻璃外层首先收缩硬化，由于玻璃的热导率小，导热性能差，玻璃的内部仍处于高温状态时，待到玻璃内部已开始硬化时，已硬化的玻璃外层会阻止内层的收缩，从而使先硬化的外层产生压应力，后硬化的内层产生张应力。由于玻璃表面层存在压应力，当外力作用于该表面时，首先必须抵消这部分压应力，因此提高了玻璃的机械强度，经过这样物理处理的玻璃制品就是钢化玻璃。

（2）物理钢化玻璃的工艺流程

生产平面钢化和曲面钢化玻璃的工艺流程如下：

原板裁切 ⟶ 磨边 ⟶ 洗涤 ⟶ 干燥 ⟶ 检验 ⟶ 钢化 ⟶ { 热弯成型 ⟶ 弯钢化 / 平板 ⟶ 风冷 ⟶ 平钢化 } ⟶ 检验 ⟶ 入库

玻璃钢化设备结构示意图如图 1-9-1 所示。

玻璃制品在钢化设备中，在辊道的作用下，逐次经过各个温度区间，即可完成玻璃钢化过程。

（3）物理钢化的工艺制度

① 钢化温度的确定　钢化温度可应用经验公式确定：

$$T_c = T_g + 80 \tag{1-9-1}$$

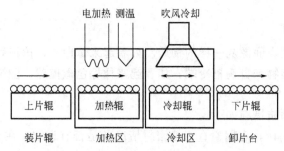

图 1-9-1 玻璃钢化设备结构示意图

式中，T_c 为钢化温度；T_g 为玻璃的转变温度，以理论计算来确定。

② 炉壁温度的确定 玻璃对不同波长的射线具有不同的吸收能力，因此选择合适的热源温度是必要的，表 1-9-1 列出了其间的关系。

表 1-9-1 热源温度、波长与玻璃吸收的关系

项目	性能		
热源温度/℃	900	600	500
热源波长/μm	2.5	3.5	3.7
波长/μm	<2.7	2.7~4.5	>4.5
玻璃吸收状况	透射	部分吸收	吸收

平板玻璃钢化温度一般控制在 630~750℃，因此炉壁温度选择在 750~850℃ 范围内是合适的，其热辐射波长对玻璃是部分吸收，有利于玻璃内外层的均匀加热。

③ 炉子温度的确定 钢化玻璃所用的加热炉的温度可用下式确定：

$$\lg(T_v - T_c) = ct + \lg(T_v - T_r) \tag{1-9-2}$$

式中，T_v 为炉子温度；T_r 为室温；T_c 为玻璃钢化温度；t 为加热时间；c 为与玻璃组成、厚度有关的常数。

④ 风冷时间 玻璃过度冷却是使玻璃产生翘曲的原因之一，一般采用先急冷、后缓冷的两段冷却法。急冷时间一般在 15s 左右，在冷却 15s 以后，玻璃表面温度已降到 500℃ 以下，此时已不会再增加钢化强度，所以可以缓冷。

⑤ 电炉宽度 选择炉膛宽度应考虑玻璃能否均匀加热，与玻璃和辐射元件之间的距离、玻璃和炉膛砖之间的距离密切相关。另外，为使玻璃均匀受热，炉子上下前后可采用分区调节。

（4）物理钢化的影响因素

物理钢化产生的应力是二维各向同性的平面应力，只随平板的厚度而变化，习惯上把中心面上的张应力称为钢化度，以此作为钢化的量值。

① 玻璃组成 能增加玻璃热膨胀系数的氧化物都能增加玻璃的钢化度。

② 玻璃厚度 玻璃在急冷过程中，玻璃越厚，其内外温差就越大，应力松弛层相应越厚，所以钢化度就越大。这也是厚玻璃比薄玻璃更易钢化的原因。

③ 玻璃淬火温度 玻璃开始急冷的温度称为淬火温度。玻璃的钢化度决定于冷却时的应力松弛程度，它随淬火温度的提高而增大，当达到某一值时，应力松弛程度不再增加，钢化度趋于极值。

④ 冷却介质的对流传热速度 它表示淬火的冷却速度。对于风钢化，淬火的冷却速度是由风压、风温、喷嘴与玻璃之间的距离以及在排气过程中是否形成了热气垫等因素决定。

1.9.1.2 化学钢化玻璃

（1）化学钢化原理

玻璃是非晶态固体物质，一般硅酸盐玻璃是由 Si—O 键形成的网络和进入网络中的碱金属、碱土金属等离子构成的，其中碱金属离子比较活泼，很容易从玻璃内部析出。化学钢化就是以玻璃表面离子的迁移为机理。将加热的含碱玻璃浸于熔盐中，玻璃与盐液发生离子交换，玻璃表面附近的某些碱金属离子通过扩散而进入熔盐内，它们的空位由熔盐的碱金属离子占据，因此使玻璃表面层的化学成分发生了改变，降低了玻璃的热膨胀系数，形成 $10\sim200\mu m$ 的表面压应力层，当外力作用于玻璃表面时，首先要抵消这部分压应力，因此提高了玻璃的机械强度。另外，由于玻璃的热膨胀系数减小，因此提高了玻璃的热稳定性。

（2）化学钢化的方法

① 高温法　高温法是在玻璃的转变温度以上，以熔盐中离子半径小的离子（Li^+）置换玻璃中离子半径大的离子（Na^+），在玻璃表面形成热膨胀系数比主体玻璃小的薄层，当冷却时，因表面层与主体玻璃收缩不一致，因此在玻璃表面形成压应力。这种应力的大小取决于两者的热膨胀系数，用下式计算：

$$\sigma_s = E(1-\mu)^{-1}(\alpha_1-\alpha_2)\Delta T \tag{1-9-3}$$

式中，σ_s 为玻璃表面的压应力；α_1、α_2 为内外层的玻璃膨胀系数；ΔT 为温差；E 为弹性模量；μ 为泊松比。

② 低温法　低温法以熔盐中离子半径大的离子（K^+）置换玻璃中离子半径小的离子（Na^+），使玻璃表面挤压产生压应力层，此种离子交换工艺是在退火温度下进行的，因此称为低温型热处理工艺。压应力的大小取决于交换离子的体积效应，如下式所示：

$$\sigma = \frac{1}{3}\left(\frac{E}{1-\mu}\right)\left(\frac{\Delta V}{V}\right) \tag{1-9-4}$$

式中，σ 为玻璃表面的压应力；ΔV 为离子交换产生的体积变化；V 为玻璃的体积；E 为弹性模量；μ 为泊松比。

③ 电辅助法　电辅助是通过使用电流法产生电场梯度，增大玻璃中的离子迁移率，促进玻璃中的离子交换，达到化学钢化的效果。例如，对于钠钙硅玻璃来说，无电场作用下的离子交换，在 365℃经过 60min 后，渗透深度为 $6.5\mu m$，若同样为 365℃，施加 195V 电压，经 26min 后，其渗透深度为 $33.6\mu m$，时间缩短一半，而渗透深度增大 4 倍以上。

（3）化学钢化玻璃的工艺流程

化学钢化玻璃的工艺流程如下：

原板检验→裁切→磨边→洗涤干燥→低温预热→高温预热→离子交换→高温冷却→中温冷却→低温冷却→清洗干燥→检验→包装入库

（4）化学钢化强度的影响因素

① 化学组成的影响　研究表明，含有 Al_2O_3 的铝硅酸盐玻璃比普通的钠硅酸盐玻璃的钢化强度大，其压应力层也较厚。主要原因是 Al^{3+} 以 [AlO_4] 进入网络，则 Na^+ 的扩散速度增大，离子交换速度升高，因此离子交换量增加。另外，形成了热膨胀系数极小的 β-锂辉石（$\beta\text{-}Li_2O \cdot Al_2O_3 \cdot 4SiO_2$）结晶，冷却后的玻璃表面产生很大的压应力。

② 热处理时间与温度的影响　在离子交换过程中，它属于不稳定扩散过程，时间与强度不呈线性关系。

1.9.1.3 钢化玻璃性能

（1）力学性能

钢化玻璃的抗冲击强度是普通退火玻璃的 3～5 倍，抗弯强度是普通平板玻璃的 4～5 倍，挠度比普通退火玻璃大 3～4 倍。

（2）热稳定性

玻璃的热稳定性指的是玻璃能承受温度的剧烈变化而不破坏的性能。钢化玻璃的使用温度范围是 -40～350℃，可经受 200～250℃ 的温度急变，而一般玻璃只能承受 70～100℃ 的温度变化。将钢化玻璃放置到 0℃ 环境保温后，浇上熔融铅液（327.5℃）不会破裂。

（3）安全性能

钢化玻璃的张应力存在于玻璃的内层，当玻璃破裂时，在外层压应力的保护下，玻璃碎

片呈类似蜂窝状的钝角颗粒，不易伤人，如图 1-9-2 所示。

玻璃钢化后，性能提高。但当钢化玻璃中含有硫化镍颗粒，含有结石、气泡等缺陷，表面有损伤，安装时存在预应力、热应力等时，会使钢化玻璃存在非玻璃体杂质而形成应力集中，当应力超过玻璃的承受极限时，钢化玻璃就会发生"自爆"而炸裂。

图 1-9-2　钢化玻璃破裂
示意图（20 倍）

1.9.1.4　钢化玻璃的应用

钢化玻璃性能优越，在诸多方面应用广泛。如可用作轿车、机动车、飞机等的挡风玻璃，建筑物的门、窗、建筑构件等，在化工产品乳胶海绵、有机玻璃等生产上用作磨具，还用于测试仪表、加热炉、烤箱及工业炉的观察窗，茶几、餐桌、写字台等。

1.9.2　夹层玻璃

1.9.2.1　定义和特性

夹层玻璃是由两片或两片以上的玻璃用合成树脂胶片（主要是聚乙烯醇缩丁醛薄膜）粘接在一起而制成的玻璃。夹层玻璃除具有透明、机械强度高、耐光、耐热、耐寒等普通玻璃具有的性能外，还具有安全性、隔声性、节能性、防褪色等特殊性能。夹层玻璃具有很高的抗冲击性能，在撞击下可能碎裂，但整块玻璃仍保持一体性，碎块和锋利的小碎片仍与中间膜粘在一起。这种玻璃破碎时，碎片不会分散剥落、不易伤人。如用作汽车挡风玻璃，但仍能在一定时间内继续使用。图 1-9-3 为不同类型玻璃的破裂示意图。

(a) 普通退火玻璃(20倍)　　　(b) 钢化玻璃(20倍)　　　(c) 夹层玻璃(20倍)

图 1-9-3　不同类型玻璃的破裂示意图

普通玻璃一撞就碎，会产生许多长条形的锐口碎片［图1-9-3(a)］；而钢化玻璃则需要较大的撞击力才能破碎，一旦碎裂，整块玻璃爆裂成无数细微颗粒，框架中仍仅存少许碎玻璃［图1-9-3(b)］；夹层玻璃在重物撞击下才可能碎裂，但整块玻璃仍保持一体性，玻璃碎块和锋利的小碎片仍与中间膜粘在一起［图1-9-3(c)］。

1.9.2.2 夹层玻璃制备工艺

夹层玻璃的制备工艺流程如下：

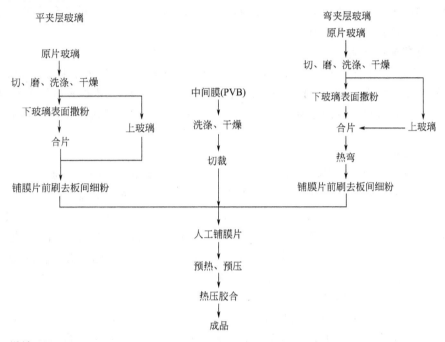

（1）预处理

首先将玻璃按规定的尺寸和形状进行裁切，用磨边机将尖锐的棱角磨去，再经过洗涤机喷射40～45℃的温水，并用刷子擦洗去玻璃表面的污物，洗涤玻璃原片可以去除玻璃板面上的油污及杂物。干燥后的玻璃板进行配对合片，为防止板面磨伤与防止热弯时的粘片，在合片前要用硬度小的滑石粉撒在下玻璃的表面上，再把上玻璃合上。在铺中间膜前再扫去上下玻璃表面上的滑石粉。

（2）热弯

在热弯炉中采用槽沉式进行玻璃热弯。常用的炉型有单室热弯炉（间歇式）和隧道式热弯炉（连续式），在热弯后仍在炉中进行降温和退火。其结构与钢化玻璃热弯炉相同。

（3）预热和预压

采用预热和预压可以驱除玻璃板与中间膜之间的残余空气，并使中间膜能初步粘住两片玻璃。预热在100～150℃的预热炉中进行，电加热时间为3min。

（4）热压胶合

热压胶合有以下两种方法。

① 辊子法 把夹膜合片后的玻璃板放在辊子上用夹辊排气，然后再加温加压而成。此法可以实现自动化连续生产，但生产复杂形状的制品有困难。

② 真空蒸压釜法 把夹膜合片后的玻璃板放入蒸压釜中，先抽真空脱气、加热预黏合，再继续加压胶黏而成，采用此法，不需要事先预热和预压。

1.9.2.3 夹层玻璃种类

（1）导电膜夹层玻璃

导电膜夹层玻璃是在玻璃上喷涂 $SnCl_4$ 溶液，形成一层导电膜层而成为导电玻璃，然后按夹层玻璃生产方法制得导电膜夹层玻璃。

导电膜的生产过程如下：玻璃板在工作台上喷涂铜铅电极后，由链式推车机推入炉内加热，加热后的玻璃推入镀膜室，由五支喷嘴向玻璃板喷射 $SnCl_4$ 溶液。在玻璃板的另一面的对称位置同样设置五支喷嘴喷射空气，以使玻璃板两面的压力相等。喷涂结束后，把玻璃推出喷涂室，取出洗涤、干燥、待用。

（2）抗贯穿夹层玻璃

抗贯穿夹层玻璃采用两片 3mm 玻璃和一片 0.38mm PVB 胶片制备，目前常采用 0.76mm 的高贯穿能力的胶片（HRB）来制备夹层玻璃。普通夹层玻璃中间膜与玻璃之间的黏着力比较大，玻璃破碎时不易错位，中间膜容易被锐利的玻璃边所切断，其耐冲击性的抗贯穿高度为 1m。

（3）电热线夹层玻璃

在夹层玻璃中，引入电热线，通电发热后，可使玻璃保持一定温度，防止玻璃表面在冬季出现结露、结雾、结霜、结冰等现象。此种夹层玻璃常用于车、船前挡风玻璃等。一般电热线常采用 $\phi15\mu m$、$\phi18\mu m$、$\phi21\mu m$ 的钨丝，钨丝极细不会影响视线，电极材料为 $50\mu m$ 厚的镀银铜板，导电极和接线端子为 0.1mm 厚的镀铜合金板。一般厚 6mm 的夹层玻璃的透过率为 90%，而同厚度的电热线夹层玻璃的透过率为 89%，因此具有较好的透过性。制备夹电热线的中间膜后的工序与生产夹层玻璃的方法相同。

（4）加天线的弯夹层玻璃

此种玻璃主要用来制备汽车前挡风玻璃，是在中间膜层中焊入 0.1～1.1mm 的铜线，再把此中间膜层夹在玻璃板中间经热压而成。天线的预埋方法是用一支带电热的笔，在笔杆上装有一卷直径为 0.10～0.15mm 的铜质天线，笔尖为一个滚子，铜线加热后，被笔尖的滚子压入 PVB 胶片中，而后按夹层玻璃的生产方法制造。

1.9.2.4 夹层玻璃缺陷

夹层玻璃在制备及使用过程中，会形成各种缺陷。如脱胶、气泡、空气穿透等。

脱胶包括短期脱胶和长期脱胶。短期脱胶是指存在大量残留空气或水，平整度差，黏结力差。长期脱胶则是由于溶剂和水分子的侵蚀造成的。气泡包括夹层玻璃的中部气泡及边部密集小气泡。中部气泡是由于排气不好造成的，如冷抽时间短、温度高、真空度不够、热抽温度过高、高压时温度和压力太低、时间短、PVB 或玻璃厚薄不均匀、PVB 皱褶等原因易于形成中部气泡。边部密集小气泡则是由于高压釜排气温度过高、冷却温度过快。空气穿透的原因则是由于夹层玻璃封边不好，导致高压空气从封边不好处穿透。解决空气穿透可通过提高封边温度、使用封边剂、改善玻璃质量等措施解决。

1.9.3 镀膜玻璃

1.9.3.1 定义及特点

镀膜玻璃是在玻璃表面涂镀一层或多层金属、合金或金属化合物薄膜，以改变玻璃的光学性能，满足某种特定性能要求。镀膜玻璃具有独特的光学性能，广泛应用于各类建筑幕墙及门窗装饰；镀膜玻璃也具有良好的隔热性能，也可用于汽车、船舶等交通工具；导电膜玻璃是涂覆氧化铟锡等导电薄膜，可用于玻璃的加热、除霜、除雾及液晶显示屏等。

镀膜玻璃的性能特点如下。

① 具有较好的单向透视功能及较高的镜面反射效果。

② 由于镀膜玻璃反射作用，限制了可见光的通过量，使光线强的一面看不见光线弱的一面，可以有效地保护隐私。

③ 所镀的膜层使用的金属化合物与玻璃结合牢固，可有效地提高玻璃的化学稳定性和使用寿命。

④ 对太阳能中的红外线部分有较高的反射率，而对紫外线部分有较高的吸收率，可避免室内物品的褪色，并能节约房屋内冷暖空调的能耗。

1.9.3.2 镀膜方法

（1）溶胶-凝胶法

金属醇化物的有机溶液在常温或近似常温下，加水分解，经缩合反应而成溶胶，再进一步聚合生成凝胶，将具有一定黏度的溶胶涂覆于玻璃表面，在低温中加热分解而制成镀膜玻璃。

此种方法可以改善玻璃的耐酸性、耐碱性与耐水性，保持力学性能，使玻璃具有导电性，制造彩色玻璃与光致变色玻璃等。采用正硅酸四乙酯制造镀膜玻璃的流程，如下所示：

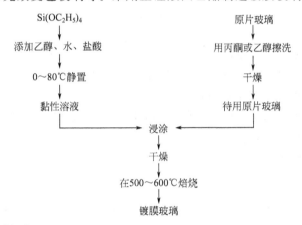

（2）阴极溅射法镀膜

阴极溅射法镀膜是指用惰性气体（He、Ar、Kr、Xe）的正离子轰击阴极固体材料，所溅射出的中性原子或分子沉积在玻璃衬底上而成薄膜。

常用的溅射材料有金属、半导体、合金、氧化物、氮化物、硅化物、碳化物、硼化物等。图 1-9-4 为溅射法镀膜示意图。

（3）蒸发镀膜

蒸发镀膜也称为真空镀膜，它是在真空条件下使材料蒸发，并在玻璃表面上凝结成膜，再经高温热处理后，在玻璃表面形成附着力很强的膜层。具有一定的真空度是该工艺的首要条件，一般残余气体的压力在 0.1～1Pa 之间，真空度可达 10^{-11}Pa，限量以上的残余气体会影响膜的成分和性质。

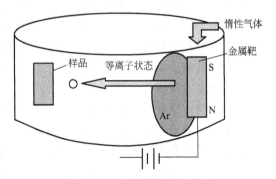

图 1-9-4　溅射法镀膜示意图

蒸发技术可分为直接电阻加热蒸发和间接电阻加热蒸发两种。直接电阻加热蒸发是把蒸发材料制成线材或杆材，把它置于两极间，通过电流加热蒸发材料使之蒸发，目前这种方法应用得很少。间接电阻加热的蒸发方法包括容器加热蒸发、辐射加热蒸发、电子束加热蒸发。容器加热蒸发材料可放在由 Mo、Ta、W、C 制成的容器中，容器被电流加热后再加热蒸发源使之蒸发。辐射加热蒸发一般由钨丝制成螺旋形热辐射体，再把它置于开口坩埚之上，以辐射加热蒸发源，这种方法适用于易挥发材料的蒸发。电子束加热蒸发是目前生产高纯膜普遍采用的方法，蒸发物放在用水冷却的坩埚中，高能电子在蒸发材料表面产生高温而使其蒸发。图 1-9-5 为蒸发镀膜示意图。

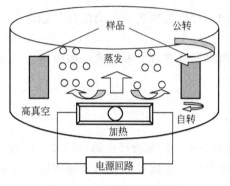

图 1-9-5 蒸发镀膜示意图

（4）离子镀法镀膜

离子镀法镀膜是把真空镀膜的蒸发工艺与溅射法工艺相结合的一种新工艺，即蒸发后的气体在辉光放电中，在碰撞和电子撞击的反应中形成的离子，在电场中被加速，而后在玻璃板上凝结成膜。此种镀膜方法的优点是：适合复杂形状材料的镀膜，膜的附着力高，密度高，具有较高的镀膜率。

（5）气溶胶法

把金属盐类溶于乙醇或蒸馏水中，成为高度均匀的气溶胶液，然后把此溶液喷涂于灼热玻璃的表面上。由于玻璃已被加热具有足够的活性，在高温下金属盐经一系列转化而在玻璃表面上形成一层牢固的金属氧化物薄膜。

此种镀膜方法主要用来生产吸收紫外线的玻璃、颜色玻璃，对太阳光有部分吸收和反射的遮阳玻璃、半透明的镜面玻璃。

1.9.3.3 镀膜玻璃缺陷

（1）破裂

镀膜玻璃的破裂主要是指因切割或安装使用等原因，致使玻璃上窗或上墙后出现的破裂现象，此种破裂也称为镀膜玻璃的热应力破裂。

玻璃的设计、安装、切割等方面是导致镀膜玻璃破裂的主要原因。在设计方面，在建筑设计方面必须认真考虑镀膜玻璃的防热炸裂设计；在玻璃安装方面，严防玻璃边角在任何方向直接接触金属框体或保留的孔隙过小，以防镀膜玻璃吸热膨胀，另外，一定要安装平整，防止弯曲变形；玻璃切割方面，必须保证玻璃的边缘平整，无暗伤，否则容易在边缘有缺陷的地方发生破裂。

（2）斑点或斑纹

从非镀膜面观看，在镀膜面上存在不规则的黑色斑点状或斑纹状的表面缺陷。

产生此种缺陷的原因可能包括以下几个方面：玻璃原片本身存在沾锡、发霉等缺陷；玻璃长期置于潮湿和不通风的环境下储存，产生霉变；安装施工或清洁时操作不当，造成玻璃污染，因此会最终产生斑点或斑纹。

（3）掉膜

掉膜是指镀膜玻璃膜层表面出现的局部掉膜或脱膜现象。脱膜形态一般是点状、团状和片状，致使镀膜玻璃的局部透光率增大或膜层完全脱落。在实际生产过程中，掉膜部位的直径大于 2.5mm 是不允许的。

产生掉膜的原因主要是镀膜工艺造成的，如镀膜原片本身或设备清洗的原因会造成掉膜；溅射镀膜工艺本身无法避免掉膜；在搬运或运输过程中，镀膜玻璃膜面直接相对摩擦导致掉膜，某些酸、碱或氧化性物质的腐蚀，也会使玻璃膜面被污染腐蚀而掉膜。

1.9.4　微晶玻璃

1.9.4.1　定义及特性

微晶玻璃是指把加有晶核剂（或不加晶核剂）的特定组成的玻璃在有控条件下进行晶化热处理，使原本单一的玻璃相形成了有微晶和玻璃相均匀分布的复合材料。晶相是多晶结构，晶粒细小，比一般结晶材料的晶体要小，一般为 $0.1\sim0.5\mu m$，晶体在微晶玻璃中为空间取向分布。晶体之间残留的玻璃相会把数量多、粒度小的晶体结合起来，玻璃相的数量可以在 $5\%\sim50\%$ 范围内。晶化后的残余玻璃相是很稳定的，一般情况下不会发生析晶。因此，微晶玻璃的性能可以由晶体和玻璃相的性质及数量比例来决定。

微晶玻璃的原始组成不同，其晶相的种类也不相同。例如，晶相有 β-硅灰石、β-石英、董青石、霞石等，各种晶相赋予微晶玻璃不同的性能。其中，β-硅灰石有较好的性能，因此常选用 $CaO-Al_2O_3-SiO_2$ 系统为微晶玻璃的玻璃系统，其一般成分如表 1-9-2 所示。

表 1-9-2　$CaO-Al_2O_3-SiO_2$ 微晶玻璃组成

玻璃	成分/%									
	SiO_2	Al_2O_3	B_2O_3	CaO	ZnO	BaO	Na_2O	K_2O	Fe_2O_3	Sb_2O_3
黑色	59.0	6.0	0.5	13.0	6.0	4.0	3.0	2.0	6.0	0.5
白色	59.0	7.0	1.0	17.0	6.5	4.0	3.0	2.0		0.5

上述玻璃成分在晶化热处理后所析出的主晶相是 β-硅灰石（$β-CaO\cdot SiO_2$）。表 1-9-3 为 β-硅灰石型微晶玻璃的性能与天然石材的大理石、花岗岩的性能对比。由表 1-9-3 可知，含 β-硅灰石晶相的微晶玻璃在耐磨性、抗冻性、光泽度的持久性、强度、尺寸稳定性等方面均优于天然石材的大理石和花岗岩。

表 1-9-3　微晶玻璃与大理石、花岗岩的性能对比

项目	β-硅灰石型微晶玻璃	大理石	花岗岩
$30\sim380℃$ 热膨胀系数/$℃^{-1}$	62×10^{-7}	$(80\sim260)\times10^{-7}$	$(80\sim150)\times10^{-7}$
密度/(g/cm^3)	2.72	2.71	2.61
耐压强度/MPa	$118\sim549$	$90\sim230$	$60\sim300$
莫氏硬度	6	3.5	5.5
维氏硬度(100g)	600	130	$130\sim570$
吸水率/%	0	$0.02\sim0.05$	0.23
热导率/$[W/(m\cdot K)]$	17.17	$21.7\sim23$	$20.9\sim23.0$
耐酸性($1\% H_2SO_4$)	0.08	10.3	0.91
耐碱性($1\% NaOH$)	0.054	0.28	0.08

1.9.4.2　生产工艺

微晶玻璃的生产方法有两种，即压延法和烧结法，其工艺流程如下：

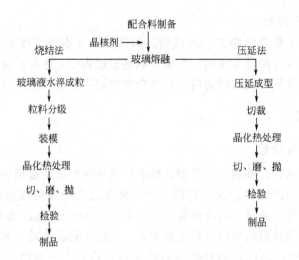

（1）原料

生产白色或色彩艳丽的微晶玻璃，使用的矿物原料有硅砂、白云石、石灰石、长石、毒重石，使用的化工原料有纯碱、硼砂、硼酸、钾碱及各种着色剂。加入晶核剂可加速晶核形成，常用的晶核剂有氟化钙、硫化锌、铁矿石、硅氟酸钠等，但氧化钙含量高时，也不加晶核剂。

（2）玻璃熔融

红色与黄色的微晶玻璃需使用硒粉，因其挥发量高达 90％，因此需使用密封性好的坩埚炉进行熔化。其他色彩的微晶玻璃需要使用池窑熔化，其生产率、成本和质量均优于坩埚炉。微晶玻璃的熔化温度为 $1450 \sim 1500 \,^{\circ}\!C$，对玻璃液的质量要求与一般玻璃制品相同。

（3）成型

可采用压制、拉制、压延、离心浇注、烧结、浮法等各种成型方法制备微晶玻璃，但生产板状微晶玻璃，目前主要以压延法和烧结法为主。

采用压延法制备微晶玻璃，其生产工艺与压延玻璃相同。玻璃液经流槽直接进入两对压延辊压延而成为光面玻璃板。压延法的优点是玻璃板的表面与内部均无气泡，但成品率较低。

烧结法是把玻璃液以细流状进入水槽中淬冷而成颗粒玻璃，或压延成板状后再水淬。颗粒玻璃经干燥、分级，以一定级配装模，经热处理烧结与核化晶化而成板状微晶玻璃。烧结法的优点是成品率高，但玻璃板表面和内部气泡多，严重影响产品质量。

（4）晶化热处理

经过晶化热处理后，即可形成微晶玻璃。热处理制度对主晶相种类、大小、数量、制品的炸裂、气泡的数量、大小、产量、燃料耗量、成本等都有影响。热处理制度包括阶梯式温度制度和等温式温度制度。微晶玻璃热处理温度曲线如图 1-9-6 所示。

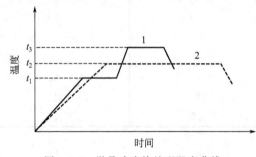

图 1-9-6　微晶玻璃热处理温度曲线

1—阶梯式温度制度；2—等温式温度制度

图 1-9-6 中，t_1 为核化温度，在此温度下持续恒温，可促使晶核生成，停留时间越长，生成的晶核越多；t_3 为晶化温度，在此温度下持续恒温，可促使晶体成长，时间越长，晶体越大，残余玻璃相越少；t_2 为等温式温度制度下的核化与晶化合一的热处理恒温温度，其值在 t_1 和 t_3 之间。

1.9.4.3　微晶玻璃显微结构

微晶玻璃中的结晶相、玻璃相分布的状

态，会随它们的比例变化而变化。玻璃相占的比例大时，玻璃相为相互联系的，结晶相则孤立地均匀分散在其中；当玻璃相含量少时，玻璃相分散在晶体网架之间，呈连续网络状。析出晶相的成分、晶体的性能、晶核的含量、热处理制度等决定了微晶玻璃的显微结构。常见的微晶玻璃显微结构包括如下几种。

（1）超细颗粒

高度晶化的微晶玻璃晶粒尺寸可在几十纳米范围内，如饱和的 β-石英固溶体晶相在钛酸锆晶核上的析晶，生成的 β-石英晶相快速接触产生一种具有平均晶粒尺寸为 60nm 的均匀织构。

（2）枝晶结构

在某一晶格方向上加速生长会形成枝晶或骨架状析晶，其典型的结构是在枝晶内部保留了高含量的残余玻璃相，在三维方向上连续贯通。枝晶生长可以通过消耗晶核附近的物质来增强，也可以通过提高晶化能来增强。

（3）多孔微晶结构

在许多微晶玻璃中，残余玻璃相可以发展为多孔膜的形式。在晶化时，形成的晶相使稳定的硅质薄膜包裹在与其紧密接触的颗粒周围，黏附于颗粒的黏稠玻璃相形成贯穿于整体的膜网络，有利于微晶玻璃的性能。

（4）柱状互锁结构

具有互锁的柱状或类叶状链形显微结构的硅酸盐晶体的微晶玻璃有较高的强度和断裂韧性。显微结构具有类似于晶须补强陶瓷的随机排列柱晶的特征，研磨后的材料的抗弯强度高达 150～200MPa，晶体的生长比较完整，微观结构致密，且晶型和玻璃相相互咬合，有利于材料的强度、耐磨性。

1.9.5 其他品种玻璃

1.9.5.1 中空玻璃

中空玻璃由美国人于 1865 年发明，是一种良好的隔热、隔声、美观适用并可降低建筑物自重的新型建筑材料。它是用两片（或三片）玻璃，使用高强度、高气密性复合胶黏剂，将玻璃片与内含干燥剂的铝合金框架粘接，使玻璃层间形成有干燥气体空间的玻璃制品。中空玻璃的多种性能优越于普通双层玻璃。

（1）性能特点

① 结露性能　由于中空玻璃内部存在着可以吸附水分子的干燥剂，气体是干燥的，在温度降低时，中空玻璃的内部也不会产生凝露的现象，同时，在中空玻璃的外表面结露点也会升高。如当室外风速为 5m/s、室内温度为 20℃、相对湿度为 60% 时，5mm 玻璃在室外温度为 8℃时开始结露，而 16mm（5＋6＋5）中空玻璃在同样条件下，室外温度为 -2℃ 时才开始结露，27mm（5＋6＋5＋6＋5）三层中空玻璃在室外温度为 -11℃ 时才开始结露。

② 隔热性能　中空玻璃具有良好的隔热性能，玻璃的热导率是 0.77W/(m·K)。而空气的热导率是 0.028W/(m·K)，由此可见，玻璃的热导率是空气的 27 倍，空气中的水分子等活性分子的存在，是影响中空玻璃能量的传导传递和对流传递性能的主要因素，因而提高中空玻璃的密封性能，可提高中空玻璃的隔热性能。

③ 隔声性能　中空玻璃的隔声性能良好，总厚度为 12mm、空气层厚度为 6mm 的双层中空玻璃（3＋6＋3）能使噪声减小到 29dB。

（2）生产工艺

制造中空玻璃的工艺主要包括胶接法、焊接法和熔接法三种，它们各有特点，如表 1-9-4 所示。

表 1-9-4 中空玻璃的三种生产方法

项目	胶接法	焊接法	熔接法
制造过程	玻璃与周边支撑框架胶接在一起	玻璃与周边支撑框架焊接在一起	两块玻璃板的周边加热后对接而成
封接材料	封口胶、玛琋脂	锡合金、低熔点封接玻璃	无须封接
边框材料	铝材、塑料、橡胶	金属条、槽形合金	无须框架
生产规格	$<14m^2$	最大为 $18m^2$	$<2.2m^2$
干燥剂	硅胶	充分干燥空气	微真空
优点	简便	经久耐用	耐久性好

1.9.5.2 光电子功能玻璃

（1）基板玻璃

在大规模集成电路、光刻基板及液晶、太阳能电池盖板方面都使用薄层、光学性能均匀和高机械强度的基板玻璃。基板玻璃可利用光学玻璃生产工艺为基础，直接成型，通过离子交换等化学增强方法，制成高强度薄玻璃基板是研究工作的目标。

（2）通信光纤

光学纤维是利用光学波导原理，用低折射率玻璃作芯，外面为高折射率玻璃所包围，使光在纤维界面上全反射，达到远距离传输的目的。光纤通信具有通信容量大、价格便宜等优点，成为取代电缆的通信手段。光纤玻璃通常可分为三个类型：石英光纤、渐变光纤和非氧化物光纤。利用石英光纤作为光缆的光纤通信已于 1988 年和 1989 年分别完成横跨大西洋及太平洋的光电缆敷设。氟化物光纤在红外区有低的损耗，被称为第二代光纤。利用半导体技术的近红外线 $1.3\mu m$ 和 $1.5\mu m$ 低损耗光纤也在近年成为研究热点。

1.9.5.3 玻璃马赛克

玻璃马赛克又称为玻璃锦砖或玻璃纸皮砖。它是一种小规格的彩色饰面玻璃。一般规格为 $20mm\times20mm$、$30mm\times30mm$、$40mm\times40mm$，厚度为 $4\sim6mm$。其属于各种颜色的小块玻璃质镶嵌材料。玻璃马赛克由天然矿物质和玻璃粉制成，是最安全的建材，也是杰出的环保材料。

玻璃马赛克耐酸碱、耐腐蚀、不褪色，是最适合装饰卫浴房间墙地面的建材。它算是最小巧的装修材料，组合变化的可能性非常多，抽象的图案，同色系深浅跳跃或过渡，或为瓷砖等其他装饰材料做纹样点缀等。外观有无色透明的、着色透明的、半透明的，带金、银色斑点、花纹或条纹的。正面是光泽滑润细腻；背面带有较粗糙的槽纹，以便于用砂浆粘贴。

玻璃马赛克的烧结工艺有熔融法和烧结法。熔融法是以石英砂、石灰石、长石、纯碱、着色剂和乳化剂等为主要制作原料，经过高温熔化后用轴压延法或平面压延法成型，最后退火而成。烧结法是以废玻璃及胶黏剂等为材料，经过压块、干燥、烧结和退火等工艺而制成的。

1.9.5.4 生物玻璃

生物玻璃（bioglass）是能实现特定的生物、生理功能的玻璃。将生物玻璃植入人体骨缺损部位，它能与骨组织直接结合，起到修复骨组织、恢复其功能的作用。生物玻璃是佛罗里达大学美国人 L.L. 亨奇于 1969 年发明的。其主要成分为 45% Na_2O、25% CaO 与 25% SiO_2 和 5% P_2O_5（质量分数）。若添加少量其他成分，如 K_2O、MgO、CaF_2、B_2O_3 等，则可得到一系列有实用价值的生物玻璃。

生物玻璃的制法与工业玻璃类似，在 $1400℃$ 左右高温下熔制，均化后浇注到不锈钢模具中成型，退火后即得到其制品。由于生物材料的特殊要求，制备生物玻璃须采用高纯试剂作原料，以铂坩埚为容器，尽可能减少杂质混入。由于生物玻璃化学稳定性差，易与环境中的水分反应，因此在加工、灭菌和保存中，须保持干燥，防止变质。生物玻璃的机械强度低，只能用于承力不大的体位，如耳小骨、指骨等的修复。将生物玻璃涂覆于钛合金或不锈钢表面，在临床上可制作人工牙或人工关节。

第2篇

水泥工艺学

2.1 引 言

2.1.1 胶凝材料

2.1.1.1 胶凝材料的定义

胶凝材料是指通过自身的物理化学作用，由可塑性浆体变为坚硬石状体的过程中，能将散粒或块状材料黏结成为整体的材料，亦称为胶结材料。在建筑材料中，经过一系列物理或化学作用，能从浆体变成坚固的石状体，并能将其他固体物料胶结成整体而具有一定机械强度的物质，统称为胶凝材料。

2.1.1.2 胶凝材料的分类

根据化学组成的不同，胶凝材料可分为无机与有机两大类。石灰、石膏、水泥等工地上俗称为"灰"的建筑材料属于无机胶凝材料，而沥青、天然或合成树脂等属于有机胶凝材料。

无机胶凝材料按其硬化条件的不同又可分为水硬性和非水硬性两类。水硬性胶凝材料是指加水形成浆体后，既能在空气中硬化，又能在水中硬化，并保持和继续发展其强度的胶凝材料，这类材料通称为水泥，如硅酸盐水泥、铝酸盐水泥、硫铝酸盐水泥等；非水硬性胶凝材料是指不能在水中硬化但能在空气中或其他条件下硬化的胶凝材料，如石灰、石膏、水玻璃和有特殊用途的耐酸胶结料、磷酸盐胶结料及环氧树脂胶结料等。

2.1.1.3 胶凝材料的发展简史

胶凝材料的发展，有着极为悠久的历史。新石器时代，由于石器工具的进步，掘穴建室的建筑活动已经兴起。人类最早使用胶凝材料（黏土）来抹砌简易的建筑物。在黏土中拌以植物纤维（稻草、皮壳）可以起到加筋增强作用，但是黏土的强度很低，遇水自行散解，不能抵抗雨水的侵蚀。随着火被发现，煅烧制得的石膏和石灰被用来调制建筑砂浆。公元初，古希腊人和古罗马人发现在石灰中掺入某些火山灰沉积物，不但能提高强度，还能抵御水的侵蚀，可用于各类市政建筑，如"庞贝"城、罗马圣庙等。

2.1.1.4 水泥的发展

伴随社会的进步，胶凝材料快速发展。18 世纪中叶，英国工程师史密顿（J. Smeaton）研究了"石灰-火山灰-砂子"三组分砂浆中不同石灰石对砂浆性能的影响，发现将含有黏土的石灰石经煅烧和细磨处理后，加水制成砂浆后慢慢硬化，具有较高强度及耐海水冲刷腐蚀能力。用含黏土、石灰石制成的石灰被称为水硬性石灰。史密顿的发现是水泥发明过程中知识积累的一大飞跃，对"波特兰水泥"的发明起到很大作用。1796 年，英国人派克（J. Parker）将黏土质石灰岩磨细后制成料球，在高于烧石灰的温度下煅烧，然后进行磨细制成了水泥，命名为"罗马水泥"，并取得了该水泥的专利。"罗马水泥"凝结较快，可用于与水接触的工程，在当时得到广泛应用，直到"波特兰水泥"的出现。同时期，法国、美国分别制成了"天然水泥"，在建筑业中得到广泛应用。

1822 年，英国人福斯特（J. Foster）将两份质量的白垩和一份质量的黏土混合后加水湿磨成泥浆，经沉淀、干燥、煅烧、冷却及细磨后得到水泥，称该水泥为"英国水泥"，并取得了英国第 4679 号专利。"英国水泥"的制造是水泥生产的又一次重大飞跃，其制备方法已是近代水泥制造的雏形。1824 年，英国人阿斯普丁（J. Aspdin）将石灰石粉碎后，配合一定量黏土，掺水制成泥浆，经干燥、粉碎、煅烧，冷却及打碎磨细后制得水泥，该水泥被称为"波特兰水泥"。由于其具有能在水中硬化并能长期抗水且强度比较高的优点，在 1838 年修建泰晤士河隧道时被大量应用。1845 年英国人强生（I. C. Johnson）偶然发现了煅烧温度及原料的比例在水泥生产中的重要性，解决了阿斯普丁发明的"波特兰水泥"质量不稳定问题。

水泥的发明是一个渐进的过程。20 世纪，人们在不断改进波特兰水泥性能的同时，研制成功了一批适用于特殊建筑工程的水泥，如高铝水泥、特种水泥等。目前，全世界的水泥品种已发展到 100 多种。

2.1.2 水泥

2.1.2.1 水泥的定义

水泥是指加水搅拌后形成浆体，既能在空气中硬化，也能在水中硬化，并能将砂、石等材料牢固地胶结在一起的粉状水硬性胶凝材料。

2.1.2.2 水泥的分类

水泥的种类很多，按用途及性能可分为通用水泥、专用水泥和特性水泥。通用水泥是指一般土木建筑工程通常采用的水泥。通用水泥主要是指 GB 175—2007 规定的六大类水泥，即硅酸盐水泥、普通硅酸盐水泥、矿渣硅酸盐水泥、火山灰质硅酸盐水泥、粉煤灰硅酸盐水泥和复合硅酸盐水泥；专用水泥是指有专门用途的水泥，如 G 级油井水泥、砌筑水泥、道路硅酸盐水泥等；而特性水泥是指某种性能比较突出的水泥，如快硬硅酸盐水泥、抗硫酸盐硅酸盐水泥、低热矿渣硅酸盐水泥、膨胀硫铝酸盐水泥、磷铝酸盐水泥和磷酸盐水泥等。

按其所含的主要水硬性物质，水泥又可分为硅酸盐水泥（即国外通称的波特兰水泥）、铝酸盐水泥、硫铝酸盐水泥、铁铝酸盐水泥、氟铝酸盐水泥、磷酸盐水泥、以火山灰或潜在水硬性材料及其他活性材料为主要组分的水泥。

2.1.3 水泥生产技术发展

今天，人们把水泥的生产过程形象地概括为"二磨一烧"，即按一定比例配合的原料，先经粉磨制成生料，再在窑内烧成熟料，最后通过粉磨制成水泥。在这个过程中，窑是核心设备，所以人们在研究水泥技术发展史的时候，往往以窑为代表。回顾过去的二百年，水泥生产先后经历了仓窑、立窑、干法回转窑、湿法回转窑和新型干法回转窑等发展阶段，最终形成现代的预分解窑、新型干法回转窑。

1824 年阿斯普丁获得波特兰水泥专利时所用的煅烧设备称为瓶窑（bottle kiln），其形状像瓶子，因此而得名。1872 年强生在瓶窑的基础上，发明了专门用于烧制水泥的仓窑，并获得专利。1826 年出现第一台烧水泥用的可自然通风的普通立窑。1884 年德国人狄兹赫（Dietzsch）发明立窑，并取得专利权。丹麦人史柯佛（Schoefer）对立窑进行了多次改进，1910 年实现立窑机械化连续生产。1913 年前后，德国人在立窑上开始采用移动式炉算子使熟料自动卸出，同时进一步改善通风。

1885 年英国人兰萨姆（E. Ransome）发明了回转窑，在英国、美国取得专利后将它投入生产，很快获得可观的经济效益。回转窑的发明，使得水泥工业迅速发展，1895 年美国工程师亨利（Hurry）和化验师西蒙（Seaman）进行回转窑煅烧波特兰水泥的试验，终于获得成功，并在英国取得专利。1897 年德国贝赫门（I. A. Bachman）博士发明余热锅炉窑。1912 年前后，丹麦史密斯（F. L. Smith）水泥机械公司用白垩土和其他辅助原料制成水泥生料浆，在回转窑上用它取代干生料粉进行煅烧试验，取得成功，从而开创出湿法回转窑生产水泥的新方法。1923 年立波尔窑的出现，使水泥工业出现较大变革，窑的产量明显提高，热耗显著降低。1928 年立雷帕博士与德国水泥机械公司伯力鸠斯（Polysius）合作，制造出窑尾带回转算式加热机的干法回转窑。

1932 年 6 月，工程师伏杰尔-彦琴森（M. Vogel-Jorgersen）开发出四级旋风筒悬浮预热器，并申请了专利。1951 年德国工程师密勒（F. Muller）对悬浮预热器专利内容做了多处改进，在此基础上洪堡公司制造出世界上第一台四级旋风悬浮预热器（悬浮预热器简称 SP）。1971 年日本人开发出水泥预分解窑，从而使水泥工业技术取得重大突破。立窑、辊压机、原料预均化、生料均化及 X 射线荧光分析等技术的迅速发展使干法水泥生产的熟料质量明显提高，能耗显著下降。

在中国，随着科技的发展，有关水泥的基础理论和应用技术的深入研究，大大提高了我国水泥的生产能力，并逐渐降低了能耗，特别是新型干法水泥技术的研究更是极大地促进了水泥工业的发展。新型干法水泥工艺即是指以悬浮预分解技术为核心的新型水泥干法生产工艺，可使热耗下降 30%，电耗下降 15%，水泥熟料质量大大提高。在企业推广后，创造了巨大的经济、社会和环境效益。

2.1.4　水泥在国民经济中的重要性

水泥是国民经济的基础原材料，是建筑工业三大基本材料之一，使用范围广，用量大，素有"建筑工业的粮食"之称。生产水泥虽需较多能源，但是水泥与砂、石等集料所制成的混凝土则是一种低耗能型建筑材料。例如，在荷载相同的条件下，混凝土柱的消耗能量仅为钢材的 $1/6 \sim 1/5$，铝合金的 $1/25$，比红砖还低 35%。

在未来相当长的时期内，水泥仍将是人类社会的主要建筑材料，因其具有的优点是无可替代的。水泥具有水硬性，且强度能在一定条件下继续增长；有很好的可塑性，可制成各种形状和尺寸的混凝土构件；适应性强，可用于海上、地下、深水、各种气候条件地区、耐侵蚀、防辐射等特殊要求的工程；耐久性好，水泥混凝土既没有钢材的生锈问题，也没有木材的腐朽等缺点，更没有塑料制品的老化、污染等问题。因此，水泥不但大量应用于工业与民用建筑，还广泛应用于交通、水利、农林以及海港等工程，宇航工业、核工业以及其他新型工业的建设，也需要各种无机非金属材料，其中最为基本的都是以水泥基为主的新型复合材料，因此，水泥工业具有极其广阔的前景。

2.1.5　中国水泥工业的发展

非水硬性胶凝材料的发展在我国已有几千年的历史，而水泥工业则始于1906年在河北唐山建立的启新洋灰公司，年产水泥4万吨，以后又相继在湖北、广州、上海、南京等地建立水泥厂。在新中国成立前，水泥工业处于衰落停滞阶段，水泥厂大多数由外国人主持设计和建设，生产设备也来自于国外，没有规范的水泥工业建设机制，又因连年战乱，许多水泥厂不能持续稳定生产。1949年，全国水泥总产量仅为66万吨。

新中国成立初期，我国开始研制湿法回转炉和半干法立波尔窑生产线成套设备，并进行预热器窑的试验，使我国水泥工业生产技术和生产设备取得较大进步。20世纪80年代，我国自行研制的日产700t、1000t、1200t、2000t熟料的预分解窑生产线分别在新疆、江苏、上海、辽宁等地建厂投产，同时，从国外引进一批2000～4000t熟料的预分解窑生产线成套设备，建立大型水泥企业。大型水泥厂的建成，极大地改善了我国水泥生产结构，迅速提高了我国的新型干法水泥生产能力和技术水平。

中国水泥工业发展迅速，从1949年的66万吨提高到1994年的4亿吨，约占世界水泥总产量的1/3。近年来，水泥工业取得了突飞猛进的发展，2005年以来，我国水泥产能及其产量持续增长，相关企业快速成长，节能减排成效显著，新型干法水泥从数量到质量的增长前所未有。截止到2012年底，我国水泥已发展成为22.5亿吨产量规模，占全球水泥产量的60%左右，且新型干法水泥产量占总产量达到90%，特别是"十一五"以来，我国水泥工业通过积极探索新型工业化道路，技术水平不断提高，装备和工程能力已具有国际竞争能力。

我国水泥总产量居世界首位，是水泥生产大国，但还不是水泥生产强国，主要表现为立窑水泥企业仍占较大比例；水泥生产技术总体水平与世界先进水平有一定差距；水泥产业结构不合理，大中型企业数量少，高标号水泥产量比例低；水泥行业从业人员多，但技术队伍力量不足，职工素质、管理水平有待提高等。所以，我国水泥工业的发展任重而道远。

2.2　硅酸盐水泥的国家标准

2.2.1　硅酸盐水泥标准发展史

水泥的标准不仅对指导水泥生产、控制质量、加强管理和提高企业经济效益起到重要作用，而且是质检机构、科研设计、建设施工等部门监督、产品质量检验、工程质量保证的重要技术依据。水泥种类繁多，仅硅酸盐水泥就有几十个品种。因此，世界各国通常根据各自国家经济发展的需要和具体条件，制定本国的标准。

在中国，1952年采用日本的强度试验方法和前苏联标准的水泥标号，第一次统一了水泥标准，1956年又以前苏联水泥标准为蓝本制定了全国统一的水泥标准和检验方法标准。后几经修订、完善，通过50多年发展，水泥标准已形成中国的特点，标准的质量与水平也明显提高并与国际先进指标接轨。

在中国现存的水泥标准中，既有强制性的国家标准（代号GB）、强制性的建材行业标准（代号JC，1990年前曾用ZBQ），也有推荐性的国家标准（GB/T）、推荐性的建材行业标准（JC/T）。目前，中国现行的硅酸盐水泥标准是2007年修订、2009年9月1日正式在全国实施的《通用硅酸盐水泥》标准，即 GB 175—2007，代替了 GB 175—1999《硅酸盐水泥、普通硅酸盐水泥》、GB 1344—1999《矿渣硅酸盐水泥、火山灰质硅酸盐水泥、粉煤灰硅酸盐水泥》和 GB 12958—1999《复合硅酸盐水泥》三个标准。

2.2.2 现行硅酸盐水泥国家标准

根据国家标准 GB 175—2007，硅酸盐水泥的定义、组分与材料、强度等级、技术要求、试验方法、检验规则和包装、标志、运输与储存等规定如下。

2.2.2.1 定义

（1）硅酸盐水泥

凡是以硅酸钙为主的硅酸盐水泥熟料、不超过 5% 的石灰石或粒化高炉矿渣及适量石膏磨细制成的水硬性胶凝材料，均统称为硅酸盐水泥，国际上统称为波特兰水泥。硅酸盐水泥可分成两种类型：不掺加混合材料的称为 I 型硅酸盐水泥，代号 P·I；掺加不超过水泥质量 5% 的石灰石或粒化高炉矿渣混合材料的称为 II 型硅酸盐水泥，代号 P·II。

（2）普通硅酸盐水泥

由硅酸盐水泥熟料、5%～20% 的混合材料及适量石膏磨细制成的水硬性胶凝材料，称为普通硅酸盐水泥，简称普通水泥，代号 P·O。在掺活性混合材料时，最大掺入量不得超过20%，其中允许用不超过水泥质量 8% 的非活性混合材料和不超过水泥质量 5% 的窑灰代替。

2.2.2.2 组分与材料

（1）组分

硅酸盐水泥的组分要求应符合表 2-2-1 的规定。

表 2-2-1 硅酸盐水泥的组分要求

品种	代号	组分/%				
		熟料＋石膏	粒化高炉矿渣	火山灰质混合材料	粉煤灰	石灰石
硅酸盐水泥	P·I	100	—	—	—	—
	P·II	≥95	≤5	—	—	—
		≥95	—	—	—	≤5
普通硅酸盐水泥	P·O	≥80 且＜95	>5 且≤20			—

（2）材料

① 硅酸盐水泥熟料　由主要含 CaO、SiO_2、Al_2O_3、Fe_2O_3 的原料，按适当比例磨成细粉烧至部分熔融所得以硅酸钙为主要矿物成分的水硬性胶凝物质。其中硅酸钙矿物含量不小于 66%，氧化钙和氧化硅质量比不小于 2.0。

② 石膏　天然石膏应符合 GB/T 5483 中规定的 G 类或 M 类二级（含二级）以上的石膏或混合石膏。石膏是工业生产中以硫酸钙为主要成分的工业副产物。采用工业副产物石膏前应经过试验证明对水泥性能无害。

③ 活性混合材料　符合 GB/T 203、GB/T 18046、GB/T 1596、GB/T 2847 标准要求的粒化高炉矿渣、粒化高炉矿渣粉、粉煤灰、火山灰质混合材料。

④ 非活性混合材料　活性指标分别低于 GB/T 203、GB/T 18046、GB/T 1596、GB/T 2847 标准要求的粒化高炉矿渣、粒化高炉矿渣粉、粉煤灰、火山灰质混合材料、石灰石和砂岩，其中石灰石中的 Al_2O_3 含量应不大于 2.5%。

⑤ 窑灰　窑灰是从回转窑窑尾废气中收集下来的粉尘。窑灰应该符合 JC/T 742 标准的规定。

⑥ 助磨剂　水泥粉磨时允许加入助磨剂，其加入量应不大于水泥质量的 0.5%，助磨剂应符合 JC/T 667 的规定。

2.2.2.3　强度等级

硅酸盐水泥的强度等级分为 42.5、42.5R、52.5、52.5R、62.5、62.5R 六个等级。普通硅酸盐水泥的强度等级分为 42.5、42.5R、52.5、52.5R 四个等级。

2.2.2.4　技术要求

（1）化学指标

硅酸盐水泥的化学指标应符合表 2-2-2 的规定。

表 2-2-2　硅酸盐水泥的化学指标

品种	代号	不溶物（质量分数）/%	烧失量（质量分数）/%	三氧化硫（质量分数）/%	氧化镁（质量分数）/%	氯离子（质量分数）/%
硅酸盐水泥	P·I	≤0.75	≤3.0	≤3.5	≤5.0①	≤0.06②
	P·Ⅱ	≤1.50	≤3.5			
普通硅酸盐水泥	P·O	—	≤5.0	—	—	—

① 如果水泥压蒸试验合格，则水泥中氧化镁的含量（质量分数）允许放宽至 6.0%。

② 当有更低要求时，该指标由买卖双方协商确定。

（2）碱含量（选择性指标）

水泥中碱含量按 $Na_2O+0.658K_2O$ 计算值表示。若使用活性骨料，用户要求提供低碱水泥时，水泥中的碱含量应不大于 0.6% 或由买卖双方协商确定。

（3）物理指标

① 凝结时间　硅酸盐水泥初凝不小于 45min，终凝不大于 390min；普通硅酸盐水泥初凝不小于 45min，终凝不大于 600min。

② 安定性　用沸煮法检验必须合格。

③ 强度　不同品种、不同强度等级的硅酸盐水泥，其各龄期的强度应符合表 2-2-3 的规定。

表 2-2-3　GB 175—2007 各龄期、各类型水泥强度

品种	强度等级	抗压强度/MPa		抗折强度/MPa	
		3d	28d	3d	28d
硅酸盐水泥	42.5	≥17.0	≥42.5	≥3.5	≥6.5
	42.5R	≥22.0		≥4.0	
	52.5	≥23.0	≥52.5	≥4.0	≥7.0
	52.5R	≥27.0		≥5.0	
	62.5	≥28.0	≥62.5	≥5.0	≥8.0
	62.5R	≥32.0		≥5.5	
普通硅酸盐水泥	42.5	≥17.0	≥42.5	≥3.5	≥6.5
	42.5R	≥22.0		≥4.0	
	52.5	≥23.0	≥52.5	≥4.0	≥7.0
	52.5R	≥27.0		≥5.0	

④ 细度（选择性指标）　硅酸盐水泥和普通硅酸盐水泥以比表面积表示，不小于300 m^2/kg；矿渣硅酸盐水泥、火山灰质硅酸盐水泥、粉煤灰硅酸盐水泥和复合硅酸盐水泥以筛余表示，80μm 方孔筛筛余不大于 10%或 45μm 方孔筛筛余不大于 30%。

2.2.2.5　试验方法

试验方法有以下几种。

① 组分　由生产者按 GB/T 12960 或选择准确度更高的方法进行。在正常生产情况下，生产者应至少每月对水泥组分进行校核，年平均值应符合该标准中关于组分的规定，单次检验值应不超过该标准规定最大限量的 2%。

为保证组分测定结果的准确性，生产者应采用适当的生产程序和适宜的方法对所选方法的可靠性进行验证，并将经验证的方法形成文件。

② 不溶物、烧失量、氧化镁、三氧化硫和碱含量　按 GB/T 176 进行试验。

③ 压蒸安定性　按 GB/T 750 进行试验。

④ 氯离子　按 JC/T 420 进行试验。

⑤ 标准稠度用水量、凝结时间和安定性　按 GB/T 1346 进行试验。

⑥ 强度　按 GB/T 17671 进行试验。胶砂流动度试验按 GB/T 2419 进行，其中胶砂制备按 GB/T 17671 进行。

⑦ 比表面积　按 GB/T 8074 进行试验。

⑧ 80μm 筛余和 45μm 筛余　按 GB/T 1345 进行试验。

2.2.2.6　检验规则

检验规则有以下几条。

① 编号及取样　水泥出厂前按同品种、同强度等级编号和取样。袋装水泥和散装水泥应分别进行编号和取样。每一编号为一取样单位。水泥出厂编号按年生产能力规定为：200×10^4t 以上，不超过 4000t 为一编号；120×10^4t～200×10^4t，不超过 2400t 为一编号；60×10^4t～120×10^4t，不超过 1000t 为一编号；30×10^4t～60×10^4t，不超过 600t 为一编号；10×10^4t～30×10^4t，不超过 400t 为一编号；10×10^4t 以下，不超过 200t 为一编号。

取样方法按 GB 12573 进行。可连续取，亦可从 20 个以上不同部位取等量样品，总量至少 12kg。当散装水泥运输工具的容量超过该厂规定出厂编号吨数时，允许该编号的数量超过取样规定吨数。

② 水泥出厂　水泥各项技术指标及包装质量符合要求时方可出厂。

③ 出厂检验　出厂检验项目为化学指标、凝结时间、安定性及强度。

④ 判定规则　检验结果符合该标准规定的化学指标、凝结时间、安定性及强度要求为合格品；检验结果不符合该标准规定的化学指标、凝结时间、安定性及强度要求中的任何一项技术要求为不合格品。

⑤ 检验报告　检验报告内容应包括出厂检验项目、细度、混合材料品种及掺加量、石膏和助磨剂的品种及掺加量、属旋窑或立窑生产及合同约定的其他技术要求。当用户需要时，生产者应在水泥发出之日起 7d 内寄发除 28d 强度以外的各项检验结果，32d 内补报 28d 强度的检验结果。

⑥ 交货与验收　交货时水泥的质量验收可抽取实物试样以其检验结果为依据，也可以生产者同编号水泥的检验报告为依据。采取何种方法验收由买卖双方商定，并在合同或协议中注明，卖方有告知买方验收方法的责任。当无书面合同或协议，或未在合同、协议中注明

验收方法的，卖方应在发货票上注明"以本厂同编号水泥的检验报告为验收依据"字样。

以抽取实物试样的检验结果为验收依据时，买卖双方应在发货前或交货地共同取样和签封。取样方法按 GB 12573 进行，取样数量为 20kg，缩分为二等份。一份由卖方保存 40d，一份由买方按该标准规定的项目和方法进行检验。

在 40d 以内，买方检验认为产品质量不符合该标准要求，而卖方又有异议时，则双方应将卖方保存的另一份试样送省级或省级以上国家认可的水泥质量监督检验机构进行仲裁检验。水泥安定性仲裁检验时，应在取样之日起 10d 以内完成。

以生产者同编号水泥的检验报告为验收依据时，在发货前或交货时买方在同编号水泥中取样，双方共同签封后由卖方保存 90d，或认可卖方自行取样、签封并保存 90d 的同编号水泥的封存样。

在 90d 内，买方对水泥质量有疑问时，则买卖双方应将共同认可的试样送省级或省级以上国家认可的水泥质量监督检验机构进行仲裁检验。

2.2.2.7 包装、标志、运输与储存

（1）包装

水泥可以散装或袋装，袋装水泥每袋净含量为 50kg，且应不少于标志质量的 99%；随机抽取 20 袋总质量（含包装袋）应不少于 1000kg。其他包装形式由供需双方协商确定，但有关袋装质量要求，应符合上述规定。水泥包装袋应符合 GB 9774 的规定。

（2）标志

水泥包装袋上应清楚标明：执行标准、水泥品种、代号、强度等级、生产者名称、生产许可证标志（QS）及编号、出厂编号、包装日期及净含量。包装袋两侧应根据水泥的品种采用不同的颜色印刷水泥名称和强度等级，硅酸盐水泥和普通硅酸盐水泥采用红色，矿渣硅酸盐水泥采用绿色，火山灰质硅酸盐水泥、粉煤灰硅酸盐水泥和复合硅酸盐水泥采用黑色或蓝色。

散装发运时应提交与袋装标志相同内容的卡片。

（3）运输与储存

水泥在运输与储存时不得受潮和混入杂物，不同品种和强度等级的水泥在储运中避免混杂。

值得注意的是，随着水泥生产技术的进步和社会需求的提高，水泥的品质指标也在不断地完善，相应地水泥国家标准也在不断地修订，应时刻关注和采用最新的国家标准。

2.3 硅酸盐水泥的原料及生料制备

2.3.1 硅酸盐水泥的原料

2.3.1.1 硅酸盐水泥的主要成分

硅酸盐水泥主要由硅酸三钙（$3CaO \cdot SiO_2$）、硅酸二钙（$2CaO \cdot SiO_2$）、铝酸三钙（$3CaO \cdot Al_2O_3$）、铁铝酸四钙（$4CaO \cdot Al_2O_3 \cdot Fe_2O_3$）组成，其中，$CaO$ 含量为 62%～67%，SiO_2 含量为 20%～24%，Al_2O_3 含量为 4%～7%，Fe_2O_3 含量为 2%～6%。

原料的成分和性能直接影响配料、粉磨、煅烧和熟料的质量，最终影响水泥的质量。因此，了解和掌握原料的性能，正确地选择和合理地控制原料的质量，是水泥生产工艺中一个

重要环节。

2.3.1.2 硅酸盐水泥的主要原料

硅酸盐水泥的主要原料是石灰质原料（主要提供氧化钙）和黏土质原料（主要提供氧化硅和氧化铝，也提供部分氧化铁）。我国黏土原料及煤炭灰分中一般含氧化铝较高，而含氧化铁不足，因此需要加入铁质校正原料。当黏土中氧化硅或氧化铝含量偏低时，可加入硅质或铝质校正原料。

（1）石灰质原料

① 定义　凡是以碳酸钙、氧化钙、氢氧化钙为主要成分的原料都称为石灰质原料，它是水泥熟料中 CaO 的主要来源，是水泥生产中用量最大的一种原料，一般生产 1t 熟料用 1.3～1.5t 石灰质干原料，在生料中约占原料总量的 80％以上。

② 种类　常用的天然石灰质原料有石灰岩、泥灰岩、白垩、贝壳等矿物。我国常用的是石灰岩、泥灰岩，某些小厂用白垩或贝壳。

a. 石灰岩　石灰岩又称为石灰石，是由碳酸钙所组成的化学与生物化学沉积岩，主要矿物是方解石。按成因可分为生物石灰岩（如珊瑚石灰岩）、化学石灰岩（如石灰华等）和碎屑石灰岩三种。石灰岩中含有白云石、硅质（如石英、燧石）及黏土等杂质，依其所含有杂质的不同可分为白云质石灰岩、黏土质石灰岩和硅质石灰岩。石灰石呈致密块状，纯净的石灰石是白色的，由于含有不同的杂质和杂质的多少而呈青灰色、灰白色、灰黑色以及浅黄色或浅红色等不同颜色，常见的为青灰色。石灰石中的白云石（$CaCO_3 \cdot MgCO_3$）是熟料中 MgO 的主要来源。燧石俗称"火石"，主要成分是 SiO_2，通常为褐黑色，凸出在石灰石表面或呈结核状夹杂在其中，质地坚硬，难以磨细与煅烧。

b. 泥灰岩　泥灰岩是碳酸钙和黏土物质同时沉积形成的均匀混合的沉积岩，属于灰岩向黏土过渡的中间类型岩石。泥灰岩因其含有黏土量不同，其化学成分和性质也会随之变化。泥灰岩主要矿物也是方解石，常见的为粗晶粒结构，块状构造。泥灰岩颜色决定于黏土物质，颜色包括青灰色、黄土色到灰黑色，颜色多样，质地松软，易采掘和粉碎，常呈夹层状或厚层状。泥灰岩硬度低于石灰岩，黏土矿物含量越高，硬度越低。泥灰岩是一种极好的水泥原料，因它含有的石灰岩和黏土混合均匀，易于煅烧，有利于提高窑的产量，降低燃料消耗。

c. 白垩　白垩是一种微细的碳酸钙的沉积物，是方解石的变种，主要是海生生物外壳与贝壳堆积而成。多呈黄白色、乳白色，有时因风化及含有不同杂质而呈浅黄褐色、浅褐红色等。白垩质松而软，易于开采、粉碎和粉磨，是立窑水泥厂的优质石灰质原料。

d. 贝壳、珊瑚类　其主要成分是比较纯的生物碳酸钙，含杂质较少，但采掘时往往夹杂大量的泥或细砂，需经冲洗后才能利用。

③ 石灰质原料的选择　石灰质原料质量要求如表 2-3-1 所示。

表 2-3-1　石灰质原料的质量要求

品位	成分/%				
	CaO	MgO	R_2O	SO_3	燧石或石英
一级品	＞48	＜2.5	＜1.0	＜1.0	＜4.0
二级品	45～48	＜3.0	＜1.0	＜1.0	＜4.0
泥灰岩	35～45	＜3.0	＜1.2	＜1.0	＜4.0

在石灰质原料使用中，石灰石二级品和泥灰岩一般需和一级品搭配使用，当用煤作燃料

时，搭配后的 CaO 含量要达到 48%。同时，SiO_2、Al_2O_3 和 Fe_2O_3 的含量应满足熟料的配合比要求。

（2）黏土质原料

① 定义　黏土质原料是指含有水铝硅酸盐矿物原料的总称。黏土质原料的主要化学成分是二氧化硅，其次是三氧化二铝、三氧化二铁和氧化钙，在水泥生产中，它主要提供水泥熟料所需要的酸性氧化物。

② 种类　中国水泥工业采用的天然黏土质原料种类较多，有黄土、黏土、页岩、泥岩、粉砂岩及河泥等，其中黄土与黏土用量最广。

a. 黄土　黄土是没有层理的黏土与微粒矿物的天然混合物，其黏土矿物以伊利石为主，还有蒙脱石和莫来石等，非黏土矿物有石英、长石、白云母等。

b. 黏土　黏土是一种或多种含水铝硅酸盐矿物的混合体，主要是铝硅酸盐类岩石，如长石、伟晶花岗岩等经长期地质年代的自然风化或热液蚀变作用而形成，含有未风化的岩石碎屑、石英砂、黄铁矿、有机物等杂质。按其主要矿物成分可分为高岭石类、水云母类、蒙脱石类、叶蜡石类、水铝石类。它们的某些工艺性能如表 2-3-2 所示。

表 2-3-2　黏土矿物与黏土工艺性能的关系

种类	黏土矿物名称	$\dfrac{SiO_2}{Al_2O_3}$ 分子比	黏土含量	可塑性	热稳定性	正常流动度时水分/%	结构水脱水温度/℃	黏土中矿物分解达最高活性时温度/℃
高岭石类	高岭石、多水高岭石 $2SiO_2 \cdot Al_2O_3 \cdot nH_2O$	2	很高	好	良好	中	350～550	600～800
蒙脱石类	蒙脱石 $4SiO_2 \cdot Al_2O_3 \cdot mH_2O$ 贝得石 $3SiO_2 \cdot Al_2O_3 \cdot mH_2O$	3～4	高	很好	优良	高	400～600	500～700
水云母类	水云母、伊利石	2～3	低	差	差	低	300～450	400～700

黏土中大多含有碱，由云母及长石等风化、伴生和夹杂而带入。碱含量过高会影响熟料质量、水泥性能和水泥窑的正常生产。在水泥生产中，一般控制黏土中碱含量小于 4.0%，当使用悬浮预热器窑时，生料中碱含量应不大于 1.0%。同时，黏土中含有的石英砂，会使生料难以磨细和煅烧，从而影响黏土可塑性。黏土的可塑性对生料成球影响很大，成球质量直接影响烧结窑的生产。通常，立窑或立波尔窑选用可塑性和热稳定性良好的高岭石、多水高岭石、蒙脱石等为主要矿物的黏土，而避免采用可塑性差、热稳定性不良的水云母或伊利石为主要矿物的黏土。

c. 页岩　页岩是黏土受地壳压力胶结而成的黏土岩，它由海相、陆相或海陆相交互沉积而成。其主要矿物为石英、长石、云母、方解石以及其他岩石碎屑。页岩层理明显，颜色不定，一般为灰色、褐色或黑色。页岩硅率较低，通常需添加硅质校正原料。

d. 粉砂岩　粉砂岩是由直径为 0.01～0.1mm 的粉砂经长期胶结变硬后形成的沉积岩。主要矿物是石英、长石、黏土等，胶结物质有黏土质、硅质、铁质及碳酸盐质。颜色呈淡黄色、淡红色、淡棕色、紫红色等，一般质地疏松，但也有较坚硬的。粉砂岩的硅率一般大于 3.0，可作为硅铝质原料。

河泥、湖泥等，由于储量丰富，化学组成稳定，颗粒级配均匀，生产成本低，而被靠近江河湖泊的湿法水泥厂广泛使用。

③ 黏土质原料的选择　黏土质原料的质量要求如表 2-3-3 所示。

表 2-3-3 黏土质原料的质量要求

品位	硅率 SM	铝率 IM	$MgO/\%$	$R_2O/\%$	$SO_3/\%$	塑性指数/%
一级品	2.7～3.5	1.5～3.5	<3.0	<4.0	<2.0	>12
二级品	2.0～2.7 或 3.5～4.0	不限	<3.0	<4.0	<2.0	>12

在黏土质原料选择时，SM 和 IM 值应适当，若 $SM=2.0～2.7$ 时，一般需要掺加硅质原料，若 $SM=3.5～4.0$ 时，一般需要与一级品或 SM 低的二级品原料搭配使用或掺用铝质原料；尽量不含碎石、卵石，粗砂含量应小于 5%；采用立窑或立波尔窑生产时，需考虑原料的塑性指数。

（3）校正原料

① 定义 当石灰质原料和黏土质原料配合所得的生料成分不能符合配料方案时，必须根据所缺少的组分，掺加相应的原料，这种以补充某些成分不足为主的原料称为校正原料。

② 种类 校正原料主要有铁质校正原料、硅质校正原料和铝质校正原料。

a. 铁质校正原料 当氧化铁含量不足时，应掺加氧化铁含量大于 40% 的铁质校正原料。常用的有低品位铁矿石、炼铁厂尾矿以及硫酸厂工业渣硫酸渣（硫铁矿渣）等。目前有的企业用铅矿渣或铜矿渣代替铁粉，不仅可以作校正原料，而且其中所含氧化铁还能降低烧成温度和液相黏度，可起到矿化剂的作用。

b. 硅质校正原料 当氧化硅含量不足时，需掺加硅质校正原料，常用的有砂岩、河砂、粉砂岩等。一般要求硅质校正原料的氧化硅含量为 70%～90%，大于 90% 时，由于石英含量过高，难以粉磨与煅烧，很少采用。

c. 铝质校正原料 当生料中氧化铝含量不足时，需掺加铝质校正原料，常用的铝质校正原料有炉渣、煤矸石、铝矾土等。

校正原料常用品种及质量要求如表 2-3-4 所示。

表 2-3-4 校正原料常用品种及质量要求

校正原料	常用品种	质量要求
铁质校正原料	低品位的铁矿石、炼铁厂尾矿、硫酸厂工业废渣硫酸渣（俗称铁粉）、铅矿渣、铜矿渣（兼作矿化剂）	$Fe_2O_3 \geqslant 40\%$
硅质校正原料	硅藻土、硅藻石、含 SiO_2 多的河砂、砂岩、粉砂岩	$SM>4.0$；$R_2O<4.0\%$；SiO_2 70%～90%
铝质校正原料	炉渣、煤矸石、铝矾土	$Al_2O_3 \geqslant 30\%$

2.3.1.3 低品位原料及工业废渣的利用

（1）低品位原料

低品位原料是指化学成分、杂质含量和物理性能等不符合一般水泥生产要求的原料。

目前水泥原料结构的一个新的技术方向即是石灰质原料低品位化。低品位石灰质原料，其 CaO 含量小于 48% 或含较多杂质。在现阶段，对于低品位石灰石，大多在开采过程中尽量搭配使用，不能搭配使用的就剥离出去，成为废矿。据研究，低品位石灰石比优质石灰石具有更好的易磨性和易烧性，若选择合理的配料方案和工艺参数，低品位石灰石能在新型干法回转窑上进行正常生产。

（2）工业废渣

① 煤矸石、石煤的利用 煤矸石是煤矿生产时的废渣，在采矿和选矿过程中分离出来。

通常为黑色，烧后呈粉红色。其主要化学成分是 SiO_2、Al_2O_3 以及少量 Fe_2O_3、CaO 等，并含 $4180\sim9360kJ/kg$ 的热值。石煤多为古生代和晚古生代菌藻类等植物所形成的低碳煤，其组成性质等与煤无本质区别，但碳含量少，挥发分低，发热量低，灰分含量高。

煤矸石、石煤在水泥工业中主要被用来代替黏土配料、经煅烧处理后作混合材料和沸腾燃烧室燃料，其渣作水泥混合材料。由于煤矸石和石煤化学成分波动大，所以在其作黏土质原料进行配料时，工艺上要适当调整。如原料均化处理，提高入窑生料合格率，调整配料方案，减少配热等措施。

② 粉煤灰及炉渣的利用　粉煤灰是火力发电厂煤粉燃烧后所得的粉状灰烬。炉渣是煤在工业锅炉燃烧后排出的灰渣。

粉煤灰、炉渣的主要成分以 SiO_2 和 Al_2O_3 为主，但因产地不同而波动较大，一般来说都是 Al_2O_3 偏高。主要可用来部分乃至全部代替黏土参与水泥配料、作为铝质校正原料使用及作为水泥混合材料使用。在作为原料使用时，应注意加强原料均化、精确计量及注意可燃物对煅烧的影响等，因其可塑性差，立窑生产时要控制好原料成球。

③ 电石渣　电石渣是化工厂乙炔发生车间消解石灰排出的含水 $85\%\sim90\%$ 的废渣，其主要成分是 $Ca(OH)_2$，可替代部分石灰质原料。电石渣的细度比较细，颗粒均匀，$10\sim50\mu m$ 的颗粒占 80% 以上，但流动性较差，在正常流动时水分高达 50% 以上。电石渣浆的原始水分高达 $85\%\sim95\%$，即使使用湿法回转窑生产也会影响窑的产量和煤耗，因此配料前须先考虑浆的脱水处理。

④ 其他　赤泥是制铝工业提取氧化铝时排出的污染性废渣，一般平均每生产 $1t$ 氧化铝，附带产生 $1.0\sim2.0t$ 赤泥。赤泥浆中除含游离水外，还有化合水和凝胶水，水分含量为 $75\%\sim83\%$，即使脱水处理后，浓缩浆水分仍高达 $40\%\sim45\%$。一般宜用于湿法回转窑生产的黏土质原料。赤泥的化学组成因制铝原料不同而存在波动，在水泥生产使用时需及时调整配料。

除此之外，如碳酸法制糖厂的糖滤泥、氯碱法制碱厂的碱渣、造纸厂的白泥，因其主要成分都是 $CaCO_3$，均可用来作石灰质原料，但应注意其中杂质含量。

2.3.2　生料制备

生料制备即指将石灰质原料、黏土质原料及少量的校正材料经破碎后，按一定的比例配合、细磨、烘干，并经均化调配为成分合适、分布均匀的生料。其制备方法有干法和湿法两种。干法是指将原料经烘干、粉碎制成生料粉，然后喂入窑内煅烧成熟料的方法；将生料粉加入适量水分制成生料球，再喂入立窑或立波尔窑煅烧成熟料的方法一般称为半干法，亦可归入干法。湿法是指在生料磨内加水将原料粉磨成浆状，再喂入窑内煅烧；将湿法制备的生料浆脱水烘干后破碎，生料粉入窑煅烧，称为半湿法，亦归入湿法，但一般称为湿后干烧。

2.3.2.1　破碎

(1) 破碎的目的

破碎是依靠外力（主要是机械力），使之克服固体物料内聚力，将物料从大块分裂为小块的过程。根据破碎后物料的大小，将破碎分为粗碎（粒径为 $100\sim350mm$）、中碎（粒径为 $20\sim100mm$）和细碎（粒径为 $5\sim15mm$）。破碎的目的是减小块状的粒度，以便于后续粉磨、烘干、输送和储存。

(2) 破碎比

破碎比是指物料破碎前后粒度之比，是衡量破碎程度的重要参数，也是破碎机计算生产能力和动力消耗的重要依据。

破碎比通常用以下几种方法表示。

① 平均破碎比　计算公式如下：

$$i = \frac{D_{\mathrm{m}}}{d_{\mathrm{m}}} \tag{2-3-1}$$

式中，i 为破碎比；D_{m} 为破碎前物料的平均粒径，mm；d_{m} 为破碎后物料的平均粒径，mm。

② 公称破碎比　计算公式如下：

$$i = \frac{B}{b} \quad （用于破碎机） \tag{2-3-2}$$

式中，B 为破碎机最大进料口宽度，mm；b 为破碎机最大出料口宽度，mm。

公称破碎比通常比平均破碎比高 $10\% \sim 30\%$，在破碎机选型时需特别注意。水泥厂常用破碎机的破碎比见表 2-3-5。

表 2-3-5　水泥厂常用破碎机的破碎比

破碎机类型	颚式	圆锥式	单辊式	锤式（单转子）	反击式（单转子）
破碎比	3～5	3～6	4～8	10～25	10～25

（3）破碎方法

目前物料的破碎主要是通过机械力来完成，由于物料的大小和性质不同，破碎方法有挤压、劈裂、折断、磨剥和冲击五种。

（4）破碎机类型

破碎机承担了物料的破碎任务。水泥工业中常用的破碎机有颚式破碎机、锤式破碎机、反击式破碎机、圆锥式破碎机、反击-锤式破碎机和立轴式破碎机等。各种破碎机具有各自的特性，生产中根据要求的生产能力、破碎比、物料的物理性质（如硬度、块度、杂质含量与形状）和破碎设备特性来确定使用哪种破碎机。水泥厂常用破碎设备的工艺特性如表 2-3-6 所示。

表 2-3-6　水泥厂常用破碎设备的工艺特性

破碎机类型	破碎机理	破碎比	允许物料含水量	适宜破碎的物料
颚式、旋回式、颚旋式破碎机	挤压	3～6	<10%	石灰石、熟料、石膏
细碎颚式破碎机	挤压	8～10	<10%	石灰石、熟料、石膏
锤式破碎机	冲击	10～15	<10%	石灰石、熟料、石膏、煤
反击式破碎机	冲击	10～40	<12%	石灰石、熟料、煤
立轴锤式破碎机	冲击	10～20	<12%	石灰石、熟料、石膏、煤
冲击式破碎机	冲击	10～30	<10%	石灰石、熟料、石膏
风选锤式破碎机	冲击、磨剥	50～200	<8%	煤
高速粉煤机	冲击	50～180	8%～12%	煤
齿辊式破碎机	挤压、磨剥	3～15	<20%	黏土
刀式黏土破碎机	挤压、冲击	8～12	<18%	黏土

2.3.2.2　烘干

（1）烘干目的

烘干是指用加热的方法除去物料中物理水分的过程。目的是减少生料入磨后出现的"糊磨"现象，避免隔仓板上的箅孔发生堵塞，造成通风不良、生产能力降低、电耗增加等情况。

（2）烘干系统

烘干系统分为单独烘干系统和在球磨机内烘干的闭路循环系统。单独烘干系统即是利用单独的烘干设备对物料进行烘干，其主要设备是回转烘干机、流态烘干机、悬浮式烘干机等，以回转烘干机应用最广。球磨机内烘干是指把烘干和粉磨两个过程一起在球磨机内完成。由于烘干是在粉磨过程中进行，加快了热交换，避免了较大颗粒中留有毛细管水分的现象，而且由于研磨介质对物料冲击和研磨产生的热量被利用，而减少热能耗。此方法在新建的干法水泥厂中被广泛使用。

2.3.2.3 均化

（1）均化的意义

生料的均化是通过采用一定的工艺措施，达到降低物料的化学成分波动，使其成分趋于均匀一致的过程。由于原料从矿山开采时层位和地段不同，而存在成分波动，从而影响到熟料质量、窑的产量、热耗等。因此必须对原料及生料采取有效的均化措施，满足生料成分均匀的要求。

（2）物料均匀性指标

物料的成分是否均匀，可用下列参数进行评价。

① 标准偏差　标准偏差是数理统计学中的一个数学概念，在这里可以理解为表示物料成分均匀性的指标，其值越小，成分越均匀。

常用的衡量物料均匀性指标是其主要成分的标准偏差 S。其计算公式如下：

$$S = \sqrt{\frac{1}{n-1}\sum_{i=1}^{n}(x_i - \overline{x})^2} \tag{2-3-3}$$

式中，S 为标准偏差，%；x_i 为物料中某成分的各次测量值；$\overline{x}$ 为各次测量值的算术平均值；n 为测量的次数。

② 均化效果　均化效果通常指均化设施进料和出料的标准偏差的比值。其值越大，均化效果越好。

$$H = \frac{S_{\text{进}}}{S_{\text{出}}} \tag{2-3-4}$$

式中，H 为均化设施的均化效果；$S_{\text{进}}$ 为进入均化设施之前物料的标准偏差；$S_{\text{出}}$ 为出均化设施时物料的标准偏差。

（3）原料均化设备

生料的均化方式有气力均化和机械均化。气力均化效果好，但投资高；机械均化是一种简单易行的均化措施，其投资省，操作简单，但均化效果较差，仅在小型水泥厂常见。通常，气力均化分为间歇式均化和连续式均化两种，机械均化分为机械均化库、多库搭配和机械倒库。间歇式均化系统是依靠压缩空气使粉料流态化，在强烈充气的条件下粉料产生涡流和剧烈翻腾而起到均化作用的设备，一般由搅拌库和储存库组成，生料粉先进入搅拌库，利用库底充气装置分区轮换送气来搅拌均匀，搅拌后的生料进入储存库以备窑用。为简化流程，可不设储存库而增设搅拌库数量，一般为 4~6 个，其中部分搅拌库进行充气搅拌均化，部分已均化的作为储存使用，待卸料后再进料搅拌。

连续式均化系统有多种形式，常见的有混合室均化库（图 2-3-1）。混合室均化库是在库底中心设一个较小的气力混合室，使生料得到充分混合搅拌。这种库的容积可以设计得较大，只需设置1～2个库即可满足均化和储存的需要。与间歇式均化系统相比，具有投资省、电耗低、操作简单等优点，但其均化效果不如前者。

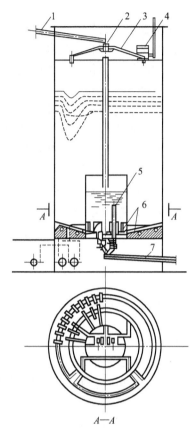

图 2-3-1　混合室均化库

1—出磨生料输送斜槽；2—生料分配器；3—入库生料输送斜槽；4—收尘器；5—溢流管；6—充气箱；7—出库生料输送斜槽

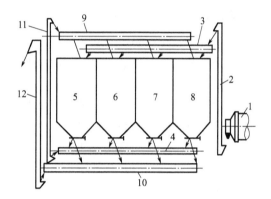

图 2-3-2　机械均化库流程及构造示意图

1—磨机；2—入库提升机；3—入库绞刀；4—回库绞刀；5,6—搭配均化库；7,8—合格库；9—倒库绞刀；10—均化后出库生料；11—倒库提升机；12—入库提升机

　　机械均化库是利用生料自身重力垂直切割料层达到均化的目的，其工艺流程、库的构造如图 2-3-2 所示。这种均化库具有操作简便、运转可靠和运行成本低等优点。

　　多库搭配均化是指根据各库的生料碳酸钙滴定值及控制指标，计算出各库搭配的比例。各库按比例卸料，在运输过程中进行均化。这种方法一般不增加设备，但均化效果较差。

　　机械倒库均化是利用螺旋运输机和提升机反复将库内物料卸出和装入，以达到混合均匀的目的。它具有操作简单方便、投资少、能耗低等优点，适用于立窑和规模不大的回转窑水泥厂的生料均化。

2.3.3　粉磨工艺

　　粉磨是将颗粒状物料通过机械力的作用变成细粉的过程。对于生料和水泥粉磨过程来说，也是集中原料细粉均匀混合的过程。粉磨的目的是使物料比表面积增大，促使化学反应迅速完成。

粉磨产品细度常用筛析法和比表面积法来表示。筛析法是将物料放在一定筛孔的筛里进行筛析，用筛余百分数来表示；比表面积法通过比表面积仪测定，以1g物料所有颗粒的相对总表面积表示，单位为m^2/g。

2.3.3.1 生料粉磨的目的和要求

生料的细度直接影响窑内煅烧时熟料的形成速度。生料细度越细，则生料各组分间越能混合均匀，窑内煅烧时生料各组分越能充分接触，使碳酸钙分解反应、固相反应和固液相反应的速率加快，有利于游离氧化钙的吸收；但当生料细度过细时，粉磨单位产品的电耗将显著增加，磨机产量迅速降低，而对熟料中游离氧化钙的吸收并不显著。

生料中的粗颗粒，特别是一些粗大的石英和方解石晶体的反应能力低，且不能与其他氧化物组成充分接触，造成烧结反应不完全，使熟料f-CaO增多，严重影响熟料质量，所以必须严格控制，而颗粒较均匀的生料，能使熟料煅烧反应完全，加快熟料的形成，故有利于提高窑的产量和熟料的质量。

因此，生料的粉磨细度，用管磨机生产时通常控制在0.08mm方孔筛筛余10%左右、0.2mm方孔筛筛余小于1.5%为宜。闭路粉磨时，因其粗粒较少，产品颗粒较均匀，因此可适当放宽0.08mm筛筛余，但仍应控制0.2mm筛筛余，对于原料中含石英质原料和粗质石灰岩时，生料细度应细些，特别要注意0.2mm筛筛余量。

2.3.3.2 粉磨系统

粉磨系统又称为粉磨流程，它的选择应考虑入磨物料的性能、产品细度、产量、电耗、投资以及是否便于操作和维护等因素。

粉磨系统有开路和闭路两种。开路系统是指在粉磨过程中，物料一次通过磨机后即为成品；闭路系统是指当物料出磨后经过分级设备选出产品，而使粗料返回磨内再粉磨，如图2-3-3所示。开路系统的优点是流程简单、设备少、投资省及操作简单，但物料必须全部达到产品细度后才能出磨。在开路系统中，产品颗粒分布较宽，当产品细度达到要求时，其中必有一部分物料过细，称为过粉磨现象。过细的物料形成缓冲垫层，妨碍粗料进一步磨细，有时甚至出现细粉包球现象，从而降低了粉磨效率，提高了电耗。在闭路系统中，细粉被及时选出，产品粒度分布较窄，可减轻过粉磨现象。出磨物料经输送和分级可散失一部分热量，粗粉回磨再磨时，可降低磨内温度，有利于提高磨机产量和降低电耗。一般闭路系统较开路系统可提高15%～25%的产量，产品细度可通过调节分级设备来控制。但闭路系统流程较复杂，设备多，设备利用率低，投资较大，操作和维护管理较复杂。

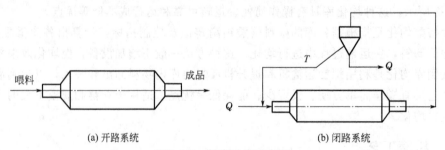

(a) 开路系统   (b) 闭路系统

图2-3-3 粉磨系统示意图

（1）生料粉磨系统

生料粉磨系统有湿法和干法之分。

湿法生料粉磨系统有开路和闭路之分，但以开路系统为主。开路一般采用长管磨或中长磨机，闭路则由弧形筛和长管磨组成一级闭路系统。弧形筛的结构简单、体积小、操作简单，该系统的单位产品电耗为 $12\sim14kW\cdot h/t$，比开路系统一般降低 15% 左右，但该系统比开路系统稍复杂，弧形筛对材质的耐磨性要求较高。

干法生料粉磨系统需要事先对含有水分的物料进行烘干。20 世纪 50 年代前建的工厂，物料多数是经过单独烘干设备烘干后，达到水分要求再入磨机。随着干法生产水泥技术的发展，特别是悬浮预热窑和窑外分解窑的出现，为充分利用窑的余热并简化生产工艺流程，目前已出现多种闭路烘干磨，如提升循环磨（图 2-3-4）、风扫式钢球磨、辊式磨及立式磨（图 2-3-5）。

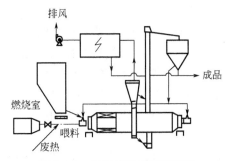

图 2-3-4　提升循环烘干磨系统

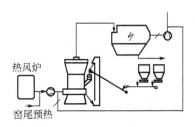

图 2-3-5　立式磨系统

采用烘干兼粉磨系统粉磨物料时，既节省烘干设备及物料的中间储存和运输，又节省生产投资和管理人员，同时，物料在粉磨过程中还可以进行烘干，由于物料不断被粉碎，比表面积不断增大，烘干效果更好，尤其是可以在磨机内通入大量热风，及时将细料带出磨机，减少物料缓冲垫层的作用，有利于提高磨机的粉磨效率。但此系统设备较多，操作控制较复杂。

（2）水泥粉磨系统

水泥粉磨系统通常有开路长磨或中长磨、闭路中长磨或闭路中卸磨等。

在水泥细度要求不高时，开路系统即可满足要求。但当要求产品细度较高时，开路系统的粉磨效率较低，而闭路则较高，且闭路易于调节产品细度，可以适应生产需要。因此，水泥粉磨系统闭路较多，特别是大型水泥磨多为闭路生产。

近年来水泥粉磨趋向于采用球磨机、辊压机、高效选粉机等不同组合形成混合粉磨系统，如图 2-3-6 所示。将辊压机装在球磨机前，选粉机出来的粗粉一部分进入辊压机，另一部分进入球磨机。这一流程与传统的球磨机相比，节省单位产品电耗 30% 左右。当然，水泥粉磨具体应视生产规模、磨机规格、水泥品种与细度等不同条件，通过技术、经济比较

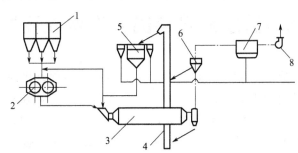

图 2-3-6　混合粉磨系统流程

1—料仓；2—辊压机；3—磨机；4—提升机；5—选粉机；6—粗粉分离器；7—收尘器；8—排风机

确定。

2.3.3.3　磨机产量的影响因素

在粉磨的过程中，怎样实现优质、高产、低消耗（单位产品的电耗、研磨体和衬板的消耗）是粉磨生产过程所要研究的一个重要问题，其影响因素很多，现简要分析如下。

（1）入磨物料的性质

入磨物料的性质主要指入磨物料粒度、物料的易磨性、温度和水分四个方面。

① 入磨物料粒度的大小是影响磨机产量和能耗的主要因素之一。当入磨物料粒度大，则研磨体的尺寸也要相应增大，而研磨体个数减少削弱了粉磨效果，从而降低产量，增加电耗。

② 易磨性是表征物料粉磨难易程度的物理参数。易磨性好则产量高；反之则产量低。

物料的易磨性与本身的结构有关，所以即使是同一类物料，它的易磨性也可能不一样，如结构致密的石灰石，其易磨性系数较小，而结构疏松的石灰石则易磨性系数大。

③ 入磨物料的温度高，物料带入磨内大量热量，加之粉磨大量机械能转化为热能，使磨内温度升高，而物料易磨性下降，温度越高则此现象越严重。因此，大型磨机采用筒体外喷水冷却和磨内喷水方法来降低磨内物料温度。

④ 入磨物料水分适中。水分过大易使细颗粒粘在研磨体和衬板上，形成"物料垫"，或堵塞隔仓板和出料算板，出现"糊磨"和"饱磨"现象。水分过少则影响磨内散热，易产生"窜磨"跑粗现象。入磨物料水分以控制在 1％～1.5％为宜。

（2）助磨剂

在粉磨过程中，加入少量的外加剂，可以消除细粉的黏附和聚集现象，这类外加剂统称为助磨剂。助磨剂的加入，可加速物料粉磨过程，提高粉磨效率，降低单位粉磨电耗，提高产量。常用的助磨剂有煤、焦炭等碳素物质以及表面活性物质（如亚硫酸盐纸浆废液、三乙醇胺、乙酸钠、乙二醇、丙二醇等）。

（3）磨内通风

磨内通风有利于及时排除磨内的微粉，减少物料的过粉磨现象和缓冲作用；有利于及时排除磨机内的水蒸气，防止堵塞隔仓板和卸料算板的算孔，减少粘球现象；有利于降低磨内温度和物料温度，维护磨机正常运行和防止设备使用寿命缩短。但需注意风速不得过大，风速过大会使产品细度变粗，排风机电耗增加。

此外，研磨介质的形状、大小、装填量、级配以及补充量、粉磨产品细度的大小、合理的磨机操作等对磨机产量和质量也有明显影响。

2.4　硅酸盐水泥熟料的矿物组成及配料计算

硅酸盐水泥熟料主要由 CaO、SiO_2、Al_2O_3 和 Fe_2O_3 四种氧化物组成，其含量总和在熟料中占95％以上。各生产厂的熟料化学成分虽略有不同，但从国内外统计规律看，在实际生产中，这四种氧化物含量的波动范围为：CaO 62％～67％，SiO_2 20％～24％，Al_2O_3 4％～7％，Fe_2O_3 2％～6％。除了上述的四种主要氧化物外，通常还含有 MgO、SO_3、K_2O、Na_2O、TiO_2 和 P_2O_5 等，其含量在5％以内。

在某些情况下，由于水泥品种、原料成分以及工艺过程不同，其氧化物含量也可能不在上述范围内。例如，白色硅酸盐水泥中 Fe_2O_3 必须小于 0.5％，而 SiO_2 可高于 24％，甚至可达 27％。当用萤石或其他金属尾矿作矿化剂生产硅酸盐水泥熟料时，熟料中还会含有少量的氟化钙（CaF_2）或其他微量金属元素。

2.4.1 硅酸盐水泥熟料的矿物组成及特性

硅酸盐水泥熟料是将适当成分的生料烧到部分熔融，所以水泥熟料中 CaO、SiO_2、Al_2O_3、Fe_2O_3 不是以单独的氧化物形式存在，而是以两种或两种以上的氧化物经高温化学反应而生成的一种多矿物组成的结晶细小的人工岩石，其结晶细小，一般为 $30\sim60\mu m$。水泥熟料主要矿物及其含量如表 2-4-1 所示。

表 2-4-1　水泥熟料主要矿物及其含量

矿物名称	化学式	简写式	含量(质量分数)/％
硅酸三钙	$3CaO \cdot SiO_2$	C_3S	$50\sim60$
硅酸二钙	$2CaO \cdot SiO_2$	C_2S	$20\sim25$
铝酸三钙	$3CaO \cdot Al_2O_3$	C_3A	$5\sim10$
铁铝酸四钙	$4CaO \cdot Al_2O_3 \cdot Fe_2O_3$	C_4AF	$10\sim15$

此外，还有少量游离氧化钙（f-CaO）、方镁石（结晶氧化镁）、含碱矿物及玻璃体。通常熟料中 C_3S 和 C_2S 含量约占 75％，称为硅酸盐矿物。C_3A 和 C_4AF 的理论含量约占 22％。在水泥熟料煅烧过程中，C_3A 和 C_4AF 以及氧化镁、碱等在 $1250\sim1280℃$ 会逐渐熔融形成液相，促进硅酸三钙的形成，故称为熔剂矿物。硅酸盐矿物和熔剂矿物总和约占 95％以上。表 2-4-2 为熟料矿物含量范围。

表 2-4-2　熟料矿物含量范围

熟料类别	含量(质量分数)/％			
	C_3S	C_2S	C_3A	C_4AF
回转窑熟料	$45\sim65$	$15\sim32$	$4\sim11$	$10\sim18$
立窑熟料	$38\sim60$	$20\sim33$	$4\sim7$	$13\sim20$
新型干法窑熟料	53	24	8	10
国内某重点企业熟料	54	20	7	14
国外某重点企业熟料	57	20	8	10

2.4.1.1 硅酸三钙

（1）硅酸三钙的特点

C_3S 是硅酸盐水泥熟料的主要矿物，其含量通常在 50％左右，有时甚至高达 60％以上。纯 C_3S 只有在 $1250\sim2065℃$ 温度范围内才稳定。在 2065℃以上熔融为 CaO 和液相；在 1250℃以下分解为 C_2S 和 CaO，但反应很慢，故纯 C_3S 在室温下呈介稳状态存在。

纯 C_3S 具有同质多晶现象。多晶出现与温度有关，且相当复杂。目前已发现其存在七种晶型，其中包括一种三方晶系（代号为 R）、三种单斜晶系（代号为 M_I、M_{II}、M_{III}）和三种三斜晶系（代号为 T_I、T_{II}、T_{III}），晶型转变过程如下：

$$R \xleftrightarrow{1070℃} M_{III} \xleftrightarrow{1060℃} M_{II} \xleftrightarrow{990℃} M_I \xleftrightarrow{960℃} T_{III} \xleftrightarrow{920℃} T_{II} \xleftrightarrow{520℃} T_I$$

在常温下，纯 C_3S 通常只能为三斜晶系（T 型）。在硅酸盐水泥熟料中，C_3S 并不以纯的形式存在，总含有少量氧化镁、氧化铝、氧化铁等形成固溶液，在反光显微镜下为黑色多角形颗粒，称为阿利特（Alite）或 A 矿。阿利特通常为 M 型或 R 型。

纯 C_3S 为白色，密度为 $3.14g/cm^3$，其晶体截面为六角形或棱柱形。单斜晶系的阿利特单晶为假六方片状或板状。在阿利特中常以 C_2S 和 CaO 的包裹体存在。

（2）硅酸三钙的水化特性

① 凝结时间正常，水化较快。研究认为，水化反应快是因为 C_3S 中 Ca 离子的配位数是 6，但配位不规则，有 5 个氧离子集中在一侧，另一侧只有一个，少离子处形成空腔，使水易进入参与反应导致。水化反应主要在 28d 内进行，约经一年后水化过程基本结束。

② 早期强度高。强度的绝对值和增进率较大，居四种矿物之首。其 28d 强度可达到一年强度的 70%～80%。研究认为，阿利特在高温烧成时，其晶型完整，晶体尺寸适中，几何轴比大（晶体长度与宽度之比 $L/B>2～3$），矿物分布均匀，界面清晰，所以熟料的强度较高；当加矿化剂或用急剧升温等煅烧方法时，因含较多阿利特，且晶体比较细小，烧结后晶粒发育完整、分布均匀，所以熟料强度也较高。

③ 水化热较高，抗水性较差。适当提高熟料中的硅酸三钙含量，并且当其岩相结构良好时，可以获得优质熟料。但硅酸三钙的水化热较高，抗水性较差，如要求水泥的水化热低、抗水性较高时，则熟料中的硅酸三钙含量要适当低一些。

④ 易磨性好，干缩变形小。

2.4.1.2 硅酸二钙

（1）硅酸二钙的特点

C_2S 在熟料中含量一般在 20% 左右，是硅酸盐水泥熟料的主要矿物之一。熟料中硅酸二钙并不是以纯的形式存在，而是与少量氧化物，如 Al_2O_3、Fe_2O_3、MgO、R_2O，形成固溶体，通常称为贝利特（Belite）或 B 矿。在反光显微镜下呈圆粒状，这是由于高温烧成时，贝利特的棱角已溶进液相，而其余部分未溶进液相的缘故。正常熟料中常具有黑白交叉双晶条纹；低温煅烧且慢冷熟料中常发现有平行双晶条纹。

纯 C_2S 在 1450℃ 以下存在多晶转变，如下所示（H 代表高温型，L 代表低温型）：

$$\alpha \underset{1425℃}{\longleftrightarrow} \alpha'_H \underset{1160℃}{\longleftrightarrow} \alpha'_L \underset{690℃}{\overset{630～680℃}{\longleftrightarrow}} \beta \underset{780～860℃}{\overset{<500℃}{\longleftrightarrow}} \gamma$$

纯 C_2S 在室温下 α、α'_H、α'_L、β 等变型都是不稳定的，有转变成 γ 型的趋势。在熟料中 α 和 α' 型一般较少存在，在烧成温度较高、冷却较快的水泥熟料中，由于固溶有少量 Al_2O_3、MgO 及 Fe_2O_3 等氧化物，可以 β 型形式存在。通常所指的 C_2S 或 B 矿即为 β 型 C_2S。α 和 α' 型 C_2S 强度较高，而 γ 型 C_2S 几乎无水硬性。在立窑生产中，若通风不良、还原气氛严重、烧成温度低、液相量不足、冷却较慢，则 C_2S 在低于 500℃ 下易由密度为 $3.28g/cm^3$ 的 β 型转变为密度为 $2.97g/cm^3$ 的 γ 型，体积膨胀 10% 而导致熟料粉化。但若液相量多，可使熔剂矿物形成玻璃体，将 β 型 C_2S 晶体包围住，并采用迅速冷却方法使之越过 β 型向 γ 型转变而保留下来。

（2）硅酸二钙水化特性

① 水化反应较 C_3S 慢，28d 只水化 20% 左右，凝结硬化缓慢。

② 早期强度低，但 28d 后强度仍能较快增长，一年后其强度可赶超阿利特。

③ 水化热小，抗水性好，抗蚀性好。如在中低热水泥和抗硫酸盐水泥中，适当提高贝利特含量而降低阿利特含量。

④ 易磨性差。氧化硅含量高，一般熟料的易磨性变差，而氧化铝含量高，易磨性变好；在四种矿物中硅酸二钙的易磨性最差。

2.4.1.3 铝酸钙

（1）铝酸钙的特点

熟料中铝酸钙主要是 C_3A，有时还可能有七铝酸十二钙（$C_{12}A_7$）。在掺氟化钙作矿化剂的熟料中可能存在 $C_{11}A_7 \cdot CaF_2$，而在同时掺氟化钙和硫酸钙作矿化剂低温烧成的熟料中可以是 $C_{11}A_7 \cdot CaF_2$ 和 $C_4A_2\bar{S}$，而无 C_3A。结晶完善的 C_3A 常呈立方体、八面体或十二面体结构。但在水泥熟料中其形状随冷却速度而异。氧化铝含量高而慢冷的熟料，才可能结晶出完整的大晶体，一般则溶入玻璃相或呈不规则微晶析出。

C_3A 在熟料中的含量为 $7\% \sim 15\%$。纯 C_3A 为无色晶体，密度为 $3.04g/cm^3$，熔融温度为 $1533℃$，在反光镜下，快冷呈点滴状，慢冷呈矩形或柱形。因反光能力差，呈暗灰色，填充在 A 矿与 B 矿中间，故称为黑色中间相。

（2）铝酸三钙的水化特性

① 水化迅速，凝结较快，如不加石膏等缓凝剂，易使水泥急凝。

② 早期强度较高，但绝对值不高，其强度 3d 之内达到大部分，以后几乎不增长，甚至降低。

③ 水化热高。

④ 干缩变形大，抗硫酸盐性能差。在生产抗硫酸盐水泥和大体积混凝土工程用水泥时，应控制铝酸三钙在较低范围内。

2.4.1.4 铁相固溶体

（1）铁相固溶体的特点

铁相固溶体在熟料中的含量为 $10\% \sim 18\%$。熟料中含铁相较复杂，是化学组成为 $C_8A_3F\text{-}C_2F$ 的一系列连续固溶体，也有人认为是 $C_6A_2F\text{-}C_6AF_2$ 之间的一系列连续固溶体，通常称为铁相固溶体。

在一般硅酸盐水泥熟料中，其成分接近铁铝酸四钙（C_4AF），故多用 C_4AF 代表熟料中铁相的组成。通常固溶有少量的 MgO 及 SiO_2 等氧化物，又称为才利特（Celite）或 C 矿。在反光镜下其反射能力强，呈亮白色，并填充在 A 矿和 B 矿之间，也称为白色中间相。也有人认为，当熟料中 MgO 含量较高或含有 CaF_2 等降低液相黏度的组分时，铁相固溶体的组成为 C_6A_2F。若熟料中 $Al_2O_3/Fe_2O_3 < 0.64$，则可生成铁酸二钙。

（2）铁铝酸四钙的水化特性

① 水化速度在早期介于 C_3A 与 C_3S 之间，但随后的发展不如 C_3S。

② 早期强度类似于 C_3A，而后期还能不断增长，类似于 C_2S。

③ 水化热较 C_3A 低，抗冲击性能和抗硫酸盐性能较好。

铁相固溶体中 Al_2O_3/Fe_2O_3 的比值决定铁相的水化速度和水化产物性质。研究发现，水泥熟料矿物的水化速度快慢关系为 $C_6A_2F > C_4AF > C_6AF_2 > C_2F$，这是因为其含有 Al_2O_3 量越来越少之故。

2.4.1.5 玻璃体

在硅酸盐水泥熟料煅烧过程中，熔融液相若在平衡状态下冷却，则可全部结晶出 C_3A、C_4AF 和含碱化合物等而不存在玻璃体。但在工厂生产条件下冷却速度较快，有部分液相来不及结晶而成为过冷液体，即玻璃体。在玻璃体中，质点排列无序，组成也不定，其主要成

分为 Al_2O_3、Fe_2O_3、CaO，还有少量 MgO 和碱等。

玻璃体在熟料中的含量随冷却条件而异，快冷则玻璃体含量多，而 C_3A 及 C_4AF 等晶体少；反之，则玻璃体含量少而 C_3A、C_4AF 晶体多。一般情况下，普通冷却熟料中，玻璃体含量为 2%～21%；急冷熟料玻璃体为 8%～22%；慢冷熟料玻璃体只有 0～2%。

C_3A 和 C_4AF 在煅烧过程中熔融成液相，可以促进 C_3S 的顺利形成。如果物料中熔剂矿物过少，则易生烧，使氧化钙不易被完全吸收，从而导致熟料中游离氧化钙增加，影响熟料的质量，降低窑的产量并增加燃料的消耗。如果熔剂矿物过多，物料在窑内易结大块，甚至在回转窑内结圈，在立窑内结炉瘤等，严重影响回转窑和立窑的正常生产。

2.4.1.6 游离氧化钙

（1）定义

游离氧化钙（f-CaO）是指经高温煅烧而仍未化合的氧化钙，也称为游离石灰。游离氧化钙在偏光镜下为无色圆形颗粒，有明显解理。在反光镜下用蒸馏水浸蚀后呈彩虹色。

（2）游离氧化钙的特点

游离氧化钙的种类及其对安定性的影响如表 2-4-3 所示。

表 2-4-3　游离氧化钙的种类及其对安定性的影响

种类	产生原因	特点	对水泥安定性的影响
欠烧 f-CaO	熟料煅烧过程中因欠烧、漏生，在 1100～1200℃ 低温下形成	结构疏松、多孔	不大
一次 f-CaO	因配料不当、生料过粗或煅烧不良，尚未与 S、A、F 反应而残留的 CaO	呈"死烧"状态，结构致密	大
二次 f-CaO	熟料慢冷或还原气氛下，C_3S 分解形成	经过高温，水化较慢	较大

一次 f-CaO 结构致密，水化很慢，通常在 3d 后才明显，而水化生成氢氧化钙体积增加 97.9%，因此，会造成水泥硬化后内部不均匀而局部膨胀，使已硬化的水泥石开裂。

通常，随着游离氧化钙含量增加，抗折强度首先下降，进而引起 3d 以后强度倒缩，严重时引起安定性不良。因此，在熟料煅烧中要严格控制游离氧化钙含量。我国回转窑一般控制游离氧化钙含量在 1.5% 以下，而立窑在 2.5% 以下。因为立窑熟料的游离氧化物中有一部分是没有经过高温煅烧而出窑的生料，这种生料中的游离氧化钙水化快，对硬化水泥浆的破坏不大。

2.4.1.7 方镁石

（1）方镁石的产生

方镁石是指游离状态的 MgO 晶体。

方镁石主要以下列三种形式存在于熟料中。

① 溶于 C_3A、C_4AF 中形成固溶体。

② 溶于玻璃体中。

③ 以游离状态的方镁石形式存在。

（2）方镁石潜在的危害

研究发现，方镁石溶于 C_3A、C_4AF 中形成固溶体及溶于玻璃体中时，其含量约为熟料的 2%，它们对硬化水泥浆体无破坏作用，而以游离状态存在的方镁石具有潜在危害，具体表现如下。

① 水化速度很慢，要在 0.5～1 年后才明显显现出来。水化生成氢氧化镁时，体积膨胀 148%，在水泥石内产生内应力，轻者会降低水泥制品强度，重者会造成水泥制品破坏。

② 方镁石含量越多，晶体尺寸越大，破坏越严重。当尺寸为 1μm 时，含量 5% 才引起微膨胀；尺寸为 5～7μm 时，含量 3% 就引起严重膨胀。

因此，应限制方镁石含量及晶体尺寸。国家标准规定硅酸盐水泥中氧化镁含量不得超过 5.0%，而在生产中采取快冷措施能有效减小方镁石的晶体尺寸和含量。

2.4.2 熟料的率值

硅酸盐水泥熟料是由两种或两种以上的氧化物化合而成的，因此在水泥生产中控制各氧化物之间的比例即率值，比单独控制各氧化物的含量更能反映出对熟料矿物组成和性能的影响。故常用表示各氧化物之间相对含量的率值为生产的控制指标。目前我国采用的是石灰饱和系数 KH、硅率 SM 和铝率 IM 三个率值。

2.4.2.1 石灰饱和系数

石灰饱和系数 KH 是指熟料中全部氧化硅生成硅酸钙（C_3S+C_2S）所需的氧化钙含量与全部二氧化硅理论上全部生成硅酸三钙所需的氧化钙含量的比值，亦即表示熟料中氧化硅被氧化钙饱和形成硅酸三钙的程度。简单来说，石灰饱和系数表示二氧化硅被氧化钙饱和成硅酸三钙的程度。

熟料中主要含有四种氧化物，CaO 为碱性氧化物，SiO_2、Fe_2O_3、Al_2O_3 为酸性氧化物。两种相互形成 C_3S、C_2S、C_3A 和 C_4AF 四种主要矿物。从理论上说，熟料中酸性氧化物均被 CaO 完全饱和，形成碱性最好的矿物 C_3S、C_3A 及 C_4AF，而无 C_2S。为便于计算，将 C_4AF 改写成 "C_3A" 和 "CF"，令 C_3A 和 C_3A 相加，则每 1% 酸性氧化物所含石灰含量分别为：

$$1\%Al_2O_3 \text{ 所需 } CaO = \frac{3\times CaO \text{ 相对分子质量}}{Al_2O_3 \text{ 相对分子质量}} = \frac{3\times 56.08}{101.96} = 1.65$$

$$1\%Fe_2O_3 \text{ 所需 } CaO = \frac{CaO \text{ 相对分子质量}}{Fe_2O_3 \text{ 相对分子质量}} = \frac{56.08}{159.70} = 0.35$$

$$1\%SiO_2 \text{ 形成 } C_3S \text{ 所需 } CaO = \frac{3\times CaO \text{ 相对分子质量}}{SiO_2 \text{ 相对分子质量}} = \frac{3\times 56.08}{60.09} = 2.8$$

由每 1% 酸性氧化物所需石灰量乘以相应的酸性氧化物含量，就可得石灰理论极限含量的计算式为：

$$CaO = 2.8SiO_2 + 1.65Al_2O_3 + 0.35Fe_2O_3$$

在实际生产中，氧化铝和氧化铁始终为氧化钙所饱和，而 SiO_2 可能不完全饱和成 C_3S 而存在一部分 C_2S，否则熟料就会出现游离氧化钙。因此就在 SiO_2 之前加一个石灰饱和系数：

$$CaO = KH \times 2.8SiO_2 + 1.65Al_2O_3 + 0.35Fe_2O_3$$

将上式可改写成：

$$KH = \frac{CaO - 1.65Al_2O_3 - 0.35Fe_2O_3}{2.8SiO_2} \tag{2-4-1}$$

式（2-4-1）适用于 $Al_2O_3/Fe_2O_3 \geqslant 0.64$ 的熟料。若 $Al_2O_3/Fe_2O_3 < 0.64$，则熟料组成为 C_3S、C_2S、C_4AF 和 C_2F。同理将 C_4AF 改写成 "C_2A" 和 "C_2F"，令 C_2F 与 C_2F 相加，根据矿物组成 C_3S、C_2S、C_2F 和 C_2F+C_2A 可得：

$$KH = \frac{CaO - 1.1Al_2O_3 - 0.7Fe_2O_3}{2.8SiO_2} \qquad (2\text{-}4\text{-}2)$$

考虑到熟料中还有游离 CaO、游离 SiO_2 和石膏，故式(2-4-1)、式(2-4-2)可写成：

$$KH = \frac{CaO - CaO_{游} - (1.65Al_2O_3 + 0.35Fe_2O_3 + 0.7SO_3)}{2.8(SiO_2 - SiO_{2游})} (A/F \geqslant 0.64) \qquad (2\text{-}4\text{-}3)$$

$$KH = \frac{CaO - CaO_{游} - (1.1Al_2O_3 + 0.7Fe_2O_3 + 0.7SO_3)}{2.8(SiO_2 - SiO_{2游})} (A/F < 0.64) \qquad (2\text{-}4\text{-}4)$$

硅酸盐水泥熟料的 KH 值在 $0.82 \sim 0.94$ 之间，我国湿法回转窑 KH 值一般控制在 0.89 ± 0.01 左右。

石灰饱和系数与矿物组成的关系可用下面数学式表示：

$$KH = \frac{C_3S + 0.8838C_2S}{C_3S + 1.3256C_2S} \qquad (2\text{-}4\text{-}5)$$

式中，C_3S、C_2S 分别代表熟料中相应矿物的质量分数。

可见，当 $C_3S = 0$ 时，$KH = 0.667$，即当 $KH = 0.667$ 时，熟料中只有 C_2S、C_3A 和 C_4AF 而无 C_3S。当 $C_2S = 0$ 时，$KH = 1$，即当 $KH = 1$ 时，熟料中无 C_2S 而只有 C_3S、C_3A 和 C_4AF，故实际上 KH 值介于 $0.667 \sim 1.0$ 之间。

KH 实际上表示了水泥熟料中 C_3S 与 C_2S 百分含量的比例。KH 越大，则硅酸盐矿物中的 C_3S 的比例越高，熟料强度越好，故提高 KH 有利于提高水泥质量。但 KH 过高，熟料煅烧困难，保温时间长，否则会出现游离 CaO，同时窑的产量低，热耗高，窑衬工作条件恶化。

2.4.2.2 硅率或硅酸率

硅率又称为硅酸率，它表示熟料中 SiO_2 的百分含量与 Al_2O_3 和 Fe_2O_3 百分含量之比，用 SM 表示：

$$SM = \frac{SiO_2}{Al_2O_3 + Fe_2O_3} \qquad (2\text{-}4\text{-}6)$$

硅率既表示熟料的 SiO_2 与 Al_2O_3 和 Fe_2O_3 的质量百分比，也表示熟料中硅酸盐矿物与熔剂矿物的比例关系，相应地反映了熟料的质量和易烧性。当 Al_2O_3/Fe_2O_3 大于 0.64 时，硅率与矿物组成的关系为：

$$SM = \frac{C_3S + 1.325C_2S}{1.434C_3A + 2.046C_4AF} \qquad (2\text{-}4\text{-}7)$$

式中，C_3S、C_2S、C_3A、C_4AF 分别表示熟料中各矿物的质量分数。

由上式可见，硅率随硅酸盐矿物与熔剂矿物之比而增减。若熟料硅率过高，则由于高温液相量显著减少，熟料煅烧困难，硅酸三钙不易形成，如果氧化钙含量低，那么硅酸二钙含量过多而熟料易粉化。硅率过低，则熟料因硅酸盐矿物少而强度低，且由于液相量过多，易出现结大块、结炉瘤、结圈等，影响窑的操作。

通常硅酸盐水泥的硅率控制在 $1.7 \sim 2.7$。但白色硅酸盐水泥的硅率可达 4.0，甚至更高。

2.4.2.3 铝率或铁率

铝率又称为铁率，以 IM 表示。其计算公式为：

$$IM = \frac{Al_2O_3}{Fe_2O_3} \qquad (2\text{-}4\text{-}8)$$

铝率反映了熟料中氧化铝与氧化铁的质量百分比，也反映了熟料中铝酸三钙与铁铝酸四钙的比例关系。其计算公式如下：

$$IM = \frac{1.15 C_3 A}{C_4 AF} + 0.64 \quad (A/F > 0.64) \tag{2-4-9}$$

铝率高，熟料中铝酸三钙多，液相黏度大，物料难烧，水泥凝结快。但铝率过低，虽然液相黏度小，液相中质点易扩散对硅酸三钙形成有利，但烧结范围窄，窑内易结大块，不利于窑的操作。铝率通常在 0.9~1.7 之间。但抗硫酸盐水泥或低热水泥的铝率可低至 0.7。为使熟料既顺利烧成，又保证质量，保持矿物组成稳定，应根据各厂的原料、燃料和设备等具体条件来选择三个率值，使之互相配合适当，不能单独强调其某一率值。一般来说，不能三个率值同时都高或同时都低。

2.4.3 熟料矿物组成的计算及换算

2.4.3.1 熟料矿物组成的计算

熟料的矿物组成可用岩相分析、X 射线定量分析等方法测定，也可根据化学成分进行计算。岩相分析基于在显微镜下测出单位面积各矿物所占的面积百分率，再乘以相应矿物的相对密度而计算出各矿物含量。此方法测定结果比较符合实际情况，但当矿物晶体较小时，可能出现重叠计算而产生误差。X 射线分析基于熟料各矿物的特征峰与单矿物特征峰强度之比来计算其含量。这种方法误差较小，被国外现代水泥厂普遍采用。但此方法不适合对含量太低的矿物进行计算。我国常用化学方法进行计算，化学方法计算出来的仅是理论上可能生产的矿物，称为"潜在矿物"组成。在实际生产中，熟料真实矿物组成与计算矿物组成有一定相关性，能够说明矿物组成对熟料及水泥性能的影响，所以此方法在我国被普遍使用。用化学成分计算熟料矿物的方法较多，常用的有石灰饱和系数法和鲍格法。

（1）石灰饱和系数法

为计算方便，先列出有关相对分子质量的比值：$C_3 S$ 中的 $\frac{M_{C_3 S}}{M_{CaO}} = 4.07$；$C_2 S$ 中的 $\frac{M_{2CaO}}{M_{SiO_2}} = 1.87$；$C_4 AF$ 中的 $\frac{M_{C_4 AF}}{M_{Fe_2 O_3}} = 3.04$；$C_3 A$ 中的 $\frac{M_{C_3 A}}{M_{Al_2 O_3}} = 2.65$；$CaSO_4$ 中的 $\frac{M_{CaSO_4}}{M_{SO_3}} = 1.7$；$\frac{M_{Al_2 O_3}}{M_{Fe_2 O_3}} = 0.64$。

设与 SiO_2 反应的 CaO 量为 Cs，与 CaO 反应的 SiO_2 量为 Sc，则：

$$Cs = CaO - (1.65 Al_2 O_3 + 0.35 Fe_2 O_3 + 0.7 SO_3) = 2.8 KH \times Sc \tag{2-4-10}$$

$$Sc = SiO_2 \tag{2-4-11}$$

在一般煅烧情况下，CaO 和 SiO_2 反应形成 $C_2 S$，剩余的 CaO 再与部分 $C_2 S$ 反应生成 $C_3 S$。则由该剩余的 CaO 量（Cs−1.87Sc）可以计算出 $C_3 S$ 含量：

$$
\begin{aligned}
C_3 S &= 4.04 \times (Cs - 1.87 Sc) = 4.07 Cs - 7.60 Sc \\
&= 4.07 \times (2.8 KH \times Sc) - 7.60 Sc \\
&= 3.8 \times (3KH - 2) SiO_2 \tag{2-4-12}
\end{aligned}
$$

$$Cs + Sc = C_3 S + C_2 S \tag{2-4-13}$$

$$
\begin{aligned}
C_2 S &= Cs + Sc - C_3 S = Cs + Sc - (4.07 Cs - 7.06 Sc) \\
&= 8.60 Sc - 3.07 Cs = 8.60 Sc - 3.07 \times (2.8 KH \times Sc) \\
&= 8.60 \times (1 - KH) Sc \tag{2-4-14}
\end{aligned}
$$

C_4AF 含量可直接由 Fe_2O_3 含量算出：
$$C_4AF = 3.04Fe_2O_3$$

计算 C_3A 含量时，应先从总 Al_2O_3 中扣除形成的 C_4AF 所消耗的 Al_2O_3 量（$0.64Fe_2O_3$），由剩余的 Al_2O_3 含量（$A-0.64F$）便可计算出 C_3A 含量：
$$C_3A = 2.65 \times (Al_2O_3 - 0.64Fe_2O_3) \tag{2-4-15}$$

$CaSO_4$ 含量可直接由 SO_3 含量算出：
$$CaSO_4 = 1.7SO_3 \tag{2-4-16}$$

同理，可算出 $IM < 0.64$ 时的熟料矿物组成。

（2）鲍格法

鲍格法也称为代数法。根据四种主要矿物和硫酸钙的化学组成可计算出各氧化物的质量分数，如表 2-4-4 所示。

表 2-4-4 硅酸盐水泥熟料主要矿物各氧化物的百分含量

氧化物	矿物各氧化物的百分含量/%				
	C_3S	C_2S	C_3A	C_4AF	$CaSO_4$
$CaO(C)$	73.69	65.12	62.27	46.16	41.19
$SiO_2(S)$	26.31	34.88	—	—	—
$Al_2O_3(A)$	—	—	37.73	20.98	—
$Fe_2O_3(F)$	—	—	—	32.86	—
SO_3	—	—	—	—	58.81

若以 C_3S、C_2S、C_3A、C_4AF、$CaSO_4$ 以及 C、S、A、F、SO_3 分别代表熟料中的硅酸三钙、硅酸二钙、铝酸三钙、铁铝酸四钙、硫酸钙以及氧化钙、氧化硅、氧化铝、氧化铁和三氧化硫的质量分数，根据表 2-4-4 中数值可列出下列方程：
$$C = 0.7369C_3S + 0.6512C_2S + 0.6227C_3A + 0.4616C_4AF + 0.4119CaSO_4 \tag{2-4-17}$$
$$S = 0.2631C_3S + 0.3488C_2S \tag{2-4-18}$$
$$A = 0.3773C_3A + 0.2098C_4AF \tag{2-4-19}$$
$$F = 0.3286C_4AF \tag{2-4-20}$$
$$SO_3 = 0.5881CaSO_4 \tag{2-4-21}$$

解上述联立方程，即可得各矿物的质量分数计算公式（$IM \geqslant 0.64$）：
$$C_3S = 4.07C - 7.60S - 6.72A - 1.43F - 2.86SO_3 \tag{2-4-22}$$
$$C_2S = 8.60S + 5.07A + 1.07F + 2.15SO_3 - 3.07C = 2.87S - 0.754C_3S \tag{2-4-23}$$
$$C_3A = 2.65A - 1.69F \tag{2-4-24}$$
$$C_4AF = 3.04F \tag{2-4-25}$$
$$CaSO_4 = 1.70SO_3 \tag{2-4-26}$$

同理，当 $IM < 0.64$ 时，熟料矿物组成计算公式如下：
$$C_3S = 4.07C - 7.60S - 4.74A - 2.86F - 2.86SO_3 \tag{2-4-27}$$
$$C_2S = 8.60S + 3.38A + 2.15SO_3 - 3.07C = 2.87S - 0.754C_3S \tag{2-4-28}$$
$$C_4AF = 4.77A \tag{2-4-29}$$
$$C_2F = 1.70(F - 1.57A) \tag{2-4-30}$$
$$CaSO_4 = 1.70SO_3 \tag{2-4-31}$$

2.4.3.2 熟料化学组成、矿物组成与率值的换算

熟料化学成分、矿物组成和率值是熟料组成的三种不同表示方法。三者之间可以互相换

算。矿物组成计算率值如式(2-4-5)、式(2-4-7)、式(2-4-9) 所示。由矿物组成换算化学成分组成如式(2-4-17)～式(2-4-21) 所示。

由率值也可计算化学组成。其计算公式如下：

$$Fe_2O_3 = \frac{\Sigma}{(2.8KH+1)(IM+1)SM+2.65IM+1.35} \tag{2-4-32}$$

$$Al_2O_3 = IMFe_2O_3 \tag{2-4-33}$$

$$SiO_2 = SM(Al_2O_3+Fe_2O_3) \tag{2-4-34}$$

$$CaO = \Sigma - (SiO_2+Al_2O_3+Fe_2O_3) \tag{2-4-35}$$

式中，Σ 为熟料中 SiO_2、Al_2O_3、Fe_2O_3、CaO 四种氧化物含量总和，一般 Σ 为 95%～98%，具体 Σ 大小受原料化学成分和配料方案影响。

2.4.4 配料计算

熟料组成确定后，即可根据所用原料进行配料计算，求出符合熟料组成要求的原料配合比。

2.4.4.1 配料计算的依据

配料计算的依据是物料平衡，即反应物的量应等于生成物的量。

在生料煅烧成熟料过程中，伴随温度升高，会发生物理水蒸发、结晶水分解释放、有机物质分解挥发、二氧化碳（碳酸盐分解）逸出等，因此在进行配料计算时必须设定统一基准。物理水蒸发以后，生料处于干燥状态，以干燥状态质量所表示的计算单位，称为干燥基准。干燥基准用于计算干燥原料的配合比和干燥原料的化学成分。

如果不考虑生产损失，则干燥原料的质量等于生料的质量，即：

干石灰石＋干黏土＋干铁粉＝干生料

去掉烧失量（结晶水、二氧化碳与挥发物质等）以后，生料处于灼烧状态。以灼烧状态质量所表示的计算单位，称为灼烧基准。灼烧基准用于计算灼烧原料的配合比和熟料的化学成分。如果不考虑生产损失，在采用基本上无灰分掺入的气体或液体燃料时，灼烧原料、灼烧生料与熟料三者的质量相等，即：

灼烧石灰石＋灼烧黏土＋灼烧铁粉＝灼烧生料＝熟料

如果不考虑生产损失，在采用有灰分掺入的燃煤时，则灼烧生料与掺入熟料的煤灰之和应等于熟料的质量，即：

灼烧生料＋煤灰（掺入熟料的）＝熟料

在实际生产中，由于总有生产损失，且化学成分不可能等于生料成分，煤灰的掺入量也并不相同。因此，在生产中应以生熟料成分差别进行统计分析，对配料方案进行校正。

2.4.4.2 配料计算的方法

生料配料计算方法繁多，有尝试误差法、代数法、图解法、矿物组成法、最小二乘法等。现主要介绍应用比较广泛的尝试误差法。

尝试误差法的计算方法很多，但原理都相同，其中：一种方法是先按假定的原料配合比计算熟料组成，若计算结果不符合要求，则要求调整原料配合比，再进行计算，重复至符合为止，在这里简称为误差法；另一种方法是从熟料化学成分中依次递减，假定配合比的原料成分，试凑至符合要求为止，这种方法又被称为递减试凑法，在这里简称为递减法。现举例说明如下。

（1）误差法

误差法计算步骤如下。

① 确定熟料热耗，计算熟料中的煤灰掺入量。熟料中煤灰掺入量可按下式计算：

$$G_A = \frac{qA^yS}{Q_{DW}^F \times 100} = \frac{PA^yS}{100} \tag{2-4-36}$$

式中，G_A 为熟料中煤灰掺入量，%；q 为单位熟料热耗，kJ/kg 熟料；Q_{DW}^F 为煤的应用基低热值，kJ/kg 煤；A^y 为煤的应用基灰分含量，%；S 为煤灰沉积率，%；P 为煤耗，kg/kg。

② 设计熟料的三率值。

③ 设定干原料配合比，计算干生料成分。

④ 计算灼烧生料成分。

⑤ 根据熟料中灼烧生料和煤灰掺入量比例，计算熟料成分。

⑥ 计算熟料的率值，校验率值，如不符合要求重复③～⑥步骤，确定配合比。

⑦ 将干燥原料配合比换算成湿原料配合比。

例如，已知原料、燃料的有关分析数据，如表 2-4-5、表 2-4-6 所示，假设用预分解窑进行生产，计算其配合比，单位熟料热耗为 3350kJ/kg。

表 2-4-5　原料与煤灰的化学成分

名称	成分/%						
	SiO_2	Al_2O_3	Fe_2O_3	CaO	MgO	烧失量	总和
石灰石	2.42	0.31	0.19	53.13	0.57	42.66	99.28
黏土	70.25	14.72	5.48	1.41	0.92	5.27	98.05
铁粉	34.42	11.53	48.27	3.53	0.09	—	97.84
煤灰	53.52	35.34	4.46	4.79	1.19	—	99.30

表 2-4-6　煤的工业分析

水分/%	挥发物/%	灰分/%	固定碳/%	热值/(kJ/kg)
0.6	22.42	28.56	49.02	20930

表 2-4-5 中分析数据总和不等于 100%。这是由于某些物质没有分析测定，某些元素或低价氧化物经灼烧氧化后增加质量所致。为此，当小于 100% 时，要加上其他一项补足 100%；大于 100% 时，可以不必换算。

解：① 确定煤灰掺入量，按式（2-4-36）计算：

$$G_A = \frac{qA^yS}{Q_{DW}^F \times 100} = \frac{3350 \times 28.56 \times 100}{20930 \times 100} = 4.57\%$$

② 设计熟料的三率值，如 $KH = 0.89 \pm 0.02$，$SM = 2.1 \pm 0.1$，$IM = 1.3 \pm 0.1$。

③ 设定干原料配合比，计算干生料成分，如石灰石 81%，黏土 15%，铁粉 4%。

④ 计算灼烧生料成分，如表 2-4-7 所示。

表 2-4-7　灼烧生料成分

名称	配合比/份	成分/%				
		烧失量	SiO_2	Al_2O_3	Fe_2O_3	CaO
石灰石	81.0	34.55	1.96	0.25	0.15	43.03
黏土	15.0	0.79	10.54	2.21	0.82	0.21

名称	配合比/份	成分/%				
		烧失量	SiO$_2$	Al$_2$O$_3$	Fe$_2$O$_3$	CaO
铁粉	4.0	—	1.38	0.46	1.93	0.14
生料	100.0	35.34	13.88	2.92	2.90	43.33
灼烧生料	—		21.47	4.52	4.48	67.09

⑤ 根据熟料中灼烧生料和煤灰掺入量比例，计算熟料成分，如表 2-4-8 所示。

表 2-4-8　熟料成分（一）

名称	配合比/份	成分/%			
		SiO$_2$	Al$_2$O$_3$	Fe$_2$O$_3$	CaO
灼烧生料	95.43	20.48	4.31	4.28	64.02
煤灰	4.57	2.45	1.62	0.20	0.22
熟料	100.00	22.93	5.93	4.48	64.24

⑥ 计算熟料的率值，校验率值，如不符合要求重复③～⑥步骤，确定配合比。

$$KH = \frac{C_C - 1.65A_C - 0.35F_C}{2.8S_C} = \frac{64.24 - 1.65 \times 5.93 - 0.35 \times 4.48}{2.8 \times 22.93} = 0.824$$

$$SM = \frac{S_C}{A_C + F_C} = \frac{22.93}{5.93 + 4.48} = 2.20$$

$$IM = \frac{A_C}{F_C} = \frac{5.93}{4.48} = 1.32$$

上述计算结果中，*KH* 过低，*SM* 过高，*IM* 较接近。为此，应增加石灰石配合比，减少黏土配合比，铁粉可略增加，根据经验统计，每增减 1% 石灰石（相应减增 1% 黏土），约增减 KH 值 0.05。据此，调整原料配合比为：石灰石 82.20 份，黏土 13.7 份，铁粉 4.1 份。重新计算结果如表 2-4-9 所示。

表 2-4-9　熟料成分（二）

名称	配合比/份	成分/%				
		烧失量	SiO$_2$	Al$_2$O$_3$	Fe$_2$O$_3$	CaO
石灰石	82.20	35.07	1.99	0.26	0.16	43.67
黏土	13.70	0.72	9.62	2.02	0.75	0.10
铁粉	4.10	—	1.41	0.47	1.98	0.15
生料	100.00	35.79	13.02	2.75	2.89	44.01
灼烧生料	—	—	20.28	4.28	4.50	68.54
灼烧生料	95.43	—	19.35	4.08	4.29	65.41
煤灰	4.57	—	2.45	1.62	0.20	0.22
熟料	100.00	—	21.80	5.70	4.49	65.65

$$KH = \frac{C_C - 1.65A_C - 0.35F_C}{2.8S_C} = \frac{65.63 - 1.65 \times 5.70 - 0.35 \times 4.49}{2.8 \times 21.80} = 0.895$$

$$SM = \frac{S_C}{A_C + F_C} = \frac{21.80}{5.70 + 4.49} = 2.14$$

$$IM = \frac{A_C}{F_C} = \frac{5.70}{4.49} = 1.27$$

上述计算所得率值在设定率值范围内，即可选用干燥原料配合比为：石灰石 82.2 份，黏土 13.7 份，铁粉 4.1 份。

⑦ 将干燥原料配合比换算成湿原料配合比，设原料操作水分为：石灰石 1.0%，黏土 0.8%，铁粉 4.1%。则湿原料质量配合比为：

$$湿石灰石 = \frac{82.2}{100-1} \times 100 = 83.03$$

$$湿黏土 = \frac{13.7}{100-0.8} \times 100 = 13.81$$

$$湿铁粉 = \frac{4.1}{100-4.1} \times 100 = 4.65$$

将上述质量比换算为质量分数：

$$湿石灰石 = \frac{83.03}{83.03+13.81+4.65} \times 100\% = 81.80\%$$

$$湿黏土 = \frac{13.81}{83.03+13.81+4.65} \times 100\% = 13.61\%$$

$$湿铁粉 = \frac{4.65}{83.03+13.81+4.65} \times 100\% = 4.59\%$$

（2）递减法

递减法是以熟料化学成分中依次减去假定配合比的原料成分，计算步骤如下。

① 已知原料化学成分，并换算成 100%，如原料化学成分总和不足 100%，不足部分做其他项列入化学成分中，如超过 100%，则以实际总和除以各成分，换算为 100%。

② 已知窑的单位燃料消耗量和煤的工业分析数据及煤灰化学成分，计算出熟料中煤灰掺入量。

③ 根据所要求的水泥熟料率值或矿物组成，计算所要求的水泥熟料化学组成。

④ 进行递减试凑。

⑤ 求出原料配合比。

⑥ 根据原料配合比验算熟料化学成分和率值。

例如，已知条件见表 2-4-10 和表 2-4-11。

表 2-4-10　原料化学成分（换算成 100%）

名称	成分/%								
	SiO_2	Al_2O_3	Fe_2O_3	CaO	MgO	烧失量	SO_3	其他	合计
石灰石	2.42	0.31	0.19	53.13	0.57	42.66	—	0.72	100
黏土	70.25	14.72	5.48	1.41	0.92	5.27	—	1.95	100
铁粉	34.42	11.52	48.27	3.53	0.09	—	2.10	0.06	100
煤灰	53.52	35.34	4.46	4.79	1.19	—	—	0.70	100

表 2-4-11　煤的工业分析

水分/%	挥发物/%	灰分/%	固定碳/%	热值/(kJ/kg)
1.74	30.12	17.31	50.83	24580.7

设计熟料率值：$KH = 0.89 \pm 0.01$，$SM = 2.1 \pm 0.1$，$IM = 1.3 \pm 0.1$。湿法长窑生产，热耗为 6489.5kJ/kg。

解： ① 计算煤灰掺入量，计算公式如下：

$$G_A = \frac{qA^yS}{Q_{DW}^F \times 100} = \frac{6489.54 \times 17.31 \times 100}{24580.70 \times 100} = 4.57\%$$

熟料中掺入煤灰的化学成分计算如下：

$$CaO = 4.57 \times \frac{4.79}{100} = 0.22$$

$$SiO_2 = 4.57 \times \frac{53.52}{100} = 2.45$$

$$Al_2O_3 = 4.57 \times \frac{35.34}{100} = 1.62$$

$$Fe_2O_3 = 4.57 \times \frac{4.46}{100} = 0.20$$

$$MgO + 其他 = 4.57 \times \frac{1.19 + 0.70}{100} = 0.09$$

② 计算熟料化学成分，设 $\sum \approx 97.61$，计算要求的熟料化学成分如下：

$$Fe_2O_3 = \frac{\sum}{(2.8KH+1)(IM+1)SM + 2.65IM + 1.35} = 4.51$$
$$Al_2O_3 = IM Fe_2O_3 = 1.30 \times 4.51 = 5.86$$
$$SiO_2 = SM(Al_2O_3 + Fe_2O_3) = 2.1 \times (4.51 + 5.86) = 21.78$$
$$CaO = \sum - (SiO_2 + Al_2O_3 + Fe_2O_3) = 65.46$$

③ 进行递减试凑，以 100kg 为基准，递减如表 2-4-12 所示。

表 2-4-12　以 100kg 为基准的递减

计算步骤	SiO_2	Al_2O_3	Fe_2O_3	CaO	其他	备注
熟料组分	21.78	5.86	4.51	65.46	2.39	
−4.57kg 灰分	−2.45	−1.62	−0.20	−0.22	−0.09	
差	19.33	4.24	4.31	65.24	2.30	干石灰石≈65.24/53.13×100
−123kg 石灰石	−2.98	−0.38	−0.23	−65.35	−1.59	≈123(kg)
差	16.35	3.86	4.08	−0.09	0.71	干黏土≈16.35/70.25×100
−23kg 黏土	−16.16	−3.39	−1.26	−0.32	−0.66	≈23(kg)
差	0.20	0.48	2.82	−0.41	0.05	干铁粉≈2.82/48.27×100
−5.8kg 铁粉	−1.99	−0.67	−2.80	−0.20	−0.09	≈5.82(kg)
差	−1.79	−0.19	0.02	−0.61	−0.04	
+2.5kg 黏土	+1.75	+0.37	+0.14	+0.64	+0.07	
和	−0.04	+0.18	+0.16	−0.57	+0.03	
+1.0kg 石灰石	+0.024	+0.003	+0.002	+0.53	+0.01	
和	−0.016	+0.183	0.162	−0.04	+0.04	偏差不大，不再重复

④ 计算原料配合比，原料配合比计算如下：

石灰石用量 = 123.0 − 1.0 = 122.0（kg）

黏土用量 = 23.0 − 2.5 = 20.5（kg）

铁粉用量 = 5.8（kg）

合计：

122.0 + 20.5 + 5.8 = 148.3（kg）

石灰石 = 122.0/148.3 × 100% = 82.27%

黏土 = 20.5/148.3 × 100% = 13.82%

铁粉 = 5.8/148.3 × 100% = 3.91%

⑤ 校验熟料化学组成及率值，化学组成见表 2-4-13。

表 2-4-13　熟料化学组成

名称	配合比/份	组成/%					
		烧失量	SiO$_2$	Al$_2$O$_3$	Fe$_2$O$_3$	CaO	MgO
石灰石	82.27	35.09	1.99	0.26	0.16	43.79	0.47
黏土	13.82	0.73	9.70	2.03	0.76	0.19	0.27
铁粉	3.91	—	1.35	0.45	1.89	0.14	0.004
生料	100.00	35.82	13.04	2.74	2.81	44.03	0.744
灼烧生料	100.00	—	20.32	4.27	4.38	68.60	1.16
灼烧生料	95.43	—	19.39	4.07	4.18	65.46	1.10
煤灰	4.57	—	2.45	1.62	0.20	0.22	0.05
熟料	100.00	—	21.84	5.69	4.38	65.68	1.15

其率值为：

$$KH = \frac{C_C - 1.65A_C - 0.35F_C}{2.8S_C} = \frac{65.68 - 1.65 \times 5.69 - 0.35 \times 4.38}{2.8 \times 21.84} = 0.895$$

$$SM = \frac{S_C}{A_C + F_C} = \frac{21.84}{5.69 + 4.38} = 2.17$$

$$IM = \frac{A_C}{F_C} = \frac{5.69}{4.38} = 1.299$$

所得三个率值在要求范围内，估算合乎要求。

2.5　硅酸盐水泥熟料的制备

硅酸盐水泥熟料的制备是指通过一定的工艺，将硅酸盐水泥生料煅烧成熟料的过程，即硅酸盐水泥熟料的煅烧。熟料的煅烧过程直接决定了水泥的产量、质量、燃料与衬料的消耗以及窑的安全运转，是水泥生产中最重要的工艺过程。

2.5.1　生料煅烧过程中的物理、化学变化

尽管硅酸盐水泥煅烧过程因窑型不同而有所差异，但物理、化学变化过程基本一致，其过程可概括为：

干燥与脱水→碳酸盐分解→固相反应→熟料烧结→熟料冷却

2.5.1.1　生料的干燥与脱水

（1）生料干燥

生料入窑后，物料温度逐渐升高，当温度升高到 100～150℃时，生料中水分全部被排除，这一过程称为生料干燥。生料入窑前都含有一定量的水分，因煅烧方式不同而含水量也有差异，如干法窑生料含水分一般不超过 1%；半干法立波尔窑和立窑为便于生料成球，通常含水分 12%～15%；半湿法立波尔窑过滤水分后的料块通常含水分 18%～22%；湿法窑为保证料浆的可泵性通常含水分 30%～40%。

生料干燥过程即是自由水的蒸发过程。蒸发温度一般为 27～150℃。自由水的蒸发热耗十分巨大，每 1kg 水分蒸发潜热高达 2257kJ（100℃），若湿法生产水分在 35% 左右的料浆，每生产 1kg 熟料用于蒸发水分的热量高达 2100kJ，占总热耗的 35% 以上，因而降低料浆水

分或过滤成料块，可以降低熟料热耗，增加窑的产量。

（2）黏土矿物脱水

黏土矿物脱水是指黏土矿物分解释放化学结合水的过程。

黏土矿物的化合水有层间水和配位水两种存在形式。层间水是指吸附在晶层结构间的水分子，又称为层间吸附水；配位水是以 OH^- 离子状态存在于晶体结构中。通常层间水在 100℃ 左右即可脱去，而配位水则必须高达 400～600℃ 才能脱去。

黏土矿物高岭土在温度升到 500℃ 时，开始失去化学结合水，且本身晶体结构也受到破坏，转变成无定形偏高岭土，当温度继续升高到 970～1050℃ 时，由无定形物质转换成晶体莫来石。其反应式为：

$$Al_2O_3 \cdot 2SiO_2 \cdot 2H_2O \longrightarrow Al_2O_3 \cdot 2SiO_2 + 2H_2O$$
$$Al_2O_3 \cdot 2SiO_2 \longrightarrow Al_2O_3 + 2SiO_2$$

高岭土进行脱水主要形成无定形偏高岭土。因此，高岭土脱水后的活性较高。蒙脱石和伊利石脱水后，仍然具有晶体结构，因而它们的活性较高岭土差。多数黏土矿物在脱水过程中，均伴有体积收缩，唯有伊利石、水云母在脱水时体积膨胀，所以立窑和立波尔窑生产时，不宜采用以伊利石为主导矿物的黏土，否则料球的热稳定性差，入窑后会引起炸裂，严重影响窑内通风。若使用伊利石原料，则需将生料磨细，料球水分与孔隙率不宜过小，或加入一些外加剂以提高成球质量。

2.5.1.2 碳酸盐分解

生料中的碳酸钙和夹杂的少量碳酸镁在煅烧过程中分解并释放出 CO_2 的过程称为碳酸盐分解。

（1）碳酸盐分解反应特点

生料脱水后，当温度继续升至 600℃ 左右时，其中的碳酸盐（主要是石灰石中的碳酸钙和原料中夹杂的碳酸镁）开始分解。其反应式如下：

$$MgCO_3 \longrightarrow MgO + CO_2 \uparrow$$
$$CaCO_3 \longrightarrow CaO + CO_2 \uparrow$$

这是一个可逆反应，受系统温度和周围介质中 CO_2 的分压影响较大。为了使分解顺利进行，必须保持较高的反应温度，降低周围介质中 CO_2 分压或减小 CO_2 浓度。

碳酸盐分解反应是一个吸热反应，为保证碳酸盐顺利分解必须提供足够的热量。此过程也是熟料形成过程中消耗热量最多的一个工艺过程，约占湿法生产总热耗的 1/3，预分解窑的 1/2。可通过下式计算 $CaCO_3$ 分解所需的热量 Q：

$$Q = KABq \tag{2-5-1}$$

式中，K 为干生料消耗定额，kg/kg 熟料；A 为配合料中石灰石含量，%；B 为石灰石中 $CaCO_3$ 含量，%；q 为纯 $CaCO_3$ 某温度时分解吸热。

（2）碳酸钙的分解过程

碳酸钙颗粒分解过程如图 2-5-1 所示。颗粒表面（a 处）首先受热、分解，放出 CO_2；随着反应进行，表层形成 CaO 层，分解反应逐步向颗粒内部推进。颗粒内部（b 处）的分解反应可分为以下五个过程。

① 热气流向颗粒表面（a 处）的传热过程。

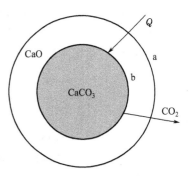

图 2-5-1　碳酸钙颗粒分解示意图

② 热量以传导方式由表面（a 处）向分解面（b 处）的传热过程。

③ b 处 $CaCO_3$ 吸热发生分解并放出 CO_2 的过程。

④ 分解放出 CO_2 气体穿过 CaO 层向表面扩散的传质过程。

⑤ 表面 CO_2 向大气中扩散的过程。

碳酸钙颗粒的分解经历了两个传热、一个化学反应和两个传质的过程。传热和传质皆为物理传递过程，仅有一个化学反应过程，因为各个过程的阻力不同，所以 $CaCO_3$ 的分解速度受控于其中最慢的一个过程。

一般在回转窑内，虽然生料粒径小，传质过程快，但由于物料在窑内呈堆积状态，传热面积非常小，传热系数也很低，所以 $CaCO_3$ 的分解速度主要取决于传热过程。立窑和立波尔窑生产时，生料成球，由于球径较大，故传热速度慢，传质阻力很大，所以 $CaCO_3$ 的分解速度决定于传热和传质过程。在新型干法生产时，由于生料粉能够悬浮在气流中，传热面积大，传热系数高，传质阻力小，所以 $CaCO_3$ 的分解速度取决于化学反应速率。

（3）碳酸钙分解反应的影响因素

① 温度　提高反应温度，有利于加快分解反应速率，同时促使 CO_2 扩散速度加快，但应注意，温度过高将增加废气温度和热耗，预热器和分解炉易结皮、堵塞。

② 通风　加强通风，及时地排出反应生成的 CO_2 气体，则可加速分解反应。通风不畅时，废气中 CO_2 含量增加，不仅影响燃料燃烧，而且使分解速度减慢。

③ 生料细度　生料细度细，颗粒均匀，粗粒少，物料比表面积大，可使传热和传质速度加快，有利于分解反应。

④ 石灰石的结构和物理性质　结构致密、质点排列整齐、结晶粗大、晶体缺陷少的石灰石，质地坚硬，分解反应困难，如大理石分解温度较高。质地松软的白垩和内含其他组分较多的泥灰岩，则分解所需的活化能较低，分解反应容易。

⑤ 生料悬浮分散程度　生料悬浮分散性好，则可增大传热面积，减少传质阻力，迅速提高分解速度。如在 800～1000℃回转窑内分解率为 85%～95%时需要 15min；而在 800～850℃分解炉内只需 2s。

⑥ 黏土质组分的性质　黏土质中的矿物组分活性依次按高岭土、蒙脱石、伊利石、石英砂降低。黏土质原料活性增大，可加速碳酸盐的分解过程。

2.5.1.3　固相反应

固相反应是指固态物质间发生的化学反应，有时也有气相或液相参与，而作用物和产物中都有固相。

（1）反应过程

在水泥形成过程中，从碳酸钙开始分解起，物料中便出现了性质活泼的游离氧化钙，它与生料中的 SiO_2、Fe_2O_3 和 Al_2O_3 等通过质点的相互扩散而进行固相反应，形成熟料矿物。固相反应的过程比较复杂，其过程大致如下：

约 800℃　　　　　　　　　　$CaO + Al_2O_3 \longrightarrow CaO \cdot Al_2O_3$　　　　　　　　　　CA

　　　　　　　　　　　　　　$CaO + Fe_2O_3 \longrightarrow CaO \cdot Fe_2O_3$　　　　　　　　　　CF

　　　　　　　　　　　　　　$2CaO + SiO_2 \longrightarrow 2CaO \cdot SiO_2$　　　　　　　　　C_2S 形成

800～900℃　　　$7(CaO \cdot Al_2O_3) + 5CaO \longrightarrow 12CaO \cdot 7Al_2O_3$　　　　　$C_{12}A_7$

　　　　　　　　　　$CaO \cdot Fe_2O_3 + CaO \longrightarrow 2CaO \cdot Fe_2O_3$　　　　　　　　　C_2F

900～1100℃　　$2CaOAl_2O_3 + SiO_2 \longrightarrow 2CaO \cdot Al_2O_3 \cdot SiO_2$　　　　　　　C_2AS

$$12CaO \cdot 7Al_2O_3 + 9CaO \longrightarrow 7(3CaO \cdot Al_2O_3) \qquad\qquad C_3A \text{ 形成}$$

$$7(2CaO \cdot Fe_2O_3) + 2CaO + 12CaO \cdot 7Al_2O_3 \longrightarrow 7(4CaO \cdot Al_2O_3 \cdot Fe_2O_3) \qquad C_4AF \text{ 形成}$$

1100～1200℃ C_3A 和 C_4AF 大量形成，C_2S 含量达最大值

由此可见，水泥熟料矿物 C_3A 和 C_4AF 及 C_2S 的形成是一个复杂的多级反应，反应过程是交叉进行的。水泥熟料矿物的固相反应是放热反应，当用普通原料时，其放热量为 420～500J/g，足以使物料升温 300℃ 以上。

以上化学反应的温度都低于反应物和生成物的熔点，也就是说，物料在反应过程中都没有熔融状态物出现，反应是在固体状态下进行的。由于固体原子、分子或离子之间具有很大的作用力，因而固相反应的反应活性较低，反应速率较慢。通常固相反应总是发生在两组分界面上，为非均相反应，对于粒状物料，反应首先是通过颗粒间的接触点或面进行，随后是反应物通过产物层进行扩散和迁移，因此，固相反应一般包括界面上的反应和物质迁移两个过程。

(2) 影响固相反应的主要因素

① 生料的细度   生料越细，比表面积越大，各组分之间的接触面积越大，同时表面的质点自由能也增大，使反应和扩散能力增强，因此反应速率越快。但是，当生料磨细到一定程度后，如继续再细磨，则对固相反应速率增加不明显，而磨机产量却会大大降低，粉磨电耗剧增。因此，必须综合平衡，优化控制生料细度。

硅酸盐水泥生料细度一般控制范围为 0.2mm（900 孔/cm²）以上粗粒在 1.0%～1.5% 以下，此时 0.08mm 以上粗粒可以控制在 8%～12%，最高在 15% 以下；或者使生料中 0.2mm 以上粗粒在 0.5% 左右，则 0.08mm 以上粗粒可放宽到 15% 以下，甚至可以达到 20% 以上。

② 生料的均化程度   生料的均化程度，是指生料内各组分混合均匀，这就可以增加各组分之间的接触，有利于加速固相反应。

③ 温度和时间   在高温时，固体的化学活性高，质点的扩散和迁移速度快，所以提高反应温度，可加速固相反应；而固相反应时离子的扩散和迁移需要时间，所以必须要有一定的时间才能使固相反应进行完全。

④ 原料性质   某些物质由于反应活性低，晶格难以破坏，将影响固相反应，降低反应速率。如原料中含有结晶 SiO_2（如燧石、石英砂等）和结晶方解石，尤其有粗粒石英砂时，影响更大。

⑤ 矿化剂   加入矿化剂可以通过与反应物形成固溶体而使晶格活化，反应能力增强，或是可促使反应物断键，或是与反应物形成某种活性中心而处于活化状态，或是与反应物形成低共熔物，使物料在较低温度下出现液相，加速扩散和对固相的溶解作用，从而提高反应物的反应速率。

2.5.1.4 熟料的烧结

当烧结温度升高到 1250～1280℃ 时，铁铝酸四钙、铝酸三钙、氧化镁和碱开始熔融，形成以氧化铝、氧化铁和氧化钙为主体的液相。

随着温度（1300～1450℃）升高和时间延长，液相量增加，硅酸二钙和游离氧化钙都逐步溶解于液相形成硅酸三钙，晶核逐渐发育、长大，同时，晶体不断重排、收缩、密实化，物料逐渐由疏松状转变为色泽灰黑、结构致密的阿利特晶体熟料。其反应式如下：

$$C_2S + CaO \xrightarrow{\text{液相}} C_3S$$

在从 1450℃ 至 1300℃ 降温过程中，主要进行阿利特晶体的长大与完善过程。直到物料温度降到 1300℃ 以下时，液相开始凝固，硅酸三钙生成反应基本结束。这时熟料中还有少

量未与硅酸二钙化合的氧化钙，称为游离氧化钙。

由上述烧结过程可知，熟料的烧结很大程度上取决于液相含量及其物理化学性质。因此，控制液相出现的温度、液相量、液相黏度、液相表面张力及氧化钙、硅酸二钙在熟料液相中的溶解量，并努力改善它们的性质是至关重要的。

(1) 最低共熔温度

最低共熔温度是指物料在加热过程中，两种或两种以上组分开始出现液相时的最低温度。表 2-5-1 列出某些系统的最低共熔温度。

表 2-5-1　某些系统的最低共熔温度

系统	最低共熔温度/℃
$C_3S-C_2S-C_3A$	1450
$C_3S-C_2S-C_3A-Na_2O$	1430
$C_3S-C_2S-C_3A-MgO$	1375
$C_3S-C_2S-C_3A-Na_2O-MgO$	1365
$C_3S-C_2S-C_3A-C_4AF$	1338
$C_3S-C_2S-C_3A-Fe_2O_3$	1315
$C_3S-C_2S-C_3A-Fe_2O_3-MgO$	1300
$C_3S-C_2S-C_3A-Na_2O-Fe_2O_3-MgO$	1280

由表 2-5-1 可知，组分性质与数目都影响系统的最低共熔温度。组分数目越多，液相开始出现的温度越低，即最低共熔温度越低。硅酸盐水泥熟料由于含有氧化镁、氧化钾、氧化钠、硫酐、氧化钛、氧化磷等次要氧化物，因此其最低共熔温度为 1250～1280℃。矿化剂和其他微量元素对降低共熔温度有一定作用。

(2) 液相量

液相量降低，氧化钙不易被吸收完全，导致熟料中游离氧化钙增加，从而影响熟料质量，或降低窑的产量和增加燃料消耗。液相量增加，则能溶解的氧化钙和硅酸二钙亦多，形成 C_3S 就快。但是液相量过多，煅烧时容易结大块，造成回转窑内结圈、立窑内炼边、结炉瘤等，影响正常生产。

液相量不仅与组分的性质，而且与组分的含量、熟料烧结温度等有关。因此，不同的生料成分与烧成温度等对液相量会有很大影响。在烧成温度下的液相量 P，可按下式计算：

$$1400℃ \qquad P=2.95A+2.2F$$
$$1450℃ \qquad P=3.0A+2.25F \qquad\qquad (2-5-2)$$
$$1500℃ \qquad P=3.3A+2.6F$$

A、F 为熟料中的 Al_2O_3 和 Fe_2O_3 含量，由于工业熟料还含有氧化镁、氧化钾、氧化钠等其他成分，可以认为这些成分全部变成液相，因而计算时还需要加氧化镁含量 M 与碱含量 R，例如：

$$1400℃ \qquad P=2.95A+2.2F+M+R \qquad\qquad (2-5-3)$$

一般水泥熟料在烧成阶段的液相量为 20%～30%，而白水泥熟料的液相量可能只有 15% 左右。

(3) 液相黏度

液相黏度直接影响硅酸三钙的形成速度和晶体发育。液相黏度小，则液相的黏滞阻力小，液相中 C_2S 和 CaO 分子的扩散速度增加，有利于 C_3S 的形成；反之，则 C_3S 难于形成。液相黏度大小与液相的组分性质和温度有关。升高温度，离子动能增加，减弱了相互间的作用力，从而降低了液相黏度；液相黏度随铝率增加而增大；多数微量元素可降低液相黏度，如生料中加入萤石，含量低时，可显著降低黏度，但含量高时，促进液相结晶，从而使液相变黏稠。

（4）液相的表面张力

液相表面张力越小，越容易润湿熟料颗粒或固相物质，有利于固相反应与固液相反应，促进熟料矿物特别是C_3S的形成。液相的表面张力与组分性质及温度有关。温度升高，液相表面张力降低；熟料中有镁、硫等物质时，均会降低液相的表面张力，从而促进熟料的烧结。

（5）CaO在熟料液相中的溶解量

CaO在熟料液相中的溶解量，也可以说是氧化钙溶解于熟料液相的速度。C_3S主要由液相中的游离CaO和C_2S反应所得，因而溶于液相的CaO的量或其溶解速度对C_3S形成有重要影响。这个速度主要受CaO颗粒大小所控制，所以取决于原料中石灰石颗粒的大小。表2-5-2列出在实验室条件下，不同粒径的CaO在不同温度下完全溶解于熟料液相所需的时间。由表2-5-2可知，随着CaO粒径减小和温度增高，溶解于液相的时间缩短。

表 2-5-2　氧化钙溶解于熟料液相的速度

温度/℃	不同粒径的溶解时间/min			
	$d=0.1$mm	$d=0.05$mm	$d=0.025$mm	$d=0.01$mm
1340	115	59	25	12
1375	28	14	6	4
1400	15	5.5	3	1.5
1450	5	2.3	1	0.5
1500	1.8	1.7	—	

2.5.1.5　熟料的冷却

熟料的冷却是指熟料烧结过程结束后，C_3S的生成反应结束，熟料从烧成温度开始下降至室温，熔体晶化、凝固，熟料颗粒结构形成，并伴随熟料矿物相变的过程。一般所说的冷却过程是指液相凝固以后（＜1300℃），但是严格地讲，当熟料过了最高温度1450℃后，就算进入了冷却阶段。

（1）熟料冷却的目的

① 可部分回收熟料出窑带走的热量，用于预热二次空气，可减少窑内燃料的消耗，提高窑内的热利用率。

② 改善熟料质量与易磨性。

③ 有利于熟料的输送、储存和粉磨。熟料冷却到较低的温度，可以确保输送设备的安全运转、熟料储存库的安全及杜绝粉磨时出现的磨内"假凝"现象，保证设备的正常运转。

（2）快冷的作用

熟料的冷却并不单纯是温度的降低，而是伴随着一系列物理化学的变化，同时进行液相的凝固和相变两个过程。冷却分为快冷和慢冷，在水泥生产中一般均采用快冷。其作用包括以下几点。

① 提高熟料的质量。熟料冷却时，形成的矿物要进行相变，采用快速冷却可阻止或减少β-C_2S向γ-C_2S转变，防止熟料"粉化"。

② 硅酸三钙在1250℃以下不稳定，会分解为硅酸二钙与二次游离氧化钙，降低水硬活性，反应式如下：

$$C_3S \xrightarrow{1250℃} C_2S + f\text{-}CaO$$

采用快冷可越过 C_3S 的分解温度，使 C_3S 来不及分解而呈介稳状态保存下来。

③ 快冷可使 MgO 来不及结晶形成方镁石，而存在于玻璃体中，或使其结晶细小，来不及长大，并且分散，改善水泥的安定性。

④ 快冷使熟料中 C_3A 结晶体减少，可增强水泥的抗硫酸盐性能。另外，结晶型的 C_3A 水化后易使水泥浆快凝，而非结晶的 C_3A 水化后，不会使水泥浆快凝，因而容易掌握其凝结时间。

⑤ 改善熟料的易磨性。快冷熟料的玻璃体含量较高，同时造成熟料产生内应力，缺陷多，而且熟料矿物晶体保持细小，所以快冷可显著地改善熟料的易磨性。

⑥ 有利于回收余热，熟料从 1300℃ 冷却，进入冷却机时尚有 1100℃ 以上的高温，如把它冷却到室温，则尚有约 837kJ/kg 热量可用二次空气来回收，有利于窑内燃料的燃烧，提高窑的热效率。

2.5.2 回转窑烧结工艺

煅烧水泥熟料的工业窑炉有回转窑和立窑两大类，我国大、中型水泥厂一般采用回转窑生产。

2.5.2.1 回转窑的种类及特征

回转窑是一个倾斜的回转钢圆筒，内衬耐火材料，它是一种以化学反应、燃料煅烧、传热及运输为主要功能的水泥熟料生产设备。其按功能及运转中的差异可分为湿法回转窑、干法回转窑及半干法窑三种，其主要特征和主要指标见表 2-5-3。

表 2-5-3　回转窑的主要特征和主要指标

分类	所带附属设备	长径比 (高径比)	单位热耗 /(kJ/kg 熟料)	单机生产能力 /(t/d)
湿法回转窑	湿法长窑：带内部热交换装置，如链条、格子式交换器等	30~38	5300~6800	3600
	湿法窑：带外部热交换装置，如料浆蒸发机、压滤机、料浆干燥机等	18~30	5250~6200	1000
干法回转窑	干法长窑：中空或带格子式热交换器等	20~38	5300~6300	2500~3000
	干法窑：带预热锅炉等	15~30	3020~4200 (扣除发电)	3000
	新型干法窑：带悬浮预热器或预分解炉 (SP 或 NSP)	14~17	3000~4000	5000~10000
半干法窑	立波尔窑：带炉箅子加热机	10~15	3350~3800	3300

2.5.2.2 回转窑的煅烧工艺流程

采用回转窑煅烧水泥熟料，以湿法长窑为例，如图 2-5-2 所示。首先生料由圆筒的高端（一般称为窑尾）加入，由于圆筒具有一定的斜度且不断回转，物料由高端向低端（一般称为窑头）逐渐运动；然后将事先经过烘干和粉磨制成粉状的燃料（以燃煤为主），用鼓风机经喷煤管由窑头喷入窑内。燃烧用的空气由两部分组成：一部分是和煤粉混合并将煤粉送入窑内，这部分空气称为"一次空气"，一般占燃烧总量的 15%~30%；大部分空气是经过预热到一定温度后进入窑内，称为"二次空气"。煤粉在窑内燃烧后，形成高温火焰（一般可达 1650～1700℃）放出大量热量，高温气体在窑尾排风机的抽引下向窑尾流动，它和煅烧熟料产生的废气一起经过收尘器净化后排入大气。高温气体和物料在窑内是相向运动的，在运动过程中进行热量交换，物料接受高温气体和高温火焰传给的热量，经过一系列物理化学变化后，被煅烧成熟料，然后进入冷却机，遇到冷空气又进行热交换，本身被冷却并将空气预热，作为二次空气进入窑内。

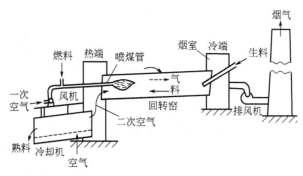

图 2-5-2 湿法长窑的生长流程

2.5.2.3 回转窑内"带"的划分

物料进入回转窑后，在高温作用下，进行一系列的物理化学反应后烧成熟料，按照不同反应在回转窑内所占有的空间，被称为"带"。一般在回转窑内分成六个带，即干燥带、预热带、碳酸盐分解带、放热反应带、烧成带及冷却带。下面以湿法长窑为例，来说明各带的划分及其特点。

回转窑各带物料温度、气体温度分布以及各带大致划分情况如图 2-5-3 所示。

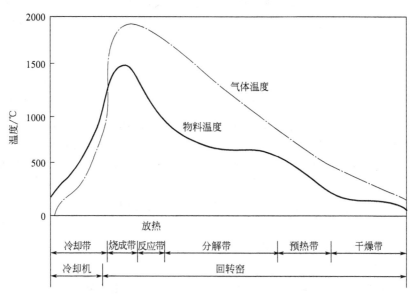

图 2-5-3 回转窑各带物料温度、气体温度分布以及各带大致划分情况

（1）干燥带

干燥带物料温度为 20～150℃，气体温度为 200～400℃，含有大量水分的生料浆入窑后，被热气流加热，温度逐渐升高，水分开始缓慢蒸发，当物料达到一定温度时，水分迅速蒸发，直到约 150℃，水分全部蒸发，物料离开干燥带而进入预热带。

对湿法回转窑而言，干燥带消耗热量较多，为了提高干燥带的热交换效率，在干燥带的大部分空间挂有链条作为热交换器。干法回转窑由于入窑生料水分很少，因此几乎没有干燥带。

（2）预热带

预热带物料温度为150～750℃，气体温度为400～1000℃，离开干燥带的物料温度上升很快，黏土中的有机物发生干馏和分解，同时高岭土开始脱水反应，碳酸镁的分解过程也开始进行。

对于新型干法的悬浮预热器窑和窑外分解窑，预热在预热器内进行，窑内无预热带。对于立波尔窑，预热在炉算子加热机上进行，回转窑内也无预热带。

（3）碳酸盐分解带

分解带物料温度为750～1000℃，气体温度为1000～1400℃。物料进入分解带后，烧失量开始明显减少，结合二氧化硅开始明显增加，这表明同时进行碳酸钙分解和固相反应。由于碳酸钙分解反应吸收大量热量，所以物料升温较慢。同时由于分解后放出大量 CO_2 气体，使粉状物料处于流动状态，物料运动速度较快。由于此带所需热量最多，物料运动速度又快，要完成分解任务，就需要一段长的距离，所以分解带占回转窑长度的比例较大。

新型干法窑的碳酸钙分解主要在分解炉内完成，窑内进行的碳酸盐分解只有15%左右。

（4）放热反应带

放热反应带物料温度为1000～1300℃，气体温度为1400～1600℃，由于碳酸盐分解产生大量的氧化钙，它与其他氧化物进一步发生固相反应，形成熟料矿物，并放出一定热量，故取名为"放热反应带"。因反应放热，再加上火焰的传热，能使物料温度迅速上升，所以该带长度占全窑长度的比例很小。在1250～1300℃，氧化钙放射出强烈光辉，而碳酸钙分解带物料显得发暗，从窑头看去，能观察到明暗的界线，这就是实际生产中常说的"黑影"。一般情况下，可根据黑影的位置来判断窑内物料的运动情况及放热反应带的位置，进而判断窑内温度高低。

（5）烧成带

该带物料温度为1300～1450℃，物料直接受火焰加热，自进入该带起开始出现液相，一直到1450℃，液相量继续增加，同时游离氧化钙被迅速吸收，水泥熟料烧成，故称为烧成带。由于 C_3S 的生成速度随着温度的升高而激增，因此烧成带必须保证一定的温度。在不损害窑皮的情况下，适当提高该带温度，可以促进熟料的迅速形成，提高熟料的产量和质量。烧成带还要有一定的长度，主要使物料在烧成温度下，持续一段时间，使生成 C_3S 的化学反应尽量进行完全。同时使熟料中游离氧化钙的含量最少。一般物料在烧成带的停留时间为15～20min，烧成带的长度取决于火焰的长度，一般为火焰长度的60%～65%。

（6）冷却带

在冷却带，物料温度由烧成带的1300℃开始下降，液相凝固成为坚固的灰黑色颗粒，进入冷却机内再进一步冷却。

回转窑内各反应带的主要物理化学反应过程、热效应和主要产物、特征可用表2-5-4表示。

表 2-5-4　回转窑内各反应带的特点

反应带	主要反应过程	热效应	主要产物、特征
干燥带	水分蒸发	吸热	H_2O 蒸发释放
预热带	黏土脱水分解、碳酸镁分解	吸热	H_2O 释放，形成 $SiO_2+Fe_2O_3+Al_2O_3$
碳酸盐分解带	碳酸钙分解	强吸热	f-CaO 由<2%增至17%左右，大量排放 CO_2

反应带	主要反应过程	热效应	主要产物、特征
放热反应带	固相反应	放热	形成 $C_2S+C_3A+C_4AF$
烧成带	熟料烧结	微放热	形成 C_3A+熔体
冷却带	熟料冷却	放热	熟料结粒冷却；C_3S、C_2S、C_3A、C_4AF 玻璃体

需要说明的是，各带的划分是人为的，这些带的各种反应往往是交叉或同时进行的，不能截然分开，如生料受热不均匀和传热缓慢将增大各种反应的交叉，因此回转窑各带的划分是十分粗略的。

2.5.2.4 物料的煅烧特点

物料在回转窑内煅烧有以下特点。

① 在烧成带，硅酸二钙吸收氧化钙形成硅酸三钙的过程中，其化学反应热效应基本上等于零（微吸热反应），只有在生成液相时需要少量的熔融净热。但是，为使游离氧化钙吸收得比较完全，并使熟料矿物晶体发育良好，获得高质量的熟料，必须使物料保持一定的高温和足够的停留时间。

② 在分解带内，碳酸钙分解需要吸收大量的热量，但窑内传热速度很低，而物料在分解带内的运动速度又很快，停留时间又较短，这是影响回转窑内熟料煅烧的主要矛盾之一，在分解带内加挡料圈就是为缓和这一矛盾所采取的措施之一。

③ 降低理论热耗，减少废气带走的热损失和筒体表面的散热损失，降低料浆水分或改湿法为干法等，是降低熟料热耗、提高窑的热效率的主要途径。

④ 提高窑的传热能力，受回转窑的传热面积和传热系数的限制，如提高气流温度，以增加传热速度，虽然可以提高窑的产量，但相应升高了废气温度，使熟料单位热耗反而增加。对一定规格的回转窑，在一定条件下，存在一个热工上经济的产量范围。

⑤ 回转窑的预烧能力和烧结能力之间存在着矛盾，或者说回转窑的发热能力和传热能力之间存在着矛盾，而且这一矛盾随着窑规格的增大而愈加突出。理论分析和实际生产的统计资料表明，窑的发热能力与窑直径的 3 次方成正比，而传热能力基本上与窑直径的 2～2.5 次方成正比。因此，窑的规格越大，窑的单位容积产量越低。为增加窑的传热能力，必须增加窑系统的传热面积，或者改变物料与气流之间的传热方式，预分解炉的应用可有效解决这一矛盾。

2.5.2.5 影响回转窑产量、质量和消耗的主要因素

影响回转窑产量、质量和消耗的主要因素有以下几个。

① 生料的易烧性。通常情况下，把生料煅烧时形成熟料的难易程度称为生料的易烧性。生料易烧性越好，生料煅烧的温度越低，f-CaO 含量越少，熟料质量越好；易烧性越差，煅烧温度越高，烧成时间越长，否则 f-CaO 含量就会增加，使熟料质量变差，数量及产量降低。

② 风、煤的配合。风、煤的合理配合是保证窑内煤粉充分燃烧、形成正常火焰的先决条件，是降低煤耗、提高熟料质量、产量的主要措施之一。

当窑内形成正常火焰，即火焰长度合适、活泼有力、燃料煅烧完全，适合窑内煅烧要求，此时熟料在窑内烧成带停留时间适宜，熟料结晶细小、均匀、色泽正常、好烧不起块，熟料的矿物晶体发育良好，游离氧化钙较少，熟料质量好，便于控制，不损坏窑皮及衬料，熟料的产量、燃料消耗和耐火材料寿命等技术经济指标都较好。

当煤质波动，风量未及时调节就难以保持正常火焰，即使煤质稳定，但风量不合适或选择喷煤嘴不当也会影响火焰的温度、长度、位置及形状等。短焰急烧时窑内火焰的温度范围较窄，高温集中，迫使烧成带缩短，因而物料在烧成带停留时间不足，游离氧化钙往往较高，而且因为高温过于集中，易烧坏窑皮及耐火材料，不利于窑的长期安全运转；如操作上过分增加风煤，虽然可以加速熟料的煅烧过程，但由于超过了窑的传热能力，废气温度提高，结果消耗增加；倘若火焰过长，火焰温度较正常的低，往往使熟料矿物晶体偏小，熟料强度偏低。

③ 窑的传热能力强，热交换与传递迅速，可以加速熟料的形成过程，有利于提高窑的产量，降低消耗。

2.5.3 立窑煅烧工艺

2.5.3.1 立窑的种类及主要特征

立窑是一种竖式固定床煅烧设备，内衬耐火材料，分为普通立窑和机械化立窑两大类，其主要特征和指标如表2-5-5所示。立窑具有传热效率高、热耗低、构造简单、占地面积小、投资省、耐用钢材少、建厂速度快等优点。可以充分利用资源，就地取材，就地生产，就地使用，十分适宜于地方性规模较小、交通不便和边远地区建厂使用，以满足当地基本建设和民用建筑的需要。

表2-5-5 立窑的主要特征和主要指标

种类	附属设备	长径比	单位热耗/(kJ/kg 熟料)	单机生产能力/(t/d)
机械化立窑	带连续机械化加料及卸料设备	3~4	3500~4200	240~300
普通立窑	带机械加料器、人工卸料	4~5	3600~4800	45~100

2.5.3.2 立窑内熟料的煅烧过程

立窑内的熟料煅烧过程，由于是将生料和燃料混合成球进行煅烧，因此是从生料球的表面逐渐向内部进行的。生料球入窑后，首先是料球的表面接受热（气）流传给的热量，进行干燥和预热，使表面水分逐渐蒸发，随着热量逐渐由料球表面向中心传递，料球内部水分也随之蒸发，并向表面扩散。料球表面的煤粒不断煅烧，料球温度逐渐升高。料球表面的物料达到一定温度后，黏土矿物脱水分解，碳酸钙分解，当料球表面进行烧成反应时，内层物料才进行分解反应，而中心部分仍处于干燥、预热阶段，当料球表面进入冷却阶段，其中心部分才进入烧成阶段，直至最后中心部分也进入冷却阶段，才完成水泥熟料的煅烧过程，如图2-5-4所示。

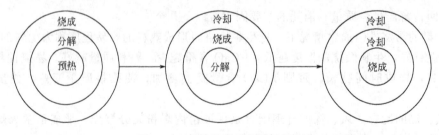

图2-5-4 立窑中料球煅烧示意图

2.5.3.3 立窑内"带"的划分

由熟料的煅烧过程可知，立窑中"带"的划分，不能完全按照物料进行反应的顺序进行，而只能根据料球表面的平均温度和进行的物理化学反应，按窑的高度方向进行大致划分，可分为预热带、烧成带和冷却带。

（1）预热带

该带物料温度为20～100℃，主要进行干燥、预热和部分碳酸钙分解反应。含煤料球入窑后，受到自下而上热气流的加热，温度不断升高，煤中的挥发分不断逸出，但因热气流中缺氧而不能燃烧，随废气排入大气，这就造成一定的热量损失，因此立窑应选用挥发分含量低的无烟煤作燃料，以减少这部分损失。

在预热带内，湿料球在干燥和脱水时，产生大量水汽，碳酸钙分解时放出大量的CO_2气体，它们排出时使料球体积产生一定量的收缩，同时使料球产生许多毛细孔，如果料球的可塑性较差，就可能使料球炸裂，产生很多细粉，影响窑内通风。因此，立窑煅烧熟料对料球的可塑性和孔隙率有一定的要求。立窑煅烧熟料示意图如图2-5-5所示。根据我国立窑的生产情况，预热带一般占立窑全窑高的5%～10%。

（2）烧成带

烧成带亦称为煅烧带、高温带，在立窑水泥厂习惯称为"底火"。料球经过预热后，温度继续升高，当达到1000℃左右时，料球中的煤大量燃烧，使物料温度急速升高，进行大量的碳酸钙分解和固相反应。当料球温度达到1300℃左右时，开始出现液相并使物料进入烧结阶段，此时烧结使物料体积进一步收缩。

烧成带在立窑内的位置和本身的高度，对立窑煅烧熟料具有重要的意义。它的位置和高度决定于料球中煤的燃点和燃烧速度，煤的燃点和燃烧速度取决于

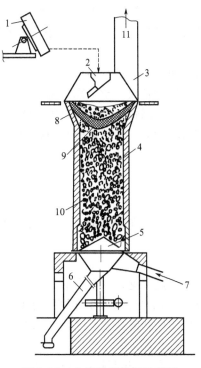

图 2-5-5　立窑煅烧熟料示意图
1—成球盘；2—加料装置；3—窑罩及烟囱；
4—窑体；5—卸料装置；6—卸料密封装置；
7—高压风；8—预烧带；9—煅烧带；
10—冷却带；11—废气出口

燃料粒度的大小和窑内通风的好坏。如果燃料颗粒较大，窑内通风又较差，则会使燃料燃点提高，燃烧速度减慢，因而使烧成带位置下移和高度增加。在这种情况下，处于下部的高温物料，就会因长时间受到上层物料重力作用而形成致密的大块熟料。同时也会使冷却带缩短，从而造成熟料冷却缓慢，已形成的C_3S可能分解为C_2S和f-CaO，同时C_2S进行晶型转化而产生粉化，这些都严重影响熟料质量和立窑的正常操作。

烧成带自身应有一个适宜的高度，以便使物料有足够的停留时间，如烧成带高度偏小，即物料停留时间不足，则会使C_2S吸收CaO形成C_3S的化学反应进行得不完全，从而降低熟料中C_3S的含量并增加f-CaO含量，对熟料质量不利。

烧成带应保持足够高的温度（1450℃），以便使C_3S的形成反应能顺利而迅速地进行，如温度偏低，则会出现较多的欠烧和生烧料，同时也会使形成的C_3S岩相结构不好，从而严重影响熟料质量。

对机械化立窑，烧成带约占全窑高的10%。

（3）冷却带

该带物料温度低于1300℃。在该带中，高温熟料与从窑下鼓入的冷空气进行热交换，空气被加热后进入烧成带供燃料燃烧之用。立窑内冷却带较长，一般占全窑高的75%～85%。

2.5.3.4 立窑内的燃料燃烧通风

(1) 燃料燃烧

立窑内燃料的燃烧也是要经过干燥、预热、挥发分的逸出和固定碳的燃烧等几个阶段。

当窑内物料温度达到 $600\sim800℃$ 时，烟气中氧气浓度较低，而含有大量的碳酸钙分解和燃烧产生的 CO_2，料球中灼热的煤粒就与之产生包氏反应：

$$C+CO_2 \longrightarrow 2CO$$

包氏反应是吸热反应，反应所产生的 CO 气体，由于缺氧而不能燃烧，随废气排入大气，这就造成化学不完全燃烧损失。煤粉细度越细，窑内通风越差，这项损失就越大。

在高温带，由于生料中碳酸钙分解产物二氧化碳分压随温度升高而增加，氧气较难扩散到料球中心，使料球中心的燃烧比较困难，因此，在高温带料球内部以郝氏反应为主：

$$CaCO_3 \longrightarrow CaO+CO_2$$
$$C+CO_2 \longrightarrow 2CO$$
$$\overline{}$$
$$CaCO_3+C \longrightarrow CaO+2CO \qquad 吸热反应$$

在氧气浓度较高的料球表面的煤，以及经郝氏反应和包氏反应生成的 CO，将发生下列反应：

$$C+O_2 \longrightarrow CO_2 \qquad 放热反应$$
$$2CO+O_2 \longrightarrow 2CO_2 \qquad 放热反应$$

由此可见，立窑中部氧浓度较高时，燃料已接近燃烧完毕，而立窑上部，挥发物、CO 以及 C 的燃烧又发生在缺氧的条件下，因此，这是立窑内燃料燃烧不完全、出窑废气中 CO 浓度较回转窑高的原因，也是立窑适合烧无烟煤的原因。

(2) 通风

立窑内充满料球，料球之间的孔隙产生的通风阻力较料球与窑内壁产生的阻力为大，特别是在熟料烧结时，料球会产生收缩，从而使料球与窑内壁之间的空隙更大而造成边风过剩，同时窑中心部分燃料燃烧时容易产生还原气氛，使物料中 Fe_2O_3 还原成 FeO，形成 $FeO \cdot SiO_2$ 等的低熔液相，易使料球黏结成大块，进一步使窑内中部通风不良。原料质量差或成球不良等会加剧这一过程。因此，立窑在同一截面上的通风阻力是不同的，中部通风不良，边风过剩是立窑常出现的主要问题之一，也是影响立窑熟料质量的主要原因之一。

2.5.3.5 立窑煅烧方法

由于燃料加入方法不同，立窑煅烧方法分为普通煅烧法、全黑生料法和差热煅烧法。

(1) 普通煅烧法

普通煅烧法亦称为白生料法，是将所用的煤破碎成细粒与已制备好的生料粉按比例配合后制成料球加入窑内煅烧。煤粒细度一般要求小于 3mm，若煤粒过粗，使煤的燃烧速度缓慢，燃烧带火力不集中而造成熟料产量降低，煤粒粗则煤灰集中，易出现局部粉化，影响熟料质量。另外，粗煤粒会产生机械不完全燃烧而使热耗增加。若将煤的粒度绝大部分控制在 1mm 左右，燃料燃烧和熟料煅烧较正常，熟料产量、质量都较好，而且由于粒状煤在预热带不易发生包氏反应，减少 CO 排除的热损失，具有较好的节能效果。

(2) 全黑生料法

全黑生料法是把煅烧所需要的煤与各种原料一起配合入磨，制成含煤粉的黑生料，然后成球入窑。该法具有煤灰在熟料中分布均匀、煅烧速度快、高温层集中、窑内结大块现象少、熟料疏松多孔、易磨性好的优点。但是粉状煤在预热带易发生包氏反应而使热耗增加，同时由于煤的燃烧速度快，燃烧带短，底火层薄而易造成漏烧。

（3）差热煅烧法

立窑内煅烧熟料时，边部和中部物料所需热量是不同的。边部物料由于与窑壁接触使一部分热量通过窑壁向外散失，同时，立窑的边风较大，也会使边料的热损失增大。差热煅烧法就是根据边部和中部物料的热耗差别，而在边部和中部分别加入不同的煤量。这样不仅可以降低煤耗，同时避免影响通风和降低熟料质量。但是该煅烧法的操作控制较复杂，有时边、中料会混烧反而影响质量。

2.5.3.6　生料成球

生料成球质量是保证立窑煅烧极其重要的环节。成球质量好、粒度均匀、大小适宜才能使窑内通风均匀，煅烧良好，从而保证熟料质量，提高窑的产量，降低消耗。

生料成球质量，首先决定于原料质量，特别是黏土性能，以及生料细度。生料细度细时，由于细颗粒生料和水结合较强，料球坚实，强度较大。其次，生料球的大小应适宜，粒度要均匀，有足够的孔隙率，这样既可降低阻力损失，又易于使料球烧透，缩短反应时间，提高煅烧速度。成球水分与料球大小及其强度有密切关系，用水量多，球径增大；水分过少，物料润湿不充分，形成大量小球，既影响料层透气性，又易炸裂。

通常对生料球有如下要求。

① 粒度　8～15mm，球径大小要均匀。

② 料球含水分　12%～15%。

③ 料球强度　从1m高掉下不破裂。

④ 料球孔隙率　30%～35%。

近年来开发推广的"预加水成球"，能有效改善成球质量，提高料层的透气性、通风的均匀性和料球强度，是提高立窑产量及质量、降低消耗的一项新的技术措施。

2.5.4　悬浮预热器窑及预分解窑

2.5.4.1　悬浮预热器窑

悬浮预热器窑是指带悬浮预热器的回转窑，即是由回转窑和悬浮预热器组合而成的。

（1）工作原理

悬浮预热器是将生料粉与从回转窑尾排出烟气混合，并使生料悬浮在热烟气中进行热交换的设备。因此，它从根本上改变了气流和生料粉之间的传热方式，因呈悬浮状态的生料粉能与热气流充分接触，从而极大地提高了传热面积和传热系数。

据经验计算，它的传热面积较传统的回转窑提高了2400倍，传热系数提高了13～23倍。这就使窑的传热能力大为提高，初步改变了预烧能力和烧结能力不相适应的状况。由于传热速度很快，在约20s内即可使生料从室温迅速升温至750～800℃，而在一般回转窑内，则需约1h，这时黏土矿物已基本脱水，碳酸钙也发生了部分分解，入窑生料碳酸钙表观分解率可达40%左右。在悬浮状态下，热气流对生料粉传热所需的时间是很短的，而且粒径越小，所需时间越短。图2-5-6表示不同尺寸的石灰石颗粒，表面温度达到气流温度的某个百分数时所需的加热时间。

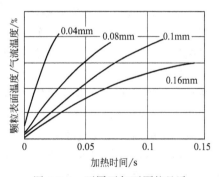

图2-5-6　不同石灰石颗粒悬浮
在气流中的加热时间

试验表明，将平均粒径在 $40\mu m$ 左右的生料喂入温度为 $740\sim760℃$、流速为 $9\sim12m/s$ 气流中，在料气比为 $0.5\sim0.8kg/m^3$ 并基本完全分散悬浮在气流中的状态下，只需 $0.07\sim0.09s$，$20℃$ 的生料便能迅速升到 $440\sim450℃$。但是在实际生产中，生料粉不易完全分散，往往凝聚成团而延缓了热交换。

（2）悬浮预热器种类

悬浮预热器的种类、形式繁多，主要分为旋风预热器、立筒预热器以及由它们以不同形式组合的混合型三大类。

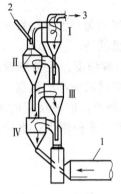

图 2-5-7　4级旋风
预热器示意图
1—回转窑；2—生料
入口；3—废气出口

① 旋风预热器　这种预热器由若干旋风筒串联组合，4级旋风预热器示意图如图 2-5-7 所示。最上一级做成双筒，这是为了提高收尘效率，其余三级均为单旋风筒，旋风筒之间由气体管道连接，每个旋风筒和相连接的管道形成预热器一级，旋风筒的卸料口设有灰阀，主要起密封和卸料作用。

生料首先喂入第Ⅱ级旋风筒的排风管道内，粉状颗粒被来自该级的热气流吹散，在管道内进行充分的热交换，然后由Ⅰ级旋风筒把气体和物料颗粒分离，剩下的生料经卸料管进入Ⅱ级旋风筒的上升管道内进行第二次热交换，再经Ⅱ级旋风筒分离，这样依次经过 4 级旋风预热器而进入回转窑内进行煅烧，预热器排出的废气经增湿塔、收尘器由排风机排入大气。窑尾排出的 $1100℃$ 左右的废气，经各级预热器热交换后，废气温度降到 $380℃$ 上下，生料经各级预热器预热到 $750\sim800℃$ 进入回转窑。这样不但使物料得到干燥和预热，而且还有部分碳酸钙进行分解，从而减轻了回转窑的热负荷。由于排出废气温度较低，熟料产量的提高，使熟料单位热耗较低，并使回转窑的热效率有较大的提高。

旋风预热器的主要缺点如下。

a. 流体阻力较大，一般为 $4\sim6kPa$，因而气体运行耗电较高，这使旋风预热器回转窑的单位产品电耗较高，达 $17\sim22kW\cdot h/t$ 熟料，湿法长窑为 $12\sim20kW\cdot h/t$ 熟料。

b. 原料的适应性较差，不适合煅烧碱、氯含量较高的原料和使用硫含量较高的燃料，否则会在预热器锥部及管道中造成结皮堵塞。

② 立筒预热器　这种预热器的主体是一个立筒，故以此命名。其形式有多种，现以常见的克虏伯型为例，说明其结构和工作原理。

图 2-5-8 为克虏伯型立筒预热器示意图，立筒是一个圆形竖立的筒体，内有三个缩口把立筒分为四个钵，窑尾排出的热气体和生料按逆流进入同样规格、形状特殊的四个钵体内进行热交换。由于两室之间的缩口能引起较高的气流上升速度，逆流沉降的生料被高速气流卷起，冲散成料雾，形成涡流，增加气固相间的传热系数，延长物料在立筒内的停留时间，从而强化了传热，立筒上部为两个旋风筒，废气经旋风筒、收尘系统排入大气。

立筒预热器的优点是：结构简单，运行可靠，不易堵塞；气体阻力小，仅为 $200Pa$ 左右，筒体可用钢筋混凝土代替钢材。它的缺点是：热效率低于旋风预热器，单机生产能力小。

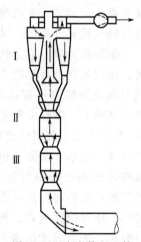

图 2-5-8　克虏伯型立筒
预热器示意图

（3）悬浮预热器的发展

初期的旋风预热器系统一般为4级装置，它在悬浮预热器窑和预分解窑中得到了广泛的应用。自20世纪70年代以来，由于发生世界能源危机，促使对节能型的5级或6级旋风预热器系统进行研究开发，并已获得了成功。80年代后期，世界各国建造的新型干法水泥厂，其预热器系统一般均采用5级，也有少数厂采用4级或6级的。预热器形式都为低阻高效旋风筒式，大型窑的预热器一般为双列系统。

关于预热器系统的改进主要着重于气流与物料的均匀分布，力求流场、浓度场和温度场的变化相互更为适应，充分利用旋风筒和连接管道的有效空间，从而实现低阻高效的目的。试验研究和生产实践都表明，5级预热器的废气温度可降至300℃左右，比4级预热器约低50℃，而出6级预热器的废气温度可降至260℃左右，比4级低90℃左右，1kg熟料热耗分别可比5级与4级降低105kJ与185kJ左右，5级旋风预热器的流体阻力与原有4级旋风预热器系统相近。

2.5.4.2　预分解窑

（1）预分解窑及其优点

预分解窑或称为窑外分解窑，是20世纪70年代以来发展起来的一种能显著提高水泥回转窑产量的煅烧新技术。它是在悬浮预热器和回转窑之间增设一个分解炉，把大量吸热的碳酸钙分解反应从窑内传热速度较低的区域移到单独燃烧的分解炉中进行。在分解炉中，生料颗粒分散呈悬浮或沸腾状态，以最小的温差，在燃料无焰燃烧的同时，进行高速传热过程，使生料迅速完成分解反应，入窑生料的分解率可以从原来悬浮预热器窑的40%左右提高到85%～95%，从而大大减轻了回转窑的热负荷，使窑的产量成倍增加，同时延长了耐火衬料使用寿命，提高了窑的运转周期。

预分解窑的热耗比一般悬浮预热器窑低，是由于窑产量大幅度提高，减少了单位熟料的表面散热损失；在投资费用上也低于一般悬浮预热器窑，由于分解炉内的燃烧温度低，不但降低了回转窑内高温燃烧时所产生的NO_x有害气体，而且还可使用较低品位的燃料，因此预分解技术是水泥工业上的一次突破。

理论和实践都证明，随着入窑碳酸钙分解率的提高，生料在回转窑内需要的热量会进一步减少。例如，入窑物料的分解率由30%提高到90%，物料在回转窑内需要的热量约减少60%。这样在窑规格相同的条件下可以提高产量；在相同产量的情况下可以缩小窑的筒体尺寸。因为回转窑主要承担烧成任务，这就使回转窑的单位容积产量有大幅度提高。

（2）预分解炉种类及工作原理

预分解炉是一个燃料燃烧、热量交换和分解反应同时进行的新型热工设备，其种类和形式繁多，按作用原理可分为旋流式、喷腾式、素流式、涡流燃烧式和沸腾式等多种，但其基本原理是类似的，即在分解炉内同时喂入经预热后的生料、一定量的燃料以及适量的热气体，生料在炉内呈悬浮或沸腾状态。在900℃以下的温度，燃料进行无焰燃烧，同时高速完成碳酸钙分解过程。燃料（如煤粉）的燃烧时间和碳酸钙分解所需要的时间需2～4s，这时生料中碳酸钙的分解率可达85%～95%，生料预热后的温度为800～850℃。分解炉内可以使用固体、液体或气体燃料，我国主要用煤粉作燃料，加入分解炉的燃料占全部燃料的55%～65%。

现以日本石川岛公司的新型悬浮预热和快速分解炉为例。SF、NSF分解炉示意图如图2-5-9所示。

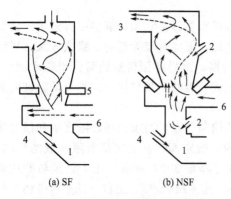

图 2-5-9 SF、NSF 分解炉示意图

(a) SF   (b) NSF

1—回转窑；2—来自三级的生料；3—进入
四级旋风筒；4—来自四级的生料；5—燃烧器
（3～6 个）；6—来自冷却机的空气

NSF 分解炉是原 SF 分解炉的改进型。它主要改进燃料和来自冷却机新鲜热空气的混合，使燃料充分燃烧，同时将预热后的生料分成上下两路，分别进入分解炉反应室和窑尾上升烟道，后者是为了降低窑尾废气温度，减少结皮的可能性，并使生料进一步预热，与燃料充分混合，以提高传热效率和生料分解率。回转窑窑尾上升烟道与 NSF 分解炉底部相连，使回转窑的高温热烟气从分解炉底部进入下涡壳，并与来自冷却机的热空气相遇，上升时与生料粉、煤粉等一起沿着反应室的内壁做螺旋式运动。上升到上涡壳经气体管道进入最下一级旋风筒。由于涡流旋风作用，使生料和燃料颗粒同气体发生混合和扩散作用，燃料颗粒燃烧时，在分解炉内看不见像回转窑内燃烧时那样明亮的火焰，燃料是一面在悬浮，一面在燃烧，同时把燃烧产生的热量，以强制对流的形式，立即直接传给生料颗粒，使碳酸钙分解，从而使整个炉内都形成燃烧区，炉内处于 800～900℃ 的低温无焰燃烧状态，温度比较均匀，使热效率提高，分解率可达 85%～90%。

（3）预分解窑工艺特点

预分解窑系统中回转窑有以下工艺特点。

① 由于入窑生料的碳酸钙分解率已达 85%～95%，因此，一般只把窑划分为三个带：从窑尾起到物料温度在 1300℃ 左右的地方，称为过渡带，主要是剩余的碳酸钙完全分解并进行固相反应，为物料进入烧成带做好准备；从物料出现液相到液相凝固止，即物料温度为 1300℃→1450℃→1300℃，称为烧成带；其余称为冷却带。在大型预分解回转窑中，几乎没有冷却带，温度高达 1300℃ 的物料立即进入冷却机骤冷，这样可改善熟料的质量，提高熟料的易磨性。

② 回转窑的长径比（L/D）减小、烧成带长度增加，表 2-5-6 为预分解窑系统及湿法回转窑的长径比和烧成带长度。由表可知，一般预分解回转窑的长径比约为 15，而华新厂的湿法回转窑的长径比高达 41。由于大部分碳酸钙分解过程外移到分解炉内进行，因此回转窑的热负荷明显减少，造成窑内火焰温度提高及长度缩短。由表可知，预分解窑烧成带长度一般为 （4.5～5.5）D，其平均值为 5.2D，而湿法窑一般小于 3D。

表 2-5-6　回转窑的长径比和烧成带长度

厂名	$D×L/m×m$	L/D	烧成带长度/m		备注
			M	$n×D$	
冀东水泥厂	4.7×74	15.7	26	5.5D	预分解窑
日本石川岛水泥厂	3.8×60	15.8	24	6.3D	
德国波利休斯水泥厂	4.5×67	14.9	25	5.5D	
邳县水泥厂	3×45	15	13.5～15	（4.5～5）D	
新疆水泥厂	3×45	15	13～14	（4.5～4.7）D	
华新水泥厂	3.5×145	41	8～10	（2.3～2.9）D	湿法窑

③ 由于预分解窑的单位容积产量高，使回转窑内物料层厚度增加，所以其转速也相应提高，以加快物料层内外受热达到均匀，一般窑转速为 2～3r/min，比普通窑转速快，使物

料在烧成带内的停留时间有所减少，一般为 10～15min。因为物料预热情况良好，窑内的生料不均匀现象大为减少，所以窑的转速较高，操作比较稳定。

④ 燃烧空气供给方式有三种，如图 2-5-10 所示。

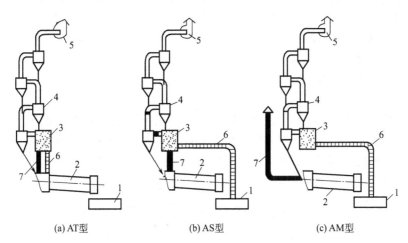

(a) AT型   (b) AS型   (c) AM型

图 2-5-10　窑外分解系统气体流动的三种基本类型
1—冷却机；2—回转窑；3—分解炉；4—预热器；5—排风机；6—三次风管；7—废气

a. AT 型　分解炉用燃烧空气从回转窑内通过并与窑气一起入炉。

b. AS 型　燃烧空气由专设风管（称为三次风管）引至窑后与出窑气体混合入炉或在炉内会合。

c. AM 型　燃烧空气经三次风管入分解炉，出窑气体不入炉而进入预热器。

AT 型不设专用风管，系统简单，投资少，并可适用于各种形式的冷却机，但需增加回转窑的直径达 20%，而且窑内通风过大，影响窑的操作，其生产能力的提高受到限制。AS 型虽然需要增设三次风管，且通常只能应用于箅式冷却机，但因回转窑的直径可不必加大，又可根据分解炉中热量的需要，燃烧所需的燃料，能大幅度提高生产效率，因此这是较普遍采用的一种流程。第三种流程可使入炉气体保持较高的氧气浓度，有利于燃烧及分解反应，相应可减小分解炉的尺寸，但系统较复杂，对大型双列预热器预分解窑较为适合。

预分解窑也和悬浮预热器窑一样，对原料的适应性较差，为避免结皮和堵塞，要求生料中碱（$K_2O + Na_2O$）的含量小于 1%，当碱含量大于 1% 时，则要求生料中的硫碱摩尔比为：

$$\frac{M_{SO_3}}{M_{K_2O} + \frac{1}{2}M_{Na_2O}} = 0.5 \sim 1.0 \qquad (2\text{-}5\text{-}4)$$

生料中的氯离子含量应小于 0.015%，燃料中的 SO_3 含量应小于 3.0%。

2.5.5　矿化剂及微量元素的作用

在熟料煅烧过程中，掺入少量矿化剂，对改善生料易烧性、加速水泥熟料矿物的形成、提高熟料质量、降低能耗等有明显的效果，特别是当煅烧石灰饱和系数高或原料中含碱及石英砂的生料时，加入矿化剂效果更明显。同时，原料和燃料中除主要氧化物 CaO、SiO_2、Fe_2O_3 和 Al_2O_3 之外，夹杂了一些其他微量氧化物，它们会直接影响熟料的煅烧反应和质量。

2.5.5.1 矿化剂的种类及常用矿化剂

（1）矿化剂的种类

能在水泥熟料煅烧过程中起矿化作用的物质种类很多，常用的有以下四类。

① 含氟化合物　如萤石（CaF_2）、NaF、Na_2SiF_6、$CaSiF_6$、$MgSiF_6$ 等。

② 硫酸盐　如石膏、磷石膏、氟石膏、$MnSO_4$、重晶石（$BaSO_4$）等。

③ 氯化物　如 $CaCl_2$、$NaCl$ 等。

④ 其他工业废渣　如铜矿渣、铁矿渣等。

（2）氟化钙的矿化作用

萤石（CaF_2）是使用最广泛、效果最好的一种矿化剂。其矿化机理如下。

① 氟离子破坏晶格　氟离子破坏了各原料组分的晶格，提高了生料的活性，促进碳酸盐的分解过程，加速固相反应。如对含 33％熔剂矿物（C_3A、MgO、C_4AF）的配合料，加入氟化钙后，碳酸钙分解数量增加。生料中碳酸钙含量的变化如表 2-5-7 所示。

表 2-5-7　不同温度下氟化钙对碳酸钙分解的影响

温度/℃	有 CaF_2/%	无 CaF_2/%	温度/℃	有 CaF_2/%	无 CaF_2/%
700	85.3	75.1	800	67.8	40.0

CaF_2 对结晶 SiO_2 和 $CaCO_3$ 的作用，一般认为，CaF_2 在高温蒸汽作用下产生氢氟酸（HF），再生成 SiF_4 和 CaF_2。其反应式为：

$$CaF_2 + H_2O \longrightarrow CaO + 2HF$$
$$4HF + SiO_2（结晶型）\longrightarrow SiF_4 + 2H_2O$$
$$2HF + CaCO_3 \longrightarrow CaF_2 + H_2O + CO_2$$

从而加速碳酸钙分解，破坏了 SiO_2 的四面体结构，即破坏了 Si—O 键，使之易于参加反应，因此可促进固相反应。

当原料中有长石等含碱矿物（如钾长石）时，加入萤石能降低它们的分解温度，加速它们的分解和挥发。CaF_2 分解产生的 CaO 活性很大，易于反应，而 HF 与 $CaCO_3$ 反应重新生成 CaF_2，这样可促进 $CaCO_3$ 分解。CaF_2 在 $1000 \sim 1200℃$ 时还能促使 C_3A 分解成 $C_{12}A_7$ 和 CaO，使析出的 CaO 与 C_2S 结合成 C_3S，增加 A 矿的含量，这在煅烧 Al_2O_3 含量高的生料时（如生产白水泥）影响较明显。

② 降低液相生成温度　在高温范围内，加入 CaF_2 后使液相出现温度降低，未掺加 CaF_2 矿化剂时烧成温度为 $1300℃ \rightarrow 1450℃ \rightarrow 1300℃$，加入 1％～3％$CaF_2$，可降低烧成温度 $50 \sim 100℃$，烧成温度为 $1200℃ \rightarrow 1450℃ \rightarrow 1200℃$，这实际上相对延长烧成带长度，增加物料的反应时间。此外，掺 CaF_2 还可降低液相黏度，有利于液相中质点的扩散，加速硅酸三钙的形成。

近来的研究表明，加入 CaF_2，能使硅酸三钙在低于 $1200℃$ 的温度下形成，硅酸盐水泥熟料可在 $1350℃$ 左右烧成，其熟料组成中含有 C_3S、C_2S、$C_{11}A_7 \cdot CaF_2$、C_4AF 等矿物，有时也可生成 C_3A 矿物，熟料质量良好，安定性合格。也可以使熟料在 $1400℃$ 以上温度烧成，获得普通矿物组成的水泥熟料。需注意的是，掺 CaF_2 矿化剂时，熟料应急冷，以防止 C_3S 分解而影响强度。

③ 硫化物的矿化作用　原料黏土或页岩中含有少量硫，燃料中带入的硫通常较原料中多，在回转窑内氧化气氛中，含硫化合物最终都被氧化成为三氧化硫，并分布在熟料、废气以及飞灰中。硫对熟料形成有强化作用，SO_3 能降低液相黏度，增加液相数量，有利于 C_3S 形成，可

以形成 $2C_2S \cdot CaSO_4$ 及无水硫铝酸钙 $4CaO \cdot Al_2O_3 \cdot SO_3$（简写为 $C_4A_3\bar{S}$）。$2C_2S \cdot CaSO_4$ 为中间过渡化合物，它于 1050℃ 左右开始形成，于 1300℃ 左右分解为 $\alpha'\text{-}C_2S$ 和 $CaSO_4$。

$C_4A_3\bar{S}$ 约在 900℃ 时开始分解为铝酸钙、氧化钙和三氧化硫，于 1400℃ 以上时大量分解。$C_4A_3\bar{S}$ 是一种早强矿物，因而在水泥熟料中含有适当数量的无水硫铝酸钙是有利的。

加入 SO_3 能降低液相出现温度，并能使液相黏度和表面张力降低，所以 SO_3 能明显地促进阿利特晶体的生长过程，有利于生长大晶体颗粒，但含硫酸盐的阿利特晶体的水硬性较弱，因此单独使用硫化物作矿化剂时必须注意这一点。表 2-5-8 为石膏矿化效果。

表 2-5-8　石膏矿化效果

$CaSO_4$/%	SO_3/%	游离 CaO/%				
		1200℃	1300℃	1350℃	1400℃	1450℃
0	0	18.98	8.66	5.38	2.48	-
2	1.41	16.48	0.94	0.77	0.75	0.57
4	2.82	15.43	0.45	0.47	0.38	0.66

（3）萤石-石膏复合矿化剂

两种或两种以上的矿化剂一起使用时称为复合矿化剂，最常用的是氟化钙（萤石）和石膏复合矿化剂。

掺入萤石和石膏复合矿化剂，熟料的形成过程比较复杂，影响因素较多，如与熟料组成（KH 高低、IM 大小等）、CaF_2/SO_3 比值、烧成温度高低等均有关系。不同条件生成的熟料矿物并不完全相同。氟、硫复合矿化剂的加入，在 900～950℃ 形成 $3C_2S \cdot 3CaSO_3 \cdot CaF_2$，当该四元过渡相在温度升高而开始消失的同时，物料内出现液相，因此对阿利特的形成有明显的促进作用，即能降低熟料烧成时液相出现的温度、降低液相的黏度，从而使阿利特的形成温度降低 150～200℃，促进了阿利特的形成。

试验表明，掺加氟、硫复合矿化剂后，硅酸盐水泥熟料可以在 1300～1350℃ 的较低温度下烧成，阿利特含量高，熟料中游离氧化钙含量低，还可形成 $C_4A_3\bar{S}$ 和 $C_{11}A_7 \cdot CaF_2$ 或者两者之一的早强矿物，因而熟料早期强度高。如果煅烧温度超过 1400℃，虽然早强矿物 $C_4A_3\bar{S}$ 和 $C_{11}A_7 \cdot CaF_2$ 分解，但形成的阿利特数量多，而且晶体发育良好，也同样可获得高质量的水泥熟料，其最终强度还高于低温烧成的熟料。

如前所述，掺复合矿化剂的硅酸盐水泥熟料，多采用高饱和系数、低硅率和高铝率配料方案。石膏掺量以熟料中 SO_3 含量在 1%～2% 为宜，萤石掺量以熟料中 CaF_2 含量在 0.8%～1.2% 为宜，氟硫比（CaF_2/SO_3）以 0.4～0.6 为宜。值得注意的是，掺氟、硫复合矿化剂的熟料，有时会出现闪凝或慢凝的不正常凝结现象。一般当饱和系数偏低、煅烧温度偏低、窑内出现还原气氛时，易出现闪凝现象。当煅烧温度过高、铝氧率偏低、饱和比偏高、MgO 和 CaF_2 含量偏高时，会出现慢凝现象。另外，还要注意复合矿化剂对窑衬的腐蚀和对大气的污染。

2.5.5.2　微量氧化物对熟料煅烧的影响

（1）碱

碱主要来源于原料。黏土与石灰石中有长石、云母等杂质，这些杂质都是含碱的铝酸盐。在使用煤作燃料时，有少量碱来自煤灰。物料在煅烧过程中，碱、氯碱首先挥发，碱的碳酸盐和硫酸盐次之，而存在于长石、云母、伊利石中的碱要在较高的温度下才能挥发。挥发的碱只有少量排入大气，其余部分随窑内烟气向窑低温区域运动时，会凝结在温度较低的生料上，对预热器窑来说，通常在最低二级预热器内就冷凝，然后又和生料一起进入窑内，温度升高时又挥发，这样就产生了碱循环，当碱循环富集到一定程度就会引起氯化碱（RCl）和硫酸碱（R$_2$SO$_4$）等化合物黏附在最低二级预热器锥体部分或卸料溜子，形成结皮，严重时会出现堵塞现象，影响正常生产，因此原料碱含量高时，对带旋风预热器的窑应采取旁路放风排碱。

微量的碱能降低最低共熔温度，降低熟料烧成温度，增加液相量，起助熔作用，对熟料性能并不造成多少危害，但碱含量高时会出现煅烧困难，同时碱和熟料矿物反应生成含碱矿物和固溶体，这将使 C$_3$S 难以形成，并增加游离氧化钙含量，因而影响熟料强度。

熟料中硫的存在，由于生成碱的硫化物，可以缓和碱的不利影响，水泥中碱含量高，由于碱易生成钾石膏（K$_2$SO$_4$·CaSO$_4$·H$_2$O），使水泥库结块和造成水泥快凝。碱还能使混凝土表面起霜（白斑）。当制造水工混凝土时，水中的碱能和活性集料发生"碱-集料反应"，产生局部膨胀，引起构筑物变形或开裂。

通常熟料碱含量以 Na$_2$O 计，应小于 1.3%，生产低热水泥用于水工建筑时，应小于0.6%，对旋风预热器窑和预分解窑，生料中碱（K$_2$O＋Na$_2$O）含量应小于 1%。

（2）氧化镁

石灰石中常含有一定数量的碳酸镁，分解出的氧化镁参与熟料的煅烧过程，有一部分与熟料矿物结合成固溶体，另一部分溶于玻璃相中，少量氧化镁能降低熟料的烧成温度，增加液相数量，降低液相黏度，有利于熟料的烧成，可起助熔剂的作用。氧化镁还能改善水泥色泽。少量氧化镁与 C$_4$AF 形成固溶体，能使 C$_4$AF 从棕色变为橄榄绿色，从而使水泥的颜色变为绿黑色。在硅酸盐水泥熟料中，氧化镁的固溶量可达 2%，多余的氧化镁呈游离状态，以方镁石存在，因此氧化镁含量过大时，会影响水泥的安定性。

① 氧化磷　熟料中氧化磷的含量一般极少，例如采用磷石灰或用含磷化合物作矿化剂时，可带入少量磷。当熟料中氧化磷（P$_2$O$_5$）含量在 0.1%～0.3% 时，可以提高熟料强度，这可能是由于 P$_2$O$_5$ 能与 C$_2$S 生成固溶体，从而稳定高温型的 C$_2$S。但含 P$_2$O$_5$ 高的熟料会导致 C$_3$S 分解，因而每增加 1% 的 P$_2$O$_5$，将会减少 9.9% 的 C$_3$S，增加 10.9% 的 C$_2$S，当 P$_2$O$_5$ 含量达 7% 左右时，熟料中 C$_3$S 含量将会减少到零。因此，当用含磷原料时，应注意适当减少原料中氧化钙含量，以免游离氧化钙过高，但由于这种熟料 C$_3$S/C$_2$S 的比值较低，因而强度发展较慢。当磷灰石含有氟时，它可以减少 C$_3$S 的分解，同时使熔剂生成温度降低，所以当原料中含磷时，可加入萤石以抵消部分 P$_2$O$_5$ 的不良影响。

② 氧化钛　黏土原料中含有少量的氧化钛（TiO$_2$），一般熟料中氧化钛含量不超过0.3%，当熟料中含有少量的氧化钛（0.5%～1.0%），由于它能与各种水泥熟料矿物形成固溶体，特别是对 β-C$_2$S 起稳定作用，可提高熟料的质量。但含量过多，则因与氧化钙反应生成没有水硬性的钙钛矿（CaO·TiO$_2$）等，消耗了氧化钙，减少了熟料中的阿利特含量，从而影响水泥强度。因此，氧化钛在熟料中的含量应小于 1%。

2.6　硅酸盐水泥的水化和硬化

水泥用适量的水搅拌后，形成能黏结砂石集料的可塑性浆体，随后逐渐失去塑性而凝结硬化为具有一定强度的石状体。同时，还伴随着水化放热、体积变化和强度增长等现象，这说明水泥拌水后产生了一系列复杂的物理、化学和物理化学现象。为了更好地应用水泥，必须了解水化硬化过程的机理，以便控制和改善水泥的性能。由于水泥熟料是多种矿物的集合体，与水的作用比较复杂，因此应首先研究水泥单矿物的水化反应，然后再研究水泥总的水化硬化过程。

2.6.1 熟料单矿物的水化和水泥的水化

2.6.1.1 熟料矿物水化的原因

水泥熟料矿物为什么能与水发生反应，主要原因一是熟料矿物结构的不稳定性，需通过水化反应形成水化产物达到稳定状态；二是熟料矿物中钙离子的氧离子配位不规则，晶体结构有"空洞"，易于发生水化反应。

造成熟料矿物结构不稳定的原因如下。

① 熟料烧成后的快速冷却，使其保留了介稳状态的高温型晶体结构。

② 工业熟料中的矿物不是纯的 C_3S、C_2S 等，而是阿利特和贝利特等有限固溶体。

③ 微量元素的掺杂使晶格排列的规律性受到某种程度的影响。

需要注意的是，水化反应快慢与最终强度没有直接关系。例如，C_3S 水化快，但强度绝对值并不高，而 $\beta\text{-}C_2S$ 虽然水化慢，但最终强度却很高，水化反应速率只与矿物水化快慢有关，而强度则与浆体结构形成有关。

2.6.1.2 熟料单矿物的水化

(1) 硅酸三钙的水化

硅酸三钙在水泥熟料中的含量约占 50%，有时高达 60%，因此它的水化作用、产物及其所形成的结构对硬化水泥浆体的性能有很重要的影响。

硅酸三钙在常温下的水化反应，大体上可用下面的反应式表示：

$$3CaO \cdot SiO_2 + nH_2O \longrightarrow xCaO \cdot SiO_2 \cdot yH_2O + (3-x)Ca(OH)_2 \qquad (2\text{-}6\text{-}1)$$

简写为

$$C_3S + nH \longrightarrow C\text{-}S\text{-}H + (3-x)CH$$

C-S-H 是一种成分复杂的无定形物质，故也称为 C-S-H 凝胶，有时也被笼统地称为水化硅酸钙。它是水泥石强度的主要提供者。

C-S-H 凝胶其 CaO/SiO_2 分子比（简写成 C/S）和 H_2O/SiO_2 分子比（简写为 H/S）都在较大范围内变动，其组成与它所处的液相的 $Ca(OH)_2$ 浓度有关，如表 2-6-1 所示。

表 2-6-1　C-S-H 凝胶与液相 $Ca(OH)_2$ 浓度的关系

$Ca(OH)_2$ 含量	C/S 比值	产物
<0.06g/L 或<1mmol/L	—	氢氧化钙和硅酸凝胶
0.06~0.112g/L 或 1~2mmol/L	—	水化硅酸钙和硅酸凝胶
0.112~1.12g/L 或 2~20mmol/L	0.8~1.5	C-S-H（Ⅰ），即(0.8~1.5)$CaO \cdot SiO_2 \cdot$ (0.5~2.5)H_2O
>1.12g/L 或>20mmol/L	1.5~2.0	C-S-H（Ⅱ），即(1.5~2.0)$CaO \cdot SiO_2 \cdot$ (1~4)H_2O

C-S-H（Ⅰ）和 C-S-H（Ⅱ）的尺寸都非常小，接近于胶体范畴。在显微镜下，C-S-H（Ⅰ）为薄片状结构；而 C-S-H（Ⅱ）为纤维状结构，像一束棒状或板状晶体，它的末端有典型的扫帚状结构。

氢氧化钙（CH）是一种具有固定组成的晶体。当晶粒粗大时，会造成水泥石强度下降；它的存在使水泥石体系处于较高碱度，具有稳定 C-S-H 凝胶的作用。

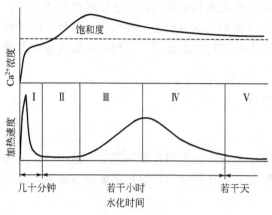

图 2-6-1 C₃S水化放热速度和Ca²⁺浓度变化曲线

硅酸三钙的水化反应速率很快，其水化过程根据水化放热速度与时间的关系，可分为五个阶段，如图 2-6-1 所示。

① 初始水解期（Ⅰ）　加水后立即发生急剧反应迅速放热，Ca^{2+} 和 OH^- 迅速从 C_3S 粒子表面释放，几分钟内 pH 值上升超过 12，溶液具有强碱性，此阶段约在 15min 内结束。

② 诱导期（Ⅱ）　此阶段水解反应很慢，又称为静止期或潜伏期，浆体中 $Ca(OH)_2$ 浓度达到饱和，开始具有一定的流动性，结束时，失去流动性。一般维持 2～4h。

③ 加速期（Ⅲ）　反应重新加快，反应速率随时间而增大，出现第二个放热峰，在峰顶达最大反应速率，相应为最大放热速度。浆体中 $Ca(OH)_2$ 过饱和，析出 $Ca(OH)_2$ 晶体并填充空隙，逐渐失去可塑性，开始早期硬化。加速期处于 4～8h。

④ 衰减期（Ⅳ）　反应速率随时间下降，又称为减速期。产生的原因是水化产物 CH 和 C-S-H 从溶液中结晶出来而在 C_3S 表面形成包裹层，能够渗入包裹层参与水化反应的水越来越少，从而减缓水化反应速率。衰减期处于 12～24h。

⑤ 稳定期（Ⅴ）　反应速率很低且基本稳定，直到水化结束。原因是产物层增厚，阻碍了水的进入。

由此可见，在加水初期，水化反应非常迅速，但反应速率很快就变得相当缓慢，开始进入诱导期，在诱导期末水化反应重新加速，生成较多的水化产物，然后，水化反应速率随时间的增长而逐渐下降。影响诱导期长短的因素较多，主要是水固比、C_3S 的细度、水化温度以及外加剂等。诱导期的终止时间与初凝时间有一定的关系，而终凝时间则大致发生在加速期的中间阶段。图 2-6-2 为 C_3S 水化各阶段示意图。

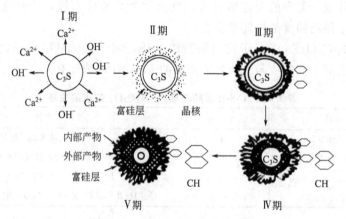

图 2-6-2　C₃S水化各阶段示意图

有关诱导期的开始及其终止的原因，即诱导期的本质，存在着不同看法。如保护膜假说，即斯坦因（H. N. Stein）等认为诱导期是由于水化产物形成保护膜，当保护膜破坏时，诱导期结束；晶核形成延缓理论，即泰卓斯（M. E. Tadros）等认为诱导期是由于氢氧化钙或 C-S-H 或它们两者的晶核形成和生长都需要一定时间，从而使水化延缓所致。现在大部分学说都认为,在 C_3S 颗粒上形成了表面层后,硅酸根离子就难以进入溶液,从而使反应延缓。在过饱和条件下所形成的产物,往往靠近颗粒表面析出,同时又呈无定形,难以精确检测。因此有关表面层的组成和结构,各方面的结论不尽相同。在诱导期间,表面层虽有增厚,但表面层的去除又是快速反应重新开始的重要条件。而水化产物晶核的形成和生长,却是与诱导期结束的时间相一致的。

(2) 硅酸二钙的水化

在常温下,C_2S 水化反应如下:

$$2CaO \cdot SiO_2 + nH_2O \longrightarrow xCaO \cdot SiO_2 \cdot yH_2O + (2-x)Ca(OH)_2 \qquad (2\text{-}6\text{-}2)$$

简写为

$$C_2S + nH \longrightarrow C\text{-}S\text{-}H + (2-x)CH$$

$\beta\text{-}C_2S$ 的水化与 C_3S 相似,也有诱导期、加速期等,只不过水化反应速率很慢,约为 C_3S 的 1/20。所形成的水化硅酸钙在 C/S 和形貌方面与 C_3S 水化生成物的都无太大区别,故也称为 C-S-H 凝胶。但 CH 生成量比 C_3S 少,结晶也比 C_3S 的粗大些。

(3) 铝酸三钙的水化

铝酸三钙与水反应迅速,放热快,其水化产物的组成和结构受液相氧化钙、氧化铝离子浓度和温度的影响显著。

① C_3A 单独水化   在常温下,其水化反应依下式进行:

$$2(3CaO \cdot Al_2O_3) + 27H_2O \longrightarrow 4CaO \cdot Al_2O_3 \cdot 19H_2O + 2CaO \cdot Al_2O_3 \cdot 8H_2O$$
$$(2\text{-}6\text{-}3)$$

简写为

$$2C_3A + 27H \longrightarrow C_4AH_{19} + C_2AH_8$$

C_4AH_{19} 在低于 85% 的相对湿度下会失去 6mol 的结晶水而成为 C_4AH_{13}。C_4AH_{19}、C_4AH_{13} 和 C_2AH_8 都是片状晶体,在常温下处于介稳状态,有向 C_3AH_6 等轴晶体转化的趋势。

$$C_4AH_{13} + C_2AH_8 \longrightarrow 2C_3AH_6 + 9H$$

上述反应随温度升高而加速。在温度高于 35℃时,C_3A 会直接生成 C_3AH_6:

$$3CaO \cdot Al_2O_3 + 6H_2O \longrightarrow 3CaO \cdot Al_2O_3 \cdot 6H_2O \qquad (2\text{-}6\text{-}4)$$

即

$$C_3A + 6H \longrightarrow C_3AH_6$$

C_3A 水化反应速率快,水化热多,使温度升高,促使反应速率加快,产生急凝,而很快使浆体失去流动性。

② C_3A 在饱和 CaO 液相中的水化   当液相 CaO 浓度达到饱和状态时,C_3A 还可能依下式水化:

$$3CaO \cdot Al_2O_3 + Ca(OH)_2 + 12H_2O \longrightarrow 4CaO \cdot Al_2O_3 \cdot 13H_2O \qquad (2\text{-}6\text{-}5)$$

即

$$C_3A + CH + 12H \longrightarrow C_4AH_{13}$$

在水泥浆体的碱性液相中,CaO 浓度往往达到饱和或过饱和,在水泥颗粒表面形成大量的 C_4AH_{13}(六方片状晶体),其数量迅速增多,足以阻碍粒子的相对移动,据认为这是使浆体产生瞬时凝结的一个主要原因。

③ 在石膏存在条件下的水化   在有石膏的情况下,最初发生的基本反应如下:

$$3CaO \cdot Al_2O_3 + 3(CaSO_4 \cdot 2H_2O) + 26H_2O \longrightarrow 3CaO \cdot Al_2O_3 \cdot 3CaSO_4 \cdot 32H_2O$$
$$(2\text{-}6\text{-}6)$$

即

$$C_3A + 3C\bar{S}H_2 + 26H \longrightarrow C_3A \cdot 3C\bar{S} \cdot H_{32}$$

而 C_3A 水化的最终产物与其石膏掺量有关,如表 2-6-2 所示。

表 2-6-2 C_3A 的水化产物

实际参加反应的 $C\bar{S}H_2/C_3A$ 摩尔比	水化产物
3.0	钙矾石（AFt）
1.0~3.0	钙矾石＋单硫型水化硫铝酸钙（AFm）
1.0	单硫型水化硫铝酸钙（AFm）
<1.0	单硫型固溶体[$C_3A(C\bar{S},CH)H_{12}$]
0	水化石榴子石（C_3AH_6）

由表 2-6-2 可看出，所形成的三硫型水化硫铝酸钙，称为钙矾石。由于其中的铝可被铁置换而成为含铝、铁的三硫型水化硫铝酸盐相，故常用 AFt 表示。

若 $CaSO_4 \cdot 2H_2O$ 在 C_3A 完全水化前耗尽，则钙矾石与 C_3A 作用转化为单硫型水化硫铝酸钙（AFm），反应式如下：

$$C_3A \cdot 3C\bar{S} \cdot H_{32} + 2C_3A + 4H \longrightarrow 3(C_3A \cdot 3C\bar{S} \cdot H_{12}) \qquad (2\text{-}6\text{-}7)$$

若石膏掺量极少，在所有钙矾石转变成单硫型水化硫铝酸钙后，还有 C_3A，那么形成 $C_3A \cdot 3C\bar{S} \cdot H_{12}$ 和 C_4AH_{13} 的固溶体。

（4）铁相固溶体的水化

水泥熟料中的一系列铁相固溶体除可用 C_4AF 作为代表，也可用 F_{ss} 表示。它的水化反应速率比 C_3A 略慢，水化热较低，即使单独水化也不会引起快凝，其水化反应及其产物与 C_3A 很相似。氧化铁基本上起着与氧化铝相同的作用，相当于 C_3A 中一部分氧化铝被氧化铁所置换，生成水化铝酸钙和水化铁酸钙的固溶体。

在常温下，无石膏时，水化反应如下：

$$C_4AF + 4CH + 22H \longrightarrow 2C_4(A,F)H_{13} \qquad (2\text{-}6\text{-}8)$$

当温度超过 20℃，六方片状的 $C_4(A,F)H_{13}$ 要转变成 $C_3(A,F)H_6$；而温度高于 50℃ 时，C_4AF 直接水化生成 $C_3(A,F)H_6$。

掺有石膏时的反应也与 C_3A 大致相同。当石膏充分时，形成铁置换过的钙矾石固溶体 $C_3(A,F) \cdot 3C\bar{S} \cdot H_{32}$；而石膏不足时，则形成单硫型固溶体。并且同样有两种晶型的转化过程。在石灰饱和溶液中，石膏使放热速度变得缓慢。

2.6.1.3 硅酸盐水泥的水化

（1）水化反应体系特点

硅酸盐水泥由多种熟料矿物和石膏共同组成，其水化基本上是在 $Ca(OH)_2$ 和石膏的饱和溶液或过饱和溶液中进行，并且还会有 K^+、Na^+ 等离子。熟料首先在此溶液中解体、分散，悬浮在液相中，各单体矿物进行水化，水化产物彼此间化合，之后水化产物凝结、硬化，发挥强度。因此，水泥水化过程实际上经历以下几个阶段：熟料解体—水化—水化产物凝聚—水泥石。开始阶段是解体、水化占主导作用，以后是凝聚占主导作用。

（2）水化反应及水化产物

当水泥加水后，C_3A、C_3S 和 C_4AF 很快与水反应，同时石膏迅速溶解，C_3S 水化时析出 $Ca(OH)_2$，逐渐形成 $Ca(OH)_2$ 和 $CaSO_4$ 的饱和溶液，水化产物首先出现六方板状的 $Ca(OH)_2$ 与针状的 AFt 相以及无定形的 C-S-H。之后，由于不断生成 AFt 相，$Ca(OH)_2$ 不断减少，继而形成 AFm 相、C-A-H 晶体和 $C_4(A,F)H_{13}$ 晶体。

一般认为，石膏的存在可略加速 C_3S 和 C_2S 的水化，并有一部分硫酸盐进入 C-S-H 凝胶。更重要的是，石膏的存在改变了 C_3A 的反应过程，使之形成钙矾石。当溶液中石膏耗尽，还有多余 C_3A 时，C_3A 与钙矾石作用生成单硫型水化硫铝酸钙，碱的存在使 C_3S 的水化加快，水化硅酸钙中的 C/S 增大。石膏也可与 C_4AF 作用生成三硫型水化硫铝（铁）酸钙固溶体。在石膏不足的情况下，亦可生成单硫型水化硫铝（铁）酸钙固溶体。

因此，水泥的主要水化产物是氢氧化钙、C-S-H 凝胶、水化硫铝酸钙和水化硫铝（铁）酸钙以及水化铝酸钙、水化铁酸钙等。

（3）水化过程

硅酸盐水泥水化过程与 C_3S 的基本相同，图 2-6-3 为硅酸盐水泥在水化过程中的放热曲线。据此可将水泥的水化过程简单地划分为三个阶段。

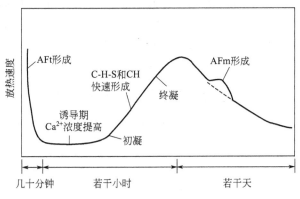

图 2-6-3　硅酸盐水泥的水化放热曲线

① 钙矾石形成期　C_3A 率先水化，在石膏存在的条件下，迅速形成钙矾石，这是导致第一个放热峰的主要因素。

② C_3S 水化期　C_3S 开始迅速水化，大量放出热量，形成第二个放热峰。有时会在第三个放热峰或在第二个放热峰上出现一个"峰肩"，一般认为是由于钙矾石转化成单硫型水化硫铝（铁）酸钙而引起的。当然，C_2S 和铁相也不同程度参与了这两个阶段的反应，生成相应的水化产物。

③ 结构形成和发展期　放热速度很低并趋于稳定，随着各种水化产物的增多，填入原先由水所占据的空间，再逐渐连接并相互交织，发展成硬化的浆体结构。

2.6.1.4　影响水泥水化反应速率的因素

（1）水化反应速率的表示方法

水化反应速率影响着水泥强度的发挥和安定性。水化反应速率是指单位时间内水泥水化程度或水化深度。水化程度是指一定时间内发生水化的水泥量与完全水化量的比值，以百分率表示。

水化深度和水化程度之间存在直接关系。图 2-6-4 为水泥颗粒的水化深度示意图，阴影部分表示已经水化部分。若假定在水化过程中能始终保持球形，且密度不变，则水化深度和水化程度之间的关系可用如下公式表示：

$$h = \frac{d_m}{2}(1 - \sqrt[3]{1-a}) \qquad (2\text{-}6\text{-}9)$$

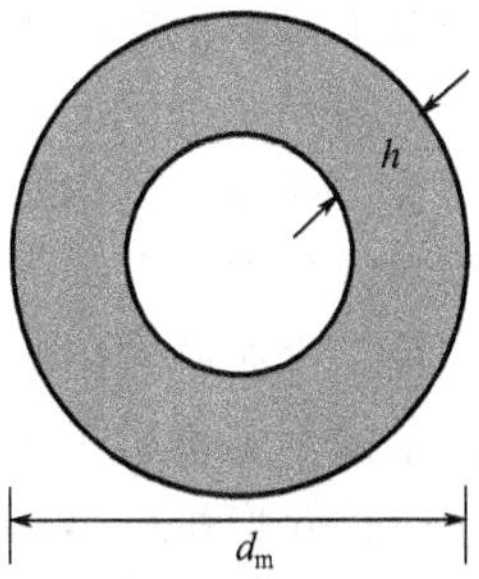

式中，h 为水化深度；d_m 为平均直径；a 为水化程度。

测量水泥水化程度的方法有直接法和间接法。直接法可定量

图 2-6-4　水泥颗粒的水化深度示意图

地测量已水化和未水化部分的数量，如岩相法、X射线定量法和热分析法等；间接法是指测定结合水、水化热或$Ca(OH)_2$生成量等方法。需注意的是，水化反应速率必须在颗粒粗细、水灰比以及水化温度等条件一定的情况下才能加以比较。

（2）水泥水化反应速率的因素

影响水泥水化反应速率的因素有熟料矿物组成与结构、水泥细度、加水量、养护温度以及外加剂的性质等。

① 熟料矿物组成与结构　水泥熟料水化反应速率主要与矿物的晶体结构有关，如C_3A晶体中Ca^{2+}周围的O^{2-}排列极不规则，距离不等，造成很大的"空洞"，水分子容易进入，因此水化反应速率很快；而C_2S晶体堆积比较紧密，水化产物又易形成保护膜，因此水化反应速率最慢。不同测试方法所得各单矿物的水化反应速率虽不完全一致，但一般都认为，熟料中四种主要矿物的水化反应速率顺序（28d前）为$C_3A>C_4AF>C_3S>C_2S$；3~6月的水化反应速率顺序为$C_3S>C_3A>C_4AF>C_2S$（表2-6-3）。

表2-6-3　熟料矿物的水化程度及水化深度

类别	矿物	水化时间				
		3d	7d	28d	3月	6月
水化程度/%	C_3S	33.2	42.3	65.5	92.2	93.1
	C_2S	6.7	9.6	10.3	27.0	27.4
	C_3A	78.1	76.4	79.7	88.3	90.8
	C_4AF	64.3	66.0	68.8	86.5	89.4
水化深度($d_m=50\mu m$)/μm	C_3S	3.1	4.2	7.5	14.3	14.7
	C_2S	0.6	0.8	0.9	2.5	2.8
	C_3A	9.9	9.6	10.3	12.8	13.7
	C_4AF	7.3	7.6	8.0	12.2	13.2

② 水泥细度　水泥细度越细，反应物的接触面积越大，反应速率越快；在磨细的过程中，会使水泥晶格扭曲程度增大，晶格缺陷增多，反应活性提高，而使水化反应易于进行。细度增加使早期水化反应和强度提高，对后期强度没有很多益处。一般认为，水泥颗粒粉磨至粒径小于$40\mu m$，水化活性较高，技术经济较合理。

③ 加水量　加水量，即水灰比。适当增大水灰比，可以增大水与未水化颗粒的接触，使整体的水化反应速率加快。但是水灰比过大时，由于水分太多会使水泥石结构中产生较多孔隙，而降低水泥强度。一般控制水量为化学反应所需水量的一倍左右。

④ 养护温度　水泥水化温度越高，水化反应速率越快。熟料中含有多种矿物，有些提高温度对其水化反应速率影响不大，如C_3A；但有些会显著提高水化反应速率，如β-C_2S。养护温度对水化反应速率的影响主要在早期，对后期影响不大。当温度低于$-10℃$时，水泥基本不再发生水化反应。

⑤ 外加剂　外加剂是为了改进水泥净浆、砂浆和混凝土的某些性能而掺入的少量物质。常用的外加剂有三种，即促凝剂、促硬剂及延缓剂。绝大多数无机电解质都有促进水泥水化的作用。水泥中常用的为$CaCl_2$，还有水玻璃、氯酸钠、碳酸钠和三乙醇胺等也常用作促凝剂。早强剂也称为快硬剂，主要是为了加速水泥的水化和硬化，对硅酸三钙和硅酸二钙的水化产生催化作用，提高水泥的早期强度，水泥中常用的早强剂是三乙醇胺。大多数有机外加剂对水化有延缓作用，最常使用的是木质磺酸钙、酒石酸、柠檬酸、葡萄糖酸钠及硼酸盐等。

采用不同外加剂，能改变水泥浆的物理化学性质，因而也能获得不同的反应速率，满足工程的实际需要。

2.6.2 硅酸盐水泥的凝结硬化

2.6.2.1 凝结硬化过程及概念

水泥的凝结硬化过程是指水泥加水拌成的浆体，起初具有流动性和可塑性，随着水化反应的不断进行，浆体逐渐失去流动性，转变为具有一定强度的固体的过程。凝结即是浆体失去流动性和部分可塑性，具有塑性强度；而硬化是指完全失去可塑性，具有一定的机械强度。

水化是凝结硬化的前提，而凝结硬化则是水化的结果。从整体来看，凝结与硬化是同一过程中的不同阶段。凝结标志着水泥浆失去流动性而具有一定的塑性强度。硬化则表示水泥浆固化后所建立的结构具有一定的机械强度。

2.6.2.2 凝结硬化机理

有关水泥凝结硬化过程的看法，历来是有争论的。

（1）结晶理论

1887年，吕·查德里提出结晶理论。他认为水泥之所以能产生胶凝作用，是由于水化生成的晶体互相交叉穿插，联结成整体的缘故。按照这种理论，水泥的水化、硬化过程是：水泥中各熟料矿物首先溶解于水，与水反应，生成的水化产物，由于溶解度小于反应物的溶解度，所以就结晶沉淀出来。随后熟料矿物继续溶解，水化产物不断沉淀，如此溶解-沉淀不断进行。按此理论说法，水泥的水化和普通化学反应一样，是通过液相进行的，即所谓溶解-沉淀过程，再由水化产物的结晶交联而凝结、硬化，其情况与石膏相同。

（2）胶体理论

1892年，米哈艾利斯（W. Michaelis）又提出了胶体理论。他认为水泥水化以后生成大量胶体物质，再由于干燥或未水化的水泥颗粒继续水化产生"内吸作用"而失水，从而使胶体凝聚变硬。胶体理论是将水泥水化反应定义为固相反应的一种类型，认为不需要经过矿物溶解于水的阶段，而是固相直接与水反应生成水化产物，即所谓局部化学反应。之后通过水分的扩散作用，使反应界面由颗粒表面向内延伸，继续进行水化。按此说法，凝结、硬化是胶体凝聚成刚性凝胶的过程，与石灰或硅溶胶的情况基本相似。

（3）拜依柯夫理论

拜依柯夫（А. А. Ъоиков）在结晶理论和胶体理论基础上加以发展，把水泥的硬化分为溶解、胶化和结晶三个时期。

① 溶解期　即水泥遇水后，颗粒表面开始水化，可溶性物质溶于水中至溶液达饱和。

② 胶化期　固相生成物从饱和溶液中析出，因为过饱和程度较高，所以沉淀为胶体颗粒，或者直接由固相反应生成胶体析出。

③ 结晶期　生成的胶粒并不稳定，能重新溶解再结晶而产生强度。

随着科学技术的发展，结晶理论和胶体理论的对立，现在似乎有了比较统一的认识。实际上这两种观点的对立，在某种程度上看，仅仅是术语的问题，也就是如何理解凝胶的问题，从现代观点来看，许多水化产物实际上是胶体尺寸的晶体，即其水化产物尺寸是属于胶体，但其内部结构仍然是晶体，只不过晶体细小，不完整而已。

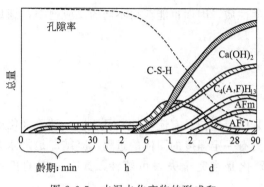

图 2-6-5 水泥水化产物的形成和
浆体结构发展示意图

（4）洛赫尔理论

洛赫尔（F. W. Locher）等从水化产物形成及其发展的角度，把整个硬化过程分为三个阶段。如图 2-6-5 所示，图中概括地表明了各主要水化产物的生成情况及形象地描述了浆体结构的形成过程。

① 第一阶段 由水泥拌水起到初凝为止，C_3S 和水迅速反应生成 $Ca(OH)_2$ 饱和溶液，并从中析出 $Ca(OH)_2$ 晶体。同时，石膏也很快进入溶液和 C_3A 反应生成细小的钙矾石晶体。

在此阶段，由于水化产物尺寸细小，数量又少，不足以在颗粒间架桥相连，网状结构未能形成，水泥浆呈塑性状态，孔隙率没有显著下降。

② 第二阶段 从初凝起至 24h 为止，水泥水化开始加速，生成较多的 $Ca(OH)_2$ 和钙矾石晶体。同时水泥颗粒上长出纤维状的 C-S-H。在这个阶段中，由于钙矾石晶体的长大以及 C-S-H 的大量形成，产生强（结晶的）、弱（凝聚的）不等的接触点，将各颗粒初步连接成网，而使水泥浆凝结。随着接触点数目的增加，网状结构不断加强，强度相应增大。剩余在颗粒间的非结合水就逐渐被分割成各种尺寸的水滴，填充在相应大小的孔隙之中，孔隙率明显减小，网状结构不断致密。

③ 第三阶段 24h 以后直到水化结束。通常此阶段石膏已经被耗尽，所以钙矾石开始转化为单硫型水化硫铝酸钙，还可能会形成 $C_4(A,F)H_{13}$。随着水化的进行，C-S-H、$Ca(OH)_2$、$C_3A \cdot C\overline{S} \cdot H_{12}$、$C_4(A,F)H_{13}$ 等水化产物的数量不断增加。随着水化结束，水泥石中孔隙率不断减小，结构更加致密，强度相应提高。

综上所述，每种说法虽有不同，但也存在一致性。即水泥的水化反应开始为化学反应所控制，随着水化产物层的增厚，扩散速度成为决定性因素；各种水化产物通过晶体相互搭接、交叉攀附使水泥颗粒与水化产物连接，构成牢固结合、密实的整体。

2.6.3 硬化水泥浆体的组成与结构

硬化水泥浆体是一个非均质的多相体系，由各种水化产物和残存熟料所构成的固相以及存在于孔隙中的水和空气所组成，所以是固-液-气三相多孔体。它具有一定的机械强度和孔隙率，因其外观和其他性能又与天然石材相似，通常又称为水泥石。

2.6.3.1 水泥石的组成

水泥石的主要组成来自于水泥浆体水化反应后所得的水化产物，包括：结晶度较差、呈无定形的水化硅酸钙 C-S-H 凝胶；结晶较好的氢氧化钙、钙矾石、单硫型水化硫铝酸钙以及水化铝酸钙等晶体。同时，部分未水化的熟料颗粒和极少量的无定形氢氧化钙、玻璃质、有机外加物等也夹杂在水泥石中。

戴蒙德对水泥石的组成进行了统计分析。即在充分水化的水泥浆体中，各种组成的质量分数可做如下估计：C-S-H 凝胶在 70% 左右，$Ca(OH)_2$ 约 20%，钙矾石和单硫型水化硫铝酸钙等约 7%，未水化的残留熟料和其他微量组分约有 3%。需特别注意的是，很多水泥浆体并未达到完全水化的程度，未水化的残留熟料较多，其他组成的比例即相应减少。

（1）C-S-H 凝胶

C-S-H 凝胶是水泥石的主要部分，约占固相的 2/3。如前所述，C-S-H 凝胶的组成不定，其 C/S 在较大范围内变动，而 C/S 比随液相中 $Ca(OH)_2$ 浓度的提高而增大。

另外，C-S-H 凝胶中还存在着不少种类的其他离子。几乎所有的 C-S-H 凝胶都含有相当数量的 Ca、Si、Al、Fe、S；还有少量的 Mg、K、Na 等，个别还有 Ti 和 Cl 的痕迹。而且测定数据都很分散，说明各个颗粒的组成又有所不同，存在相当明显的差异。表 2-6-4 为 C-S-H 等水化产物组成。

表 2-6-4　C-S-H 等水化产物组成实测结果

水化产物	组成/%									
	Ca	Si	Al	Fe	S	Mg	K	Na	Ti	Cl
C-S-H	10.0	5.7	0.5	0.1	0.8	0.4	0.1	<0.1	<0.1	<0.1
AFt 相	9.94	0.63	3.44	0.13	3.35	0.06	0.19	—	—	—
AFm 相	9.9	0.55	5.30	0.15	0.7	0.05	0.1	—	—	—

C-S-H 呈无定形的胶体状，其结晶程度较差，即使经过很长时间，结晶度仍然提高不多。

戴蒙德用 SEM 观测水泥浆体中 C-S-H 凝胶，发现其呈现以下四种不同的形貌。

① 纤维状粒子　称为Ⅰ型 C-S-H，为水化初期从水泥颗粒向外辐射生长的细长条物质。长 $0.5 \sim 2\mu m$，宽一般小于 $0.2\mu m$，通常在尖端上有分叉现象，也可能呈现板条状或卷箔状薄片、棒状、管状等形态。

② 网络状粒子　称为Ⅱ型 C-S-H，呈互相连锁的网状构造。其组成单元也是一种长条形粒子，截面积与Ⅰ型相同，但每隔 $0.5\mu m$ 左右就叉开，而且叉开角度相当大。由于粒子间叉枝的交结，并在交结点相互生长，从而形成连续的三维空间网。

③ 等大粒子　称为Ⅲ型 C-S-H，为小而不规则、三向尺寸近乎相等的球状颗粒，也有扁平碟状，一般不大于 $0.3\mu m$。可能是水化过程产生的包裹膜中较为多孔的部分以及沉积在膜内侧的 C-S-H。通常在水泥水化一定程度后才明显出现，在硬化浆体中占相当数量。

④ 内部产物　称为Ⅳ型 C-S-H，即处于水泥粒子原始周界以内的 C-S-H，外观似斑驳状。通常认为是通过局部化学反应的产物，比较致密，具有规整的孔隙。其典型的颗粒或孔的尺寸不超过 $0.1\mu m$。

一般来说，水化产物的形貌与其可能获得的生长空间有很大关系。除上述形态外，还可能在不同场合观测到呈薄片状、麦管状、珊瑚状以及花朵状等各种形貌。C-S-H 凝胶的形貌在很大程度上取决于形成时所占的空间以及形成的速度，而在形成以后再经受干燥或断裂等过程中，又会发生进一步的变化。

（2）氢氧化钙

与 C-S-H 不同，氢氧化钙具有固定的化学组成，纯度较高，仅可能含有极少量的 Si、Fe 和 S，结晶良好，属于三方晶系，具有层状构造，有彼此联结的 $Ca(OH)_2$ 八面体结构。结构层内为离子键，结合较强；而结构层之间则为分子键，层间联系较弱，可能为硬化水泥浆体受力时的一个裂缝策源地。

在水化初期，$Ca(OH)_2$ 常呈薄的六方板状，宽约几十微米，在浆体孔洞内生长的 $Ca(OH)_2$ 晶体，有时长得很大，甚至肉眼可见，随后，长大变厚呈叠片状。水化后期，较多的 $Ca(OH)_2$ 晶体在充水空间中成核并结晶析出。其特点是只在现有的空间中生长，如遇

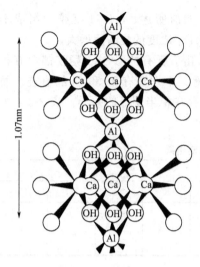

图 2-6-6 钙矾石相的结构单元

到阻挡，则会朝另外方向转移并长大，甚至会绕过水化中的水泥颗粒而将其完全包裹起来，从而使其实际所占的体积有所增加。

此外，在水泥浆体中，还有部分 $Ca(OH)_2$ 会以无定形或隐晶质的状态存在。据报道，在水灰比过低的条件下，$Ca(OH)_2$ 的结晶程度相应有所降低。

（3）钙矾石

钙矾石是典型的 AFt 相，属于三方晶系，为细棱柱形结晶体。其基本组成单元（图 2-6-6）是以组成为 $Ca_6[Al(OH)_6]_2 \cdot 24H_2O$ 的柱状物为基础的。

在适当条件下，有相当广泛的阴离子能与氧化钙、氧化铝和水结合成"三盐"或"高盐"型的四元水化合物，其通式为：$C_3A \cdot 3CaX \cdot mH_2O$。式中，X 为二价阴离子，可为 SO_4^{2-}、CO_3^{2-}；如为一价阴离子，则为 Cl_2^{2-}、$(OH)_2^{2-}$ 等；m 在完全水化状态下，通常为 $30 \sim 32$。因此，钙矾石不能用 $C_6A\bar{S}_3H_{32}$ 精确地表示其化学式，而常用 AFt 相来表示。

（4）单硫型水化硫铝酸钙

单硫型水化硫铝酸钙是典型的 AFm 相，也属于三方晶系，呈层状结构，其基本层状结构单元为 $[Ca_2Al(OH)_6]^+$，层之间则为 0.5 个分子 SO_4^{2-} 以及 3 个分子 H_2O。与钙矾石相似，也有很多种类的阴离子可以占据层间的位置，其通式为：$C_3A \cdot 3CaY \cdot nH_2O$。式中，Y 为 SO_4^{2-}、CO_3^{2-}、Cl_2^{2-} 等；n 在完全水化时通常为 $10 \sim 12$。

与钙矾石相比，单硫酸盐含结构水少，密度大，所以当接触到各种来源的 SO_4^{2-} 而转变为钙矾石时，结构水增加，密度减小，从而引发体积膨胀，这是引起硬化水泥浆体体积变化的一个主要原因。

在水泥浆体中，单硫型水化硫铝酸钙井始为不规则的板状，成簇生长或呈花朵状，再逐渐发展为很好的六方板状。各种水化产物的基本特征如表 2-6-5 所示。

表 2-6-5 水泥硬化浆体中各种水化产物的基本特征

名称	密度/(g/cm³)	结晶程度	形貌	尺寸	鉴别手段
C-S-H	2.3～2.6	极差	纤维状、网络状、皱箔状等大颗粒，水化后期不易分辨	$1\mu m \times 0.1\mu m$，厚度 $<0.01\mu m$	扫描电镜
氢氧化钙	2.24	良好	六方板状	0.01～0.1mm	光学显微镜、扫描电镜
钙矾石	1.75	好	带棱针状	$10\mu m \times 0.5\mu m$	光学显微镜、扫描电镜
单硫型水化硫铝酸钙	1.95	尚好	六方薄板状、不规则花瓣状	$1\mu m \times 1\mu m \times 0.1\mu m$	扫描电镜

2.6.3.2 孔结构

各种尺寸的孔也是硬化水泥浆体结构中的一个主要部分，总孔隙率、孔径大小的分布以及孔的形态等都是硬化水泥浆体的重要结构特征。

内表面积是对水泥石物理力学性质有重大影响的结构因素。内表面积是由于水化产物特别是 C-S-H 凝胶的高度分散性，其中又包含有数量众多的微细孔隙，从而使硬化水泥浆体具有极大的内表面积。通常采用水蒸气吸附法测定内比表面积。硬化水泥浆体的比表面积约为 $210m^2/g$，与未水化的水泥相比，提高了 3 个数量级。

在水化过程中，水化产物的体积要大于熟料矿物的体积。据计算，每 $1cm^3$ 的水泥水化后约需占据 $2.2cm^3$ 的空间。即约 45% 的水化产物处于水泥颗粒原来的周界之内，成为内部水化产物；另有 55% 则为外部水化产物，占据着原先充水的空间。随着水化过程的进展，原来充水的空间减少，而没有被水化产物填充的空间，则逐渐被分割成形状极不规则的毛细孔。另外，在 C-S-H 凝胶所占据的空间内还存在着孔，尺寸极为细小，用扫描电镜也难以分辨。孔的分类如表 2-6-6 所示。

表 2-6-6　孔的分类

类别	名称	直径	孔中水的作用	对浆体性能的影响
粗孔	球形大孔	$15\sim1000\mu m$	与一般水相同	强度、渗透性
毛细孔	大毛细孔	$0.05\sim10\mu m$	与一般水相同	强度、渗透性
	小毛细孔	$10\sim50nm$	产生中等的表面张力	强度、渗透性、高湿度下的收缩
凝胶孔	胶粒间孔	$2.5\sim10nm$	产生强的表面张力	相对湿度50%以下时的收缩
	微孔	$0.5\sim2.5nm$	强吸附水,不能形成新月形液面	收缩、徐变
	层间孔	$<0.5nm$	结构水	收缩、徐变

一般在水化 24h 以后，硬化浆体中绝大部分（$70\%\sim80\%$）的孔已经在 100nm 以下。随着水化过程的进展，孔径小于 10nm，即凝胶孔的数量由于水化产物的增多而增加，毛细孔则逐渐被填充减小，总的孔隙率则相应降低。

2.6.3.3　水及其存在形式

硬化水泥浆体中的水有不同的存在形式，按其与固相组成的作用情况，可以分为结晶水、吸附水和自由水三种类型。

结晶水又称为化学结合水，依其结合力强弱又分为强结晶水、弱结晶水两种。强结晶水又称为晶体配位水，以 OH^- 离子状态占据晶格上的固定位置，结合力强，脱水温度高，脱水过程将使晶格遭受破坏，如 $Ca(OH)_2$ 中的结合水就是以 OH^- 形式存在。弱结晶水是占据晶格固定位置内中性水分子，结合不如配位水牢固，脱水温度亦不高，在温度 100℃ 以上就可脱水，脱水过程并不导致晶格破坏，当晶体为层状结构时，此种水分子常存在于层状结构之间，又称为层间水。吸附水可分为凝胶水和毛细孔水。凝胶水包括凝胶微孔内所含水分及胶粒表面吸附的水分子，表现为强烈吸附而高度定向，属于不起化学反应的吸附水。毛细孔水是存在于几纳米至 $0.01\mu m$，其至为更大的毛细孔中的水，结合力弱，脱水温度低。自由水又称为游离水，属于多余的蒸发水，它的存在会使水泥浆体结构不致密，干燥后水泥石孔隙增加，强度下降。

通常水泥浆体中的水分为可蒸发水和非蒸发水。凡是经 105℃ 或降低周围水蒸气压到 D-干燥（$0.5\mu m$ 汞柱）的条件下能除去的水，称为可蒸发水。它主要包括毛细孔水、自由水和凝胶水，还有水化硫铝酸钙、水化铝酸钙和 C-S-H 凝胶中一部分结合不牢的结晶水。这些水的比容基本上为 $1cm^3/g$。凡是经 105℃ 或 D-干燥仍不能除去的水，称为非蒸发水。有人称这部分水为"化学结合水"。实际上它不是真正的化学结合水，而仅仅代表化学结合水的一个近似值。由于它们已成为晶体结构的一部分，因此比容比自由水小。据认为，对于完全水化的水泥来说，化学结合水的质量约为水泥质量的 23%，而这种水的比容只有

$0.73 cm^3/g$。化学结合水比容比自由水小，是水泥水化过程中体积减小的主要原因。

综上所述，水泥浆体可归结为由两部分组成：一部分是水化产物胶粒形成的网状结构及胶孔内的水，可称为凝胶体；另一部分是较大的毛细孔。改变凝胶体中水化产物的组成、形态，必然改变硬化水泥浆体的性能，凝胶体含量越大，强度越高；反之，若毛细孔越多，则强度越低。

2.7 硅酸盐水泥的性能

硅酸盐水泥是目前大量应用的建筑工程材料，研究它的一些主要性能，如凝结时间、体积变化、强度、耐久性等，对工程施工及工程质量具有重要的意义。

2.7.1 凝结时间

水泥的凝结时间有初凝与终凝之分。初凝时间是指自加水起至水泥浆开始失去塑性、流动性减小所需的时间。终凝时间是指自加水起至水泥浆完全失去塑性、开始有一定结构强度所需的时间。

水泥的初凝和终凝是通过试验来规定的。按国家标准规定，硅酸盐水泥的初凝时间不得早于45min，终凝时间不得迟于390min。普通硅酸盐水泥的初凝时间不得早于45min，终凝时间不得迟于600min。凝结时间不符合标准的水泥为不合格品。

2.7.1.1 影响水泥凝结速度的因素

水泥凝结时间的长短取决于其凝结速度的快慢，两者成反比关系。在水泥开始凝结之前，先发生水化作用，所以凡是影响水化的各种因素，基本上也会影响水泥的凝结速度。但凝结又与水化过程有区别。水化作用只涉及水泥的化学反应，而没有涉及水泥浆体的结构形成。水化反应形成大量水化产物，若水化产物不能形成网状结构，浆体也不会凝结。所以水泥的凝结不仅与水化过程有关，还与浆体结构形成有关。影响水泥凝结速度的因素还包括以下几个方面。

（1）水泥熟料矿物组成

水泥凝结速度既与熟料矿物水化难易有关，又与各矿物的含量有关。决定水泥凝结的主要矿物是 C_3A 和 C_3S，一般来说，当 C_3A 含量高时，水泥发生快凝；反之，C_3A 含量低并掺入石膏缓凝剂，则水泥的凝结由 C_3S 决定。因为熟料中 C_3S 含量一般高达50%，它本身凝结正常，因此水泥凝结时间也正常。总之，快凝是由于 C_3A 引起，而正常凝结则是由 C_3S 控制。

水泥凝结快慢还与这两种矿物的含量有关。若 C_3A 含量低，则一般不加石膏也能凝结正常。熟料中碱的含量对水泥的凝结速度影响很大，它使水泥的标准稠度需水量增加，凝结加快。为使水泥凝结正常，往往需掺入更多的石膏。

（2）熟料和水化产物的结构

化学组成和煅烧温度相同的熟料，若冷却机制不同，凝结时间也不同。一般来说，急冷的熟料凝结正常而慢冷熟料往往凝结较快。这是因为熟料在急冷时铝酸盐成为玻璃体，在慢冷时铝酸盐形成晶体之故。

就水化产物结构来看，水化产物为凝胶体而在颗粒表面形成包裹膜，会阻碍水与矿物接触，即阻止进一步水化，因此这种水化产物就延缓凝结，如水化硅酸钙凝胶就有此作用。

（3）水泥细度和水灰比

水泥粉磨越细，其比表面积就越大，晶体产生扭曲、错位等缺陷越多，水化越快，凝结越迅速；反之，凝结越慢。按国家标准，物料过 $80\mu m$ 方孔筛筛余不超过 10%；比表面积不小于 $300m^2/kg$。

水灰比越大，水化越快，凝结反而变慢。这是因为加水量过多，颗粒间距增大，水泥浆体结构不易紧密，网络结构难以形成的缘故。同时，水灰比过大时，会使水泥石结构中孔隙增多，降低其强度，故水灰比不宜太大。

（4）温度

提高煅烧温度、延长煅烧时间或掺入助熔剂 CaF_2 等往往使铝相减少，从而使凝结速度变慢。而烧成温度不够的轻烧熟料往往凝结速度快。

养护温度升高，水化加快，凝结时间缩短；反之则凝结时间延长。所以在夏季（高温）和冬季（低温）施工时，需注意采取适当措施，以保证正常的凝结时间。

（5）外加剂

外加剂种类很多，其中缓凝剂和促凝剂能很好地延长和缩短凝结时间。

2.7.1.2　石膏的作用及其适宜掺量的确定

（1）石膏的作用

在水泥生产过程中，往往添加适量的石膏，用来控制水泥的水化反应速率、调节水泥的凝结时间，从而改善水泥的性能。如提高早期强度，降低干缩变形，改善耐久性等。但其主要作用还是调节水泥的凝结时间。

（2）石膏的缓凝机理

关于石膏的缓凝机理，说法不一。目前较为大多数人接受的观点是，石膏在 $Ca(OH)_2$ 饱和溶液中与 C_3A 作用生成细颗粒的钙矾石，覆盖于 C_3A 颗粒表面形成一层薄膜，阻止水分子及离子的扩散，从而延缓水泥颗粒特别是 C_3A 的继续水化。随着扩散作用缓慢进行，在 C_3A 表面又形成钙矾石，由于固相体积增加，产生结晶压力达到一定数值，使钙矾石薄膜局部胀裂，而使水化继续进行。接着又生成钙矾石，直至溶液中 SO_4^{2-} 消耗完为止。因此，石膏的缓凝作用是在水泥颗粒表面形成钙矾石保护膜，阻碍水分子等移动的结果。

（3）石膏掺量的确定

所谓石膏适宜掺量是指使水泥凝结正常、强度高、安全性良好的掺量。许多学者认为，石膏适宜掺量是指水泥加水 24h 石膏刚好被耗尽的数量。此量与熟料矿物组成、碱含量和水泥细度有关。

一般来说，熟料中 C_3A 含量高则石膏应多加；水泥细也应多加石膏。熟料中碱含量高也应多加，因为熟料中的碱能与石膏作用，消耗一部分石膏：

$$2NaOH + CaSO_4 \longrightarrow Na_2SO_4 + Ca(OH)_2$$
$$2KOH + CaSO_4 \longrightarrow K_2SO_4 + Ca(OH)_2$$

还有人认为，含碱高的水泥，还会与 K_2SO_4 作用，生成钾石膏（$K_2SO_4 \cdot CaSO_4 \cdot H_2O$）消耗一部分石膏：

$$K_2SO_4 + CaSO_4 \cdot 2H_2O \longrightarrow K_2SO_4 \cdot CaSO_4 \cdot H_2O + H_2O$$

因此，对含碱的水泥，其石膏掺量应增加。

实际生产中影响石膏掺量的因素很多，其石膏适宜掺量很难按化学计算进行精确计算，一般通过试验确定。我国生产的普通水泥和硅酸盐水泥，其石膏掺量一般是 SO_3 为 $1.5\%\sim2.5\%$。试验表明，SO_3 掺量少于 1.3%，不足以阻止快凝，而掺量超过 2.5%，凝结时间变化不大。石膏掺量过多，不但对缓凝作用帮助不大，还会在后期形成钙矾石，产生膨胀应力，降低浆体强度，严重的还会引起安全性不良。为此，国家标准限制硅酸盐水泥的 SO_3 含量为 3.5% 以下。

（4）影响石膏掺量的因素

① 熟料中 C_3A、SO_3 含量　若熟料中 C_3A 含量高，石膏掺量应相应增加，反之则减少；若熟料中 SO_3 含量高时，要相应减少石膏掺量。

② 水泥细度　相同矿物组成的水泥，细度增大，比表面积增大，水化加快，应适当增加石膏的掺量。

③ 碱含量　水泥中碱含量高时，凝结速度加快，石膏应适当多掺。

④ 石膏的种类　不同石膏溶解速度不同，缓凝作用也不同，如表 2-7-1 所示。

表 2-7-1　各种石膏的溶解度、溶解速度与缓凝作用

种类	化学式	溶解度/(g/L)	相对溶解速度	相对缓凝作用
半水石膏	$CaSO_4 \cdot 0.5H_2O$	6	快	很强烈
二水石膏	$CaSO_4 \cdot 2H_2O$	2.4	慢	较强烈
可溶性无水石膏	$CaSO_4 \cdot 0.001\sim0.5H_2O$	6	快	很强烈
天然无水石膏	$CaSO_4 \cdot 0.5H_2O$	2.1	最慢	弱

一般硅酸盐水泥和普通水泥中石膏掺量以 SO_3 计，掺量控制在 $1.5\%\sim2.5\%$。

⑤ 混合材料的品种和数量　混合材料不同，石膏掺量也不同。如混合材料为粒化高炉矿渣，且含量较多时，应适当多掺入石膏。石膏除起缓凝剂作用外，还对矿渣活性起到硫酸盐激发剂作用。

2.7.1.3　假凝和快凝现象

假凝是指水泥用水调和几分钟后发生的一种不正常的固化或过早变硬现象。而快凝是指熟料粉磨后与水混合时很快凝结并放出热量的现象。二者早期现象对比如表 2-7-2 所示。

表 2-7-2　假凝、快凝早期现象对比

比较项目	假凝	快凝
凝结时间	几分钟	几分钟
放热量	小	大
重新搅拌	正常凝结	不能恢复塑性
强度大小	没有不利影响	产生一定强度
施工操作	难度增大	不可逆固化

（1）假凝和快凝产生原因

假凝的出现主要是水泥粉磨时，由于磨内温度过高，或磨内通风不良，二水石膏受到高温（有时超过 150℃）作用，有一部分脱水生成半水石膏。当水泥调水后，半水石膏迅速溶解析出针状二水石膏，形成网状结构，从而引起水泥浆固化。由于不是水泥组成的水化，所以不像快凝那样放出大量的热。假凝的水泥浆经剧烈搅拌，破坏二水石膏的结构网后，水泥浆又可恢复原有的塑性状态。而快凝主要是由于 C_3A 含量过高或石膏掺量不足，使水化迅速生成足够数量的水化铝酸钙（有人认为是 C_4AH_{13}），互相搭接形成松散的网状结构，因而很快凝结。

（2）预防措施

在水泥生产中，为防止假凝，可采取如下方式：一是使用无水硫酸钙含量较高的石膏，以避免粉磨时石膏脱水；二是在水泥粉磨时，可通过降低入磨熟料温度和向磨机筒体淋水、加强磨内通风和磨内喷水等措施降低磨内温度来避免假凝出现；三是在建筑施工中，可将水泥适当存放一段时间或延长搅拌时间也可消除假凝现象。

为防止快凝，可通过降低铝率，提高 KH 值，特别是提高煅烧温度，改变其矿物组成的结构，可延长其凝结时间，或在熟料粉磨过程中加入适量石膏，也可起到控制凝结时间作用。

2.7.1.4 调凝外加剂

除石膏外，许多无机盐或有机化合物也可以调节水泥凝结时间。通常分为缓凝剂和促凝剂两种。

（1）缓凝剂

缓凝剂是指能延缓水泥凝结时间，并对后期强度发展无不利影响的外加剂。

缓凝剂主要有四类：一是糖类，如糖钙等；二是木质素磺酸盐类，如木质素磺酸钙、木质素磺酸钠等；三是羟基羟酸及其盐类，如柠檬酸、酒石酸钾钠等；四是无机盐类，如锌盐、硼酸盐、磷酸盐等。几种缓凝剂对水泥浆体凝结时间的影响如表 2-7-3 所示。

表 2-7-3　几种缓凝剂对水泥浆体凝结时间的影响

时间	空白	水杨酸	柠檬酸		蔗糖	三乙醇胺		甲基纤维素		磷酸	
	0	0.05%	0.05%	0.10%	0.05%	0.10%	0.05%	0.05%	0.10%	0.05%	0.10%
初凝/min	125	140	170	295	255	465	205	145	170	262	350
终凝/min	190	218	265	475	288	520	260	240	350	298	430

缓凝剂主要用来延长凝结时间，使新拌混凝土浆体能较长时间保持塑性，满足长时间运输的需要，提高施工效率。但其不宜用于最低气温 5℃ 以下施工的混凝土，也不宜单独用于有早强要求的混凝土及蒸养混凝土。

（2）促凝剂

促凝剂也称为早强剂，是指可减少水泥浆由塑性变为固态所需时间、提高早期强度，并对后期强度无显著影响的外加剂。

促凝剂主要有三类：一是氯盐类，如氯化钠、氯化钙等；二是硫酸盐类，如硫酸钠、硫代硫酸钠等；三是有机胺类，如三乙醇胺、三异丙醇胺等。

促凝剂可以用在常温、低温和负温（不低于 -5℃）条件下加速混凝土的硬化过程，多用于冬季施工和抢修工程。在选用促凝剂时，需考虑其本身特性对水泥浆体的影响。如氯化钙会使钢筋锈蚀，需与阻锈剂亚硝酸钠复合使用；硫酸钠会与氢氧化钙作用生成强碱氢氧化钠；三乙醇胺掺量过多会造成混凝土严重缓凝和强度下降等。

总之，在实际生产中，使用调凝剂时应注意其掺量及其对水泥性能的影响等问题。在选择外加剂和其适宜的掺量时，应根据工程需要、现场材料条件，参考有关资料，通过试验确定后再选用。

2.7.2　体积变化

硬化水泥浆体的体积变化也是水泥的一项重要性能指标。体积变化影响水泥石的结构、强度及耐久性等，剧烈而不均匀的体积变化将造成体积安定性不良而不能出厂使用。

2.7.2.1 体积安定性

水泥体积安定性是指水泥在凝结硬化过程中体积变化是否均匀的性能。如果水泥硬化后产生不均匀的体积变化，即为体积安定性不良，安定性不良会使水泥制品或混凝土构件产生膨胀性裂缝，降低建筑物质量，甚至引发严重事故。

引起水泥安定性不良的原因有很多，主要有以下三种：熟料中所含的游离氧化钙过多、熟料中所含的游离氧化镁过多或掺入的石膏过多。熟料中所含的游离氧化钙或氧化镁都是过烧的，水化很慢，在水泥硬化后才进行水化，这是一个体积膨胀的化学反应，会引起不均匀的体积变化，使水泥石开裂。当石膏掺量过多时，在水泥硬化后，它还会继续与固态的水化铝酸钙反应生成高硫型水化硫铝酸钙，体积约增大 1.5 倍，也会引起水泥石开裂。

体积安定性检测方法有雷氏夹法（标准法）和蒸煮试饼法。根据国家标准规定：水泥安定性经沸煮检验（CaO）必须合格；水泥中氧化镁（MgO）含量不得超过 5.0%，如果水泥经压蒸安定性试验合格，则水泥中氧化镁的含量允许放宽到 6.0%；水泥中三氧化硫（SO_3）的含量不得超过 3.5%。经检验安定性不合格的水泥应作为废品处理，不能用于工程中。

2.7.2.2 体积变化的类型

水泥浆体在硬化过程中产生的体积变化都是由于物理和化学的原因造成的。这些体积变化可分为几种类型，如化学减缩、湿胀干缩和碳化收缩等。

（1）化学减缩

水泥在水化硬化过程中，无水的熟料矿物转变为水化产物，固相体积大大增加，而水泥浆体的总体积却在不断缩小，由于这种体积缩减是化学反应所致，故称为化学减缩。

以 C_3S 水化反应为例，各水化产物的特点如下：

$$2(3CaO \cdot SiO_2) + 6H_2O \longrightarrow 3CaO \cdot 2SiO_2 \cdot 3H_2O + 3Ca(OH)_2$$

密度/(g/cm³)	3.14	1.00	2.44	2.23
相对分子质量	228.32	18.02	342.48	74.10
摩尔体积/cm³	72.71	18.02	140.4	33.23
在体系中所占体积/cm³	145.42	108.12	140.4	99.69
体系总体积/cm³	145.42+108.12=253.54		140.4+99.69=240.09	

由上可见，反应前、后体系总体积缩减了 5.31%，而固相体积却增加了 65.11%。

由于化学减缩是水泥与水起化学反应的结果，是水泥水化硬化过程中的一种现象，因此可利用化学减缩的测定来间接地说明水泥的水化反应速率和水化程度。在一定龄期内化学减缩量越大，说明其水化反应速率越快，水化程度越高。

据分析，各种单矿物的缩减作用无论是绝对数值还是相对速度而言，水泥熟料中各单矿物的缩减作用，其大小顺序为 $C_3A > C_4AF > C_3S > C_2S$，数据如表 2-7-4 所示，水泥缩减量的大小常与 C_3A 的含量成线性关系。

表 2-7-4 硅酸盐水泥熟料单矿物的缩减作用

矿物名称	28d 体积缩减/(cm³/100kg)	极限值/(cm³/100kg)
C_3A	17.0	17.5~18
C_4AF	9.0	10~11
C_3S	5.2	6~7
C_2S	1.2	4

（2）湿胀干缩

硬化水泥浆体如果置于水中，随时间的增长，浆体中凝胶粒子会因被水饱和而分开，发生体积膨胀，如果将其放在干燥处，会产生体积收缩，这种现象称为湿胀干缩。湿胀干缩大部分是可逆的。

干缩与失水有关，但两者没有线性关系。在失水过程中，较大孔隙中的自由水失去，所引起的体积变化不大，而毛细水和凝胶水失去时则会引起较大的干燥收缩。

干燥引起的收缩原因，目前还有不同解释。一般认为，与毛细孔张力、表面张力、拆散压力以及层间水的变化因素有关。

影响干缩的主要因素有 C_3A 的含量、水灰比、塑化剂性质和掺量等。研究表明，硬化浆体的干缩值由 C_3A 的含量决定，并随 C_3A 的增加而提高，其他组成的作用比较次要。而在 C_3A 含量相同时，石膏掺量是胀缩的主要因素。在早期，水灰比增加干缩较明显，28d后，干缩随水灰比减小而明显降低，但一般早期干缩发展较快，水灰比的影响不大。

（3）碳化收缩

在一定相对湿度的情况下，空气中含有的二氧化碳会和硬化水泥浆体内的水化产物，如 $Ca(OH)_2$、水化硅酸钙、水化铝酸钙和水化硫铝酸钙作用，生成碳酸钙并释放出水，造成硬化浆体的体积减小，出现不可逆的收缩现象，称为碳化收缩。如 $Ca(OH)_2$、水化硅酸钙与 CO_2 的反应。其反应式如下：

$$Ca(OH)_2 + CO_2 \longrightarrow CaCO_3 + 2H_2O$$
$$3CaO \cdot 2SiO_2 \cdot 3H_2O + CO_2 \longrightarrow CaCO_3 + 2(CaO \cdot SiO_2 \cdot H_2O) + H_2O$$

碳化收缩与湿度、浆体的碱度及致密度有关。当湿度接近100%时，浆体内含水多，阻碍 CO_2 的扩散；湿度低于25%时，浆体内含水量低，溶解 CO_2 较少，也减弱碳化。对先干燥后碳化的浆体，在环境相对湿度50%时，碳化收缩最大；对干燥与碳化同时进行的，则在相对湿度25%时，碳化收缩最大。同时，浆体的碱度越大，抗碳化能力越好，这是因为 $Ca(OH)_2$ 含量少，碳化速度加快，$Ca(OH)_2$ 很快消耗完，而 C-S-H 等水化产物就更快碳化。浆体的致密度越高，可阻碍 CO_2 的扩散，有效地减小碳化收缩。

通常在空气中，实际的碳化速度很慢，且主要集中在表面进行，约在一年后才会在硬化水泥浆体表面产生微裂纹，所以碳化收缩对硬化水泥浆体的强度无明显影响，但会影响外观质量。

2.7.3 强度

水泥的强度是评价水泥质量的重要指标，是划分水泥强度等级的依据。水泥的强度是指水泥胶砂硬化试样所能承受外力破坏的能力，用兆帕（MPa）表示，它是水泥重要的物理力学性能之一。

2.7.3.1 强度分类

按龄期不同分为早期强度和后期强度。早期强度通常指 28d 以前的强度，如 1d 强度、3d 强度、7d 强度、10d 强度等；后期强度是指 28d 以后的强度，也称为长期强度。

按受力形式的不同，水泥强度通常分为抗压强度、抗折强度和抗拉强度三种。水泥胶砂硬化试样承受压缩破坏时的最大应力，称为水泥的抗压强度；水泥胶砂硬化试样承受弯曲破坏时的最大应力，称为水泥的抗折强度；水泥胶砂硬化试样承受拉伸破坏时的最大应力，称为水泥的抗拉强度。

2.7.3.2 强度形成

有关水泥强度的产生，存在着不同的说法。一种说法认为，水泥加水拌和后熟料矿物迅速水化，随着水化的进一步进行，水化产物数量不断增加，晶体尺寸不断长大，从而使硬化浆体结构更为致密，强度逐渐提高。另一种看法认为，硬化水泥浆体强度的产生，是由于水化产物尤其是 C-S-H 凝胶具有的巨大表面能，导致颗粒间产生范德华力或化学键力，吸引其他离子形成空间网络结构，从而具有强度。

2.7.3.3 影响强度的因素

（1）熟料的矿物组成

硅酸盐水泥熟料中存在的四种主要矿物（C_3S、C_2S、C_3A、C_4AF），每一种都以单独的相存在，并在水溶液中显示各自的反应特性，因此，各矿物的水化反应速率、水化产物的晶体形态与尺寸以及强度随时间发展的趋势各不相同。所以，可以说矿物组成是水泥强度增长快慢、早期强度及后期强度高低的最重要影响因素。

表 2-7-5 是水泥熟料四种单矿物强度的测定结果，由于试验条件的差异，不同研究者所测得的单矿物绝对强度也有不同，但基本规律是一致的，即硅酸盐矿物的含量是决定水泥强度的主要因素。C_3S 的早期强度最大，28d 强度基本上依赖于 C_3S 含量。C_2S 的早期强度虽不高，但长期强度增长的幅度很大。C_3A 的早期强度增长很快，但 C_3A 对水泥强度的影响，不同研究者看法不尽相同，一般认为 C_3A 主要对早期强度有利，增长很快，但强度绝对值并不高，而后期强度几乎不增加，甚至有降低的现象。但也有人认为，它对 28d 强度仍有相当作用，只是后期作用逐渐减小。有试验表明，当水泥中 C_3A 含量较低时，水泥的强度随 C_3A 含量增加而提高，但超过某一最佳含量后强度反而降低，同时龄期越短，C_3A 的最佳含量越高，C_3A 含量对早期强度的影响最大。如果超过最佳含量，则在后期会产生明显不利影响。C_4AF 的早期强度较高，而后期强度还能有所增长。从表 2-7-5 可看出，C_4AF 的 7d、28d 抗压强度远比 C_2S 和 C_3A 还高，而且，365d 的强度甚至还超过了 C_3S。由此可知，C_4AF 不仅对水泥的早期强度有利，而且有助于后期强度的发展。

表 2-7-5　四种主要矿物组成的抗压强度

矿物	抗压强度/MPa			
	7d	28d	180d	365d
C_3S	31.6	45.7	50.2	57.3
β-C_2S	2.35	4.12	18.9	31.9
C_3A	11.6	12.2	0	0
C_4AF	29.4	37.7	48.3	58.3

这里需要指出的是，水泥在水化时，矿物与矿物之间还存在着复杂的相互影响，水泥的强度并不是这几种矿物的简单加和，还需要同时考虑各矿物之间的比例、煅烧条件等因素。

（2）水泥细度

水泥细度与强度和强度增长有着密切关系，特别是水泥的早期强度尤为明显。

一般认为，水泥中含有较多小于 $30\mu m$ 的颗粒，可提高水泥的水化、硬化速度，进而提高水泥的强度。假设化学组成不因颗粒大小分布而变化，而且颗粒均匀地溶解，那么水泥磨得越细，颗粒比表面积越大，水化反应也越快。试验表明，各种颗粒级配的水化活性大致排成如下顺序：大于 $100\mu m$，活性小；$40\sim60\mu m$，中等活性；$30\mu m$ 以下，活性大。当比表面积相同时，颗粒级配变窄，则强度增高，这个作用在很早期不太明显，但在 3d、7d、28d

明显增大。这是因为颗粒级配变窄，水化产物体积较大，使水泥浆体结构致密，所以强度较高。但并不是说水泥越细，强度越高，特别是水泥浆体的后期强度，不一定是最高值。因为水泥越细需水量越大，产生孔洞的机会也越多，因此，水泥的细度必须合适，水泥的比表面积只有控制在一定范围内强度才最高。

关于水泥细度及颗粒级配对强度等性能的影响，虽然有不同看法，但对水泥的比表面积和颗粒级配应有合理要求，每一种水泥都有其"最佳细度"，在这一点上观点是比较统一的。

（3）水灰比和水化程度

水泥的强度与其结构密切相关，而水泥的结构与水化程度、毛细孔的数量及尺寸有密切关系。当水泥的水化程度越高，单位体积内水化产物就越多，彼此间接触点也越多，水泥浆体内毛细孔被硅酸凝胶填充的程度越高，致使水泥的密实程度也越高；当水泥内总孔隙率及大毛细孔减少时，能大幅度提高水泥强度，事实上，水灰比是孔隙率的一个量度，在水泥组成和细度相同的情况下，水灰比与强度之间的关系，和孔隙率与强度之间的关系相类似，所以需控制合理的水灰比。

（4）石膏掺量

石膏虽然主要用于调节凝结时间，但也能改变水泥的强度。石膏对强度的影响受细度、C_3A 含量和碱含量的制约。当加入适量石膏时，有利于提高水泥的强度，特别是早期强度，但石膏加入量过多时，则可能形成较多的钙矾石而造成体积膨胀，使水泥强度降低。

（5）温度

在水泥水化过程中，提高养护温度，增加了水化反应速率，可以使早期强度得到较快发展，但后期强度特别是抗折强度反而会降低。

温度对强度的影响原因说法不一。有人认为，温度对强度的影响，主要是形成 C-S-H 纤维长短不同。温度升高，早期会增加水化产物的比例，并促进 C-S-H 纤维的生长，而在后期则会阻碍纤维的生长，使 C-S-H 纤维的长度变短，因而空间网架结构较差，在低温下长期水化则可提供较多的长纤维，所以温度升高会影响后期强度。也有人认为，在高温下反应迅速，水化产物得不到很好的扩散，密集在颗粒周围，导致凝胶等水化物分布不均匀，使结构产生弱点，从而影响强度的增长。还有人认为，浆体内组成存在热膨胀系数差别，是损害浆体结构的主要原因。在水泥浆体内，主要是固相及湿饱和空气有不同的热膨胀系数，当湿饱和空气在受热时产生剧烈膨胀，会产生相当大的内应力，使内部产生微裂缝，因此，抗压强度尤其是对裂缝最为敏感的抗折强度将显著下降。相反，在较低温度下硬化时，虽然硬化速度较慢，但可获得最终强度。上述看法虽有不同，但温度对强度的影响是存在的，很可能是各种因素的综合效应。

2.7.4　耐久性

耐久性是材料抵抗自身和自然环境双重因素长期破坏作用的能力。即保证其经久耐用的能力。

硅酸盐水泥硬化后，在通常的使用条件下，一般有较好的耐久性。有些 100～150 年以前建造的水泥混凝土建筑至今仍无丝毫损坏迹象。但是也有失败工程，建成 3～5 年就有早期损坏甚至彻底破坏的危险，这主要是由于水泥在环境介质的作用下，产生很多化学、物理和物理化学变化而被逐渐侵蚀，侵蚀严重时会降低水泥石的强度，甚至会崩溃破坏。

影响水泥耐久性的因素很多，抗渗性、抗冻性以及对环境介质的抗蚀性，是衡量硅酸盐水泥耐久性的三个主要方面。

2.7.4.1 抗渗性

(1) 定义

抗渗性就是抵抗各种有害介质进入内部的能力。由于绝大多数有害的流动水、溶液、气体等介质，无不是从水泥浆体或混凝土中的孔缝渗入的，所以，提高抗渗性是改善耐久性的一个优秀途径。

(2) 渗透速率

当水进入硬化水泥浆体一类的多孔材料中时，开始渗入速率决定于水压以及毛细管力的大小。待硬化浆体达到水饱和，使毛细管力不再存在以后，就达到一个稳定流动的状态，其渗水速率则可用下列公式表示：

$$\frac{\mathrm{d}q}{\mathrm{d}t} = KA\frac{\Delta h}{L} \tag{2-7-1}$$

式中，$\mathrm{d}q/\mathrm{d}t$ 为渗水速率，mm^3/s；A 为试件的横截面积，mm^2；Δh 为作用于试件两侧的压力差，mmH_2O；L 为试件的厚度，mm；K 为渗透系数，mm/s。

由上式可知，当试件尺寸和两侧压力差一定时，渗水速率和渗透系数成正比，所以采用渗透系数 K 表示抗渗性的高低。

$$K = C\frac{\varepsilon r^2}{\eta} \tag{2-7-2}$$

式中，ε 为总孔隙率；r 为孔的水力半径（孔隙体积/孔隙表面积）；η 为流体的黏度；C 为常数。

由上式可知，渗透系数 K 正比于孔隙半径的平方，与总孔隙率成正比关系。因此孔径的尺寸对抗渗性有着更为重要的影响。经验表明，当管径小于 $1\mu m$ 时，所有的水都吸附于管壁或做定向排列，很难流动，至于水泥凝胶则由于胶孔尺寸更小，其渗透系数仅为 $7\times10^{16}\,m/s$。因此凝胶孔的多少对抗渗性实际几乎无影响，渗透系数主要决定于毛细孔率的大小。从而使水灰比成为控制抗渗性的一个主要因素。

(3) 影响抗渗性的因素

影响抗渗性的因素主要有水灰比、硬化龄期和孔结构。从图 2-7-1 可知，渗透系数随水灰比的增加而提高。例如，水灰比为 0.7 的硬化浆体，其渗透系数要超过水灰比 0.4 的几十倍。这主要是因为孔系统的连通情况有所改变的缘故。在水灰比较低的时候，毛细孔常被水泥凝胶所堵隔，不易连通，渗透系数在相当程度上受到凝胶的影响，所以水灰比的改变不致引起渗透系数较大变化。

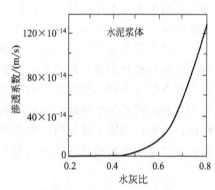

图 2-7-1 硬化水泥浆体的渗透系数与水灰比的关系

当水灰比较大时，不仅使总孔隙率提高，并使毛细孔径增加，而且基本连通，渗透系数就会显著提高。因此可以认为，毛细孔，特别是连通的毛细孔对抗渗性极为不利。但若硬化龄期较短，水化程度不足，渗透系数会明显变大。随着水化产物的增多，毛细管系统变得更加细小曲折，直至完全堵隔，互不连通。因此，渗透系数随龄期延长而变小。

也有研究表明，无论水灰比或水化龄期如何，抗渗性主要决定于大的毛细孔。当水灰比提高时，孔隙率增大主要是由于这部分大毛细孔增多的缘故。随着养护龄期的增长，在早期主要是这些较大的孔被水化产物填充，一直到后期才使小孔均匀地变细。因此认为，单用总的孔隙率或者毛细孔率的大小来衡量浆体的抗渗能力是有相当大的局限性的。梅塔提出以大于132nm孔的体积与总孔隙率的比值，作为衡量抗渗性的主要指标。该项比值增加，渗透系数以对数增加，两者有较好的相关性。如再将水化程度、最大孔径等参数一并考虑，经多元回归所得的关系式可有相当高的精确度。同时，纽美等也提出应该特别注意浆体内最大的连通孔尺寸，其大小与抗渗性有着较好的线性关系。因此，除降低水灰比外，还可以采用改变孔级配、变大孔为小孔、尽量减小连通孔等途径来提高抗渗性，达到改善耐久性的目的。

值得注意的是，在实验室条件下，虽然能够制得抗渗性很好的硬化浆体，但实际使用的砂浆、混凝土，其渗透系数要大得多。这是因为砂、石集料与水泥浆体的界面上存在着过度的多孔区，集料越粗，影响越大。另外，混凝土捣实不良或者渗水过度所造成的通路，都会降低抗渗性。蒸汽养护也会使抗渗性变差。所以，混凝土的抗渗性仍然是一个更值得重视的问题。

2.7.4.2 抗冻性

（1）定义

硅酸盐水泥在寒冷的地区使用时，其耐久性主要取决于抵抗冻融循环作用下，保持原有性质，抵抗破坏的能力，即抗冻性。抗冻性也是硬化水泥浆体的一项重要使用性能。

（2）水在水泥浆体中的变化

水在结冰时，体积约增加9%，因此硬化水泥浆体中的水结冰会使孔壁承受一定的膨胀应力，如其超过浆体的抗拉强度，就会引起微裂纹等不可逆的结构变化；从而在冰融化后不能完全复原，所产生的膨胀仍有部分残留。而再次冻结时，又会使原来的裂缝由于结冰而膨胀更大，如此经过反复的冻融循环，裂缝越来越大，导致更为严重的破坏。因此，水泥的抗冻性是以试块能经受$-15℃$和20℃的循环冻融而抗压强度损失率不超过25%时的最高次数来表示的，如200次或300次冻融循环等，次数越多，说明抗冻性越好。

硬化浆体中水以结合水、吸附水（包括凝胶水和毛细水）和自由水三种形式存在。其中结合水不会结冰；凝胶水由于所处的凝胶孔极为窄小，只能在极低的温度（如$-78℃$）下才能结冰。因此在一般自然条件的低温下，只有在毛细孔中的水和自由水才会结冰。由于浆体中的水并非纯水，而是含有$Ca(OH)_2$和碱类的盐溶液，冰点至少在$-1℃$以下。同时，毛细孔中的水还受到表面力的作用，毛细孔越细，冰点越低。例如，10nm孔径中的水到$-5℃$才结冰，而3.5nm孔径的在$-20℃$结冰。由此可知，当温度下降到冰点以下，首先是从表面到内部的自由水以及粗毛细孔的水开始结冰，然后随温度下降使较细乃至更细的毛细孔中的水结冰。

（3）破坏机理

有关结冰时的破坏机理有静水压和渗透压两种理论说法。

静水压理论认为，毛细孔内水结冰体积增加，未冻水被迫向外流动，产生危害性的静水压力。其大小取决于浆体的渗透率、弹性特征、结冰速度以及结冰点到"出口"处的距离，即静水压力获得解除前的最短流程。

气孔的存在可以为静水压的解除提供出口，如与气孔的距离过远，毛细孔即要受压膨胀，从而使周围的浆体处于应力状态。当温度继续下降，更多的毛细孔水冻结，水压相应增加，导致进一步破坏。

渗透压理论认为，凝胶水要渗透入正在结冰的毛细孔内，是引起冻融破坏的原因。即当毛细孔水部分结冻时，水中所含的碱以及其他物质等溶质的浓度增大，但在凝胶孔内的水由于定向排列的缘故在此时尚未结冻，溶液浓度不变。因此产生浓度差，促使凝胶孔的水向毛细孔扩散，形成渗透压，产生一定的膨胀应力。

有人认为，对于比较多孔的浆体，结冰速度很快，静水压是引起破坏的主要原因；致密浆体冰冻的破坏作用则可用渗透压等引起水分迁移来解释。还有人将受冻时水分的迁移归结于凝胶孔过冷水与毛细孔内冰之间的热力学不平衡状态。在冰冻初期毛细孔内冰晶长大时直接产生的结晶压力，也是引起膨胀的一个主要因素。

（4）影响抗冻性的因素

大量实践证明，水泥的抗冻性与水泥的矿物组成、水灰比、孔结构、养护龄期等因素有密切关系。对硅酸盐水泥，一般增加熟料中 C_3S 含量、控制碱含量和适当提高石膏掺量，都可以改善其抗冻性。据研究，将水灰比控制在 0.4 以下时，可以制得高度抗冻的硬化浆体，而水灰比大于 0.55 时，抗冻性将显著降低，这是因为水灰比大，硬化浆体内毛细孔数增多，孔的尺寸增大，导致抗冻性下降。

此外，水泥浆体遭受冰冻前的养护龄期、充水程度及孔结构（如孔的大小、孔径及其分布、孔的开口与否和连通情况）等对抗冻性也有一定程度的影响。

2.7.4.3 环境介质的侵蚀（即化学侵蚀）

硬化的水泥浆体与环境接触时，通常会受到环境介质的影响。对于水泥耐久性有害的环境介质主要有淡水、酸和酸性水、硫酸盐溶液和碱溶液等。在环境介质的侵蚀作用下，硬化水泥石结构会发生一系列物理化学变化，强度降低，甚至溃裂破坏。根据环境介质的侵蚀作用可概括为溶解浸析、离子交换以及形成膨胀性产物三种形式。

（1）溶解浸析

硬化浆体在受到硬水（江水、河水、湖水或地下水等）的浸析时，无问题；若不断受到淡水（冷凝水、雨水、雪水、冰川水或某些泉水等）的浸析时，会使其中一些组成[如 $Ca(OH)_2$ 等]将按照溶解度大小，依次逐渐被水溶解，产生溶出性侵蚀，最终导致破坏。

在各种水化产物中，$Ca(OH)_2$ 溶解度最大（25℃时约为 1.2g CaO/L），因而首先被溶解。由于水泥中的水化产物都必须在 定浓度的 $Ca(OH)_2$ 溶液中才能稳定存在，当 $Ca(OH)_2$ 被溶出后，若水量不多，且处在静止状态，则溶液很快饱和，溶出作用即停止。但在流动水中，水流就不断将 $Ca(OH)_2$ 溶出并带走，由于 $Ca(OH)_2$ 液相中浓度降低，从而促使其他水化产物分解，特别是在有水压作用且混凝土的渗透性又较大的情况下，将进一步增大孔隙率，使水更易渗透，使溶出侵蚀加快。

水泥的水化产物都必须在一定浓度 CaO 的液相中才能稳定存在，各主要水化产物的 CaO 极限浓度如下：

$2CaO \cdot SiO_2 \cdot aq$	接近 $Ca(OH)_2$ 饱和溶液
$3CaO \cdot SiO_2 \cdot aq$	接近 $Ca(OH)_2$ 饱和溶液
$CaO \cdot SiO_2 \cdot aq$	0.031～0.52g CaO/L
$4CaO \cdot Al_2O_3 \cdot 12H_2O$	1.06～1.08g CaO/L
$3CaO \cdot Al_2O_3 \cdot 6H_2O$	0.415～0.56g CaO/L
$4CaO \cdot Fe_2O_3 \cdot aq$	1.06g CaO/L
$3CaO \cdot Al_2O_3 \cdot 3CaSO_4 \cdot 32H_2O$	0.045g CaO/L

由此可见，在大量流动水作用下，水泥石中的 CaO 在溶出并带走后，首先是被溶解，随着溶液中 CaO 浓度的降低，高碱性的水化硅酸盐、水化铝酸盐等分解而成为低碱性的水化产物。溶出继续进行时，低碱性水化产物也会分解，最后变成硅酸凝胶、氢氧化铝等无胶

结能力的产物，从而大大降低结构强度。研究发现，当 CaO 溶出 5% 时，强度约下降 7%，而 CaO 溶出 24% 时，强度下降达 29%，溶出再继续增大时，强度则下降更多。

水泥与淡水接触时间较长时，会遭到一定的溶出侵蚀而破坏，但对于抗渗性较好的水泥石或混凝土，淡水的溶出过程发展很慢，几乎可以忽略不计。

（2）离子交换反应

在一定条件下，硬化水泥浆体与环境介质发生离子交换反应，形成可溶性钙盐、不可溶性钙盐和镁盐等而受到侵蚀破坏。

① 形成可溶性钙盐　当水中溶有一些无机酸或有机酸时，通过阳离子交换反应，这些酸性溶液即与硬化浆体的组成生成可溶性的钙盐，随之被水带走，而造成侵蚀破坏。

常见的酸大多能和 $Ca(OH)_2$ 发生反应生成可溶性盐。无机酸如盐酸和硝酸能与 $Ca(OH)_2$ 作用生成可溶性的氯化钙和硝酸钙，随后被水流带走，造成侵蚀破坏。有机酸不如无机酸侵蚀程度强烈，但其侵蚀性也与其生成钙盐性质有关。如醋酸、蚁酸、乳酸等与 $Ca(OH)_2$ 生成的盐易溶解。然而有些酸却有积极作用，如无机酸中的磷酸、有机酸中的草酸。磷酸与水泥石中的 $Ca(OH)_2$ 反应生成几乎不溶于水的磷酸钙，堵塞在毛细孔中，减缓侵蚀速度；而草酸与 $Ca(OH)_2$ 反应生成不溶性钙盐，能在混凝土表面形成保护层，起到阻隔作用。因而在实际应用中，有时用草酸处理混凝土表面以增强对其他弱有机酸的抗蚀性。一般情况下，有机酸浓度越高，相对分子质量越大，其侵蚀能力越强。

上述侵蚀一般只在化工厂或工业生产中才存在。在自然界中，对水泥的侵蚀主要来自大气中的 CO_2，其溶入水产生的碳酸侵蚀。水中的碳酸首先与水泥石中的 $Ca(OH)_2$ 发生作用，生成不溶于水的碳酸钙，然后水中碳酸继续与碳酸钙进一步反应，生成溶于水的碳酸氢钙。其反应式如下：

$$CO_2 + H_2O \longrightarrow H_2CO_3$$
$$Ca(OH)_2 + H_2CO_3 \longrightarrow CaCO_3 + 2H_2O$$
$$CaCO_3 + H_2CO_3 \longrightarrow Ca(HCO_3)_2$$

从而使 $Ca(OH)_2$ 不断溶出，而且还会引起水化硅酸钙和水化铝酸钙的分解。

由上式可知，当生成的碳酸氢钙达到一定浓度时，会与剩余的碳酸建立起化学平衡，反应即停止。实际上，天然水中本身常含有少量碳酸氢钙，能与一定量的碳酸保持平衡，这部分碳酸不会溶解碳酸钙，没有侵蚀作用，称为平衡碳酸。但是，当水中含有的碳酸超过平衡碳酸量时，其超过部分才能与碳酸钙反应生成碳酸氢钙，超出部分即称为侵蚀性碳酸，而另一部分剩余碳酸又与碳酸氢钙形成新的平衡。所以，水中的碳酸可以分为"结合的"、"平衡的"、"侵蚀的"三种。只有侵蚀性碳酸才对硬化浆体有害，其含量越大，侵蚀越严重。

水的暂时硬度越大，所需的平衡碳酸量越多，即有较多的碳酸作为平衡碳酸存在而不会产生侵蚀。相反，在淡水或暂时硬度不高的水中，二氧化碳含量即使不多，但只要大于当时相的平衡碳酸量，就可能产生一定的侵蚀作用。另一方面，暂时硬度大的水中所含的碳酸氢钙，还可与浆体中的 $Ca(OH)_2$ 反应生成碳酸钙，沉积在硬化浆体的孔隙内及表面，提高结构的致密度，阻碍水化产物的进一步溶出，降低侵蚀作用。

② 形成不可溶性钙盐　侵蚀性水中有时含有某些阴离子，会与水泥浆体发生反应形成不溶性钙盐。如果形成的产物既不产生膨胀，又不被流水冲刷、渗漏滤出或车辆磨损带走，是不会引起破坏的；反之，则会提高孔隙率，增加渗透性。

③ 镁盐侵蚀　在海水、地下水及某些工业废水中常含有大量镁盐，如硫酸镁（$MgSO_4$）和氯化镁（$MgCl_2$）、碳酸氢镁等。它们会与硬化浆体中的氢氧化钙反应，生成新的化合物。

例如，硫酸镁反应式如下：

$$MgSO_4 + Ca(OH)_2 + 2H_2O \longrightarrow CaSO_4 \cdot 2H_2O + Mg(OH)_2$$

生成的 $Mg(OH)_2$ 溶解度极小，极易从溶液中沉析出来，从而使反应不断进行。而且，$Mg(OH)_2$ 饱和溶液的 pH 值为 10.5，水化硅酸钙不得不放出石灰，以建立使其稳定存在所需的 pH 值。但是 $MgSO_4$ 又与放出的氧化钙作用，如此连续进行，实质上就是 $MgSO_4$ 使水化硅酸钙分解，如下式所示：

$$3CaO \cdot 2SiO_2 \cdot aq + MgSO_4 + nH_2O \longrightarrow 3(CaSO_4 \cdot 2H_2O) + 3Mg(OH)_2 + 2SiO_2 \cdot aq$$

同时，在长期接触的条件下，即使是未分解的水化硅酸钙凝胶中的离子也要逐渐被离子所置换，最终转化成水化硅酸镁，导致胶结性能进一步下降。另一方面，由硫酸镁反应生成的二水石膏，又引起硫酸盐侵蚀，因此硫酸镁起着双重腐蚀作用，所以其危害更严重。

（3）形成膨胀性产物

主要是指外界侵蚀性介质与水泥浆体组分通过化学反应形成膨胀性产物。在开始仅是产生内应力，并无明显破坏迹象，但随着反应的继续进行，逐渐会使水泥混凝土开裂、剥落，导致强度下降。此外，某些盐类溶液渗入浆体或混凝土内部后，如果再经干燥，盐类在过饱和溶液中的结晶长大，也会产生一定的膨胀应力，同样也可能导致破坏。

① 硫酸盐侵蚀　又称为膨胀侵蚀。绝大部分硫酸盐对于硬化水泥浆体都有显著的侵蚀作用（只有硫酸钡除外）。这是因为硫酸钠、硫酸钾等多种硫酸盐都能与浆体所含的 $Ca(OH)_2$ 作用生成硫酸钙，再和水化铝酸钙反应生成钙矾石，从而使固相体积增加，产生相当大的结晶压力，造成膨胀开裂以至于毁坏。如以硫酸钠为例，硫酸钠与水泥浆体中的氢氧化钙作用，生成硫酸钙，反应式如下：

$$Ca(OH)_2 + Na_2SO_4 \cdot 10H_2O \longrightarrow CaSO_4 + 2NaOH + 8H_2O$$

然后硫酸钙亦与水泥浆体中的水化铝酸钙作用，生成高硫型水化硫铝酸钙（钙矾石）晶体，反应式如下：

$$4CaO \cdot Al_2O_3 \cdot 19H_2O + 3(CaSO_4 \cdot 2H_2O) + 8H_2O \longrightarrow$$
$$3CaO \cdot Al_2O_3 \cdot 3CaSO_4 \cdot 32H_2O + Ca(OH)_2$$

高硫型水化硫铝酸钙结合着大量结晶水，其体积膨胀为原来的水化铝酸钙体积的 2.5 倍，此反应是在固相中进行的，因此在水泥石中产生很大的内应力，使水泥石开裂、强度降低和造成破坏。

② 盐类结晶膨胀　碱类溶液如浓度不大时一般是无害的，但当一些浓度较高（大于 10%）的含碱溶液，不仅能与硬化水泥浆体组分发生化学反应，生成胶结力弱，易为碱液溶析的产物，而且也会有结晶膨胀作用。例如，$NaOH$ 即发生下列反应：

$$2CaO \cdot SiO_2 \cdot nH_2O + 2NaOH \longrightarrow 2Ca(OH)_2 + Na_2SiO_3 + (n-1)NaOH$$
$$3CaO \cdot Al_2O_3 \cdot 6H_2O + 2NaOH \longrightarrow 3Ca(OH)_2 + Na_2O \cdot Al_2O_3 + 4H_2O$$

在渗入浆体孔隙后，$NaOH$ 与空气中 CO_2 作用形成大量含结晶水的 $Na_2CO_3 \cdot 10H_2O$，在结晶时，体积增大，同样造成浆体结构胀裂。

环境介质的侵蚀作用，虽可概括为上述三类，但是实际工程中，环境介质的影响往往是多方面的，既可能是几种化学侵蚀的复合作用，又同时会有冻融、渗透等的物理性破坏。

2.7.4.4　耐久性的改善途径

对于硅酸盐水泥来说，抗渗性差，各种有害介质易于进入内部，抗冻性不良，在冻融交替的条件下容易剥落破坏、外界侵蚀性介质存在会引起一系列化学、物理变化，从而逐渐受到侵蚀。为提高其耐久性，必须根据环境及本身特点综合考量，才能有效地保护材料的性能，延长使用寿命。

（1）提高致密性，改善孔结构

硬化浆体或混凝土越密实，抗渗能力越强，环境的侵蚀介质也越难进入。

从抗冻性的角度看，硬化浆体或混凝土的抗渗性、吸水率和充水程度都是决定抗冻性的重要因素。透水性高的浆体，极易被水饱和，超过充水极限。使用低水灰比，使浆体中的毛细孔径减小，同时可冻结水减至尽可能的最小程度；另外，根据静水压的冻胀机理，在密实度高的浆体中，水被迫流动时所受到的阻力加大，相应会产生较大的水压，可能对抗冻性有利。因此，工程中常采用加入适量的引气剂，调整孔的结构，且在整个浆体中分布均匀。

在实际使用中，采用低水灰比，再掺加适量的引气剂，使浆体既密实又有合理分布的微孔结构，可以获得相当良好的抗冻性能。而且引入微气泡彼此分离，不会形成连通的透水孔道，故较难达到充水极限。

（2）改变熟料矿物组成

调整熟料的矿物组成，是改变水泥抗蚀能力的主要措施。降低熟料中铝酸三钙、相应增加铁铝酸钙的含量，可以提高水泥的抗硫酸盐能力。

C_3S 在水化时要析出较多的 $Ca(OH)_2$，而 $Ca(OH)_2$ 的存在又是造成溶失性侵蚀的一个主要因素。适当减少熟料中 C_3S 含量，相应增加在本质上较为耐蚀的 C_2S，也是提高水泥的耐蚀性的一个途径。

在煅烧熟料后采用急速冷却，增加玻璃体含量，对水泥的抗硫酸盐性会有不同的影响。由于玻璃体水化所得到的水化铝酸钙与水化铁酸钙的固溶体 $C_3(A, F)H_6$ 以及水化石榴子石 $3CaO(Al, Fe)_2O_3 \cdot 3[(H_2O)_2, SiO_2]$ 在硫酸盐溶液中都具有较好的稳定性，所以以氧化铝含量高的水泥应采用急冷。但铁酸盐的晶体却比高铁玻璃体更加耐蚀，所以对于含氧化铁高的水泥，急冷反而会使抗蚀性变差。

需注意的是，在选择熟料的矿物组成时，还须考虑到强度，特别是早期强度的发展。如果硬化过慢，反而会使侵蚀加快。

（3）掺加混合材料

在硅酸盐水泥中掺加火山灰质混合材料或粒化高炉矿渣后，可以有效提高抗蚀能力。

因为熟料水化时析出的 $Ca(OH)_2$ 能与混合材料中所含的活性氧化硅或氧化铝结合，生成低碱度的水化产物，在混合材料掺量足够的条件下，所形成的水化硅酸钙，钙硅比接近于1，使其平衡所需的石灰极限浓度仅需 $0.05\sim0.09g/L$，比普通硅酸盐水泥为稳定水化硅酸钙所需的石灰浓度低得多，因此在淡水中的溶析速度明显变慢。

（4）表面处理或涂覆

采用化学的方法进行处理，提高混凝土的密实程度。

例如，在使用前先在空气中碳化一段时间，将氢氧化钙转变成碳酸钙可以形成难溶的保护性外壳，能改善抗淡水浸析和硫酸盐侵蚀的能力。在混凝土表面用硅酸钠或氟硅酸盐（如氟硅酸镁、氟硅酸锌）的水溶液处理，使其在表面孔隙中生成氟化钙和硅酸凝胶等，提高抗渗耐蚀能力。用桐油等涂刷混凝土表面，对一些酸和盐的稀溶液同样有一定防护作用。

需注意的是，这类表面处理所得的致密保护层一般很薄，当受到水流冲刷、海浪和冰凌的撞击时，防护作用不易长期保持。具有特殊要求的工程，可以采用浸渍混凝土，将树脂单体如甲基丙烯酸甲酯等浸渍到混凝土的孔隙和微裂缝内，再使之聚合成大分子聚合物，能使孔隙率显著减小。

还可使用各种防渗涂层，如沥青或用树脂改性的沥青、环氧树脂等；也有采用沥青毡、沥青砂浆或沥青混凝土作保护层覆盖表面；或者在化学侵蚀要求很高的工程，采用陶瓷、金属等贴面材料，以隔离侵蚀介质与混凝土的直接接触等。

总之，在实际应用中，应该根据工程的具体条件，针对特定的破坏因素，提高预防的措施和改善耐久性的方法，在几种破坏因素同时作用的情况下，区别主次，抓住主要因素进行预防。

第3篇

陶瓷工艺学

3.1 引 言

自古以来，陶瓷就与人类文明和进步有着密切的联系。随着现代科学技术的高速发展，陶瓷材料已经从日用性很强的传统陶瓷不断向具有多种工业用途的特种陶瓷的方向发展，在21世纪陶瓷将继续为人类社会的进步、科学技术的发展发挥更大的作用。

3.1.1 陶瓷的概念

陶瓷包括传统陶瓷（普通陶瓷）和新型陶瓷（特种陶瓷）两类。传统陶瓷是指所有以黏土及其他天然矿物原料为主要原料，经原料处理、成型和烧结等工艺过程而获得的各种制品，是陶器、炻器、瓷器等制品的通称，也称为普通陶瓷。从成分上看，传统陶瓷属于硅酸盐。

随着近代科学技术的飞速发展，陶瓷的概念也已远远地超出了传统陶瓷的范畴，其外延也不断扩大。广义的陶瓷概念与无机非金属固体材料的含义相同，即把凡采用原料处理、成型和烧成等工艺过程而获得的无机非金属固体材料，统称为广义陶瓷。传统的硅酸盐陶瓷和现代的新型陶瓷都涵盖在广义陶瓷的范围内。

3.1.2 陶瓷的分类

陶瓷制品种类繁多，各国生产陶瓷的历史和习惯也各不相同，依据不同的着眼点可提出许多分类方法，至今国际上没有统一的规定，本书按陶瓷的用途及坯体的物理性能将其分为传统陶瓷（普通陶瓷）和新型陶瓷（特种陶瓷）。

3.1.2.1 传统陶瓷分类

传统陶瓷是人们日常生活和生产中最常见的陶瓷用品，这类陶瓷制品所用原料基本相同，从组成上看属于铝硅酸盐和氧化物原料，其生产工艺技术相似，均采用典型的传统陶瓷生产工艺，本书涉及的主要是该种制品及其生产工艺。

（1）按制品特征分

① 陶器　胎体吸水率大于3%，不透光，未玻化或玻化程度差，结构不致密，断面粗糙。

② 瓷器　胎体吸水率小于3%，透光，玻化程度高，结构致密，断面呈石状或贝壳状。

（2）按材料组成分

① 长石质瓷　以长石为主要熔剂，瓷质洁白、半透明、不透气、质地坚硬、化学稳定性较好。

② 绢云母质瓷　以绢云母为熔剂，是我国传统的日用瓷，在我国南方尤其是江西景德镇广为生产，除具有长石质瓷的特点外，透明性好。

③ 骨灰质瓷　以磷酸钙为基础的瓷器，具有白度高、透明性好、光泽柔和等优点，但瓷质脆、热稳定性差，多用作高级餐茶具、高级工艺美术瓷。

④ 滑石质瓷　主要成分为顽火辉石，有良好的电学性能，高的机械强度和热稳定性，可用于高级日用器皿和电工陶瓷。

（3）按用途分

① 日用陶瓷　日用瓷器是日常生活中人们接触最多，也是最熟悉的瓷器，如餐具、茶具、咖啡具、酒具、饭具等。

② 建筑卫生陶瓷　房屋、道路、给排水和庭园等各种土木建筑工程用的陶瓷制品称为建筑陶瓷；卫生陶瓷是指卫生间、厨房和实验室等场所用的带釉陶瓷制品，也称为卫生洁具。

③ 电瓷　电瓷是应用于电力系统中主要起支持和绝缘作用的部件，有时兼作其他电气部件的容器。

④ 化学化工瓷　化学化工瓷是硬瓷的一种。具有优良的耐化学腐蚀性和耐热震性，以及高的机械强度。广泛应用于化学工业及制药工业。

3.1.2.2　新型陶瓷分类

新型陶瓷或特种陶瓷也称为先进陶瓷、精细陶瓷等，其生产工艺过程与普通陶瓷不尽相同，尤其是化学组成、显微结构和特性不同于普通陶瓷。目前，人们习惯上将新型陶瓷分成两大类，即结构陶瓷（或工程陶瓷）和功能陶瓷。将主要利用其力学性能、热学性能和部分化学性能的陶瓷列为结构陶瓷，而将主要利用其电、光、磁、化学和生物体特性，以及其间的相互转换功能的陶瓷列为功能陶瓷。

3.1.3　中国陶瓷发展简史及其对世界的影响

中国的陶瓷有悠久的历史，在我国的文化和工艺发展史上均占有重要位置。陶瓷的发展史是中华文明史的一个重要的组成部分，中国作为四大文明古国之一，为人类社会的进步和发展做出了卓越的贡献，其中陶瓷的发明和发展更具有独特的意义，在中国历史上各朝各代有着不同艺术风格和不同技术特点。英文中的"china"既有中国的意思，又有陶瓷的意思，清楚地表明了中国就是"陶瓷的故乡"。早在欧洲人掌握瓷器制造技术1000多年前，中华民族就已经制造出很精美的陶瓷器。中国是世界上最早应用陶器的国家之一，而中国瓷器因其极高的实用性和艺术性而备受世人的推崇。

3.1.3.1　发展简史

（1）史前文化时期

陶器的发明是原始社会新石器时代的一个重要标志。我国已发现距今约10000年新石器时代早期的残陶片。河北徐水县南庄头遗址发现的陶器碎片经鉴定为距今9700～10800年的遗物。因1973年在河北武安磁山首次发现而得名的磁山文化，据放射性碳素测定，距今7900年以上。1977年考古人员在河南新郑裴李岗发现了与磁山文化时代相当、内容近似的文化遗存，因此合称为磁山-裴李岗文化。该文化早于仰韶文化，是黄河中游地区新石器时代文化的代表。该文化的陶器主要有鼎、罐、盘、豆、三足壶、三足钵、双耳壶等，器物以素面无纹者居多，部分夹砂陶器饰有花纹。1973 年因首次发掘于浙江余姚河姆渡而命名的河姆渡文化距今 7000 年左右，在该文化遗址也出土了大量的陶器。河姆渡文化的陶器为黑陶，造型简单，早期盛行刻画花纹。1921 年在河南渑池县仰韶村的新石器时代遗址和陕西省西安市郊的半坡遗址，都发现了大量做工精美、设计精巧的彩陶，仰韶文化又称为彩陶文化。这两个新石器时代遗址都属于母系社会遗址，有 6000 年以上的历史。1928 年在山东历城龙山镇发现薄胎黑色有光泽的陶片，被定名为龙山文化、又称为黑陶文化。晚于仰韶文化，广泛地分布在中国沿海、中原及浙江等地，在烧制技术上有了显著的进步，开始采用陶轮制坯，胎薄而均匀，称为蛋壳陶。

上述我国史前文化代表性的发掘和考据，证明在新石器时期人们已经掌握制陶工艺，并制备出精致的器皿。

（2）殷商——秦代

在安阳和郑州一带的殷商遗址中出土了 3000 多年前的白陶和有釉陶器，说明当时已采用釉和对原料的选择。商代的白陶是以瓷土（高岭土）作原料，烧成温度达 1000℃ 以上，它是原始瓷器出现的基础。白陶的烧制成功对由陶器过渡到瓷器起了十分重要的作用。秦代以大量砖瓦修建长城和阿房宫，说明建筑陶瓷材料在秦代已大量使用。秦俑坑出土的大批尺寸与真人和真马相同的精致陶俑，证明了秦代制陶工艺已非常发达，这是我国陶瓷工艺发展史上的辉煌成就。

（3）汉代

到了西汉时期，上釉陶器工艺开始广泛流传起来。多种色彩的釉料也在汉代开始出现。东汉末期，由于采用瓷石为原料制坯和窑炉温度的相应提高，越窑开始制作瓷胎致密、釉层较厚的青瓷。这些青瓷加工精细，胎质坚硬，不吸水，表面施有一层青色玻璃质釉。原始瓷器的质量出现飞跃，生产出比较成熟的瓷器，这标志着中国瓷器生产已进入一个新时代。

（4）唐代以后

① 唐代　唐代由于文化发达、生活需要及铜的禁用，瓷器使用已很普遍。瓷器烧成温度达到 1200℃，瓷的白度也达到了 70% 以上，接近现代高级细瓷的标准。这一成就为釉下彩和釉上彩瓷器的发展打下基础。

此外，唐朝瓷器的装饰也有其特色。有一种盛行于唐代的陶器，以黄、褐、绿为基本釉色，后来人们习惯地把这类陶器称为唐三彩。唐三彩是一种低温釉陶器，在色釉中加入不同的金属氧化物，经过焙烧，便形成浅黄、赭黄、浅绿、深绿、天蓝、褐红、茄紫等多种色彩，但多以黄、褐、绿三色为主。唐三彩的出现标志着陶器的种类和色彩已经开始更加丰富多彩。

② 宋元代　宋代瓷器，在胎质、釉料和制作技术等方面，又有了新的提高，烧瓷技术达到完全成熟的程度。在工艺技术上，有了明确的分工，是我国瓷器发展的一个重要阶段。

宋代闻名中外的名窑很多，耀州窑、磁州窑、景德镇窑、龙泉窑、越窑、建窑以及被称为宋代五大名窑的汝窑、官窑、哥窑、钧窑、定窑等都有它们自己独特的风格，产品品种日趋丰富。景德镇窑起源于南北朝，发展于唐代，自宋代景德年间置镇后，景德镇开始逐渐成为中国陶瓷产业中心，其名声远扬世界各地。景德镇生产的白瓷与釉下蓝色纹饰形成鲜明对比，青花瓷自此兴起，在以后的各个历史时期一直深受人们的喜爱。

③ 明清　明朝统治从 1368 年开始，直到 1644 年。这一时期，景德镇的陶瓷制造业在

工艺技术和艺术水平上有了极大的发展,尤其是青花瓷达到了登峰造极的地步。此外,福建的德化窑、浙江的龙泉窑、河北的磁州窑也都以各自风格迥异的优质陶瓷蜚声于世。清代窑厂分布更广,但仍以景德镇为中心。其中康熙、雍正、乾隆三代被认为是整个清朝统治下陶瓷业最为辉煌的时期,工艺技术较为复杂的产品多有出现,各种颜色釉及釉上彩异常丰富。到清代晚期,政府腐败,国运衰落,人民贫困,中国的陶瓷制造业日趋退化。

④ 民国时期 民国成立以后,各地相继成立了一些陶瓷研究机构,但产品除沿袭前代以外,就是简单照搬一些外国的设计,毫无发展可言。后来,由于内战频仍,外国入侵,民不聊生,整个陶瓷工业也全面败落,到新中国建立以前,未出现过让世人注目的产品。

（5）当代

新中国成立后,通过对历代名瓷的深入研究与总结,我国陶瓷业得到了迅速的恢复和发展,各种陶瓷产品的品种、质量和产量都得以迅猛发展。目前,日用陶瓷年产量近 70 亿件,约占世界总产量的 45%,出口量近 40 亿件,产量及出口量均位于世界首位。建筑卫生陶瓷产量也居世界第一位。目前,我国陶瓷工业总体水平与世界先进水平相比仍有差距,主要是品种少、质量低、能耗大,生产的机械化、自动化程度不高。

3.1.3.2 由陶到瓷的发展过程

瓷器的发明是我国古代的伟大成就,从陶器到瓷器也是陶瓷生产史上的重大飞跃,关于我国瓷器的起源年代,各家说法不一。产生分歧的原因主要是衡量古代陶瓷的标准不同,或者对瓷器的含义理解不同。加上我国历史文物的不断出土,也改变了人们的认识。中科院上海硅酸盐研究所李家治等结合近年来对在浙江上虞出土的西晋越窑青釉瓷片和东汉越窑青釉瓷片的研究,发现这些瓷片在组成和工艺上已经达到了近代瓷器的标准,因而认为我国在公元 1~2 世纪的东汉时期即已经出现瓷器。他在全面地总结了自新石器时代一直到明、清近 7000 年的我国陶瓷工艺发展过程后,科学地指出:我国之所以能够由陶器过渡到瓷器,主要是由于我国古代劳动人民经过长期实践,不断积累经验,在原料选择和精制、窑炉的改进和烧成温度的提高、釉的发现和使用等方面有了新的突破。在 3000 多年前的商周时期即创造了釉陶和原始瓷器。又经过 1000 多年在汉代完成了陶向瓷的过渡,使我国成为世界上最早发明瓷器的国家。并提出了我国陶瓷工艺发展的三个重大突破和三个阶段。三个重大突破即原料的选择及精制、窑炉的改进和烧成温度的提高、釉的发现及使用。第一个突破是陶向瓷发展的内因,后两个突破是陶向瓷发展的外因条件。三个阶段即陶器、原始瓷器和瓷器。并指出由陶向瓷过渡中在化学组成中起重要作用的是 Fe_2O_3,它由陶器中含量占 6% 以上降到原始瓷器中的 3% 左右,然后再降到瓷器中的 1% 左右。正是由于铁含量的降低,才使烧成温度有了提高的可能。

3.1.3.3 中国瓷器发展对世界的影响

中国瓷器对世界各国的文化发展和瓷器制造技术上都有直接或间接的影响。公元 918 年朝鲜学会了中国的制瓷技术并在康津设窑厂烧制瓷器,能仿制越窑、汝窑、磁州窑、龙泉窑等名窑制品,到 15 世纪也能仿制景德镇的青花白瓷。南宋嘉定十六年(公元 1223 年)日本人加藤四郎左卫门氏随道远禅师到我国福建学习制陶技术六年,回国后在濑户烧制黑釉焰瓷器,后人称之为“濑户物”,日本人称他为日本的“陶祖”。明正德时期,日本又派人来中国景德镇学习制作青花白瓷,归国后在有田设窑烧制瓷器,称为“有田烧”。16 世纪前后,欧洲开始仿制中国瓷器,在 1712 年和 1722 年法国传教士殷弘绪曾两次将景德镇制造瓷器的实况详细地向法国政府报告,对欧洲瓷器的制造起到很大的作用。从上述情况看,世界各国的瓷器发展都比中国晚很多，在早期瓷器的纹饰、造型和工艺制作过程方面都能找出源自中国的痕迹。

3.2 原　料

原料是材料生产的基础，其作用主要是为产品的结构、组成及性能提供合适的化学成分和加工处理过程所需的各种工艺性能，优质的原料是制造高质量产品的首要保障。即原料是影响陶瓷产品性能质量的内因，掌握原料组成和性质并根据陶瓷产品的性能要求来选用不同品位或纯度的原料，做到物尽其用，按质用料。清楚地了解和掌握原料的基本性质和作用，对提高产品质量和经济效益，以及工艺流程和工艺条件的选择具有重要的意义。

3.2.1 黏土类原料

黏土是无机非金属材料制品生产的重要原料之一。黏土原料在普通陶瓷、特种陶瓷、玻璃、水泥、耐火材料、搪瓷、砖瓦等行业中都有应用。

黏土是自然界中硅酸盐岩石（主要是长石）经过长期风化或热液蚀变作用而形成的一种疏松的或呈胶状致密的土状混合体。自然界中黏土多呈白、黄、红、黑、灰等多种颜色，颗粒微细，多数小于 $2\mu m$，形状有片状、管状、球状及六角鳞片状等。将其与水拌和能塑成各类形状，干燥后形状不变，且有一定机械强度，煅烧后坚硬如石。在自然界中分布广泛、种类繁多、储量丰富，是一种宝贵的天然资源。

3.2.1.1 黏土的成因和分类

（1）黏土的成因

各种富含硅酸盐矿物的岩石经风化、水解、热液蚀变等作用都可以变成黏土。风化作用可分为物理风化（也称为机械风化，主要是温度的变化、冰冻、水力等的作用）、化学风化（主要是二氧化碳及水的作用）以及有机物风化（动植物遗骸腐蚀）三种类型。实际上硅酸盐矿物的风化过程是上述三种作用错综交叉进行的。当含有 O_2、N_2、CO_2、酸碱、可溶性盐类物质的天然水与岩石长期作用时，使岩石产生溶解、水化和侵蚀，从而形成新的矿物。例如：

$$4(KAlSi_3O_8)+6H_2O \longrightarrow 2(Al_2O_3 \cdot 2SiO_2 \cdot 2H_2O)+8SiO_2+4KOH$$
　　　　钾长石　　　　　　　　高岭石
$$2(KAlSi_3O_8)+2H_2O+CO_2 \longrightarrow Al_2O_3 \cdot 2SiO_2 \cdot 2H_2O+4SiO_2+K_2CO_3$$
　　　　钾长石　　　　　　　　　　　高岭石

钾长石在风化、水解过程中生成的可溶性物质（如 K_2CO_3、KOH 等）、胶状 SiO_2 等均随水流失，只残留下高岭石、白云母、部分 SiO_2，再经过漫长的地质时期，便生成了具有一定工业价值的黏土矿。热液蚀变型黏土矿是指当高温岩浆遇冷逐渐降温时，其中溶解的大量其他化合物的热液（水）作用于母岩而形成的黏土矿物。由于母岩不同，风化、水解、蚀变的条件不同，就会生成一系列不同类型的黏土矿物。

（2）黏土的分类

黏土种类繁多，为便于研究，一般可按成因、产地、工艺性能及矿物组成等来分类。

① 按成因分类

a. 一次黏土　又称为残留黏土或原生黏土，即母岩经风化、水解后就地残留下来的黏土。此类黏土质地较纯，耐火度较高，但颗粒较粗，可塑性较差。

b. 二次黏土　又称为沉积黏土或次生黏土，是由风化而成的一次黏土在自然动力作用下转移到其他地方沉积形成的黏土层。二次黏土颗粒细小，且在迁移过程中夹入一些有色杂质而呈色，可塑性强，耐火度较低。

② 按主要矿物组成分类

a. 高岭石类黏土　包括高岭石、珍珠陶土、地开石、多水高岭石。由高岭石类矿物构成的黏土称为高岭土，是普通陶瓷工业中最常用的黏土原料，如苏州土及紫木节土。

b. 蒙脱石类黏土　有蒙脱石及拜来石，由它们构成的黏土称为膨润土，如辽宁黑山和福建连城膨润土。

c. 伊利石类黏土　属于这一类的有水白云母、绢云母等，如河北章村土。

d. 水铝英石类黏土　如唐山矾土。

③ 按耐火度分类　耐火度在1580℃以上的为耐火黏土，是比较纯净的黏土，含杂质少，烧后多呈白色，为瓷器和耐火制品的主要原料；耐火度在1350～1580℃之间的为难熔黏土，含易熔杂质在10%～15%之间，可作为炻器、陶器、耐酸制品和瓷砖的原料；耐火度在1350℃以下的为易熔黏土，含有大量的易熔杂质，可作为粗陶和建筑砖瓦的原料。

④ 按可塑性分类

a. 高塑性黏土　又称为软质黏土、结合黏土。多属次生黏土，颗粒较细，在水中易分散，可塑性好，含杂质较多，一般呈疏松状、板状、页状，如膨润土、球土、木节土等。

b. 低塑性黏土　又称为硬质黏土。多属原生黏土，在水中不易分散，较坚硬，可塑性较差，多呈致密块状、石状，如焦宝石、瓷石、叶蜡石等。

3.2.1.2　黏土的组成

为了研究和使用黏土，需要充分了解其组成，根据需要黏土的组成可从其化学组成、矿物组成和颗粒组成三个方面来进行表征。

（1）黏土的化学组成

黏土是含水铝硅酸盐的混合物，其化学成分主要是 SiO_2、Al_2O_3 和 H_2O，由于成矿条件不同，黏土中同时含有少量的碱金属氧化物（K_2O、Na_2O）、碱土金属氧化物（CaO、MgO）及着色氧化物（Fe_2O_3、TiO_2）和灼烧减量。一般黏土原料的化学分析包括上述的九个项目，即能满足生产上配料的参考需要。有时为了研究工作的需要，还需测量 CO_2、SO_2、有机质以及其他微量元素。在上述项目中灼烧减量包含化合水、碳酸盐分解和有机质挥发等所引起的质量减少。当黏土比较纯净、杂质含量较少时，灼烧减量可近似地作为化合水的量。黏土的化学组成在生产中有重要的指导意义，根据黏土的化学成分，可初步估计出黏土的一些性能。如 Al_2O_3 含量>36%的黏土难烧结；SiO_2>70%的黏土含有石英；K_2O＋Na_2O>2%的黏土可能是水云母质黏土，烧成温度较低；Fe_2O_3>0.8%的黏土矿物烧后制品白度低，呈现灰色或黄色甚至暗红色；TiO_2>0.2%的黏土在还原焰烧成时易呈黄色。表3-2-1列出了我国几种黏土类矿物原料的化学组成。

表 3-2-1　几种黏土类矿物原料的化学组成

矿物名称	化学组成（质量分数）/%								
	SiO_2	Al_2O_3	Fe_2O_3	TiO_2	CaO	MgO	K_2O	Na_2O	灼减
界牌黏土	68.60	21.41	0.32	0.07	0.34	0.05	—	—	8.94
苏州土	43.39	40.48	0.47	0.07	0.19	0.05	0.03	0.22	15.0
宽城土	57.45	32.01	0.34	0.07	0.27	—	—	—	10.52
叙永土	37.35	34.34	0.12	0.01	0.36	—	0.01	—	19.45
大同土	43.25	39.44	0.27	0.09	0.24	0.38	—	—	16.07

（2）黏土的矿物组成

黏土矿物呈层状结构，基本结构单元为硅氧四面体层 $[SiO_4]$ 和铝氧八面体层 $[AlO_2(OH)_4]$，由于层间结合方式、同型置换及层间阳离子的不同，构成不同类型的矿物。主要矿物为高岭石类（包括高岭石、多水高岭石等）、蒙脱石类（包括蒙脱石、叶蜡石等）和伊利石类（也称为水云母）三种。

① 高岭石类 高岭石是长石和其他硅酸盐矿物天然蚀变的产物，是一种含水的铝硅酸盐。高岭石是一种常见的黏土矿物，因首先发现于江西景德镇浮梁县的高岭村而得名，国际上也将一切被利用制瓷的黏土均称为高岭土（Kaolin）。它的主要矿物是高岭石（包括地开石、珍珠陶土及多水高岭石）。高岭石的化学式为 $Al_2O_3 \cdot 2SiO_2 \cdot 2H_2O$（其中，$Al_2O_3$ 39.50%，SiO_2 46.54%，H_2O 13.96%），其结构式为 $Al_4[Si_4O_{10}](OH)_8$。

高岭石属单斜晶系，晶体多呈六角鳞片状，也有粒状、杆状的，轮廓较清楚，晶片往往互相重叠，颗粒平均尺寸为 $0.3\sim3\mu m$，晶片厚约 $0.05\mu m$。二次高岭土中粒子形状不规则，边缘折断，尺寸较小。高岭石晶体属双层结构的硅酸盐矿物，每个晶层均由一层硅氧四面体 $[SiO_4]$ 与一层铝氧八面体 $[AlO_2(OH)_4]$ 通过共用的氧原子联系在一起，高岭石的相邻两晶层通过八面体的 OH 键与另一层四面体的氧以氢键相联系，故层间结合力较弱，易于裂开及滑移，层间不易吸附水分子。但由于水的楔裂作用，或外部机械力的作用，易使层间分离，粒子破坏，从而提高比表面积及分散度，增加了可塑性。

地开石是由两个高岭石结构层构成一个单位层，珍珠陶土是由六个高岭石结构层构成一个单位层，均比高岭石稳定。多水高岭石的结构与高岭石相近，多水高岭石（埃洛石、叙永石）$Al_2O_3 \cdot 2SiO_2 \cdot 2H_2O \cdot nH_2O$（$n=2\sim4$）结构单元层间多层间水，使单元层间距加大，范德华力和氢键变弱，所以，层间结合力小。水分子进入层间形成层间水，层间距增大，层间结合力降低。

纯净高岭土外观呈白色或浅灰色。含杂质时呈黄、灰、青、玫瑰等色。原矿呈致密块状或疏松土状，质软，有滑腻感，硬度小于指甲。相对密度为 $2.4\sim2.6$。干燥后黏土有吸湿性。耐火度高，可达 $1770\sim1790℃$。中、低可塑性，具有良好的绝缘性和化学稳定性。煅烧白度高，达 60%~90% 不等。中国著名高岭土产地是江西景德镇、江苏苏州、湖南界牌、山西大同等地。

② 蒙脱石类 蒙脱石又称为微晶高岭石或胶岭石，是一种层状结构、片状结晶的硅酸盐黏土矿，因其最初发现于法国的蒙脱城而命名为蒙脱石。以蒙脱石为主要矿物的黏土称为膨润土，呈白色或灰白色，有时因含杂质而呈黄色、浅红色、蓝绿色等。相对密度为 $2.2\sim2.9$，莫氏硬度为 2。属单斜晶系晶体，其化学式为 $Al_2O_3 \cdot 4SiO_2 \cdot nH_2O$（$n>2$），晶体结构式为 $Al_4(Si_8O_{20})(OH)_4 \cdot nH_2O$。

蒙脱石结晶程度差，轮廓不清楚，很难发现其单晶体。晶粒极细小，一般小于 $0.5\mu m$，呈不规则的粒状或鳞片形胶状。蒙脱石属层状黏土矿物，晶体结构是：每个单元晶层是由两边的 Si—O 四面体层中间夹着一个铝氧八面体层而构成的三层结构。两边的 Si—O 四面体以顶端的氧与八面体共用，将三层联系起来，此结构沿 c、b 轴可无限伸长，沿 a 轴以一定间距重叠。沿 c 轴方向的氧层与氧层间联系力很小，水分子与其他极性分子易侵入层间而形成层间水，层间水的数量常随外界环境的温、湿度而变化，引起 c 轴方向的膨胀与收缩，这就是蒙脱石的吸水特性。因吸水后体积膨胀，有时大到 $20\sim30$ 倍，故名膨润土。热分析数据表明，在 $80\sim250℃$ 之间出现第一个吸热谷，脱去层间水和吸附水。一般钠蒙脱石脱水温度较低，且为单吸热谷，钙蒙脱石脱水温度较高，并出现复合谷。第二个吸热谷出现于 600~

700℃之间，脱去结构水。第三个吸热谷在 800～935℃ 之间，晶格完全破坏。其后，紧接着一个放热峰，有新相尖晶石和石英生成。

蒙脱石易粉碎，颗粒细小，可塑性好，干燥收缩较大，干燥强度高，因含杂质多，Al_2O_3 含量低，故烧成温度较低，烧后色泽不理想。在陶瓷生产中可用作增塑剂，但用量一般不得超过 5%，釉中可掺少许作悬浮剂。

叶蜡石是常用的一种黏土矿物。叶蜡石化学通式为 $Al_2O_3 \cdot 4SiO_2 \cdot H_2O$，其理论化学组成为：$Al_2O_3$ 28.3%，SiO_2 66.7%，H_2O 5.0%。它的晶体结构式为 $Al_2[Si_4O_{10}](OH)_2$。叶蜡石为单斜晶系，呈片状或放射状集合体，有时呈隐晶质致密块体。白色微带浅黄色或绿色，玻璃光泽，致密块体呈蜡状光泽。莫氏硬度为 1～2，密度在 $2.8g/cm^3$ 左右，熔点为 1700℃。叶蜡石通常是由细微鳞片状晶体构成的致密块状，质软而富有脂肪感。叶蜡石中的结晶水较少，在 500～800℃ 之间脱水缓慢，总收缩不大，膨胀系数较小，有良好的热稳定性，不烧成熟料即可作耐火材料的原料，也是快速烧成陶瓷产品的理想原料。

③ 伊利石类　伊利石又称为水云母（因白云母水化而得名），矿物颗粒很小，常混有其他黏土矿物。它包括水黑云母、水白云母、蛭石等似云母，是一类成分较复杂、分布很广、产量也大的黏土矿物。化学组成为 $K_{<1}[(Si,Al)_4O_{10}](OH)_2 \cdot nH_2O$，组分含量不定，$K_2O$ 含 3%～8%，个别达到 10%。

白云母的化学通式为 $K_2O \cdot 3Al_2O_3 \cdot 6SiO_2 \cdot 2H_2O$，其理论化学组成为：$Al_2O_3$ 28.3%，SiO_2 66.7%，H_2O 5.0%。晶体结构与蒙脱石类似，属 2:1 型层状硅酸盐。与白云母比较，伊利石含 K_2O 较少；含水较多；与高岭石比较，伊利石含 K_2O 较多，而含水较少。所以伊利石是高岭石和白云母的中间产物。与白云母及伊利石结构类似的一种矿物称为绢云母，它是在热液或变质作用下形成的细小鳞片状的白云母，具有丝绢光泽，故而得名绢云母。与白云母相比，其 SiO_2 含量稍高，含 K_2O 比白云母低而比伊利石高，其含水量也介于白云母和伊利石之间。绢云母是白云母和伊利石之间的过渡产物。绢云母类黏土能单独成瓷。

（3）黏土的颗粒组成

黏土的颗粒组成是指黏土中含有不同大小颗粒的百分含量。黏土中的黏土矿物颗粒较细，一般直径在 2μm 以下。由于黏土粒径大小不同，其工艺性质亦不同；细颗粒黏土矿物的比表面积大，表面能高，可塑性较强，干燥收缩大，干燥强度高，易于烧结成致密坯体，有利于提高陶瓷坯体的机械强度。此外，黏土颗粒的形状及结晶程度对工艺性质亦有一定影响。一般来说，片状颗粒较其他形状的颗粒堆积密度大、塑性大、强度高。结晶程度差的黏土颗粒比结晶程度好的可塑性大。

3.2.1.3　黏土的工艺性能

黏土是陶瓷工业的主要原料之一，了解黏土的工艺性能对合理地选择黏土、科学配料、稳定生产、提高产品质量均起着重要的作用。黏土的工艺性质取决于黏土的化学成分、矿物组成、颗粒组成，其矿物组成是基本因素。现将黏土原料的几种主要工艺性质介绍如下。

（1）可塑性

黏土与适量的水混练后形成泥团，泥团在外力作用下产生变形但不开裂，当外力去掉以后，仍能保持其形状不变的性能称为可塑性。常用可塑性限度（塑限）、液性限度（液限）、可塑性指数、可塑性指标和相应含水率等参数来表示黏土可塑性的大小。塑限是指黏土或坯料由粉末状态进入塑性状态时的含水量。塑性限度是黏土或坯料呈可塑状态时的下限含水率，低于此含水率，黏土和坯料即丧失可塑性而呈半固体状态。塑性限度的测定，有滚搓法和最大分子吸水值法等。

液限是指黏土或坯料由塑性状态进入流动状态时的含水量。液性限度是黏土或坯料呈可塑状态时的上限含水率。若超过此含水率，黏土即进入半流动状态，承受剪切应力的能力急剧下降。测定液性限度的方法，一般采用 A. M. 华西里耶夫平衡锥法（简称华氏平衡锥法），它是用质量为 76g、圆锥顶角为 30° 的锥体缓慢沉入样品中 10mm 深时，测定其样品的含水率，即为液性限度。

可塑性指数是指液限与塑限之差。可塑性指数＝液性限度－塑性限度，根据可塑性的含义，可塑性指数并不是评定黏土的坯料可塑性能好坏的直接方法，它只表示具有可塑性能时，含水率的高低和范围，在评定新的原料和检验原料品质及坯料性能是否发生变化时，具有一定的意义。

可塑性指标是指在工作水分下，黏土或坯料受外力作用最初出现裂纹时应力与应变的乘积，同时应给出相应的含水率。因此，可塑性指标较直接地反映了黏土或坯料的可塑性能。可塑性指标一般是用捷米亚禅斯基方法测定。

处于可塑状态的黏土或坯料是固、液并存的多相体系。黏土可塑性的大小主要取决于固相及液相的性质和数量。固相的性质主要是指固相物的种类、颗粒形状及大小、颗粒级配以及颗粒的离子交换能力等。液相的性质主要是指液相的黏度及其对固相的浸润能力等。一般而言，固体分散相越细、分散度越高、比表面积越大，可塑性就越好。层状黏土矿物的薄片状颗粒比杆状、棱角状颗粒的塑性好。黏土矿物离子交换能力大，则其可塑性较好。可塑性黏土系中，液相如果黏度较大且能很好地润湿黏土颗粒，其与黏土混练后可塑性较高。

根据黏上可塑性指数或可塑性指标大小可将其分为以下几类：强塑性黏土，指数＞15或指标＞3.6；中塑性黏土，指数 7～15 或指标 2.5～3.6；弱塑性黏土，指数 1～7 或指标＜2.5；非塑性黏土，指数＜1。

在生产过程中可通过以下措施提高黏土的可塑性：对黏土原矿进行淘洗、除杂或进行长期风化；将润湿的黏土或坯料长期陈腐，或将泥料进行多次的真空练泥；掺用少量的强可塑性黏土，如膨润土；必要时加入增塑剂，如糊精、羧甲基纤维素等。

（2）结合性

黏土的结合性是指黏土结合非塑性原料后仍可形成可塑泥团，并且有一定干燥强度的能力。坯料干燥后能转变成具有一定强度的半成品，主要依靠黏土颗粒之间以及黏土对非可塑性物料的黏结能力。黏土的这一性质保证了坯体有一定的干燥强度，是坯体进行干燥、修坯、上釉等工艺过程的基础，也是配料调节泥料性质的重要因素。黏土的结合性由其结合瘠性原料的结合力的大小来衡量，而结合力的大小又与黏土矿物的种类、结构等因素有关。一般而言，可塑性强的黏土结合力也大。

黏土的结合力以能够形成可塑泥团时所加入标准石英砂（颗粒组成为：0.15～0.25mm 占 70%，0.09～0.15mm 占 30%）数量及干后抗折强度来反映。一般加砂量＞50% 为结合力强的黏土，加砂量在 25%～50% 为中等结合力黏土，加砂量＜20% 为结合力弱的黏土。

（3）离子交换性

黏土颗粒由于其表面层断键和晶格内部离子被置换（主要来源是 $[SiO_4]$ 四面体中的 Si^{4+} 被 Al^{3+} 取代而出现负电荷）而带有电荷，为了保持黏土颗粒表面的电价平衡，需要吸附其他异性离子补偿。在黏土-水系统中被吸附的离子又会被其他同性电荷的离子置换。这种性质称为离子交换性。这种离子交换反应发生在黏土颗粒的表面部分，各种黏土由于其晶格内部离子置换程度不同以及黏土颗粒大小不同，其离子交换能力不尽相同。

离子交换的能力可用离子交换容量（CEC）来表示，即 100g 干黏土所吸附能够交换的阳离子或阴离子的物质的量，单位为 mmol/g。

黏土的离子交换容量不仅与黏土的本身性质有关，也取决于吸附的离子种类，黏土吸附阳离子的能力大于吸附阴离子，而黏土吸附阳离子的种类不同，其交换能力也不同，黏土的阳离子交换容量大小一般按下列顺序逐渐减小：

$$H^+ > Al^{3+} > Ba^{2+} > Sr^{2+} > Ca^{2+} > Mg^{2+} > NH_4^+ > K^+ > Na^+ > Li^+$$

在黏土颗粒的棱角上，阴离子亦会被黏土颗粒吸附，但吸附能力较小，黏土吸附阴离子取代能力一般按下列顺序逐渐减小：

$$OH^- > CO_3^{2-} > P_2O_7^{4-} > CNS^- > I^- > Br^- > Cl^- > NO_3^- > F^- > SO_4^{2-}$$

黏土离子交换能力的大小除与离子性质有关外，还与黏土矿物的种类、有序度、分散度、黏土中有机物的含量和黏土矿物的结晶程度等因素有关。

（4）触变性

黏土泥浆或可塑泥团受到振动或搅拌时，黏度会降低，而流动性会增加，静置后又逐渐恢复原状。此外，当泥浆放置一段时间后，在原水分不变的情况下会出现变稠和固化现象。上述性质统称为触变性。黏土颗粒片状结构的边面尚残留少量的电荷未被完全中和，以致形成局部的边边和边面结合，使黏土颗粒之间形成封闭的网络状结构。影响黏土触变性的因素有许多，主要取决于黏土的矿物组成、颗粒大小及形状、水分含量、吸附离子的种类和用量以及泥料（泥浆）的温度等。黏土矿物的遇水膨胀与触变性有关，若水分子仅渗入黏土颗粒之间，则触变性较小，如高岭石和伊利石；若水分子除渗入黏土颗粒之间外还渗入单位晶胞之间，则触变性较大，如蒙脱石的触变性较高岭石、伊利石的高。黏土颗粒越细，形状越不规则，触变性也越大。球状颗粒触变性较小。触变性与吸附离子及离子水化度有关，阳离子价数越小或价数相等，半径较小者，触变性亦越大。含水量少的泥浆较含水量多的泥浆更易产生触变效应。当泥浆温度升高时，因黏度减小，触变现象亦会减弱。黏土的触变性在生产中对泥料的输送和成型加工有较大影响。生产中，泥浆应有适当的触变性，因为触变性大的泥浆在管道中输送时很不方便，注浆后的产品易变形。如触变性过小，则生坯强度差，影响脱模及修坯的质量。

黏土泥浆的触变性可用厚化度（或稠化度）来表示，厚化度是以泥浆黏度变化之比或剪切应力变化的百分数表示。

稠化度也可以直接用恩格列尔黏度计，测定静置 30min 与静置 30s 流出 100mL 样品所需的时间。稠化度可通过下式计算：

$$\tau = \frac{t_1}{t_2} \tag{3-2-1}$$

式中，τ 为泥浆稠化度；t_1 为 100mL 泥浆静置 30s 的流出时间，s；t_2 为 100mL 泥浆静置 30min 的流出时间，s。

通过上式可以看出，流出的时间短，流动性好；反之则相反。在实际生产中注浆用泥浆要有适当数值，稠化度小，虽然流动性好，但成坯速度减慢，生坯强度不足，影响脱模和修坯的质量。

可塑泥团的厚化系数为放置一定时间后，球体或圆锥体压入泥团达一定深度时剪切强度增加的百分数。其计算式如下：

$$泥团厚化度 = \frac{P_n - P_0}{P_0} \times 100\% \tag{3-2-2}$$

式中，P_n 为泥团开始时承受的负荷，N；P_0 为经一定时间后，球体或锥体压入相同深度时承受的负荷，N。

（5）收缩

黏土泥料在干燥时，因颗粒间的水分相继排出，颗粒互相靠拢引起体积收缩，称为干燥收缩。当黏土泥料在高温煅烧时，由于发生一系列物理化学变化（如脱水作用、分解作用、莫来石的形成、易熔杂质的熔化）和液相填充在空隙中并将颗粒黏结，黏土泥料体积再度收缩，称为烧成收缩。成型试样经干燥、煅烧后的尺寸总变化称为总收缩。黏土收缩常以线收缩及体收缩来表示。体收缩近似等于线收缩的 3 倍（误差 6%～9%）。干燥线收缩以试样干燥至 105～110℃时尺寸的变化来表示，计算式如下：

$$S_{干} = \frac{L_0 - L_{干}}{L_{干}} \times 100\% \tag{3-2-3}$$

式中，L_0 为试样原始长度；$L_{干}$ 为试样干后长度；$S_{干}$ 为试样干燥线收缩率。

烧成线收缩按下式计算：

$$S_{烧} = \frac{L_{干} - L_{烧}}{L_{烧}} \times 100\% \tag{3-2-4}$$

式中，$L_{干}$ 为试样干后长度；$L_{烧}$ 为试样烧后长度；$S_{烧}$ 为试样烧成线收缩率。

生产中，设计坯体尺寸、石膏模型尺寸时均应考虑收缩值。由于黏土原料性质不同，则其收缩亦不同，一般黏土总收缩率波动在 5%～20% 之间。如收缩太大，在干燥、烧成时会产生有害应力致使产品变形或开裂。研究黏土的收缩性质，是合理地设计产品造型、确定模型放尺的依据。在制造大型的坯件时，其水平收缩与垂直收缩也会略有差异，确定放尺时应予注意。

（6）烧结性能

黏土是由多种矿物组成的物质，无固定熔点，可在一个较大的温度范围内逐渐软化。黏土在煅烧过程中，温度在 900℃ 以上时，低共熔物开始出现，低共熔液相填充在固体颗粒之间，由于表面张力的作用，使未熔固体颗粒进一步靠拢，引起体积急剧收缩，气孔率下降，密度提高，这种体积开始急剧变化时的温度称为开始烧结温度。当温度继续升高时，收缩将不断增大，气孔率不断降低。当密度达到最大值时，称为完全烧结，此时对应的温度称为烧结温度。从黏土试样完全烧结开始，温度继续上升，会出现一个体积密度及收缩较稳定的阶段。在此阶段中，体积密度和收缩等不发生明显变化。持续一段时间后，如再继续升温，试样中的液相不断增多，以至于不能维持试样原有形状而变形，同时也发生一系列高温化学变化，使试样内气孔率增大，出现了膨胀现象。出现此情况的最低温度就称为软化温度。通常将烧结温度到软化温度之间试样处于相对稳定阶段的温度区间称为烧结温度范围。不同黏土的烧结范围差别很大，主要取决于黏土中所含熔剂杂质的量、种类以及相应液相的增加速度，纯耐火黏土烧结范围为 250℃，优质高岭土约 200℃，伊利石类黏土仅为 50～80℃。烧结温度范围越宽，陶瓷制品的烧成操作越容易控制。因此黏土的烧结范围对无机非金属材料制品生产来说是一个十分重要的特性，它直接影响到烧成制度的确定，为配方确定及窑炉种类选择提供参考和依据。

（7）耐火度

耐火度表示黏土原料抵抗高温作用而不致熔化的能力。它反映了材料在无荷重时抵抗高温作用的稳定性，是材料的一个工艺常数。黏土的耐火度主要取决于黏土的化学成分，如黏土中 Al_2O_3 含量高则耐火度就高，含碱类氧化物多则耐火度较低。一般常用 Al_2O_3/SiO_2

的比值来判断黏土耐火度的高低。比值大，耐火度高，烧成温度范围也较宽；反之，耐火度就低，烧成温度范围较窄。耐火度的测定是将一定细度的待测黏土制成高 30mm、下底边长为 8mm、上顶边长为 2mm 的截头三角锥，干燥后，在电炉中以一定升温速度加热，当加热到锥顶端软化弯倒至锥底平面时的温度，即为该试样的耐火度。

3.2.1.4　黏土在陶瓷生产中的作用

黏土作为主要原料对陶瓷材料的生产影响是巨大的，黏土不仅能保证陶瓷制品的成型，而且能决定烧后制品的性质，黏土在陶瓷生产中的作用概括起来如下。

黏土的可塑性是陶瓷坯体赖以成型的基础，黏土的可塑性的变化对陶瓷成型的品质影响很大，因此选择或调节黏土或泥料的可塑性，已成为确定陶瓷配料配方的主要依据之一。

黏土的结合性，可在坯料中结合其他瘠性原料并使坯料具有一定的干燥强度，有利于坯体的成型加工。另外，细分散的黏土颗粒与较粗的瘠性原料相结合，可得到较大的堆积密度，有利于烧结。

黏土使注浆泥料与釉料具有悬浮性和稳定性，这是陶瓷注浆泥料和釉料所必备的性质，因此选择能使泥浆具有良好的悬浮性和稳定性的黏土，也是注浆坯料和釉料配料时需要考虑的主要问题之一。

黏土使坯体具有烧结性，黏土中 Al_2O_3 含量和杂质含量是决定陶瓷坯体的烧结程度、烧结温度和软化温度的主要因素。

黏土是形成陶瓷主体结构和瓷器中莫来石晶体的主要来源。莫来石晶体使瓷坯具有良好的力学性能、热稳定性能和化学稳定性能。

黏土具有片层结构，是引起坯体收缩、颗粒定向排列，产生内部缺陷的主要根源。

3.2.2　石英类原料

二氧化硅在地壳中的丰度约为 60%。含二氧化硅的矿物种类很多，大部分以硅酸盐矿物形成岩石。无机非金属材料工业用的二氧化硅原料主要是结晶状的矿石——石英。石英主要成分是二氧化硅，常含有少量杂质成分如 Al_2O_3、CaO 及 MgO 等，石英外观常呈无色、白色、乳白色、灰白色半透明状态，莫氏硬度为 7，断面具有玻璃光泽或脂肪光泽，密度因晶型而异，变动于 $2.22 \sim 2.65 g/cm^3$ 之间，它有多种类型，如脉石英、石英砂、石英岩、砂岩、硅石、蛋白石、硅藻土等，水稻外壳灰也富含 SiO_2。石英是非可塑性原料，其与黏土在高温中生成的莫来石晶体赋予瓷器较高的机械强度和化学稳定性，并能增加坯体的半透明性。

3.2.2.1　石英的种类

由于地质产状不同，石英呈现为多种状态，其中最纯净的无色透明的结晶体石英称为水晶。因水晶产量很少，除了制造石英玻璃外，一般无机非金属材料制品无法采用。在陶瓷、玻璃、耐火材料生产中采用得较多的石英类原料主要有脉石英、砂岩、石英岩、石英砂、硅藻土、燧石等。

① 脉石英　由含二氧化硅的熔融岩浆充填于地壳表层的岩隙中，经急冷凝固成致密结晶态的石英，这些呈脉状分布的火成岩就称为脉石英。含 SiO_2 大于 99%，杂质很少，外观呈白色，半透明，有油脂光泽，具有贝壳状断口，硬度高，是陶瓷釉料和优质玻璃的原料。

② 砂岩　石英颗粒被胶结物结合而成的碎屑沉积岩。砂岩成分较复杂，根据胶结物质

的不同可分为黏土质、石膏质、石灰质、云母质及硅质砂岩等。砂岩多呈白、黄、红等颜色，SiO_2 含量在 $90\%\sim95\%$ 之间。

③ 石英岩 硅质砂岩经地质变化石英颗粒又重新结晶形成一种变质岩，又称为再结晶硅岩，SiO_2 含量一般在 97% 以上，外观多呈灰白色，有鲜明光泽，硬度高，断面致密。

④ 石英砂 由花岗岩、伟晶岩等风化成细粒后，在水流冲击淘汰后自然聚积而成。可分为河砂、湖砂、山砂等数种，因其粒细，不用破碎，可大大简化工艺过程、降低成本。但因其杂质含量多，成分波动大，一般工厂采用时需进行控制。

⑤ 硅藻土 由吸收溶解于水中的部分二氧化硅的微细硅藻类水生物死亡后演变而成。其本质为含水的非晶质二氧化硅，含少许黏土，具有一定的可塑性，因其具有多孔性，常用于制造绝热材料、轻质材料及过滤体等。

⑥ 燧石 含 SiO_2 溶液经化学沉积在岩石夹层或岩石中的隐晶质 SiO_2，属沉积岩。呈层状、结核状、钟乳状、葡萄状等。以钟乳状、葡萄状产出者即为玉髓。多呈浅灰色、深灰色、白色，因其硬度高，可作球磨机内衬及研磨介质等。

3.2.2.2 石英的性质及晶型转化

石英的原子结构是 $[SiO_4]$ 构成的三维网架，属架状硅酸盐结构，由于硅氧四面体的连接方式和 Si—O—Si 键的角度不同，在常压下石英有七种结晶态和一个玻璃态，这些晶态在常压和在一定的温度条件下，其结晶形态、结构会互相转化，并伴有体积变化。一般来说，石英原料在温度升高时，其密度减小，结构松散，体积膨胀；当冷却时，其密度增大，体积收缩。石英的这种晶型转化可分为两种情况：一是高温型的迟缓转化（横向变化），这种转化由表面开始，逐步向内部进行，转化时发生结构变化，形成新的稳定晶型，因而需要较高的活化能，转化进程迟缓，体积变化大；二是高低温型的迅速转化（纵向变化），是在到达转化温度后，晶体表里瞬间同时发生，结构不发生特殊变化，转化迅速，体积变化不大，转化为可逆的。在上述各种石英变体中，纵向之间的变化均不涉及晶体结构中价键的破裂和重建，转变时质点只需稍作位移，键角稍作调整，转变过程迅速，这种转变也称为位移型转变。横向之间的转变都涉及键的破裂和重建，过程比较缓慢，这种转变也称为重建型转变。表面上看，迟缓型转变体积变化大，实际上由于其转变速度慢，时间长，再加上高温时的液相缓冲作用，缓解了因体积变化产生的应力破坏作用，对生产危害不大，而高低温型的迅速转化，虽然膨胀小，但转化迅速，无液相缓冲，破坏性强。因此在制品烧成和冷却时，处于石英的晶型转化温度阶段，应适当控制升温速度与冷却速度，以保证制品不开裂。

3.2.2.3 石英在陶瓷生产中的作用

在陶瓷生产中石英是瘠性原料，可对泥料的可塑性起调节作用。石英颗粒常呈多角的尖棱状，为生坯水分的排出提供了通路，增加了生坯的渗水性，有利于施釉工艺的进行，且能缩短坯体的干燥时间，减少坯体的干燥收缩，并防止坯体的变形。在陶瓷烧成时，石英的体积膨胀可部分抵消坯体收缩的影响，当玻璃相大量出现时，在高温下石英能部分溶解于液相中，可以增加熔体的黏度，而未溶解的石英颗粒，则构成了坯体的骨架，可以防止坯体发生软化变形等缺陷。但在冷却过程中，若在熔体固化温度以下降温过快，坯体中未反应的石英以及方石英会因晶型转变的体积效应在坯体内产生相当大的应力，而产生微裂纹甚至开裂，降低产品的抗热震性和机械强度。同时石英也能使瓷坯的透光度和白度得到改善。在釉料中石英是生成玻璃相的主要组分，增加釉料中的石英含量能提高釉的熔融温度与黏度，并减小釉的热膨胀系数。同时它是赋予釉较高的强度、硬度、耐磨性和耐化学侵蚀性的主要因素。

3.2.3 长石类原料

长石是熔剂性原料。在陶瓷坯料、釉料和玻璃配合料中是熔剂的基本组分。

3.2.3.1 长石的种类及一般性质

长石是地壳中分布极广的造岩矿物，约占地壳总质量的 50%，广泛分布于岩浆岩、变质岩和沉积岩中。从化学组成来看，它是碱金属或碱土金属的铝硅酸盐，主要是含钾、钠、钙和少量钡的铝硅酸盐。碱金属和碱土金属离子填充于 $[SiO_4]$ 和 $[AlO_4]$ 相连的架状结构的空间内。自然界中长石的种类很多，归纳起来都是由钾长石、钠长石、钙长石和钡长石四种简单的长石组合而成的。

① 钾长石　$K_2O \cdot Al_2O_3 \cdot 6SiO_2$，这种矿物有正长石和微斜长石两种形态，具有很宽的熔融范围，在约 1200℃ 以不连贯的形式熔化，并转变成白榴石（$K_2O \cdot Al_2O_3 \cdot 4SiO_2$）和氧化硅。在 1000℃ 正长石和石英结合形成低共熔物。加热到 1200℃，钾长石熔融形成黏稠玻璃体。

② 钠长石　$Na_2O \cdot Al_2O_3 \cdot 6SiO_2$，在自然界中以钠长石矿物存在，不同于呈现淡红色和黄色的正长石，钠长石呈白色。与钾长石相比较，能迅速烧结和熔融，并能大量溶解石英和黏土。钠长石的熔点为 1100℃。条纹长石是钠长石和微斜长石的混合物，当微斜长石为主要成分时为条纹长石，如果钠长石占主导地位则为反条长石。两种形式的长石都有较低的熔融温度。

③ 钙长石　$CaO \cdot Al_2O_3 \cdot 2SiO_2$，自然界中存在钙长石矿物。钠长石和钙长石可以同晶型混合，它们的同晶混合物称为斜长石。在斜长石中钙长石相对含量少于 10% 为钠长石；钙长石含量 10%～30% 为钠钙长石；30%～50% 为中长石；50%～70% 为拉长石（富玄武岩）；70%～90% 为培长石。

④ 钡长石　$BaO \cdot Al_2O_3 \cdot 2SiO_2$，纯净的钡长石在自然界中很稀少。在特种陶瓷和耐火材料行业多采用高纯高岭石或纯氧化铝、氧化硅与碳酸钡在高温下合成。钡长石的电学性能很好，特别是介电损耗很低（室温下 tanδ＜$2×10^{-4}$），而且温度对介电损耗影响很小。在 300℃ 以下，它的 tanδ 值几乎与温度无关。

上述四种矿物因结构关系彼此可混合成固溶体，钠长石和钙长石能以任意比例混溶，形成连续固溶体系列。钾长石与钠长石在高温时能以任意比例互溶成连续固溶体，低温则有限固溶。钾长石和钙长石在任何温度几乎都不互溶。但在实际上，由于长石矿物是多种长石的混溶物，且含云母、石英、角闪石及铁的化合物等杂质，因此使其性质有所变化。就熔融性能而言，天然长石无一固定的熔点而只能在一个不太固定的温度范围内逐渐熔融，变为玻璃态物质。不同长石其熔化特性也不相同，钾长石在 1150℃ 左右开始分解熔融，生成白榴石和硅氧玻璃，到 1530℃ 则全部熔融成液相，熔融温度范围很宽，高温下钾长石熔体黏度很大，且随温度升高黏度降低缓慢。

钠长石的始熔温度比钾长石低，约 1120℃，熔化后无新的晶相产生。钠长石的熔融温度范围较窄，且其黏度随温度的升高而降低得较快，因而在烧成过程中易引起产品的变形。但有利于釉面的平整度。

我国长石资源丰富，分布很广，其化学组成和矿物组成也有很大差别。表 3-2-2 列出了我国几种优质长石的化学组成。

表 3-2-2　几种长石类矿物原料的化学组成

矿物名称	成分(质量分数)/%								
	SiO_2	Al_2O_3	K_2O	Na_2O	CaO	MgO	Fe_2O_3	TiO_2	灼减
营口长石	64.34	19.47	11.7	—	1.37	3.30	0.87	—	—
揭阳长石	63.19	21.77	12.76	0.42	0.48	0.30	0.44	—	1.47
平江长石	65.76	18.91	13.50	—	0.25	0.14	0.14	—	0.50
莱芜长石	64.71	23.26	10.87	—	0.60	—	0.45	—	0.60
旺苍长石	67.77	17.21	13.92	—	0.54	0.17	0.25	微量	0.54

3.2.3.2　长石在陶瓷生产中的作用

长石在陶瓷生产中作为熔剂使用，因而长石在陶瓷生产中主要表现为它的熔融和熔化其他物质的性质。

① 降低烧成温度，长石是陶瓷坯、釉料中碱金属氧化物的主要来源，能降低陶瓷坯体组分的熔化温度，有利于成瓷和降低烧成温度。

② 提高坯体机械强度和化学稳定性，熔融后的长石熔体能溶解部分高岭土分解产物和石英颗粒。在其液相中 Al_2O_3 和 SiO_2 互相作用，促使莫来石晶体形成和长大，增加了坯体的机械强度和化学稳定性。

③ 长石熔体能填充于各结晶颗粒之间，有助于坯体的致密化和减少孔隙。冷却后的长石熔体，构成了瓷坯的玻璃相，增加了透明度，并有助于瓷坯力学性能和电气性能的提高。

④ 长石为瘠性原料，在生坯中可以缩短坯体干燥时间、减少坯体的干燥收缩和变形等。

⑤ 在釉料中长石是主要熔剂。

陶瓷生产中一般常选用含钾长石较多的钾钠长石为原料，使用的长石要求其熔化温度低于1230℃，熔融温度范围宽一些（不小于30～50℃），形成液相的黏度大一些。Al_2O_3 含量为15％～20％，$K_2O+Na_2O>13％$（其中 $Na_2O<3％$），CaO 与 MgO 总量不大于1.5％，$Fe_2O_3<0.5％$。

3.2.3.3　其他长石类原料

伟晶花岗岩，其矿物成分主要是石英和正长石、斜长石以及少量的白云石等。其中石英成分的波动较大，陶瓷工业中采用的伟晶花岗岩中石英含量一般在30％以下，长石含量在70％以上，杂质含量较少。伟晶花岗岩中一般要求游离石英<30％，K_2O/Na_2O 质量比不小于2，CaO 不大于2％，碱成分不小于8％，Fe_2O_3 则需要控制在0.5％以下，并希望其矿物组成不要波动太大。组成中的 Fe_2O_3 为有害物，使用时应进行磁选。如含黑云母杂质时，应考虑筛选。

霞石正长岩，其矿物组成主要为长石类（正长石、微斜长石、钠长石）及霞石 $[(Na,K)AlSiO_4]$ 的固溶体。次要矿物有辉石、角闪石等。它的外观多呈浅灰绿色或浅红褐色，有脂肪光泽。霞石正长岩在1060℃左右开始熔化，随碱含量不同在1150～1200℃范围内完全熔融。由于霞石正长岩中 Al_2O_3 的含量较正长石高（一般在23％左右），不含或很少含游离石英，且高温下能溶解石英使溶液黏度提高，因而使坯体在烧成时不易变形，热稳定性好，机械强度较高。

3.2.4　钙质原料

3.2.4.1　碳酸钙

碳酸钙在自然界中以两种形式存在，即方解石和文石（霰石），文石属斜方晶系，晶体呈柱状、针状、钟乳状等，呈无色、白色或琥珀黄色。文石不稳定，常转变为方解石。方解石属三方晶系，晶型很复杂，常见菱面体接触双晶和聚片双晶，集合体多呈粗粒至细粒状、纤维状、叶片状和钟乳状。方解石为许多种岩石的集合，如石灰石、白垩、大理石、石灰凝岩、钟乳石和石笋等。碳酸钙在850℃以上未经熔化即分解。

石灰石主要是由方解石组成的一种碳酸盐类沉积岩。矿物组成除方解石外，常含有白云石、菱镁矿、石英、黏土矿物等，多呈灰色、浅黄色和淡红色，完全纯净的为白色。

钟乳石和石笋是石灰石岩洞穴中沉积的方解石。

白垩主要是显微粒状石灰质岩，由海生物如贝壳、有孔虫等生物的遗骸及颗粒细小（0.0005～0.01mm）的方解石组成的一种生物化学沉积岩。

大理石是一种粒状、致密变质岩，为石灰石的同质异形体，质纯。大理石的碳酸钙含量接近99%～99.5%。

3.2.4.2　氟化钙

氟化钙为立方晶体，无色，不溶于水。自然界中，它以萤石的形式存在。氟化钙具有很强的熔剂作用，而又具有一定的乳浊作用，常用于陶瓷和搪瓷釉料中。但是，氟化钙具有一定毒性，使用时应慎重。

3.2.4.3　白云石

白云石是碳酸钙和碳酸镁的固溶体。化学通式为 $CaCO_3 \cdot MgCO_3$，其中，CaO 30.4%，MgO 21.9%，CO_2 47.7%，常含 Fe、Mn 等杂质。白云石属三方晶系，单体为菱面体，集合体为粒状、致密块状。一般为灰白色，有时为浅红、浅黄、褐、浅绿等色。具有玻璃光泽，莫氏硬度为 3.5～4.0，密度为 2.8～2.9g/cm³，性脆，遇稀盐酸微微起泡。白云石的分解温度为730～1000℃，750℃左右白云石分解为游离氧化镁与碳酸钙，950℃左右碳酸钙分解。

3.2.4.4　硅灰石

硅灰石是偏硅酸钙矿物，化学式为 $CaO \cdot SiO_2$，属三斜晶系。其理论化学组成为 SiO_2 51.7%，CaO 48.3%。硅灰石有两种形态：一种是低温型（即β-硅灰石）；另一种是高温型（即α-硅灰石，又称为假硅灰石）。天然硅灰石都是β型，合成硅灰石都是α型，其转变温度约为1120℃。天然硅灰石通常蕴藏在变质石灰岩中，在火成岩的富钙片岩中也可见到。天然硅灰石由于常与透辉石（$CaO \cdot MgO \cdot 2SiO_2$）、石榴子石、绿帘石、方解石、石英等共存，故常含有 Al_2O_3、Fe_2O_3、MgO、MnO 及 K_2O、Na_2O 等。硅灰石单晶呈板状或片状，集合体呈片状、纤维状、块状或柱状等。颜色通常为白色、灰白色和暗褐色，具有玻璃光泽。莫氏硬度为 4.5～5，密度为 2.8～2.9g/cm³，熔点为 1540℃。硅灰石本身不含有机物质、吸附水及结晶水，它的干燥收缩和烧成收缩都小，平均收缩一般在 0.5% 以下，因此可减少坯体烧后的弯曲变形。硅灰石的热膨胀系数较小，β-硅灰石的膨胀系数为 $6.5 \times 10^{-6}℃^{-1}$（室温至800℃），因此易与釉结合，产品热稳定性好，便于快速烧成。硅灰石可用于制造釉面砖、墙地砖、日用陶瓷、低损耗无线电陶瓷、卫生陶瓷、窑具及火花塞瓷等。

3.2.4.5 透辉石

透辉石是偏硅酸钙镁，化学式为 $CaMg[Si_2O_6]$，理论化学组成为：CaO 25.9%，MgO 18.5%，SiO_2 55.6%。它与硅灰石一样都属于链状结构硅酸盐矿物。透辉石属单斜晶系，晶体呈短柱状，集合体呈粒状、柱状、放射状；多呈浅绿色、浅灰色，有的为灰白色、无色、条痕白色或带绿色，当钙铁辉石含量较高时颜色较深；玻璃光泽，莫氏硬度为 6～7，密度为 3.3g/cm³。透辉石无晶型转变，纯透辉石熔融温度为 1391℃。透辉石陶瓷生产中的应用与硅灰石相似，因不含有机物和结构水，膨胀系数为 $6.5×10^{-6}℃^{-1}$（250～800℃），其收缩小，可用作低温快烧陶瓷坯体的原料。

3.2.4.6 磷灰石

磷灰石是天然磷酸钙矿物，其化学式为 $Ca_5[PO_4]_3(F,Cl,OH)$，按成分中附加阴离子的不同，常见的有氟磷灰石 $Ca_5[PO_4]_3F$ 和氯磷灰石 $Ca_5[PO_4]_3Cl$，另外还有羟磷灰石 $Ca_5[PO_4]_3OH$ 和碳酸磷灰石 $Ca_5[PO_4]_3(CO_3)$ 等，通常以氟磷灰石居多。磷灰石是六方晶系，呈六方柱状或粒状集合体，柱面具有纵条纹，解理不完全。外观多呈白、绿、黄褐、浅蓝及紫等色。具有玻璃光泽，亦有土状光泽，性脆，莫氏硬度为 5，密度为 3.18～3.21g/cm³。

3.2.5 其他矿物原料

3.2.5.1 滑石

滑石是天然的含水硅酸镁矿物。化学通式为 $3MgO·4SiO_2·H_2O$，结构式为 $Mg_3[Si_4O_{10}](OH)_2$，其理论化学组成为：MgO 31.9%，SiO_2 63.4%，H_2O 4.7%。常含有 Fe、Al、Mn 及 Ca 等杂质。滑石有脂肪光泽，手摸有滑腻感。外观呈粗鳞片状、细鳞片致密块状集合体，沿一定方向解理，纯滑石为白色，含杂质滑石多呈浅黄、浅绿、浅灰、浅褐等色。莫氏硬度为 1～2，密度为 2.7～2.8g/cm³。滑石加热时，于 600℃ 左右开始脱水，在 880～970℃范围内结构水完全排出，滑石分解为偏硅酸镁和 SiO_2，反应式如下：

$$3MgO·4SiO_2·H_2O \longrightarrow 3(MgO·SiO_2)+SiO_2+H_2O$$

由于滑石多为片状结构，破碎时易呈片状颗粒，不易粉碎，故在使用前需将其预烧，以破坏其片状结构，煅烧温度为 1200～1350℃。

滑石是陶瓷工业的常用原料之一，在无线电陶瓷、日用陶瓷和建筑陶瓷中都可以作为坯体原料，制备滑石瓷、镁橄榄石瓷等，也可以作为釉用原料，降低釉的膨胀系数。黏土类原料加入少量滑石后在高温下可形成董青石晶体，能制成董青石陶瓷或董青石匣钵、棚板等耐火材料窑具。

3.2.5.2 锆质原料

锆英石，又名锆石、风信子石、曲晶石。化学组成为 $ZrSiO_4$，其中，ZrO_2 67.1%，SiO_2 32.9%。四方晶系，晶体呈短柱状，通常由四方柱和四方双锥组成聚形。常呈黄色、橙色、红色，金刚光泽。莫氏硬度为 7～8，密度为 4.68～4.80g/cm³，熔点为 2430℃。

锆英石主要以副矿物形成于霞石正长岩和碱性伟晶岩中，作为工业矿床，主要产于砂岩中。锆英石具有特殊的耐火性和耐温度急变性以及耐腐蚀特性，可用作保护人造卫星的外罩，用于生产锆英石质耐火材料、锆英石砖、电熔锆刚玉砖、耐酸耐碱玻璃器皿等。

斜锆石，又名巴西石，化学组成为 ZrO_2，其中，Zr 73.9%，O 26.1%。单斜晶系，晶体呈小板状。颜色自黄色、褐色到黑色，莫氏硬度为 6.5，密度为 5.7~6.0g/cm³，形成于霞石正长岩或砂岩中，可用于制造耐火材料，纯度高的也可用作釉料或玻璃乳浊剂。

3.2.5.3　含锂矿物

含锂矿物由于锂的相对分子质量小，离子半径小，而具有较低的熔点，引入玻璃和陶瓷釉中可降低玻璃和釉的熔融温度，降低黏度和膨胀系数。含锂矿物主要包括锂云母、锂辉石和锂长石。

① 锂云母　化学式为 $LiF \cdot KF \cdot Al_2O_3 \cdot 3SiO_2$。锂云母含氧化锂为 3.3%~7.0%，属单斜晶系，晶体通常呈片状、板状或短柱状。呈浅紫色、玫瑰色，有时为白色、桃红色，有玻璃光泽。莫氏硬度为 2.5~4，密度为 2.8~2.9g/cm³。

② 透锂长石　化学式为 $Li_2O \cdot Al_2O_3 \cdot 8SiO_2$，透锂长石含有约 4% 的氧化锂，是一种应用非常广泛的有用原料。锂长石有利于结晶过程，具有强熔剂作用。

③ 锂辉石　化学式为 $LiAlSi_2O_6$，单斜晶系，晶体呈柱状，集合体呈板状。白色而微带绿色或紫色，具有玻璃光泽，莫氏硬度为 6.5~7，密度为 3.13~3.2g/cm³。

3.2.5.4　高铝质矿物原料

这类原料主要是高铝矾土及硅线石族矿物。它们可用于制造高铝陶瓷、窑具和耐火材料。

（1）高铝矾土

又称为铝土矿，由铝的氢氧化物一水硬铝石、一水软铝石和三水铝石三种矿物组成（化学沉积岩）。常含高岭石、绿泥石、赤铁矿、水云母、石英等杂质，并为呈胶体状态的含水氧化铁、含水铝硅酸盐、蛋白石等矿物质所胶结。化学成分变化较大，一般含 Al_2O_3 40%~75%，SiO_2 1%~2%，Fe_2O_3 0~37%，TiO_2 1%~8.5%，H_2O 8%~8.5%。因胶结物质不同，铝土矿颜色变化较大，自灰白色、灰褐色到黑色，有时有红色斑点。具有隐晶质结构，豆状或块状构造，密度约 2.5g/cm³。吸水性小，有时有磁性，具有粗糙感。铝土矿是提炼金属铝的重要矿石，优质铝土矿可作人工磨料、矾土水泥原料和耐火材料。

（2）硅线石族原料

硅线石族原料是指硅线石、红柱石和蓝晶石三种矿物，它们是同质多象变体。

① 硅线石　化学组成 Al_2O_3 63.1%，SiO_2 36.9%，含 Fe_2O_3 可达 2%~3%。斜方晶系，常呈针状和柱状晶体，集合体呈放射状和纤维状，有时在其他矿物中以毛发状包裹体存在，呈灰、浅褐、浅绿等色。莫氏硬度为 7，密度为 3.23~3.25g/cm³。熔点为 1850℃，是一种高温变质矿物。硅线石加热至 1545℃ 时变为富铝红柱石，再加热至 1810℃ 时变为刚玉与玻璃，反应时产生的体积变化不明显。硅线石具有高的耐火度，不溶于氢氟酸，具有良好的力学性能，因此可以用作高级耐火材料、特种陶瓷及炼制铝硅合金等。

② 蓝晶石　又名二硬石，化学组成 Al_2O_3 63.1%，SiO_2 36.9%，常含 Fe、Cr 等混合物。三方晶系，晶体呈扁平柱状，有时呈放射状集合体。常为蓝色或青色。硬度随方向而异，平行于晶体延长方向莫氏硬度为 4.5，而垂直晶体延长方向莫氏硬度为 6.5~7，故有二硬石之称。密度为 3.56~3.68g/cm³。蓝晶石在高温煅烧时，于 1200℃ 开始分解生成莫来石和游离 SiO_2，伴随这种反应产生约 15% 的体积膨胀，所以需预先煅烧方能在耐火材料和陶瓷工业中应用。

③ 红柱石　俗称菊花石。化学组成与蓝晶石相同，常含有 Mn、Fe 等杂质。斜方晶系，晶体呈柱状，集合体呈粒状或放射状。呈灰色、褐色或浅红色。莫氏硬度为 7~7.5，密度

为 $3.1\sim3.2g/cm^3$。工业用矿石一般含 $75\%\sim85\%$ 的红柱石，少量叶蜡石、云母、金红石、褐刚玉等伴生矿物。高温煅烧红柱石时，于 $1300℃$ 开始分解，生成莫来石和游离 SiO_2，分解时无明显的体积膨胀。红柱石具有高的耐火度及化学稳定性和良好的机械强度，可用作高铝质耐火材料、高技术陶瓷原料，色美透明者可作宝石。

3.3 配料计算

陶瓷坯料和釉料一般由几种不同的原料配制而成，各种陶瓷产品对坯料和釉料的性能有不同要求，在生产过程中原料的成分、性能也会发生变化，因此，配料方案的确定和计算是陶瓷生产的关键性问题之一。其主要目标是根据所研制产品的性能要求，结合现有的技术、经济条件，确定合适的原料类别及配比。选择适当的工艺进行坯料的制备。然后进行试验，在试验结果的基础上确定产品的合格且稳定的配方。

3.3.1 配料方案的确定

陶瓷制品配方所用原料种类繁多，其中的天然原料成分复杂且变化范围较大，这给新配方的确定、生产配方的维护及生产过程的工艺稳定性带来了很大的困难。因此，配方设计与计算是陶瓷生产过程中重要的工作。

如何合理地确定陶瓷坯料的配方，目前尚无比较完善的方法，陶瓷配方的研制实践性很强，通常采取传统经验与理论相结合的原则，在确定产品的性能要求后，根据以往类似产品制备的经验和现有的生产设备和生产条件，大致选定主要的原料；通过配料计算初步确定配方；按照确定的配方，拟定工艺制度，进行实验室小批量试验，对获得样品的性能进行检测，如没有达到预期确定的性能要求，则分析其组分、结构和性能及工艺之间的关系，重新确定配方，循环上述操作。如达到要求，进行对比，筛选出较佳配方，进行工业化试验，完成后进行审核，再投入到工业生产中。用这种俗称"炒菜式"的配方研究方法，要得到理想的结果，往往需要反复多次的试验。

随着现代科学技术的发展，20 世纪 50 年代后逐渐提出了"材料设计"的思路，即按照产品的性能要求，先进行理论分析与计算，确定为获得该性能应采用的配方与工艺。由于陶瓷材料的性能、组成及工艺之间的关系复杂，材料性能的形成机理尚难以定量化，建立完备的、精确的材料体系的数学模型，实现从原子、分子层次对材料进行逆向的精确设计，还仅仅处于概念化阶段，但这对于陶瓷材料的配方设计提供了新的思路和基础。同时一些新的、能部分实现材料设计思路的方法也开始应用到陶瓷配方的设计中，取得了一定的效果，为以后陶瓷配方设计的研究指明了方向。

3.3.1.1 陶瓷坯料配方的确定

"经验配方的改用和理论调整"相结合的方法是比较通用的做法。其主导思想是"理论与本地本厂的具体情况相结合"，既尊重别人经验，又不盲目照搬。在承认和参考其他配方过程中，使用本地原料，结合本厂的具体生产条件，确定出适合于自己生产的配方及生产工艺，以达到生产出符合需要的产品的目的。具体过程如下。

① 首先分析确定相关参量 了解制品的性能要求及其特点，以便确定坯体的化学组成和特殊成分的引入；分析和测定原料的工艺性能，以便调整泥料性能，作为原料选用的依据；分析现有的生产设备和生产条件，以便确定工艺路线和生产方法；分析和研究现有经验

和资料，以便总结经验，不断改进同类型产品质量。

② 初步选择配方　在考虑上述几方面的基础上，选择初步料方。首先选定化学组成，先按成分满足法初步计算组分比例，定出基础料方；然后在三角相图中，参照现有料方，选定以三大类原料为基元的基础组分并与其比较调配，初步确定配方；在初步配方的基础上，调整其他小组分原料的加入量；根据上述考虑，顾及到各方面情况。按不同区域选定几个料方，以便试验比较。

③ 试制　按以上料方，首先确定工艺条件、烧成制度，进行小型工艺试验，制定合适的生产方案；检验试样的瓷质结构和物理性能，选择优良试样，找出改进方向，进一步试验。

④ 确定正式生产配方　在此基础上，再经过反复多次试制，以其中稳定成熟者作为生产料方，投入使用。

以上只是一些基本做法，实际生产实践中涉及问题很多，还得依靠实践予以解决。

3.3.1.2　釉料配方的确定

在配制釉料时，总的原则是改变釉料的组成以适应于坯体（特殊的釉例外），而不是改变坯料的组成去适应釉料，否则将会在生产工序调整上造成许多麻烦。在决定釉料配方时，必须考虑下列因素：釉用原料的化学组成、性质和含杂质情况；釉料烧成后所达到的要求，如白度、透光度和热稳定性等；坯体的烧成温度和化学性质，以使坯釉相适应；工艺条件以及烧成气氛对釉的影响等。

(1) 釉料配方设计的原则

合理的釉料配方是获得优质的釉层和保证陶瓷质量的关键。釉料配方的设计要考虑如下原则。

① 釉料组成能适应坯体性能及烧成工艺的要求。对于一次烧成的产品，釉料应在坯体烧结范围内成熟，熔融温度范围不小于 $30℃$ ，以减少釉面形成气孔或针孔；釉的热膨胀系数与坯体的热膨胀系数相适应，一般要求釉的膨胀系数应稍微低于坯体的，使釉层受压应力，提高其抗折强度及抗热震性能；为了保证坯釉紧密结合，形成良好的中间层，因此，要求两者在组分上既有差别，而差别又不能过大。一般要求酸性坯配碱性釉，碱性坯配酸性釉。

② 釉料对釉下彩或釉中彩不致溶解或使其变色。

③ 正确地选用原料。选择配釉的原料时，应全面考虑其对制釉过程、釉浆性能、釉层性能的作用和影响，以求制得具有良好工艺性能的釉浆和烧制成优质的釉面。配料用原料既有天然原料，又有化工原料。为引入同一种氧化物可选用多种原料。而且某一种氧化物往往对釉层的几个性能发生影响，有时甚至相互矛盾。若未做全面考虑，釉料化学组成虽然符合要求，但烧后质量不一定获得预期效果。例如，釉料中需要一定量的 Al_2O_3 ，应以长石引入而不以黏土形式引入，以避免熔化不良而使釉面失去光泽；但为了工艺上的需要，又必须引入适量的黏土，以使釉很好地被坯体吸附，使坯釉烧后结合良好，但其用量应限制在 10% 以下。生料釉中应避免引入可溶性化合物而影响釉浆性能。总之，选用原料时要考虑多方面的要求，取长补短以满足要求。

④ 配制熔块釉时，除按上述配釉共同原则外，还应参考以下经验规律使制得的熔块达到不溶于水，熔制温度不能太高，高温黏度不致太大的要求。

a. $(SiO_2+B_2O_3):(R_2O+RO)=1:1～1:3$ ，应防止熔融温度过高，使 PbO 、B_2O_3 及碱性氧化物大量挥发。

b. 引入 Na_2O、K_2O 及含硼化合物的化工原料应配于熔块内。

c. 熔块中 $Na_2O+K_2O<$ 其他碱性氧化物，使熔块不溶于水。

d. 含硼熔块中 $SiO_2：B_2O_3>2：1$，降低熔块的溶解度。

e. Al_2O_3 的摩尔数<0.2，以免熔体黏度大，熔化不透。

（2）确定釉料配方的步骤

① 拟定某种釉料配方，应先掌握下列要求

a. 坯体的烧成温度和基本化学性质。

b. 制釉原料的化学组成含杂质情况。

c. 对釉的要求，如白度、透光度等。

② 拟定釉的组成范围

a. 在成功的经验配方基础上加以调整。

b. 借助于釉的组成-温度图等文献资料和经验数据加以调整。

c. 参考测温锥的标准成分加以调整。

③ 配方计算

a. 生料釉的计算可参照坯料的配方计算。

b. 熔块釉的计算包括两部分，即熔块和生料釉应分别计算。

3.3.2 配方的表示方法

陶瓷配方组成的表示方法很多，各种文献上并不统一，了解和掌握配方的表示方法及含义是进行配方设计和计算的基础。

3.3.2.1 实际配料比表示法

配料比表示法是生产中最常用的方法，它以各种原料的质量百分比来表示每种原料的组成比例。例如，某刚玉瓷配方为：工业氧化铝 95.0%，苏州高岭土 2.0%，海城滑石 3.0%。

该表示法的优点是可以具体反映原料的名称和数量，便于直接进行生产和试验。缺点是各工厂所用及各地所产原料成分和性质不相同或即使采用同一产地的同种原料，成分也可能波动，配料比例也须做相应调整，无法进行相互比较和直接引用。

3.3.2.2 化学组成表示法

化学组成表示法是利用配方中各种氧化物及灼烧减量的质量百分比表示坯料和釉料的成分。通常采用对坯料或釉料进行化学全分析，以分析的结果表示坯料或釉料的化学组成。普通陶瓷的一般项目为九项，即 SiO_2、Al_2O_3、K_2O、Na_2O、CaO、MgO、Fe_2O_3、TiO_2 和灼烧减量。

该表示法的优点是利用这些数据可以初步判断坯、釉的一些基本性质，根据原料的化学组成可以计算出符合规定组成的配方。例如，坯体中 K_2O+Na_2O 的含量高，则坯体易于烧结且烧成温度较低；SiO_2 及 Al_2O_3 含量高，坯体相对难于烧结；Fe_2O_3 及 TiO_2 含量较高，则坯体烧后有颜色；灼烧减量大，说明坯体中有机质或其他挥发分含量比较高，则烧成收缩大。但是原料和产品中这些氧化物不是单独和孤立存在的，氧化物与性能之间的关系比较复杂。因此该方法有局限性。

3.3.2.3 示性矿物组成表示法

把天然原料中所含的同类矿物含量合并在一起用黏土、石英、长石三种矿物的质量百分比表示坯体的组成。依据是同类型的矿物在坯料中所起的主要作用基本上是相同的。

示性矿物组成表示法的优点是用此法进行配料计算时比较方便。缺点是矿物种类很多，性质有所差异，它们在坯料中的作用也是有差别的。因此用此方法只能粗略地表示配方。

3.3.2.4 试验公式表示法

这是应用于传统陶瓷中的一种常见的表示方法，它通过非常简便的方式表示出陶瓷产品各化学组分中氧化物的摩尔数及相互关系，该表示法不能表示出结构特性的化学式。

根据坯和釉的化学组成计算出各氧化物的摩尔数。按照碱性氧化物、中性氧化物和酸性氧化物的顺序列出它们的摩尔数。这种表示法称为坯式或釉式。

坯式的表示方法如下：以中性氧化物"R_2O_3"为基准，令其总摩尔数为1，按照碱性·中性·酸性氧化物的顺序排列，在每种氧化物之前，冠以它在组成中的摩尔数比例。则有：

$$\left.\begin{array}{l} x\,R_2O \\ y\,RO \end{array}\right\} R_2O_3 \cdot z\,SiO_2$$

坯式中各氧化物的列出更便于与黏土、长石等矿物原料进行比较，以分析坯料的高温性能。

釉式的表示方法与坯式类似，不同的是釉式以碱性氧化物为基准，因碱金属、碱土金属氧化物起熔剂作用。所以釉式中常以 R_2O 和 RO 分子数之和为1，也按照 R_2O+RO、R_2O_3、RO_2 的顺序排列。这就能更方便地比较坯和釉，以判别坯釉适应性。即：

$$1\left\{\begin{array}{l} R_2O \\ RO \end{array}\right. m\,R_2O_3 \cdot n\,SiO_2$$

3.3.2.5 分子式表示法

特种陶瓷常用分子式表示其组成。如锆-钛-铅固溶体的分子式 $Pb(Zr_xTi_{1-x})O_3$，表示 $PbTiO_3$ 中的 Ti 有 $x\%$ 被 Zr 取代。特种陶瓷中常掺和一些改性物质。它们的数量用质量百分数或分子百分数表示。例如 $Pb_{0.920}Mg_{0.040}Sr_{0.025}Ba_{0.015}(Zr_{0.53}Ti_{0.47})O_3+0.5\%CcO_2+0.225\%MnO_2$，表示：$Pb(Zr_{0.53}Ti_{0.47})O_3$ 中的 Pb 有 4% 分子被 Mg 取代，2.5% 分子被 Sr 取代，1.5% 分子被 Ba 取代；$PbTiO_3$ 中的 Ti 有 53% 分子被 Zr 取代。CeO 和 MnO_2 为外加改性物质。

坯釉料配方的上述表示方法在科研生产和文献资料上经常用到，只有掌握了坯釉料的表示方法，然后找出不同表示方法之间的关系，再进行换算，才能对坯釉的配方进行计算。

3.3.3 配方的计算

3.3.3.1 由坯、釉的化学组成计算坯式、釉式

(1) 用氧化物的分子量去除相应氧化物的百分含量，得到各氧化物的摩尔数。

(2) 计算相对摩尔数。坯式：用 R_2O_3 摩尔数去除各氧化物的摩尔数。釉式：以 (R_2O+RO) 的摩尔数之和去除氧化物摩尔数。所得到的数字就是坯式或釉式中各氧化物前面的系数（相对摩尔数）。

(3) 按照碱性氧化物、中性氧化物及酸性氧化物顺序列出各氧化物的相对摩尔数，即坯式或釉式。

(4) 若原始组成中含有灼减量，可以不考虑灼减量，也可先换算为不含灼减的组成，再

按上述步骤计算。两者所得结果一致。

【例1】 已知坯料的化学组成如表3-3-1所示。

表 3-3-1　坯料的化学组成

成分	SiO_2	Al_2O_3	Fe_2O_3	TiO_2	CaO	MgO	K_2O	Na_2O	灼减	合计
质量百分比	67.08	21.12	0.23	0.43	0.35	0.16	5.92	1.35	3.34	99.98

解： ① 计算各氧化物的摩尔数

先将各氧化物的质量百分比换算成无灼减量的百分含量，再用该无灼减量的各氧化物的百分含量除以各氧化物的分子量，得到坯料中各氧化物摩尔数含量。以 Al_2O_3 为例。

无灼减量百分含量：$21.12/(99.98-3.34)\% = 21.85$

氧化物的摩尔数：$21.85/(26.98 \times 2 + 16 \times 3) = 0.2143$

依次计算出的各氧化物无灼减量的百分含量和摩尔数见表3-3-2。

表 3-3-2　各氧化物无灼减量的百分含量和摩尔数

项目	SiO_2	Al_2O_3	Fe_2O_3	TiO_2	CaO	MgO	K_2O	Na_2O
质量百分比	67.08	21.12	0.23	0.43	0.35	0.16	5.92	1.35
百分含量	69.41	21.85	0.238	0.445	0.362	0.166	6.13	1.40
摩尔数	1.1557	0.2144	0.0015	0.0056	0.0064	0.0041	0.0651	0.0226

② 计算相对摩尔数

以中性氧化物摩尔数总和为基准，令其为1，计算相对摩尔数。

中性氧化物摩尔数总和：$0.2144 + 0.0015 = 0.2159$

Al_2O_3 的相对摩尔数：$0.2144/0.2159 = 0.993$

依次计算出的各氧化物相对摩尔数见表3-3-3。

表 3-3-3　各氧化物的相对摩尔数

成分	SiO_2	Al_2O_3	Fe_2O_3	TiO_2	CaO	MgO	K_2O	Na_2O
相对摩尔数	5.353	0.993	0.007	0.026	0.030	0.019	0.302	0.105

③ 按碱性、中性和酸性氧化物的顺序列出坯式为：

$$\left.\begin{array}{l} 0.105\ Na_2O \\ 0.302\ K_2O \\ 0.030\ CaO \\ 0.019\ MgO \end{array}\right\} \left.\begin{array}{l} 0.993\,Al_2O_3 \\ 0.007\ Fe_2O_3 \end{array}\right\} \left\{\begin{array}{l} 5.353\ SiO_2 \\ 0.026\ TiO_2 \end{array}\right.$$

3.3.3.2　由坯式、釉式计算它们的化学组成

（1）将坯式或釉式中各氧化物的摩尔数乘以其分子量，得到其质量数。

（2）将各氧化物的质量数除以各氧化物质量数之和，得到它们的质量百分比。

（3）若已知灼减，则转化为包含灼减的化学组成。

【例2】 求下列坯式的化学组成。

$$\left.\begin{array}{l} 0.1220\ Na_2O \\ 0.0875\ K_2O \\ 0.0823\ CaO \\ 0.0317\ MgO \end{array}\right\} \left.\begin{array}{l} 0.9795\ Al_2O_3 \\ 0.0205\ Fe_2O_3 \end{array}\right\} 4.230\ SiO_2$$

解: ① 求坯式中各氧化物的质量及总量，计算结果见表 3-3-4。

表 3-3-4　各氧化物的质量及总量

项目	SiO_2	Al_2O_3	Fe_2O_3	CaO	MgO	K_2O	Na_2O
摩尔数	4.230	0.9795	0.0205	0.0823	0.0317	0.0875	0.1224
分子量	60.1	101.9	159.7	56.1	40.3	94.2	62.0
质量	254.22	99.81	3.27	4.62	1.28	8.24	7.59
总量				379.03			

② 计算各氧化物的质量百分比（不含灼减），见表 3-3-5。

表 3-3-5　各氧化物的质量百分比

成分	SiO_2	Al_2O_3	Fe_2O_3	CaO	MgO	K_2O	Na_2O
质量百分比	67.08	26.33	0.86	1.22	0.34	2.17	2.00

③ 若已知该坯料灼减为 5.54，则包含灼减的化学组成见表 3-3-6。

表 3-3-6　包含灼减的化学组成

成分	SiO_2	Al_2O_3	Fe_2O_3	CaO	MgO	K_2O	Na_2O	灼减	合计
质量百分比	63.37	24.87	0.81	1.15	0.32	2.05	1.89	5.54	100.00

3.3.3.3　示性矿物组成计算

示性矿物组成是反映陶瓷原料或坯料性能的重要数据。采用电子显微镜、X 射线衍射仪、差热分析仪等仪器分析方法可得到准确可靠的结果，但在只知道化学组成的情况下，也可粗略估计出该材料的矿物组成。计算方法是先根据初始原料的具体情况，初步判定其所含的主要矿物，然后再根据矿物的理论组成，最后将原料的化学组成折算成矿物组成，具体的计算步骤如下。

（1）若化学组成中含有一定数量的 K_2O、Na_2O、CaO，可以认为它们是由长石类矿物引入。若其中 Na_2O 比 K_2O 含量少得多，可认为其为杂质，把两者含量合并为 K_2O，计算为钾长石。

（2）将化学组成中 Al_2O_3 的总量减去长石带入的 Al_2O_3 后，剩余的可看成由高岭土引入；如还有多余，可认为是由水铝石 $Al_2O_3 \cdot H_2O$ 引入。

（3）若原料中含 CO_3^{2-}，则 MgO 可认为是由菱镁矿 $MgCO_3$ 引入，CaO 可认为由石灰石 $CaCO_3$ 引入。若不存在碳酸根，可认为灼烧减量是由水引起，MgO 可认为是由滑石 $3MgO \cdot 4Al_2O_3 \cdot H_2O$ 或蛇纹石 $3MgO \cdot 2SiO_2 \cdot 2H_2O$ 引入。

（4）若灼烧减量在扣除高岭土、滑石等矿物中所含的结晶水后仍有剩余量，可以认为 Fe_2O_3 是由褐铁矿（$Fe_2O_3 \cdot 3H_2O$）引入；若灼烧减量已经扣完，则可认为 Fe_2O_3 是由赤铁矿引入。

（5）TiO_2 一般认为由金红石引入。

（6）在扣除各矿物中 SiO_2 含量之后，如仍有 SiO_2 剩余，可认为 SiO_2 由游离的石英引入材料中。

（7）制造精陶瓷产品所用的黏土类原料中所含 Fe_2O_3、TiO_2、CaO、MgO 等很少，可以不考虑它们所引入的矿物数量。

（8）云母与钾长石、高岭土同时存在时，不能以此法计算。为实用计，可将云母中的

K_2O 计算为钾长石，Al_2O_3 计算为高岭土，多余的 SiO_2 以石英计。

【例 3】 已知某黏土的化学组成如表 3-3-7。

表 3-3-7　黏土的化学组成

成分	SiO_2	Al_2O_3	Fe_2O_3	CaO	MgO	K_2O	Na_2O	灼减	合计
质量百分比	59.25	29.70	0.16	0.28	微量	0.48	0.05	10.08	100.00

试计算该黏土的示性矿物组成（已知原料中不含碳酸根）。

解：因 Na_2O 含量很少，故与 K_2O 合并计算，MgO 微量不计入计算，灼减全部按结晶水引入。

① 计算各氧化物的摩尔数。

Al_2O_3：$29.70/101.94 = 0.291$

② 根据列出的各氧化物及其摩尔数，判定可能含有的矿物，再根据各矿物的理论公式，逐一计算其摩尔数并扣除。

③ 求组成各矿物的质量百分比。

④ 各种长石及赤铁矿均作为熔剂，一并列入长石矿物，得到该黏土的示性矿物组成如下：黏土质矿物 72.24%，长石质矿物 4.89%，石英质矿物 22.87%。

示性矿物组成计算结果见表 3-3-8。

表 3-3-8　示性矿物组成

原料	SiO_2	Al_2O_3	Fe_2O_3	CaO	K_2O	灼减	分子量	质量
化学组成	59.25	29.70	0.16	0.28	0.53	10.08		
摩尔数	0.987	0.291	0.001	0.005	0.006	0.560		
0.006mol 钾长石	0.036	0.006			0.006		556.8	3.34
余	0.951	0.285	0.001	0.005	0	0.560		
0.005mol 钙长石	0.010	0.005		0.005			279.3	1.39
余	0.941	0.280	0.001	0		0.560		
0.280mol 高岭土	0.560	0.280				0.560	258.1	72.24
余	0.381	0	0.001			0		
0.001mol 赤铁矿			0.001				159.7	0.16
余	0.381		0					
0.381mol 石英	0.381						60.09	22.87
余	0	0	0	0	0	0		
合计								100

3.3.3.4　由化学组成计算配方

这是一种根据材料的化学成分和原料的化学成分直接计算配料比的方法，该方法可以获得比较精确的结果。先应根据原料性质、成型性能，参照生产经验先确定一两种原料的用量。按满足坯、釉料化学组成的要求逐个计算每种原料的用量。计算时要明确哪种氧化物主要由哪种原料提供。有时为满足成型工艺需要而使用两种黏土配料时，可根据需要的配合比例，逐项从坯料中扣除其对应的含量，最终剩余量中若某氧化物仍较大时可采用该氧化物纯原料补足，若无剩余或剩余量甚微则计算结束。最后依据各种原料的配合量算出其配料百分比。

【例 4】 已知坯料及其所选原料的化学组成（表 3-3-9），试计算其配方。

表 3-3-9　坯料及其所选原料的化学组成

原料	SiO$_2$	Al$_2$O$_3$	Fe$_2$O$_3$	CaO	MgO	K$_2$O	灼减	总和
瓷坯	69.04	25.80	0.30	0.50	0.20	4.16	—	100.00
钾长石	64.00	19.00	0.19	0.30	0.50	16.00	—	99.99
高岭土	47.00	39.00	0.47	0.78	0.13	—	12.60	99.98
石英	100.00	—	—	—	—	—	—	100.00

解： ① 将原料中高岭土的化学成分换算成不含灼减的成分，见表 3-3-10。

表 3-3-10　高岭土的化学成分

成分	SiO$_2$	Al$_2$O$_3$	Fe$_2$O$_3$	CaO	MgO	K$_2$O	总和
百分含量	53.79	44.63	0.54	0.89	0.15	—	100

② 由化学组成表可见，瓷坯中 K$_2$O 是由钾长石提供，由其 K$_2$O 含量即可算出钾长石的消耗量，以 100g 瓷坯为计算基准，需要 K$_2$O 4.16g。故钾长石应配入：4.16×100/16.00＝26g。根据钾长石的化学组成可算出随钾长石引入的其他成分，然后由瓷坯中应含有的各氧化物含量减去钾长石引入的相应成分即为余量，分析余量成分，坯体中 Al$_2$O$_3$ 余量应由高岭土提供，可算出：20.86×100/44.63＝46.74g。剩余的 SiO$_2$ 由石英引入。全部计算见表 3-3-11。

表 3-3-11　配方计算

瓷坯和原料		SiO$_2$	Al$_2$O$_3$	Fe$_2$O$_3$	CaO	MgO	K$_2$O
瓷坯		69.04	25.80	0.30	0.50	0.20	4.16
原料及其用量	引入钾长石 26g	16.64	4.94	0.05	0.08	0.13	4.16
	剩余	52.40	20.86	0.25	0.42	0.07	0
	引入高岭土 46.74g	25.14	20.86	0.25	0.42	0.07	
	剩余	27.26	0	0	0	0	
	引入石英 27.26g	27.26					
	剩余	0					

③ 将不含烧失量的高岭土配比换算成含烧失量的配比，然后算出该瓷坯配方：每 100g 瓷坯需引入含烧失量的高岭土为：46.74/（99.98－12.60）%＝53.49g；则需引入原料总量为：26.00＋53.49＋27.26＝106.75g。

钾长石引入量为：26/106.75×100%＝24.36%

高岭土引入量为：253.49/106.75×100%＝50.11%

石英引入量为：27.26/106.75×100%＝25.53%

3.3.3.5　用三元系统法计算配方

当已知坯料和原料的化学组成时，也可采用三元系统法进行配料计算。三元系统法就是先把坯料及原料的氧化物换算为 R$_2$O-Al$_2$O$_3$-SiO$_2$ 三元系统，如 K$_2$O-Al$_2$O$_3$-SiO$_2$ 系统，然后用代数法或图解法计算。转换方法是依据里奇特斯近似规则，在 K$_2$O-Al$_2$O$_3$-SiO$_2$ 三元系莫来石析晶区域，CaO、MgO、Na$_2$O 对 K$_2$O 的转换系数分别为 1.68、2.35、1.5，Fe$_2$O$_3$ 对 Al$_2$O$_3$ 的转换系数为 0.9。

【例 5】 采用表 3-3-12 所示原料配制电瓷坯料：K$_2$O 4.50%，Al$_2$O$_3$ 24.00%、SiO$_2$ 71.50%。试计算其配料比。

表 3-3-12　原料的化学组成

原料	SiO$_2$	Al$_2$O$_3$	Fe$_2$O$_3$	CaO	MgO	K$_2$O	Na$_2$O	灼减
默然塘泥	70.36	19.70	1.12	0.55	0.30	4.10	0.07	3.43
	73.14	20.47	1.26	0.57	0.31	4.26	0.07	—
界牌土	70.34	22.00	0.30	0.27	0.10	0.03	0.03	7.92
	75.58	23.64	0.32	0.29	0.11	0.03	0.03	—
东湖泥	48.95	35.40	0.20	0.50	0.65	0.99	—	13.42
	56.47	40.84	0.23	0.58	0.75	1.14	—	—

解：① 根据里奇特斯近似原则，将原料中相应氧化物换算为 K$_2$O、Al$_2$O$_3$、SiO$_2$ 结果见表 3-3-13：

表 3-3-13　原料的相应氧化物换算

原料	K$_2$O	Al$_2$O$_3$	SiO$_2$
默然塘泥	6.01	21.36	72.63
界牌土	0.82	23.85	75.33
东湖泥	3.83	39.48	56.69

② 用代数法计算各原料用量

设 x、y、z 分别代表坯料中需加入不含灼减的默然塘泥、界牌土和东湖泥的质量百分数，根据瓷坯组成列方程式：

$$6.01x + 0.82y + 3.83z = 4.5 \times 100$$
$$21.36x + 23.85y + 39.48z = 24 \times 100$$
$$72.63x + 75.33y + 56.69z = 71.5 \times 100$$

解方程式得：

$$x = 64.76\%, \quad y = 24.64\%, \quad z = 10.64\%$$

则包含灼减的生料配料比为：

默然塘泥　$(64.76 \times 100)/(100-3.43) = 67.06$　　　　　63.20%
界牌土　　$(24.64 \times 100)/(100-7.92) = 26.76$　　　　　25.22%
东湖泥　　$(10.64 \times 100)/(100-13.42) = 12.29$　　　　　11.58%
　　　　　　　　　　　　　　　　　　　106.11　　　100%

3.3.3.6　由试验公式计算配方

(1) 已知坯、釉料和原料的试验公式计算配方

已知坯、釉料和原料的试验公式欲计算配方，先以坯、釉料试验公式中所列的每种氧化物的相对摩尔数为基准，依次减去所用原料的相对摩尔数，最后换算为各种原料质量百分比。用理论组成的原料计算配方是特殊情况，举例如下。

【例6】　已知某锦砖坯料的试验公式，假设用理论组成的原料钾长石、钠长石、钙长石、滑石、石英坯料，试计算配方。锦砖的试验公式如下：

$$
\left.
\begin{array}{l}
0.2167\ K_2O \\
0.1519\ Na_2O \\
0.0887\ CaO \\
0.0738\ MgO
\end{array}
\right\}
\left.
\begin{array}{l}
0.9904\ Al_2O_3 \\
0.0096\ Fe_2O_3
\end{array}
\right\}
5.388\ SiO_2
$$

解： 因所用原料均为理论组成，故坯料中 K_2O 由钾长石提供，据钾长石的化学组成可算出随钾长石引入的其他成分，然后由坯料中应含有的各氧化物含量减去钾长石引入的相应成分即为余量，以此类推，分别由钠长石、钙长石、滑石引入 Na_2O、CaO 和 MgO，减去由它们引入的相应成分后，剩余的 Al_2O_3 由高岭土引入，最后剩余的 SiO_2 由石英引入。然后忽略微量杂质 Fe_2O_3，列出所需原料的摩尔数，并乘以相应的分子量得其质量数，再折算为质量百分数。

全部计算见表 3-3-14。

表 3-3-14　配方计算

原料	坯式中氧化物摩尔数							质量	质量百分比
	SiO_2	Al_2O_3	Fe_2O_3	CaO	MgO	K_2O	Na_2O		
	5.3880	0.9904	0.0096	0.0887	0.0738	0.2167	0.1519		
0.2167mol 钾长石	1.3002	0.2167	—	—	—	0.2167	—	120.70	25.38
剩余	4.0878	0.7737	0.0096	0.0887	0.0738	0	0.1519		
0.1519mol 钠长石	0.9114	0.1519	—	—	—		0.1519	79.60	16.74
剩余	3.1764	0.6218	0.0096	0.0887	0.0738		0		
0.0887mol 钙长石	0.1774	0.0887	—	0.0887	—			24.75	5.20
剩余	2.9990	0.5331	0.0096	0	0.0738				
0.0246mol 滑石	0.0984	—	—		0.0738			2.95	0.62
剩余	2.9006	0.5331	0.0096		0				
0.5331mol 高岭石	1.0662	0.5331	—					137.54	28.92
剩余	1.8344	0	0.0096						
1.8344mol 石英	1.8344		—					110.06	23.14
剩余	0		0.0096						

自然界中的矿物实际成分往往十分复杂，并不都是与理论组成相符的。但是若知道了原料的试验公式，即可进行配方计算。如上例中，假若所用的钾长石原料试验式为：

$$\left.\begin{array}{l}0.98\ K_2O\\0.02\ CaO\end{array}\right\}0.98Al_2O_3\}6.42SiO_2$$

此时钾长石原料的配料量就应为 $0.2167/0.98 = 0.2211$mol，而随之引入的其他氧化物即按其原料试验式的系数乘以 0.2211mol 计算。

（2）已知坯式和原料的矿物组成计算原料配比

已知坯式和原料的矿物组成计算原料配比，可根据坯式计算出所需各种矿物的质量百分含量，然后用代数法或图解法计算。

【例7】　原料的矿物组成见表 3-3-15，欲配制下式的坯料，试计算配料比例。

$$\left.\begin{array}{l}0.144\ K_2O\\0.032\ Na_2O\\0.025\ CaO\\0.020\ MgO\end{array}\right\}1.00Al_2O_3\}4.92SiO_2$$

表 3-3-15　原料的矿物组成

原料	黏土矿物	长石矿物	石英矿物
某黏土	72.05	8.36	19.59
某长石	2.83	94.30	2.87
某石英	—	—	99.40

解： ① 由坯式计算黏土、长石、石英矿物的摩尔组成及质量百分组成。

将坯式中的 K_2O、Na_2O、CaO、MgO 均粗略归并为 K_2O 以简化计算，见表 3-3-16。

表 3-3-16　摩尔组成及质量百分组成

原料	坯式			质量	质量百分比
	$0.22\ K_2O$	$1.00\ Al_2O_3$	$4.92\ SiO_2$		
0.22mol 长石矿物	0.22	0.22	1.32	122.49	27.43
剩余	0	0.78	3.60		
0.78mol 黏土矿物		0.78	1.56	201.31	45.10
剩余		0	2.04		
2.04mol 石英矿物			2.04	122.60	27.46
剩余			0		

② 根据原料矿物组成计算坯料配方

设 x、y、z 分别代表坯料中需加入黏土原料、长石原料和石英原料的质量百分数，根据坯料组成列方程式如下：

$$72.05x + 2.83y = 45.1$$
$$8.36x + 94.3y = 27.43$$
$$19.59x + 2.87y + 99.4z = 27.46$$

解得：

$$x = 61.80\%,\ y = 23.48\%,\ z = 14.71\%$$

③ 已知坯式和原料的化学组成计算配方

与化学组成计算配方类似，只需要先将坯式换算成化学组成，然后按例 4 所示方法计算。

3.3.3.7　计算机编程辅助配方计算

陶瓷材料的配方设计需要进行大量的配方试验，每次试验需要处理的数据很多，而这些数据的处理方法又是相同的，调整一个配方计算往往需要 1h 以上，不同配方重复的计算不仅费时费力，有时还会出错，甚至影响试验进度。由于陶瓷原料化学组成及矿物组成的复杂性，以及对陶瓷原料工艺性能要求的综合性，采用计算机辅助设计已经逐步应用到陶瓷工业的各个领域，并逐步被陶瓷配方设计人员使用。

3.4　坯料制备

陶瓷原料经配料和加工后，得到的具有成型性能的多组分混合物料称为坯料。由原料到坯料需经过一个制备过程，此过程与原料的类型和随后的成型方式有关。根据成型方法的不同，陶瓷坯料可分为可塑料、注浆料和压制料。不同类型的配料，具有不同的特征，需要进行不同的处理。

3.4.1 陶瓷坯料的种类及质量要求

3.4.1.1 坯料种类

陶瓷瓷件的成型方法根据制品的形状、性能要求等因素而定，不同的成型方法对原料的要求也不相同，根据成型方法的要求，通常泥料分为三大类。

注浆料的含水率在 28%～35% 之间，主要用于制作形状复杂的卫生瓷、艺术瓷等产品。可塑料的泥料水分在 18%～26% 之间，大部分电瓷瓷件制品都用可塑料成型。压制料主要用于干压或半干压成型的坯料，干压料的含水率在 2%～7% 之间，主要用于压制建筑陶瓷、特种陶瓷的制品。对于半干压泥料，含水率在 8%～15% 之间，主要用于日用瓷。国外 20 世纪 70 年代末开发的等静压成型新工艺也可用干粉料。

3.4.1.2 对坯料的质量要求

(1) 上述几种坯料都应达到的要求

① 配料准确　包括原料用量的计算准确、原料计量的准确以及配料工艺过程的合理，使所得到的配料化学组成、矿物组成及颗粒组成能保证最终制品的设计目标。

② 成分均匀　包括主要原料、水分及添加剂在坯料中的均匀分布，确保质量稳定。

③ 工艺优化　坯料的粒度分布、流变性、含水率等均应符合工艺要求，保证后续生产工艺过程的顺利进行。

④ 经济实用　在保证上述条件下，尽可能地降低生产成本。

(2) 注浆坯料的性能要求

注浆坯料一般是各种原料和添加剂在水中悬浮的分散体系。为了便于加工后储存、输送及成型，注浆坯料应满足以下要求。

① 流动性好，但泥浆的含水率要尽可能低，能在成型时较容易地充满模具的各个部位，保证产品造型完全和浇注速度。生产中流动性一般用 100mL 泥浆从恩格拉黏度计中流出的时间表示。一般瓷坯是 10～15s，精陶是 15～25s。也可将浆料在小孔中流出时能否连成不断的细丝，或用木棍在料浆提起后能否流成连续的直线，作为判断流动性的经验方法。

② 悬浮性好，料浆中固体颗粒应该能够长期悬浮而不致分层沉淀，否则会造成输送困难以及制品成分不均匀，影响制品质量。

③ 触变性适当，触变性过大时，容易堵塞泥浆管道，影响料浆输送，且脱模后坯体容易塌落变形；触变性过小时，生坯强度不够，影响脱模和修坯质量。空心注浆厚化系数为 1.1～1.4，实心注浆为 1.5～2.2。

④ 滤过性好，滤过性也称为渗模性，是指泥浆能在石膏模中滤水成坯的性能。滤过性好，则成坯速度较快。

(3) 可塑坯料的性能要求

可塑坯料是由固相、液相和气相组成的塑性-黏性系统。一般要求具有如下性质。

① 应有良好的可塑性，通常用可塑性指标来衡量，可塑性指标大于 2。

② 具有一定的形状稳定性，是指可塑坯料在成型后不会因自身重力作用而下塌或变形。

③ 含水量适当，分布应均匀，一般具体的水分含量视成型方法、坯件尺寸及黏土的种类而定。

④ 可塑坯料成型的坯体应保证有合适的干燥强度（不低于 1MPa），较大的干燥强度有

利于成型后的脱模、修坯、施釉等工序。但干燥强度大时，坯体的收缩率一般也相应增大，因此可能影响到坯体形状和尺寸的准确性，也容易引起坯体变形和开裂。

（4）压制粉料的性能要求

压制粉料是指含有一定水分或其他润滑剂的粉料。一般要求具有如下性质。

① 粉料流动性好，要求粉料能够在短时间内填满钢模的各个角落，以保证坯体的致密度和压坯速度。

② 堆积密度大，体积密度大，气孔率下降，压缩后坯体就会致密。

③ 水是粉料成型时的润滑剂和结合剂。当成型压力较大时粉料含水率可以少些，水分均匀，成型压力大，含水率较低；成型压力小，含水率较高。

④ 粉料的颗粒度适中，如精陶类的粉料细度一般为 6400 孔/cm²，筛余量为 0.5%～1%。

3.4.1.3 可塑泥料的制备方法

目前，普通陶瓷的成型方法主要采用可塑成型法。可塑泥料的制备方法常见的有以下几种。

（1）硬质、软质原料共同湿球磨

此方法是将软质可塑性原料与经过粗碎和中碎的瘠性原料或硬质黏土按质量比配料后，在球磨机中加水细磨到一定的细度，然后过筛、除铁、榨泥、陈腐待用。这种方法配料准确，细度较高，使原料混合均匀，但会影响整个球磨系统的效率，劳动强度大。

某些电瓷厂为了减轻劳动强度和减少粉尘，在原料粉碎前进行原料块状配料，然后湿法轮碾。泥浆搅拌后送入球磨机中细磨，再过筛、除铁、榨泥、泥料陈腐待用。

（2）湿粉碎和湿混合方法制备泥料

此制料方法是将硬质原料（长石、石英）粗碎、中碎、湿细磨成浆入搅拌池中搅拌，同时将软质原料（黏土）破碎搅拌成浆，然后将硬质原料浆按配方混合、过筛、除铁、榨泥、陈腐待用。

陶瓷产品种类繁多，各厂所用原料、燃料、设备和工艺不一。因此工艺流程也就多种多样。高强度棒形支柱的生产工艺流程如图 3-4-1 所示。

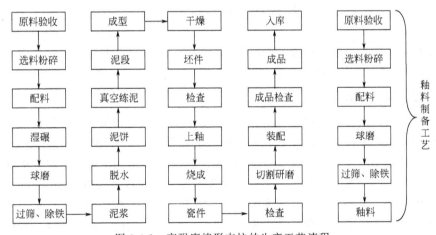

图 3-4-1　高强度棒形支柱的生产工艺流程

3.4.2 原料处理与坯料制备

如前所述，陶瓷坯料的种类繁多，具体的制备过程都有一定的差异，工艺参数也有所不同。现将坯料制备的主要工序介绍如下。

3.4.2.1 原料的预处理

陶瓷原料进行处理的目的是调整和改善其物理、化学性质，使之适应后续工序和产品性能的需要。如改变粉料的平均粒度、粉料的流动性、去除吸附气体、水分和游离碳杂质等。原料是否进行预处理要根据具体情况而定。

（1）原料的精选

陶瓷的主要原料多为天然的矿物原料，原矿形式的原料中总是含有一些污泥、碎屑和杂质，有的杂质是与原料主要矿物共生的云母、铁质等有害矿物，有的杂质是加工过程中混入的。这些杂质的存在降低了原料的品位，会直接影响制品的性能及外观质量。因此可以通过原料精选、分离、提纯、除去各种杂质（含铁杂质）。不同种类的陶瓷对原料的要求程度不同，电瓷、日用陶瓷和高档的卫生瓷比建筑陶瓷对原料的纯度要求高些，而特种陶瓷对纯度的要求一般更高。

原料精选的方法一般包括物理方法、化学方法和物理化学方法。物理方法包括分级法（水簸、水力旋流、风选和筛选等）、磁选法和超声波法等，目的是去除原料杂质和原料分级。化学方法包括酸洗法和升华法两种。酸洗法是用酸对原料进行处理，通过化学反应将原料中的铁杂质变为可溶盐，然后用水冲洗除去；升华法是在高温下将原料中的氧化物（氧化铁）和氯气反应，使之生成挥发性或可溶性物质而除去。物理化学方法包括浮选法和电解法等。浮选法是利用各种矿物对水的润湿性不同，从悬浮液中将憎水颗粒黏附在气泡上浮起而分离的方法。一般要用浮选剂（捕集剂），如石油磺酸、铵盐、磺酸盐等。此法适用于精选含铁、钛矿物和有机质的黏土。

（2）原料的预烧

陶瓷生产所用的某些原料在配料前需要预先煅烧，目的是使组成、结构或性能达到生产工艺要求。例如，如果采用脉石英、石英岩等天然石英原料，它们是低温型的 β-石英，莫氏硬度为 7，质地坚硬而很难破碎，通常将其预烧到 900～1000℃，强化其晶型转化，然后投入水中淬冷，石英因从 573℃ 的高温型向低温型转变的体积效应，产生内应力，使之内部结构疏松而便于粉碎。经预烧后夹杂的铁杂质因很强的着色能力而暴露，也便于人工挑选和原料的提纯。工业氧化铝的预烧是为了形成稳定的刚玉晶体，如 β-Al_2O_3 煅烧成 α-Al_2O_3。黏土的预烧可减小收缩，提高纯度。滑石为层状结构，矿物常为片状，釉料中滑石用量较大时，应经 1400℃ 左右的温度预烧而破坏其层状结构，改善工艺性能。

3.4.2.2 原料的粉碎

原料粉碎的目的是为了获得符合生产工艺要求的颗粒尺寸和形状。原料的颗粒组成直接影响陶瓷生产中的许多环节。颗粒细，各组分易于混合均匀，可塑性好，坯体干燥强度高，烧成温度低，玻璃化温度范围宽，瓷体结构致密、均匀，机械强度高，介电性能好。但是原料颗粒过细，不仅增加粉碎的能耗，而且干燥收缩大，在烧成时易变形、开裂。片状颗粒，在挤制过程中易发生定向排列，使坯体各部位收缩不一致，干燥烧成时易变形、开裂。原料颗粒的大小和形状既与原料本身结构有关，也取决于粉碎设备的选择和粉碎过程中工艺参数的控制。

在选择原料粉碎设备时，应考虑下列因素：原料的物性，如硬度、脆性、含水率、块度等；破碎比能否达到要求的粒度和颗粒级配；粉碎机械的性能，如能耗大小、生产能力、操作维修是否方便；粉碎过程是否会引入杂质，污染原料。粉碎作业可以通过不同的流程来完成，如粗碎、中碎、细碎机械组合，破碎机械与筛分设备组合，粉磨设备与分级设备组合，以获得最佳的技术经济效果。陶瓷厂常用的粉碎机械有颚式破碎机、轮碾机、环辊磨机、振动磨、球磨机等，但现在大多数陶瓷厂都把破碎这道工序放在厂外，即直接使用粉体原料。

球磨机是陶瓷厂普遍使用的粉碎设备。陶瓷厂多数采用间歇湿法球磨研磨和混合坯釉料，这是由于湿法球磨，水对原料颗粒表面的裂缝有劈尖作用，使其研磨效率高于干法球磨，制备的可塑泥料和泥浆质量比干磨的好。泥浆除铁效率高于干法除铁，而且粉尘污染小。

球磨机对物料的适应性强，能连续生产，生产能力大，可满足现代大规模工业生产要求；粉碎比大，可达 300 以上，并易于调整粉磨产品的细度；可适应各种不同情况下的操作，既可干法作业，也可湿法作业；结构简单，操作安全可靠，维护管理方便。其不足之处是效率低，单位能耗大，噪声大，并有振动。

球磨是坯料制备的关键工序之一，它不仅要满足坯料的粒度及颗粒级配的要求，而且要满足各种原料混合的均匀性。球磨的动力消耗很大，占全厂的 $50\%\sim60\%$，提高球磨效率是陶瓷厂十分重要的问题之一。影响球磨效率的因素有球磨机的转速、内衬的材质、研磨体、料球水的比例等。在生产中应注意提高球磨的综合经济效益，即应将研磨体的消耗、内衬的消耗、球磨的时间和消耗的电量等综合考虑。

研磨体在磨机内起着冲击和研磨的作用，对于硬质块状原料，要用大尺寸的研磨体；而对于小尺寸原料的进一步粉磨，则应选用小尺寸的研磨体。研磨体的大小级配应根据物料的易磨性、入磨物料的粒度和工艺要求的粒度，对研磨体的平均直径级配进行调整。一般陶瓷厂大多采取三级级配。有资料认为，球石直径配比是：$20\%\sim25\%$ 大球（$50\sim60mm$），$25\%\sim30\%$ 中球（$40\sim50mm$），$45\%\sim50\%$ 小球（$20\sim30mm$）。研磨体的装载量对粉磨效率有一定影响，装载过少，其效率低；装载过多，运转时研磨体之间干扰大，破坏了研磨体的正常循环，降低了粉磨效率。一般陶瓷厂磨机的填充系数为 $45\%\sim55\%$，加上水和物料，装载量达全容积的 $80\%\sim90\%$。

采用干法球磨时，确定料与球的比例原则是充分发挥研磨体的冲击作用，原料填满空隙并包围研磨体。加料量过多，研磨体之间被物料撑开，冲击和研磨作用减少，研磨效率降低；加料量过少，研磨体之间互相研磨，既降低研磨效率，又增大研磨体的消耗。原料与研磨体的松散堆积体积比一般为 $1:(1.3\sim1.6)$。密度大的研磨体可取下限，密度小的可取上限。采用湿法球磨时，如加水过少，则料浆太浓，研磨体粘上一层原料或与研磨体粘在一起，减弱了研磨体的研磨和冲击作用；如加水过多，料浆太稀，料球易打滑，降低研磨效率。加水时既要考虑研磨体与原料之间的空隙，还应考虑原料的吸水性，吸水多的软质原料应多加水，硬质原料多时，可少加水。对于普通陶瓷坯料，料球水比约为 $1:(1.5\sim2.0):(0.8\sim1.2)$。最佳比例要根据物料的工艺性能通过实验确定。

加料顺序主要取决于被研磨的原料易磨性和工艺上对其粒度的要求。一般先将难磨的瘠性物料和少量黏土加入磨机内粉磨至一定细度后，再将易磨的原料全部加入，这样可提高研磨效率。

3.4.2.3 过筛、除铁和搅拌

（1）过筛

过筛可控制坯料粒度，保持泥浆的均匀，除去粉磨过程中未能粉碎的粗粒原料和碎的研磨体。可以进一步清除铁质和云母等杂质。

泥浆过筛通常采用的筛子有两类：滚筒筛和振动筛。滚筒筛工作平稳，制作容易，操作

简单，但筛面有效利用率低，只占整个筛面的 1/8～1/6，筛孔易堵塞，筛分效率低，只适用于粗筛，筛孔尺寸为 0.45～1.25mm。振动筛的筛面在工作时做强烈的高频振动，筛孔几乎不会被堵塞，筛分效率高，筛面利用率大，因此生产能力大，适用于细粒物料和泥浆的筛分操作。

（2）除铁

坯料中的铁质来源有一次铁质（原矿中夹带的铁杂质）和二次铁质（原料在开采加工过程中或有坯泥混入的各种铁杂质）。坯料中的铁质既影响陶瓷坯体的色泽，也降低陶瓷的力学性能和绝缘性能，并给烧成操作带来困难。物料及泥浆的除铁是陶瓷生产工艺中一个非常重要的环节。一般工厂对干粉料有 1～2 次除铁过程，对泥浆有 2 次以上除铁过程。泥浆的除铁方法一般采用磁选法，常用的用于泥浆除铁的设备，又称为泥浆除铁器，泥浆除铁器有格栅式、槽式和过滤式三种。过滤式泥浆除铁器按泥浆流向不同，分为逆流式、顺流式和返回式三种。陶瓷厂广泛采用的是返回式泥浆除铁器，结构与逆流式的相似，如图 3-4-2 所示。工作原理为：当泥浆加到受料漏斗后，在重力的作用下顺中空铜管流下，在液体静压强作用下，自耦片组的底层往上层返回，流经装满了耦片的过滤区，在这个过程中铁粉被磁选，经过净化了的泥浆从出浆槽排出。清洗耦片和过滤区是采用从出浆槽顶部放水冲刷的办法，带铁粉的污水经排污阀流出。

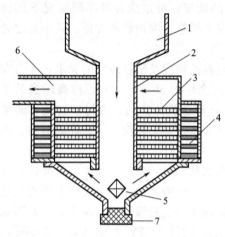

图 3-4-2　返回式泥浆除铁器
1—碗形漏斗；2—中空铜管；3—耦片；4—电磁线圈；5—浮筒；6—出浆槽；7—排污阀

返回式泥浆除铁器的优点是结构上不需要采取密封措施，泥浆在除铁器内的流动依靠其本身的静压力（不要外界动力），泥浆流量容易控制，除铁效果较好。其缺点是清洗耦片不够方便、不够彻底。

（3）泥浆的搅拌

陶瓷原料一般都要经过破碎、加水球磨后制成泥浆。为了保持泥浆中固体颗粒的悬浮状态，防止离析分层，应该施以外力克服沉降力，搅拌就能达到这个目的，而且还用于黏土和回坯泥的加水浸散以及粉配料在浆池中的加入混合等。泥浆成分的均匀性对产品质量影响很大。陶瓷厂有储浆设备的地方，一般都要考虑使用搅拌机械。泥浆的搅拌法有三种：气流搅拌、机械搅拌和气流-机械混合搅拌。气流搅拌的搅拌力较弱，一般用于维持泥浆悬浮状态的场合。而所谓机械搅拌泥浆，就是在一条回转的中心轴上安装一个或数个不同形状的桨叶。按传动形式不同，有齿轮传动、皮带轮传动、摩擦轮传动等几种；按桨叶形式不同，有平直桨叶、螺旋桨叶、涡轮桨叶、框式桨叶、锚式桨叶等几种形式。在电瓷生产中使用最广泛的是螺旋桨式搅拌机。

螺旋桨式搅拌机工作原理是：利用具有一定旋转速度的螺旋桨叶，使泥浆和泥料向下运动，在它们撞击到搅拌池底面后，就向池壁方向流动，在碰到池壁后，又顺着壁面向上返回。处在搅拌池上层的泥浆和泥料被螺旋桨吸入，接着又被螺旋桨往下推，形成一个容积循环的流动状态。螺旋桨的旋转还使泥浆和泥料产生回转运动。由于泥浆的黏性和搅拌池壁面的阻力，造成回转半径方向上各层液流之间的速度差。随泥浆一起运动的泥料块和固体颗粒，有时还受到高速旋转螺旋桨叶的剪切、撞击作用。由于上述几种运动的合成，使搅拌池里的泥浆处于非常紊乱的运动状态，于是泥料被浸散，使泥浆混合均匀。总的来看，螺旋桨搅拌机的作用，主要是使池内物料产生垂直方向上的容积循环，其次产生水平方向的回转及桨叶对物料的剪切和撞击。

泥浆搅拌池通常是一个砌成正多边形（六边或八边）内壁的混凝土储浆池。一般搅拌池的直径（正多边形池内接圆的直径）D 约为搅拌池高度（池壁高）h 的 1.5 倍。

3.4.2.4 泥浆脱水

陶瓷原料如果采用湿法球磨工艺制备泥浆，通常含有 60%～70% 的水分。但成型工序中要求泥料的含水率比较低，例如，注浆法为 28%～35%，可塑法为 19%～26%，干法为 2%～7%。因此，泥浆必须脱去一部分水，以满足成型的需要。陶瓷生产普遍采用的脱水方法是压滤脱水法和热风脱水法，所使用的脱水设备是压滤机和喷雾干燥器。

（1）压滤脱水

压滤法常采用的设备为间歇式室式压滤机，也称为榨泥机，脱水时把泥浆用泥浆泵从进浆孔压入压滤机的过滤室中，水分在外力的作用下通过滤布从滤板的沟纹中流向排水孔排出，在两滤板之间的滤室中形成滤饼，当水分停止排出后，即可打开滤板，取出泥饼，压滤周期为 1～2h，压滤机的工作压力为 0.8～1.2MPa，能制得含水率 22%～25% 的泥料。近年来国内外出现了工作压力达 7.5MPa，压滤周期为 40min，泥饼水分为 15.5% 的榨泥机。滤板多由铸铁制成，如为了减少铁质的引入，也可采用橡胶板或塑料板、铝板、不锈钢板等材质。滤布可采用棉布、帆布或尼龙布。

压滤时，水是从滤布和泥层中滤出，过滤介质实质是泥饼。若泥饼厚度为 L，毛细管半径为 r，泥浆的黏度为 μ，过滤介质的压差为 ΔP，则在时间 t 内滤出的水量 V 为：

$$V = \frac{\pi \Delta P t r^4}{8\mu L} \tag{3-4-1}$$

从上式可见，影响压滤效率的因素有以下几个方面。

① 压力大小　根据上式，压滤速度与送浆压力成正比。但这只适用于压滤初期，随压滤进行，泥饼加厚，泥层中颗粒靠拢，毛细管孔道变小，阻力增大。此时增大压力会使颗粒进一步聚集，毛细管进一步变小，压滤速度反而降低。不同的泥浆，其颗粒大小、黏度不同，最大压滤速度的临界压力值不同。应根据压滤机所能承受的最大压力、泥浆的性质和成型坯料对水分的要求等，通过实验来决定。

② 加压方式　压滤操作初期一般采用较低压力，这样可以防止在滤布上形成一层过于致密的泥层，影响压滤速度，当滤液澄清时，逐渐升至最高压力，最初半小时加压一般为 0.3～0.5MPa。

③ 泥浆的温度和密度　液体的黏度一般是随温度升高而降低，因此提高泥浆的温度可以降低泥浆的黏度，提高压滤速度。生产中常将蒸汽通入浆池，在加热泥浆的同时搅拌泥浆，通常泥浆温度控制在 40～60℃。过稀的泥浆压滤时间长，一般泥浆密度控制在 1.45～1.55g/cm³，含水率以 50%～60% 为宜。

④ 泥浆性质　颗粒越细，黏性越强的泥料，其压滤速度越小。生产中常在泥浆中加入适量的絮凝剂（如 $CaCl_2$），促使泥浆凝聚，使形成的毛细管较粗，改善其渗水性能，有利于提高压滤速度。

压滤法的脱水设备简单，操作方便，压滤面积大，产量高，能满足可塑成型对坯料的水分要求，因此在陶瓷厂应用普遍。但是在压滤中，小于 5μm 的颗粒损失较大，泥饼的水分和粒度分布不均匀，间歇操作，压滤周期长，劳动强度大，不能满足获得不同含水率泥饼的要求。

（2）热风脱水

热风脱水即喷雾干燥。是指泥浆经雾化器分散为雾滴，并用热气体（空气、氮气或过热水蒸气）干燥雾滴，使其水分蒸发，最终获得含水量在 8% 以下具有一定粒度的球形粉料。喷雾干燥既是脱水过程，也是造粒的过程。在陶瓷尤其是特种陶瓷生产中应用很广泛。

泥浆的喷雾干燥过程主要由以下几个工序组成：泥浆的制备与输送，热源的发生与热气流的供给，雾化与干燥，干粉的收集与废气分离等。其中最主要的是雾化与干燥过程。根据雾化方式的不同，喷雾干燥器可分为三种：气流式雾化、离心式雾化和压力式雾化。其中后两种在陶瓷工业中应用比较普遍。

① 离心式雾化　采用高速离心转盘式雾化器，将泥浆送到一个高速旋转的离心盘上，由于离心力的作用，泥浆被强制通过分布在盘子周边的喷孔撕裂成微滴，并以极高的线速度离开离心盘成为雾滴状。其特点为：可喷高黏度带有大颗粒的料浆，不易堵塞喷孔，能均匀喷雾，所得雾滴较细，干燥后粉料粒径较压力式喷雾干燥的产品细，一般在 $100\mu m$ 左右。但是设备的机械加工要求高，制造费用高，旋转轴用材料韧性要求高，且由于喷距较大，故要求干燥塔的直径也相应较大。

② 压力式雾化　是利用泥浆泵的压力将泥浆送入高压喷嘴中，使之在喷嘴中旋转，一直到喷嘴孔口，泥浆离开喷嘴孔口时被离心力撕裂成雾滴。压力式雾化适用于低黏度、不含大颗粒泥浆的雾化，所得粉料粒径较离心式的粗，但容重较大，流动性好，有良好的成型性能。此外，它具有结构简单、造价低、维修方便、占地面积小、能耗小、噪声低等优点，但需要高压泥浆泵，喷嘴直径小而易堵塞，磨损大。

3.4.2.5　坯料的陈腐和练泥

（1）陈腐

将球磨后的泥浆、脱水后的泥饼或粗练后的泥料、造粒后的压制坯料在一定的温度和湿度的环境中放置一段时间，这个过程称为陈腐。它的作用主要为通过毛细管的作用使水分分布更加均匀；黏土颗粒充分水化和离子交换，提高坯料可塑性；发生一系列氧化还原反应，还可能有发酵作用，使泥料松散均匀，改善泥料成型性能。陈腐一般在封闭的仓或池中进行。陈腐的效果取决于陈腐的条件和时间。在一定的温度和湿度下，时间越长，效果越好。陈腐对提高坯料的成型性能和坯体强度有很大的作用。但陈腐需要占用较大的面积，同时延长了坯料的周转期，使生产过程不能连续化，因而，现代化的生产中也可以采用真空处理达到这一目的。

（2）真空练泥

练泥是陶瓷生产的关键工序之一，它既是坯料制备的最后一道工序，也是可塑成型的最前面的一道工序，练泥的质量对坯件和产品的性能影响很大。经压滤得到的泥饼水分和固体颗粒的分布很不均匀。泥料本身存在定向结构，导致坯体收缩不均匀，引起干燥和烧成变形或开裂。此外，泥饼中还含有大量的空气，占泥料总体积的 7%~10%。这些空气的存在，阻碍了固体颗粒与水的润湿，降低了泥料的可塑性，增大了成型时泥料的弹性变形，造成制品缺陷。经真空练泥后，泥料中空气的体积可降至 0.5%~1%；选用合理的练泥机结构和工艺参数，可破坏或减少泥料颗粒的定向排列，提高半成品和成品的合格率；由于气体的排除和泥料的揉练、挤压，使泥料组织趋向均匀、致密，提高了产品的力学、介电、化学等性能。真空练泥机的工作原理简述如下：压滤后的泥饼或粗练后的泥段投入练泥机加料槽后，首先在加料槽内受到不连续螺旋桨叶的破碎、揉练混合并逐渐被推入上部的锥形机壳内，在圆锥螺旋的推动下泥料被切割成片状或条状，借自身重力落入真空室。在真空室中，泥料中的气体被真空泵抽出，真空室底部的泥料靠下轴螺旋作用，再次受到挤压，并逐步推向挤出螺旋，最后在挤出螺旋的推动下通过机嘴被挤压出来，形成成分比较均匀和具有一定形状和尺寸的泥段。

真空练泥机的规格是以挤出螺旋的末端螺旋叶的直径大小来表示的。按主轴数目分为单轴式和双轴式；按挤出螺旋安装方式分为卧式和立式；按传动方式分为单电机传动和多电机传动。目前我国真空练泥机规格有 $\phi250mm$、$\phi350mm$、$\phi500mm$、$\phi800mm$、$\phi1000mm$、$\phi1250mm$。实验室则采用 $\phi65mm$ 和 $\phi150mm$ 两种规格。除实验室用练泥机为单轴式外，其余均为双轴式。真空练泥机规格的选用主要取决于所需挤制泥段的尺寸。

真空练泥机规格与挤制泥段尺寸之间关系采用挤制比 K 来控制，挤制比不仅影响挤制压力的大小和泥段的致密度，而且也影响练泥机的产量、动力消耗、使用寿命和操作。真空练泥机挤制范围一般控制如下。

实心泥段为：

$$K=\frac{D}{d}=1.6\sim3.5$$

式中，D 为练泥机末端螺旋直径，mm；d 为实心泥段直径，mm。

空心泥段为：

$$K=\frac{F}{f}$$

式中，F 为末端螺旋叶在垂直平面上的投影面积；f 为泥段截面积。

当泥段直径（d）大于末端螺旋直径（D）时，K 取 $0.75\sim1.39$；当 $d<D$ 时，K 取 $1.4\sim4.0$。

卧式练泥机因其主轴与地面平行放置，旋伸部分长，由于重力作用泥段易下垂，造成偏心或弯曲变形，一般适用于挤制长度在 2m 以下的实心泥段。立式练泥机螺旋主轴和机嘴垂直于地面，是垂直挤出，自然下落，泥段挤出速度与承受泥段的升降台同步，可避免偏心与弯曲变形，由于立放，立式阴干，立式修坯、干燥，便于组织机械化生产，但造价高，需要较高厂房，适用于大型和薄壁套管用泥段挤制。

真空练泥后对泥段的质量要求为：坯料致密，坯料中气体体积分数应小于 1%，切片检查无气孔、夹层；挤出泥段的水分含量合乎要求，水分分布均匀，泥段内外水分含量差不超过 1%；泥段内部无层裂、S 形裂纹；空心泥段偏心度不大于 2mm。

3.5　成　型

陶瓷成型就是将坯料制成具有一定形状和尺寸的坯件（生坯）的过程。成型要达到以下目的：使坯体致密且均匀，干燥后有一定的机械强度；坯体的形状和尺寸应与产品协调。实现成型过程要有动力、模型和性能适宜的坯料三个基本要素。从工艺上可根据坯料性能和含水量的不同将陶瓷成型方法分为注浆成型、可塑成型和压制成型三类。产品的形状和大小是选择成型方式的主要依据，但生产力的发展水平、生产习惯甚至模型制作技术及材质等都对成型方式的选择影响很大。拉坯和雕塑是古代陶瓷成型的主要方式。石膏模的应用导致了注浆成型、印坯成型的运用。注浆成型提高了复杂形状产品的成型效率和生坯质量。压制成型是现代技术运用的结晶，它使成型的效率和生坯的规整度有较大程度的提高。在选择成型方法时，一般应在保证产品质量的前提下，选用设备先进、生产周期短、成本最低的一种成型方式。但一种产品有时可以采取多种成型方式，一种成型方式也可能适用于多种产品。因此应进行广泛的调查研究，从已有的生产实践中寻找出技术经济指标最好的成型方法。

3.5.1 可塑法成型

3.5.1.1 可塑泥团的成型性能

(1) 可塑泥团的流变特性

可塑泥团是由固相、液相及残留空气构成的多相弹性-塑性系统，当它受到外力作用产生应力变形时，既不同于固体的弹性变形，也不同于悬浮液的黏滞流动，而是同时具有弹性-塑性的流动变形过程，这种变形过程为弹性-塑性体所特有的力学性质，称为流变性。当应力很小时，含水量一定的泥团受到应力的作用产生形变，两者呈直线关系，而且是可逆的，表现为弹性变形。若应力超过极限值，将出现不可逆的假塑性变形。

由弹性变形过渡到假塑性变形的极限应力称为流动极限（流限、屈服值）。此值随泥团含水率增加而降低。达到流限后，应力增加引起更大的变形速度。若除去泥团所受应力，泥团会部分地回复到原来的状态，剩下的不可逆变形部分称为假塑性变形。假塑性变形是由于泥团中矿物颗粒产生相对位移所致。若应力超过强度极限，可导致泥团开裂破坏。此时最大变形值和应力的大小，取决于所加应力的速度和应力扩散的速度。在快速加压时，二者均会降低。

在可塑坯料的流变性质中，有两个参数对成型过程有实际意义：一是泥团开始假塑性变形时需加的应力，即屈服值；二是出现裂纹前的最大变形量。成型性能好的泥团应该有足够高的屈服值，以防偶然外力引起变形；而且应该有足够大的变形量，使得成型过程中不至于出现裂纹。一般可以近似地用屈服值和最大变形量的乘积来评价泥料的成型能力。对于某种泥料来说，在合适的水分下，这个乘积可达最大值，也就具有了最好的成型能力。

不同的可塑成型方法对泥料流变性的上述两个参数的要求也是不同的。在挤压成型或者拉坯成型时，要求泥料屈服值大些，使坯体形状稳定。在石膏模内旋坯成型或滚压成型时，坯体在模型中停留时间较长，受力作用的次数较多，屈服值可低些。而对于最大变形量，手工成型时可小些；机械成型时要求坯料变形量大些，以降低废品率。

(2) 影响泥团可塑性的因素

黏土使坯料具有可塑性，是陶瓷产品采用塑性成型的基础。坯料可塑性能的好坏，直接影响产品的成型工艺性能及产品品质，而坯料可塑性能主要取决于所使用的黏土的可塑性能及其用量，影响泥团可塑性的因素有以下几个方面。

① 矿物种类　可塑性良好的泥团一般具备以下条件：颗粒较细；矿物解理明显或解理完全（尤其是呈片状结构的矿物）；颗粒表面水膜较厚。蒙脱石是具备上述条件的一类矿物，具有很强的可塑性。叶蜡石和滑石颗粒呈片状，然而水膜较薄，因而可塑性不高。石英颗粒不呈片状，吸附水膜又薄，所以可塑性很低。

② 颗粒粒度和形状　细颗粒形成的毛细管半径较小，产生毛细管力也大，可塑性也高。由粗颗粒组成的体系，颗粒比表面积小，呈现最大可塑性时所需水分少，最大可塑性也低。片状、短柱状颗粒与球状、立方体形颗粒相比，比表面积要大很多，更容易形成更细的毛细管，颗粒移动时，阻力增大，促使泥团的可塑性增大。

③ 吸附阳离子的种类　黏土胶团吸引的阳离子的交换能力和交换阳离子的大小及电荷

决定了粒子间的吸引力大小，吸引力的大小明显影响泥团的可塑性。具有较强阳离子交换能力的原料使表面带有水膜，同时由于粒子的表面带电荷，使粒子不致聚集。

一价阳离子对可塑性的影响最小，但 H^+ 的影响除外，因为它只有一个原子核，没有电子层，体积很小，所以电荷密度高，吸引力大，含氢黏土的可塑性很强。二价阳离子的吸附（如 Ca^{2+}、Mg^{2+} 等）会使可塑性有所增大。三价阳离子价位高，与带负电荷的粒子之间的相互吸引力相当大，而且大部分进入胶团的吸附层中，使整个胶粒净电荷低，因而斥力减小，引力增大，提高黏土的可塑性。

④ 液相的数量和种类　液体的黏度、表面张力对泥团的可塑性有明显的影响，水分是泥团出现可塑性的必要条件。泥团中水分适当时，才能使泥团呈现最大的可塑性。从图 3-5-1 可知，泥团的屈服值可随含水量的增加而减小，而泥团的最大变形量却随含水量的增加而加大。若用屈服值与最大变形量二者的乘积表示可塑性，则对应于某一含水量泥团的可塑性可达到最大值，实际上泥团可塑成型时的最佳水分应该是可塑性最大时的含水量（又称为可塑水分）。

液体介质的黏度、表面张力对泥团的可塑性有显著的影响。泥团的屈服值受存在于颗粒之间的液相表面张力所支配。液相的表面张力大必定会增大泥团的可塑性。如果加入表面张力比水低的乙醇，则泥团可

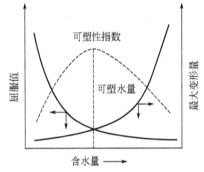

图 3-5-1　塑性泥团含水量
与可塑性的关系

塑性比加入水时要低。此外，高黏度的液体介质（如羧甲基纤维素、聚乙烯醇和淀粉的水溶液、桐油等）也会提高泥团的可塑性。这是由于有机物质黏附在泥团颗粒表面，形成黏性薄膜，相互间的作用力增大，再加上高分子化合物为长链状，阻碍颗粒相对移动所致。从而使坯料具有一定的可塑性。

3.5.1.2　可塑成型方法

可塑成型是利用模具或刀具等工艺装备运动所造成的压力、剪切力或挤制力等外力对具有可塑性的坯料进行加工，迫使坯料在外力作用下发生可塑性形变并能保持其形状的一种经典制坯方法。常用的可塑成型方法，按使用外力的操作方法不同可分为以下几种。

（1）雕塑与拉坯

两者均为传统的可塑成型方法，由于简便、灵活，一些形状复杂的器物或工艺品目前仍采用这些方法。

① 雕塑　凡产品形状为人物、鸟兽或方形、多角形器物，多采用手捏或雕塑法成型，制造时视器物形状而异，仅用于某些工艺品的制作，技术要求高，效率低。

② 拉坯　是具有熟练操作技术的人员在人力或动力驱动的辘轳车上完全依靠手工拉制生坯的成型方法。特点是设备简单，劳动强度大，需熟练地操作技术，尺寸精度低，适用于小型、复杂形状制品的小批量生产。

（2）旋压成型

旋压成型主要是利用做旋转运动的石膏模与只做上下运动的样板刀成型。操作时，先将适量的泥料放入石膏模中，再将石膏模放置在辘轳车上的模座中，石膏模随着辘轳车的模座转动；然后徐徐压下样板刀接触泥料。由于样板刀的压力，泥料均匀地分布在模子的内表面，余泥则贴在样板刀上，可同时向上爬。这样模型内壁和样板刀转动所构成的空隙被泥料填满而旋制成坯件。样板刀口的工作弧线形状与模型工作面的形状构成了坯件的内外表面，

样板刀口与模型工作面的距离即为坯体的厚度。旋压成型中,深凹制品以阴模成型居多,即石膏模形成坯体外形,样板刀则旋压出泥料坯体的内形。而旋制扁平的盘状制品,则多采用阳模成型。

旋压成型一般要求泥料水分均匀,结构一致,具有较好的可塑性。要求坯泥的屈服值相应低些,以求排泥阻力小些。同时,刮泥成型时,与样板刀接触的坯体表面不光滑,需要在成型赶光阶段添加水分来赶光表面。

旋压成型的优点是设备简单,适应性强,可以旋制大型深孔制品。问题是成型质量不高,劳动强度大,要有一定的操作技术,效率低等。

(3) 滚压成型

滚压成型是在旋压成型基础上演变过来的一种可塑成型方法。与旋压不同之处是把扁平的样板刀改为回转型的滚压头。成型时,盛放泥料的模型和滚压头分别绕自己的轴线以一定的速度同方向旋转。滚压头一面旋转一面逐渐靠近盛放泥料的模型,对坯泥进行滚压作用而成型。滚压时坯泥均匀展开,受力由小到大比较缓和、均匀,破坏颗粒原有排列而引起颗粒间应力的可能性较小,坯体的组织结构均匀。另外,滚压头与坯泥的接触面积较大,压力也较大,受压时间较长,坯体强度比旋压成型有所提高。同时,成型是靠滚压头和坯体相对滚动而形成,故坯体表面光滑,克服了旋压成型的弱点而得到广泛的应用。滚压与旋压一样也可采取两种方式。即由压头来决定坯体外表面称为外滚压,也称为阳模滚压,适用于扁平、宽口器皿和坯体内表面有花纹的制品。而由滚压头形成坯体内表面的称为内滚压,也称为阴模滚压,适用于成型口径较小而深凹的制品。

滚压成型后的坯体强度大、不易变形,表面质量好,规整度高,克服了旋压成型的基本弱点,再加上滚压成型的生产效率高,易与上下工序组成联动生产线,适于大规模自动化生产等特点,使滚压成型在日用陶瓷工业中得到广泛的应用。

(4) 挤压成型

挤压成型采用真空练泥机、螺旋或活塞式挤坯机,将可塑性泥团挤压向前,最后经机嘴定型,达到制品所要求的形状。各种管状产品(如高温炉管、热电偶套管、电容器套管等)、柱形瓷棒或断面形状一致的产品,均可采用挤压成型。坯体的外形由挤出机机头的内部形状决定,坯体的长度根据尺寸需要进行切割。

挤制成型的优点是可以连续生产,效率高,污染小,易于与前后工序联动,实现自动化生产。缺点是机嘴结构复杂,加工精度高。

(5) 车坯成型

车坯成型适用于外形复杂的圆柱状制品,如圆柱形套管、棒形支柱和棒形悬式绝缘子的成型。根据坯泥加工时装置的方式不同,车坯成型分为立车和横车。根据所用泥料含水率的不同,分为干车和湿车。干车时泥料含水率为 6%～11%,用横式车床车修。制成坯件尺寸较为精确,不易变形和产生内应力,不易碰伤、撞坏,上下坯易实现自动化,但成型时粉尘多,效率低,刀具磨损大。湿车所用泥料含水量为 16%～18%,效率较高,无粉尘,刀具磨损小,但成型的坯件尺寸精度较差。横式湿车用半自动车床,采用多刀多刃切削,泥段用车坯铁芯或铝合金芯棒穿上,固定在车坯机头上,或将泥段直接固定在机头卡盘上。立式湿车近年来有了很大的发展,主要原因是采用了光电跟踪仿形修坯和数控等半自动仿形修坯机,使工效和产品质量大为提高。

(6) 塑压成型

塑压成型又称为兰姆成型,是将可塑泥料放在模型内,在常温下压制成坯的方法。上下模一般由石膏制成，模型内盘绕一根多孔性纤维管，以便通压缩空气或抽真空。成型时将泥料放置在底模上，压下上模后，对上下模抽真空，挤压成型；脱模时，先对底模通压缩空气，使坯体与底模分离，同时上模抽真空将坯体吸附在上模上；再将坯体放在托板上，向上模内通空气，使坯体和上模分离；最后向上下模通压缩空气使模内水分渗出，用布擦去后待用。塑压成型时成型压力与坯泥的含水率有关，泥料水分高时，压力应降低。

塑压成型的优点是适合于成型各种异形盘碟类制品，如鱼盘、方盘、多角形盘碟及内外表面有花纹的制品，坯体的致密度较旋压和滚压高，自动化程度高。缺点是石膏模寿命短，容易破损，目前已经采用多孔树脂模、多孔金属模等高强度模。

（7）注塑成型

注塑成型又称为注射成型，是传统粉末冶金技术和塑料成型工艺相结合而发展起来的一门新的近净尺寸成型技术。注射成型使用的坯料不含水，由陶瓷瘠性粉料和结合剂（热塑性树脂、润滑剂、增塑剂等有机添加物），经注射成型机在 $130 \sim 300℃$ 温度下加热熔融，然后再从喷嘴将其压注入金属模腔内，冷却凝固后成型。成型后的坯体因含有大量的有机添加剂，在烧结前需要进行排塑处理以除去这些有机添加剂。注射成型适合于多种陶瓷材料的成型要求，能够一次压出外形复杂、尺寸精确、坯体密度均匀的制品，包括壁厚 0.6mm 带侧面型芯孔的复杂零件，且无须后续加工。工艺过程容易实现自动化操作。常用此法制造陶瓷汽轮机部件、汽车部件等。缺点是有机物使用较多，排塑时间长，金属模具易磨损，造价高等。

3.5.2　注浆成型

注浆成型是普通陶瓷生产的传统成型工艺，是指在石膏模的毛细管作用下，将含一定水分的黏土泥浆脱水硬化成坯的过程。随着成型方法的发展，注浆成型的概念也发生了变化。现在已将基于坯料具有一定液态流动性的成型方法统归为注浆成型。

3.5.2.1　泥浆的成型性能

（1）流动性

良好的流动性是注浆成型的首要条件，影响泥浆流动性的因素有以下几个。

① 固相含量、颗粒大小和形状的影响　泥浆流动时阻力主要来自三个方面：水分本身的相互吸引力；固相粒子与水分子之间的吸引力；固相颗粒相对移动时的碰撞阻力。依据经验公式表示为：

$$\mu = \mu_0(1-C) + k_1 C^n + k_2 C^m \tag{3-5-1}$$

式中，μ 为泥浆黏度；μ_0 为液体介质黏度；C 为泥浆浓度；n、m、k_1、k_2 为常数，与坯料性质有关（如高岭土泥浆，$n=1$，$m=3$，$k_1=0.08$，$k_2=7.5$）。

由上式可见，低浓度泥浆中固体颗粒少，即上式中第二项及第三项小，第一项较大，说明泥浆黏度主要受液相自身影响较大；在高浓度泥浆中固相颗粒较多，上式第一项小，而第二项和第三项较大，即泥浆黏度主要决定于固相颗粒移动时的阻力。固相颗粒增多必然会降低泥浆流动性，但仅靠增加水分含量来改善泥浆的流动性是不利的（坯体收缩增大、强度降低，吸浆速度减慢等），实际生产中多采用加入适当稀释剂的方法来改善泥浆的流动性。

一定浓度的泥浆中，固相颗粒越细，颗粒间的平均距离就越小，颗粒间吸引力越大，位移时需克服的阻力亦增大，流动性减小。泥浆流动时，固相颗粒既有平移又有旋转运动，不同形状的颗粒运动时所受阻力亦不相同，球形或等轴形的颗粒阻力小，形状不规则的颗粒阻力相对增大，流动性变差。

② 泥浆温度的影响　泥浆温度提高，液体介质的黏度下降，泥浆黏度亦下降，流动性

增大。此外，温度增加还可以加速泥浆脱水，缩短吸浆时间，增加坯体强度。所以生产中有采用热模热浆进行浇注的方法，若泥浆温度为 35～40℃，模型温度在 35℃左右，则吸浆时间可缩短一半，脱模时间也相应缩短。

③ 黏土及泥浆处理方法的影响　生产实践中发现，黏土经过干燥后配成的泥浆流动性有所改变。当黏土干燥温度在 105℃时，泥浆流动性达到最大值。这说明黏土干燥脱水后，表面吸附离子的吸附性质发生变化。黏土干燥后，水化膜消失，对水的亲和力减弱，再水化困难，再次加水调成泥浆时，新生的水化膜较薄，胶团尺寸减小，自由水相对增多，泥浆流动性增加；但若干燥温度过高，再水化时吸附离子与水的偶合力增强，又可形成较厚的水化膜，使结合水增加，自由水减少，流动性反而降低。

泥浆陈腐一段时间后，对稳定泥浆性能、提高其流动性和增加坯体强度有利。主要是因为陈腐过程可以促进含电解质的泥浆离子交换过程继续进行，有利于有机质分解，排除气泡，从而改善泥浆性能。

④ 稀释剂的影响及选用　选用适当的电解质作为稀释剂，可以改善泥浆的流动性。这是因为电解质可以改变泥浆中胶团的双电层厚度和 ζ 电位。对于电解质中阳离子的水化能力来说，一价离子大于二价离子和三价离子，而其吸附能力则是一价离子低于二价离子和三价离子。当电解质加入泥浆后，由于一价离子（H^+ 除外）吸附能力弱，进入胶团的吸附层离子数较少，又因为一价离子水化能力较强，使胶团的扩散层增大，水化膜加厚，ζ 电位增加，泥浆流动性变强。

在黏土-水系统中黏土颗粒所带电荷与分散介质的 pH 值有关，如加入电解质使系统呈碱性，可以使黏土颗粒都带负电荷，使粒子之间排斥力加大，ζ 电位增加，促使泥浆稀释。

作为稀释剂的电解质应具备以下条件：具有水化能力大的一价离子，如 Na^+；能直接离解或水解提供足够的 OH^-，使分散系统呈碱性；阴离子能与黏土中有些离子（如 Ca^{2+}、Mg^{2+}）形成难溶盐类或稳定的配离子。在陶瓷工业生产中常用的稀释剂分为以下三类。

① 无机电解质　如水玻璃、碳酸钠、磷酸钠、六偏磷酸钠等。一般来说，其用量为干坯质量的 0.3%～0.5%。

② 有机酸盐类　如腐殖酸钠、单宁酸钠、柠檬酸钠、松香皂等。腐殖酸钠用量一般小于 0.25%，单宁酸钠用量一般为 0.3%～0.6%。

③ 聚合电解质　常用作不含黏土的原料泥浆的稀释剂。常用的有阿拉伯树胶、明胶、羧甲基纤维素钠等。其用量一般在 0.3%左右。

（2）注浆成型的物理化学变化

采用石膏模注浆成型时，既发生物理脱水过程，又发生化学凝聚过程，而前者是主要的，后者只占次要地位。

① 注浆时的物理脱水过程　泥浆注入石膏模后，在毛细管力的作用下，泥浆中水分沿着毛细管排出后被吸入石膏模型的毛细管中。可以认为毛细管力是泥浆脱水过程的推动力。这种推动力取决于毛细管的半径和水的表面张力。毛细管越细，水的表面张力越大，则脱水的动力就越大。当模型内表面形成一层坯体后，水分要继续排出必须先通过坯体的毛细管，然后再被吸入模型的毛细管内。此时注浆过程阻力来自石膏模和坯体两个方面。注浆开始时，模型阻力起主要作用，随吸浆过程的进行，坯体厚度不断增加，坯体所产生的阻力起主要作用。

② 注浆时的化学凝聚过程　泥浆与石膏模接触时，在其接触表面上溶解了一定量的 $CaSO_4$，它与泥浆中的 Na-黏土和水玻璃发生离子交换反应：

$$\text{Na-黏土} + \text{CaSO}_4 + \text{Na}_2\text{SiO}_3 \longrightarrow \text{Ca-黏土} + \text{Na}_2\text{SO}_4 + \text{CaSiO}_3$$

靠近石膏模表面的一层 Na-黏土转变为 Ca-黏土，泥浆由悬浮状态转为聚沉。石膏起到絮凝剂的作用，促进泥浆絮凝硬化，缩短了成坯时间。通过上述反应生成了溶解度很小的 CaSiO_3，促使反应不断向右进行；生成的 Na_2SO_4 是水溶性的，被吸入模型的毛细管中。

（3）吸浆速度

① 吸浆速度常数 K 注浆时吸浆过程和料浆的压滤过程相似，阿德柯克推导出的吸浆速度定量公式为：

$$\frac{\mathrm{d}L}{\mathrm{d}t} = \frac{NP}{S^2\mu L} \tag{3-5-2}$$

式中，L 为吸附泥层厚度；S 为固体颗粒表面积；P 为泥浆与模型之间的压力差；μ 为水的黏度；N 为常数，与坯体疏松程度及泥浆有关。

将上式移项积分得：

$$\frac{L^2}{t} = \frac{2NP}{S^2\mu} = K \tag{3-5-3}$$

此式说明，在其他条件固定不变情况下，吸浆时间 t 与坯体厚度的平方 L^2 成正比。K 值除依赖于料浆和石膏模的性质外，还和注浆时的温度有关。若以 L^2 对 t 作图，则得一条直线。直线的斜率即为吸浆速度常数 K。此值越高，则吸浆速度越大。

② 增加吸浆速度的方法

a. 减少模型的阻力   模型的阻力主要通过改变模型制造工艺加以控制，为减少模型阻力，一般可采用增加熟石膏与水的比值、适当延长石膏浆的搅拌时间或真空处理石膏浆等方法。

b. 减少坯体的阻力   坯体的阻力取决于泥层的结构，而其又由泥浆的组成、浓度及添加物的种类等因素所决定。泥浆中塑性原料含量多，固体颗粒细，易形成较致密的坯体，其渗透性差，则吸浆速度降低。故适当减少塑性原料，增大泥浆颗粒尺寸，对大件产品的注浆成型尤为重要。另外，在保证泥浆具有一定流动性的前提下，减少泥浆水分，增加其密度，可提高吸浆速度。但由于泥浆浓度增加必然使其黏度增大，从而影响其流动性，这就要求选择高性能的稀释剂。

c. 提高吸浆过程的推动力   泥浆与模壁之间的压力差是吸浆过程的推动力。在一般注浆方法中，压力差来源于毛细管力。若采用外力来提高压力差，则必然提高吸浆速度，加速吸浆进程。如采用离心注浆成型或压力注浆成型。

3.5.2.2 基本注浆方法

基本注浆方法可分为空心注浆和实心注浆。

（1）空心注浆

空心注浆是指采用的石膏模没有型芯，故亦称为单面注浆。操作时，泥浆注满模型后，放置一段时间，待模型内壁黏附一定厚度的坯体后，将多余的泥浆倒出，然后带模干燥。待坯体干燥收缩脱离模型后就可取出。坯体脱模后水分含量一般为 15%～20%。其外形取决于模型的工作面，厚度取决于吸浆时间，同时与模型温度、湿度及泥浆的性质有关。空心注浆适用于浇注小型薄壁的产品，如陶瓷坩埚、花瓶、杯壶等。空心注浆所用泥浆密度较小，一般为 1.5～1.7g/cm³，以防止倒浆后坯体表面有泥缕或不光滑现象，稠化度不宜过高，在 1.1～1.4 之间，细度一般比实心注浆细，万孔筛余为 0.5%～1%。

（2）实心注浆

实心注浆是将泥浆注入带有型芯的模型中，泥浆在外模与型芯之间两个方向同时吸水，亦称为双面注浆。在注浆过程中，由于泥浆中水分不断被吸收而形成坯泥，泥浆量不断减少，须不断补充泥浆，直至泥浆全部硬化成坯体为止。坯体外形取决于外模工作面，内形取决于型芯的工作面。坯体厚度由外模与型芯的距离决定。实心注浆用的泥浆密度一般高于空心注浆，通常在 $1.8g/cm^3$ 以上，稠化度也较高（$1.5 \sim 2.2$），细度可粗些，万孔筛余为 $1\% \sim 2\%$。实心注浆适用于坯体内外表面形状、花纹不同的大型厚壁制品。实际生产中，可根据产品结构的要求将空心注浆和实心注浆结合起来。采用基本注浆方法，石膏模干燥程度要适中，且模型各部位干燥程度要一致，表面要清洁，以免出现开裂、变形等缺陷。基本注浆方法属于传统工艺，成型周期长，劳动强度大，不适合于连续化、自动化生产。

3.5.2.3 强化注浆方法

为了改进基本注浆方法的缺点，缩短吸浆时间，提高坯体品质，常采用一些技术措施，在注浆过程中，人为地施加外力，加速注浆过程的进行，使得吸浆速度和坯体强度得到明显改善，称为强化注浆。根据所加外力形式不同，强化注浆可分为真空注浆、离心注浆、压力注浆等。

（1）真空注浆

真空注浆是利用在模型外抽取真空或将紧固的模型放入处于负压的真空室中，以降低模外压力，增加模型内外压力差，提高注浆成型的推动力。真空注浆可以显著地缩短吸浆时间，同时减少坯体的气孔和针眼。真空度为 $0.4MPa$ 时，坯体形成时间为常压下的一半以下，真空度为 $0.665MPa$ 时，坯体形成时间仅为常压下的 $1/4$。

（2）离心注浆

离心注浆是向旋转的模型中注入泥浆，泥浆受离心力作用紧靠模壁脱水后形成坯体。离心注浆时，泥浆中的气泡较轻，在模型旋转时多集中于模型中轴部位，最后破裂排出，故离心注浆得到的坯体厚度均匀、致密、变形较小。但泥浆的颗粒分布范围要窄，否则会出现大颗粒集中于靠近模型的坯体表面，而小颗粒集中于坯体的内表面，造成坯体的组织不均匀，收缩不一致。

（3）压力注浆

压力注浆是通过增大泥浆压力的办法来增大注浆过程的推动力，来加速水分的扩散，提高吸浆速度。它不仅可以缩短注浆时间，还可以减少坯体的干燥收缩和脱模后坯体的水分含量。加压方法最简单的就是提高浆桶的高度，利用泥浆的位能来提高本身压力。这种方式所增加压力一般较小，在 $0.05MPa$ 以下。也可用压缩空气来提高泥浆压力，一般来说，压力越大，成型速度越快，生坯强度越高，但增大压力受模型等因素制约。根据泥浆压力大小，压力注浆可分为微压注浆、中压注浆和高压注浆。微压注浆的压力一般为 $0.03MPa$ 以下，可采用传统的石膏模；中压注浆压力为 $0.15 \sim 0.4MPa$，需采用高强度石膏模或树脂模型；注浆压力大于 $2MPa$ 的称为高压注浆，需采用高强度树脂模型。

3.5.2.4 热压铸成型

热压铸成型是在一定的温度下，使干粉料与黏合剂（如石蜡）混合化浆，注入金属模具中，在压力下进行成型的，坯体冷凝后凝固形成半成品，再经去除黏合剂（排蜡）和焙烧而成制品。这种方法成型的产品尺寸精确，结构致密，表面光洁度也较高。广泛用于制造形状复杂、尺寸要求精确的特种陶瓷产品，如电子工业用的装置瓷件、电容器、氧化物陶瓷、金属陶瓷等。热压铸成型包括蜡浆制备、坯体浇注及排蜡三个主要工序。

（1）蜡浆制备

热压铸用的蜡浆由粉料、塑化剂和表面活性剂组成。粉料是预先煅烧的熟料，使用熟料的目的，除了使反应充分均匀外，还可以减少石蜡用量，降低制品烧成收缩和变形。瓷粉粒度要求万孔筛余小于0.5%，粉料须经烘干再配料，要求水分含量小于0.5%。若粉料内含水量大于1%时，水分会阻碍粉料与石蜡完全浸润，使成型难度加大，而且加热时水分的蒸发在料浆内形成封闭性气孔，产品的性能下降。拌蜡前瓷粉应加热至60～80℃，再与熔化的石蜡混合搅拌，瓷粉过冷易凝结成团块，难以搅拌均匀。制备蜡浆在和蜡机中进行，为了使瓷粉与石蜡更好地结合，改善蜡浆的流动性能，可以在粉料中加入表面活性剂（油酸、硬脂酸、蜂蜡等）。

（2）坯体浇注

成型时，将准备好的料浆蜡板放置在热压铸机筒内，加热至一定温度熔化，模具安装在工作台的中心，在压缩空气的驱动下，将筒内的料浆通过吸铸口压入金属模腔，根据产品的形状和尺寸保压一定时间，然后去掉压力，在模腔中冷却成型、脱模，取出坯体，加工处理（车削、打孔等）。在生产中使用的热压铸机有手动式和自动式两类。

（3）排蜡

热压铸形成的坯体在烧成之前，先要经排蜡处理。否则由于石蜡高温熔化、挥发、燃烧，坯体将失去黏结性而解体。排蜡是将坯体埋入疏松、惰性的保护粉料之中，这种保护粉料又称为吸附剂。它在高温下稳定，且不易与坯体黏结，常用的吸附剂为煅烧过的Al_2O_3、MgO、滑石粉或石英粉。吸附剂包围和支撑着坯体，一方面使坯体不致变形，同时又可吸附加热熔化的石蜡。在60～100℃时，石蜡的熔化会造成坯体体积膨胀，这个阶段要保持一段时间的恒温，使石蜡缓慢并充分地熔化。在100～300℃范围内，石蜡向吸附剂中渗透扩散并蒸发，这个阶段的升温速度要慢并充分保温，以保证坯体体积变化均匀，避免起泡、分层或脱皮。石蜡在200～600℃范围内烧掉，减缓升温速度可防止坯体开裂。最终排蜡温度一般为900～1100℃，温度低，粉料间没有一定的烧结，坯料松散，形成不了一定的机械强度，无法进行后续的工艺。温度高，烧结程度高，则难以清理坯体表面的吸附剂。

3.5.3 压制成型

将含有一定水分或塑化剂的粉料装入模具中，然后施加一定的外力而制得所需要形状、尺寸和致密度的坯体（生坯）的成型方法称为压制成型。粉料水分含量在3%～7%时一般称为干压成型；粉料含水量在8%～15%时称为半干压成型；等静压成型中，粉料含水量可在3%以下。压制成型的特点是工艺简单、操作方便、周期短、效率高，便于自动化生产，同时坯体致密度高，收缩小，尺寸精确，且对坯料的可塑性要求不高。但干压成型对大型、形状复杂的制品难以成型，多用于成型扁平状制品。等静压工艺的发展，使许多形状复杂、大型的制品也可以压制成型。

3.5.3.1 压制成型的工艺原理

（1）粉料的工艺性质

① 粒度和粒度分布　压制成型粉料的颗粒由许多小颗粒组成团粒构成，是先经过造粒而形成的假颗粒，以保证压制成型对粉料流动性和填充密度的要求。在实际生产中，很细或很粗的粉料在一定压力下被压紧成型的能力较差，在相同压力下坯体的密度和强度相差很大。此外，细粉料加压成型时，颗粒间分布着大量空气会沿着与加压方向垂直的平面逸出，

产生层裂。而含有不同粒径的粉料成型后，坯体的密度和强度均较高。即与粉料的粒度分布有关。采用合适的粒度分布的粉料堆积时可减少其堆积空隙，提高堆积密度，有利于提高压制成型后坯体的密度和强度。

② 粉料的流动性　粉料虽然由固体颗粒组成，但因其分散度较高，具有一定的流动性。当堆积到一定高度后，粉料会向四周流动而始终保持为圆锥体，其自然安息（休止）角 α 保持不变。当粉料堆积的斜度超过其固有安息角时，粉料向四周流泻，直到倾斜角降至安息角为止。因此可用安息角反映粉料的流动性。一般粉料的自然安息角为 $20°\sim40°$，若粉料呈球形，表面光滑，易向四周流动，自然安息角就小。实际上粉料的流动性与其粒度分布、颗粒形状、大小、表面状态等因素有关。

实际生产中，粉料的流动性决定着它在模型中的填充速度和填充程度。流动性差的粉料难以在要求的时间内填满模具，影响压机的产量和坯体的品质。所以往往向粉料中加入润滑剂以提高其流动性。

③ 粉料含水率　粉料含水率可直接影响压制成型的坯体性能。成型时，含水率过高，压制过程易粘模；含水率过低，则难以得到致密的坯体。不同设备、不同的成型压力对含水率的要求也会不同。一般成型压力大时，水分可适当低些；反之，则高些。另外，水分应分布均匀，局部过湿或过干，对压制成型坯体的质量影响很大，应尽量避免。

(2) 粉料的致密化过程

在压制成型过程中，随压制压力的增大，粉料中的气体被排除，固体颗粒被压缩靠拢，粉料形成坯体，此过程称为粉料的致密化过程。在这个过程中坯体的密度和强度变化呈现出一定的规律性。

① 密度的变化　坯体的密度与粉料受到的压力有关，而强度的增加几乎和密度的加大呈线性关系。粉料开始受压时，大量颗粒产生相对位移和滑动，位置重新分布，空隙减少，假颗粒破碎，拱桥破坏，坯体密度急剧增加；而且压力越大，发生位移和重排的颗粒越多，空隙消失得越快，坯体的密度和强度也越大。随着压力的继续增大，坯体中宏观的大量空隙已不存在，颗粒间仅是通过变形来增加相互间接触面积，坯体密度增加缓慢，但由于出现了原子间的相互作用，强度仍在增加；当压力增大到能使固体颗粒变形和断裂的程度，颗粒的棱角压平，空隙继续填充，坯体密度有较明显的增加。加压后粉料的密度与以下因素有关。

a. 粉料装模时自由堆积的孔隙率越小，则成型后的坯体密度越大。因此，可以通过控制粉料颗粒级配，提高粉料容重，或采用振动装料来实现。

b. 增加压制压力，可使坯体孔隙率减小。但实际生产中受到设备结构限制，压制压力不能过大。

c. 延长加压时间，可以提高坯体密度，但会相应地降低生产效率。

d. 减小颗粒间内摩擦力，能使坯体密度增加。实际上，粉料经过造粒或加入润滑剂等均可达到这种效果。

② 坯体中压力的分布　压制成型遇到的一个问题是坯体中压力分布不均匀，即不同部位受到的压力不相同，因而导致坯体各部位的密度不均匀。产生这种现象的原因是坯料颗粒移动和重新排列时，颗粒之间产生内摩擦力及颗粒与模具之间产生外摩擦力。这两种摩擦力阻碍了压制压力的传递，坯体中离加压面距离越远，则受到的压力越小。摩擦力对坯体断面上的压力及密度分布的影响与模具的高度和直径的比值有关。坯体的高度与直径的比值越大，则不均匀现象越严重。因此高而细的产品不适用于干压成型。扁平类产品成型时，平面

上也会出现压力分布不均匀的情况，即四周部位比中间的部位压力稍小。施加压力的中心线应与坯体和模型的中心对正，如产生错位，会引起压力分布的更加不均匀。

③ 加压制度对坯体质量的影响

a. 成型压力　压制过程中，施加于粉料上的压力主要消耗在以下两个方面。

克服粉料颗粒对模壁摩擦所消耗的压力，称为消耗压力。以及克服粉料的阻力，也称为净压力，它包括颗粒相对位移时所需克服的内摩擦力以及使颗粒变形所需的力。所以压制过程中的总压力等于以上两个力之和，即通常所说的成型压力。一方面与粉料的组成和性质有关，另一方面与模壁和粉料的摩擦力和摩擦面积有关，及与坯体的大小和形状有关，如果坯体的横截面积不变，而高度增加，则压力损耗增大；若高度不变，横截面积增大，则压力损耗减小。对于某种坯料来说，为了获得一定致密度的坯体所需要施加的单位面积上的压力是一个定值，总而言之，不同尺寸的坯体所需的总压力等于单位压力乘以受压面积。一般工业陶瓷的单位成型压力为 40~100MPa。含黏土的坯料塑性好，成型压力可以较低，一般为 10~60MPa。

b. 加压方式　单面加压时，坯体中的压力分布是不均匀的，难以获得结构和密度均匀的坯体，为了使坯体的密度均一，宜采用双面加压。双面同时加压时，可以使底部低压区和死角消失，但坯体中部密度较低。若两面先后加压，两次加压之间有间歇，有利于空气的排出，坯体的密度较为均匀。如果采用在粉体四周都施加压力即等静压，则坯体密度更加均匀。

c. 加压操作　开始加压时，压力应小些，有利于空气的排出，然后短时间内释放压力，使受压气体逸出。初始压制时坯体疏松，空气易于排出，可以稍快加压。当压力增大使坯料颗粒紧密靠拢后，必须减慢加压速度，延长保压时间，以免残余空气无法排出，导致释放压力后，空气膨胀、回弹，产生层裂。当坯体较厚，或者粉料颗粒较细，流动性较低，则应减慢加压速度，延长持压时间。为了使压力在坯体内均匀分布，通常采取多次加压。当坯体密度要求非常严格时，可在某一固定压力下多次加压，或多次换向加压。加压时同时振动坯体效果更好。

3.5.3.2　压制成型方法

(1) 干压成型

干压成型又称为粉料成型或模压成型，在干压法中，根据坯料水分不同又有半干压和干压之分。半干压成型的坯料水分为 8%~11%，成型压力为 40~120MPa。

干压坯体可以看成是由一个液相（黏合剂）层、空气、坯料组成的三相分散体系。如果坯料的颗粒级配和造粒恰当，堆积密度比较高，那么空气的含量可以大大减少。随着压力增大，坯料将改变外形，相互滑动，间隙被填充减少，逐步加大接触，相互粘紧。由于颗粒之间进一步靠近，使胶体分子与颗粒之间的作用力加强，因而坯体具有一定的机械强度。如果坯料颗粒级配合适、结合剂使用正确、加压方式合理，干压法可以得到比较理想的坯体密度。

① 单向加压　通常是模具下端的承压板或模塞固定不动，只通过模塞由上方加压。由于粉粒之间以及粉粒与模套壁之间的摩擦力，会出现明显的压力梯度，粉粒的润滑性越差，则坯体内可能出现的压力差也就越大，L/D（L 为坯体高度，D 为直径）值越大，则坯体内压强差也越大。压成坯体的上方及模壁处密度最大，而下方近模壁处及中心部位的密度最小。

② 双向加压　上下压头（柱塞）同时向模套内加压为双向加压方式，其压力梯度的有

效传递距离为单向加压的一半，故坯体的密度相对较均匀。双向加压时，坯体的中心部位密度较低。不论是单向加压还是双向加压，如果对模具涂以润滑剂（如六方 BN 粉），则压力梯度会有所降低。为了减少压制时的摩擦，改善坯体的密度，减少模具的磨损，便于脱模，粉料中通常加入含极性功能团的有机物作为润滑剂，如石蜡油、油酸和硬脂酸等。用量为粉料量的 1％以下。干压成型通常质量偏差约为 1％。

③ 双向先后加压　先由上方加压，使模塞伸入模套，再改由下方加压，使下模塞压入，这样似乎和上述方法并无多大差别，其实不然，由于先后两次分别加压，压力传递比较彻底，有利于气体排出，作用时间也比较长，故其所得坯体密度比前两种方法都要均匀得多，但其设备和操作步骤也比前两种方法复杂些。

④ 干压成型的优点

a. 模压成型法工艺简单、操作方便，且周期短、工效高，容易实现机械化、自动化生产。

b. 坯件的形状和尺寸精确，成品率高，由于坯料中含水（一般为 4％～6％）或其他黏合剂比较少，模压成型的坯体致密度高，尺寸比较精确，烧成收缩小。

c. 模压成型适于大批量生产，大量用于圆形、薄片状的各种功能陶瓷和电子元件等的生产，尤其适于压制高度为 0.3～60mm、直径为 5～50mm 的简单形状的制品。

⑤ 干压成型的缺点

a. 干压成型时，工具磨损快，粉尘大，要安装除尘设备。

b. 模压成型必须具备一定功率的加压设备。

c. 模具加工复杂，模具的制作工艺要求较高，限于成型压力及模具尺寸，通常适宜成型中小型坯件。

d. 在成瓷烧结时，侧向收缩特别大，坯体易产生开裂、分层等现象。

（2）等静压成型

等静压技术是在静止的液体或气体中施加压力，向样品的各个方向施加相等的压强。等静压技术起始于 20 世纪 50 年代，到 20 世纪 80 年代初，此项技术进入成熟阶段。目前等静压技术已经广泛应用于粉末冶金、陶瓷、塑料和金属等工业领域，常见的产品如电子零件、导弹弹头等。近年来电瓷工业通过等静压成型法已经制备出棒形绝缘子（直径 340mm，长度 3200mm）。

根据工作温度等静压技术分为：常温液体等静压，压制过程在常温下进行，用液体作介质，一般情况下压制件需要进行烧结；中温液体等静压，压制温度在 80～120℃之间，一般用液体作介质，压制件需要进行烧结；高温等静压，又称为热等静压，一般用惰性气体作介质，通常压制温度在 1100～1650℃之间，压制件无须进行烧结。

根据使用的模具等静压技术分为：湿袋技术，把粉末装满弹性模具中密封，然后放进施压容器中进行压制；干袋技术，模具安装在施压容器中，施压介质处于容器的内壁和模具的外壁之间。

湿式等静压成型是先将配好的坯料装入塑料或橡胶做成的弹性模具内，置于高压容器内，密封后，注入高压液体介质，压力传递至弹性模具对坯料均匀加压，在均匀力的作用下，发生均匀变形，然后释放压力取出模具，并从模具取出成型好的坯件。选用传递压力的液体介质时，需润滑性好、腐蚀性小、压缩系数小。可用水（加防锈剂）、甘油、无水甘油、刹车油或重油等传压液体等。弹性模具材料应选用弹性好、抗油性好的天然橡胶、氯丁橡胶、聚氨基甲酸酯或类似的塑料。

依粉料特性及产品的需要，容器内压力可予以调整，通常为 35～300MPa，实际生产中常用 100～150MPa。某些要求特别高的工件，对模具内粉料密封时要进行真空处理，以提高压制坯件的密度。

干式等静压成型的模具并不都是处于液体之中，是半固定式的，坯料的添加与坯件的取出都是在干燥状态下操作，因此称为干式等静压成型。

干式等静压成型模具两头（垂直方向）并不加压，适于压制长型、薄壁、管状产品。为了提高坯体精度和压制坯料的均匀性，宜采用振动法加料。某些要求特别高的工件，进行胶套密封时，还要做真空处理。在工作过程中，整个工件连胶套浸泡于传压液体之中，且每次操作放进、取出都是在液体中进行。所以此法又称为真空形式等静压。采用这种方法时，待压粉料的添加和压好工件的取出，都是采用干法操作。

等静压成型适于压制形状复杂、大件且细长的先进陶瓷制品；湿式等静压容器内可同时放入几个模具，还可压制不同形状的坯体；成型时容易控制压力；压制的产品密度均匀，干燥、烧成收缩小，坯件致密，不易变形。

等静压成型对高压容器及高压泵的质量要求高，需要保护罩，投资费用高；湿式等静压成型不易连续操作，生产效率不高。

3.5.4 成型模具

3.5.4.1 石膏模型

石膏模是陶瓷生产中广泛采用的多孔模具。它的气孔率为 30%～50%，气孔的直径大部分分布在 1～6μm 之间，成型时，坯料中的水分在毛细管力作用下迅速排出，硬化成坯。此外，由于石膏微溶于水，石膏与接触模型的黏土成分进行离子交换，也促进了坯体的硬化和成坯。

（1）原料

① 天然石膏　石膏其化学式为 $CaSO_4 \cdot 2H_2O$，因含两个结晶水，故亦称为二水石膏或生石膏，也称为天然石膏。其理论化学组成为：CaO 32.6%，SiO_2 46.5%，H_2O 20.9%。属单斜晶系，晶体呈针状、柱状、板状或粒状，也有呈纤维状的。颜色为白色或无色，有时呈粉红色、淡黄色或灰白色。莫氏硬度为 2，性脆，密度为 2.30～2.33g/cm³，略溶于水。

② 半水石膏　天然石膏在加热时会失水或完全脱水，在低温下（170℃以下）煅烧可得到粉状半水石膏（俗称熟石膏或 β-半水石膏），其反应式如下：

$$CaSO_4 \cdot 2H_2O \longrightarrow CaSO_4 \cdot \frac{1}{2}H_2O + \frac{3}{2}H_2O$$

熟石膏与水混合时具有良好的胶结性能，广泛地用于建筑石膏制品。石膏主要用作水泥缓凝剂，半水石膏是陶瓷注浆成型模具的主要原材料。

半水石膏有两种晶型：一种是 α 型，是在 1.339×10⁵Pa、125℃ 左右的蒸汽下加热天然石膏而得的；另一种是 β 型，是指在 1atm[●] 下，缺乏水蒸气、160～170℃ 加热获得。该晶型晶粒较小，比表面积大，故调和水量高，且初凝与终凝速度快，因而由其制作的石膏模，吸水率高，强度较低。而用 α 型半水石膏制作的石膏模，吸水率较低，而强度较高。制模熟石膏的质量要求为：初凝在 4min 以上，终凝在 6～30min 以内，7d 后抗拉强度大于 1.76MPa。

---

❶　1atm=101325Pa。

（2）浇注

① 制备种模　种模即浇注石膏模的模型，其形状与产品外形一致，但须根据坯体的总收缩和加工余量放尺。材料可选用锡、橡胶、塑料、玻璃钢或石膏等。

② 调浆　石膏浆是由半水石膏调水而成的，调和水分随模具用途不同而异。通常塑性成型用模调和水为 70%～80%（以干熟石膏粉为基准），注浆用模为 80%～90%，而调制种模用石膏浆只加 30%～40%调和水。显然，石膏浆调和水量比理论上由半水石膏调至二水石膏（约需 19%的调和水）所需的量要多得多，多余的水量与模型性能有关。多余水量越高，模型吸水率越高，模型气孔越多，强度越低；反之，吸水率低，气孔少，强度高。

调制石膏浆时，只能将石膏粉倒入调和水中，而不能将水倒入石膏粉中，否则易结块，不易搅拌均匀。调制时应不断地搅拌，这有利于提高胶凝后模型质量，调制好的石膏浆应通过 30 目筛，去除杂质后再用，同时应在初凝前用完。石膏浆中加入少量亚硫酸纸浆废液、碳酸氢钠等可以增加浆体流动性，也可添加少量硅酸盐水泥来增加种模与石膏模的强度。

③ 浇注模型　浇注模型所用的石膏浆具有胶凝性能，此性能包括凝结和硬化两个阶段。浇注时种模表面要涂一层隔离剂，如机油、花生油或肥皂水，以便脱模。

（3）性能要求

① 石膏模型要有符合要求的气孔率。由于气孔率可决定模型吸收坯料中水分的能力，并影响模型的强度，故模型的使用条件不同，气孔率要求亦不同。对于注浆成型用模型，其气孔率要求较高，为 40%～50%；旋压成型或塑压成型用模型的气孔率通常为 30%～40%；而滚压成型，要求就更低。

② 模型工作面应平整、干净，不要被油腻污染，否则制得的生坯表面光洁度差，会出现变形或开裂。对于滚压成型用模型，其工作面不需要太光滑，以免发生飞坯或卷坯现象。

③ 石膏模使用时，所含水分宜在 4%左右，如超过 14%，应干燥后再用。

3.5.4.2　新型多孔模具

随着高压注浆、高温快速干燥、机械化及自动化发展的需要，石膏模在性能上已难以满足要求，新型多孔模具应运而生。

（1）塑料模型

塑料模型是采用热塑性合成树脂（如聚氯乙烯、聚四氟乙烯等）为主体原料，加塑化剂与稳定剂，加压制成塑料坯，然后将金属模与塑料坯施压加热至 180～185℃，保温 1h 制成塑料模型。模型具有微孔结构，表面光滑，机械强度高，耐磨性好。吸水率可达 40%～50%，气孔率为 30%～60%，使用次数可达 4000 次。但吸水速度慢，只能用于低水分坯料成型。

（2）无机填料模型

无机填料模型是采用热固性树脂加一定的无机填料，成型后加热固化而成。常用的无机填料为石英砂、素陶粉、长石粉等。常用的热固性树脂是酚醛树脂、蜜胺树脂等。将无机填料与有机合成树脂按一定比例均匀混合，经冷压成型后加热固化。固化时，合成树脂放出气体，形成气孔。其特点是具有石膏模型的吸水性能，强度比石膏模型约高 100 倍，可耐热 150℃，使用次数可达 2000 次。

（3）素陶模型

素陶模型是以一种或几种高岭土或素烧瓷粉为主体原料，添加少量黏合剂，以木炭粉或煤粉作气孔形成剂，经配料粉碎、半干压成型，在 800℃左右先进行素烧，修整后在 1100℃

烧成，可以用于高温快速干燥，吸水率可达 35%～38%，气孔率为 42%～45%，抗压强度为 78MPa。缺点是尺寸一致性差，易出现变形，且模型较重。

（4）金属填料模型

多孔金属模型是利用金属填料和热固性树脂制成的，除具备无机填料模型的优点外，还具有导电性、导热性。常用的金属填料有铝粉和铜粉。所采用的热固性树脂与无机填料模型相同。若填料组成为 7%～11%锡、0.1%～0.6%磷，其余为铜，气孔率为 30%～40%，耐热性为 300℃，抗折极限强度为 40～60MPa。

3.6　釉料制备及施釉

釉是指覆盖在陶瓷坯体表面上的一层玻璃态物质。其组成比玻璃复杂，性质和显微结构与玻璃也有较大差异，组成和制备工艺与坯料接近而不同于玻璃。此外，釉不是单独使用的材料，而是黏附于陶瓷坯体上的，其性能应和坯体相适应。它是根据瓷坯的成分和性能要求，采用陶瓷原料和某些化工原料按一定比例配料、加工、施覆在坯体表面，经高温熔融而成。釉的作用在于改善陶瓷制品的表面性能，使制品表面光滑，对液体和气体具有不透过性，不易沾污；可提高制品的机械强度、电学性能、化学稳定性等。此外，釉还对坯体起装饰作用，可以遮盖坯体的不良颜色和粗糙表面。许多釉如无光釉、颜色釉、析晶釉等具有独特的装饰效果。

3.6.1　釉的分类

实际使用的釉料种类繁多，可按不同的依据将釉归纳为许多种类。同一种釉按不同依据分类时，可有多种名称，如以长石作熔剂的瓷釉可称长石釉，也属高温釉、生料釉、碱釉和透明釉。常用分类方式如下。

3.6.1.1　按其结合坯体种类分类

按其结合坯体种类可分为瓷釉和陶釉。

3.6.1.2　按制备方法分类

按制备方法可分为生料釉、熔块釉及挥发釉。

（1）生料釉

所有制釉原料均不预先熔制，而是直接加入球磨机混合，制成釉浆。

（2）熔块釉

先将部分易熔、有毒的原料以及辅料熔化成熔块，再与黏土等其他原料混合、研磨成釉浆。

（3）挥发釉（盐釉）

当坯体煅烧到高温时，向窑内投入挥发性盐类（常用 NaCl），使之气化后直接与坯体作用形成很薄的釉层。

3.6.1.3　按釉的成熟温度分类

按釉的成熟温度可分为高温釉（＞1300℃）、中温釉（1120～1300℃）、低温釉（＜1120℃）。

3.6.1.4　按釉的外观特征分类

按釉的外观特征可分为透明釉、乳浊釉、虹彩釉、无光釉、半无光釉、结晶釉、碎纹釉等。

3.6.1.5　按主要熔剂矿物分类

我国习惯以主要熔剂名称命名釉料，可分为长石釉、石灰釉、铅釉、无铅釉、镁釉、锌釉等。

（1）长石釉

以长石为主要熔剂，在釉式中 K_2O+Na_2O 的摩尔数应等于或稍大于其他 RO 的摩尔数之和。长石釉的光泽强，略呈乳白色，硬度大，高温黏度大，熔融范围宽。

（2）石灰釉

主要熔剂为 CaO，不含或少含其他碱性氧化物。CaO 的摩尔数为 $0.7\sim0.8$（相当于 CaO 质量的 $10\%\sim13\%$ 以上），若 CaO 质量在 10% 左右，$R_2O>3\%$ 则属于石灰釉。石灰釉的光泽很强，硬度大，透明度高，但烧成温度范围窄，气氛控制不当易引起烟熏。

（3）铅釉

以 PbO 为助熔剂的易熔釉，成熟温度一般较低，熔融范围较宽，釉面光泽强，表面平滑，弹性好，釉层清澈透明。但釉面硬度较低，化学稳定性差，加上含铅化合物可能会影响人体健康，所以釉中的铅含量日益减少。

3.6.2　釉料的组成和釉层的形成

3.6.2.1　釉料成分的种类

按照各成分在釉料中所起作用，可归纳为以下几类。

（1）玻璃形成剂

玻璃相是釉层的主要物相。形成玻璃相的主要氧化物在釉层中以多面体的形式相互结合为连续网络，又称为网络形成剂。

作为玻璃形成剂，氧化物的阳离子场强要大，氧化物的化学键键强要大，单键强度大于 $335kJ/mol$ 的化合物都是玻璃形成剂。

（2）助熔剂

在釉料熔化过程中，助熔剂能够促进高温化学反应，加速高熔点晶体（SiO_2）结构键的断裂和生成低共熔点化合物。助熔剂还起着调整釉层物理化学性质（如力学性质、膨胀系数、高温黏度、化学稳定性等）的作用。它不能单独形成玻璃，一般处于玻璃网络之外，所以又称为网络外体或网络修饰剂。常用的助熔剂化合物为 Li_2O、Na_2O、K_2O、PbO、CaO、MgO、CaF_2 等。

这类氧化物 M—O 键的单键强度均小于 $251kJ/mol$，离子性强。当阳离子的电场强度较小时（如碱金属氧化物），氧离子易于摆脱阳离子的束缚，起断网的作用，使玻璃网络结构松散，膨胀系数增大，化学稳定性、高温黏度及硬度均下降。当阳离子的电场强度较大时（如碱土金属氧化物），却能使断键积聚，起补网作用。

（3）乳浊剂

乳浊剂是可以保证釉层有足够覆盖能力的成分，也是保证烧成时熔体析出的晶体、气体或分散粒子出现折射率的差别、引起光线散射产生乳浊的化合物。配釉时常用的乳浊剂包括悬浮式乳浊剂（如 SnO_2、CeO_2、ZrO_2、Sb_2O_3）、析出式乳浊剂（如 TiO_2、ZnO）及胶体式乳浊剂（如碳、硫、磷等）。

（4）着色剂

着色剂促使釉层吸收可见光波，从而呈现不同颜色。一般有以下三种类型。

① 有色离子着色剂　如过渡元素及稀土元素的有色离子化合物，如 Cr^{3+}、Mn^{3+}、Mn^{4+}、Fe^{2+}、Fe^{3+}、Co^{2+}、Co^{3+} 等的化合物。

② 胶体粒子着色剂　呈色的金属与非金属化合物，如 Cu、Au、Ag、$CuCl_2$ 等。

③ 晶体着色剂　指的是经高温合成的呈色的尖晶石型、钙钛矿型氧化物及石榴石型、锆英石型硅酸盐。

（5）其他辅助剂

为了提高釉面质量、改善釉层物理化学性能、控制釉浆性能等常加入一些添加剂。例如，提高色釉的鲜艳程度可加入稀土元素化合物及硼酸；加入氧化钡可提高釉面光泽；加入氧化镁或氧化锌可增加釉面白度及乳浊度；引入黏土可改善釉浆的悬浮性。

3.6.2.2　釉层的形成

（1）釉料加热过程的变化

由配釉的成分转变为熔化的釉层时，会发生一系列复杂的物理化学变化，难以扼要地综述其规律性。归纳起来，釉层形成的反应包括原料的分解、化合、熔化及凝固等变化，这些变化往往重叠交叉出现或重复出现。

① 分解反应　这类反应包括碳酸盐、硝酸盐、硫酸盐及氧化物的分解和原料中吸附水、结晶水的排出。杂质的存在会改变一些化合物的分解温度。如含有 5% 的碳酸钠或碳酸钾会使白云石的分解温度降至 $630℃$。

② 化合反应　在釉料中出现液相之前，已有许多新化合物生成的反应在进行。例如碱金属、碱土金属碳酸盐与石英形成硅酸盐，如 Na_2CO_3 与 SiO_2 在 $500℃$ 形成 Na_2SiO_3；$CaCO_3$ 与高岭土在 $800℃$ 以下生成 $CaO \cdot Al_2O_3$，在 $800℃$ 以上生成硅酸钙。当一些原料熔融或出现低共熔体时，更能促进上述反应的进行。

③ 熔化　釉料在两种情况下出现液相：一是原料本身熔融，如长石、碳酸盐、硝酸盐的熔化；二是形成各种组成的低共熔点化合物，如碳酸盐与长石、石英，铅丹与石英、黏土，硼砂与石英及碳酸盐等。由于温度升高，最初出现的液相使粉料由固相反应逐渐过渡到有液相参与，不断溶解釉料成分，最终使数量急剧增加，大部分转为液体。

④ 凝固　釉层在冷却时经历了如下一些变化：首先由低黏度的高温流动态转变至黏稠状态，黏度随温度降低而增加。再继续冷却，釉熔体变成凝固状态。期间有些玻璃质熔体在冷却时析出晶体，形成微晶相。

（2）坯釉中间层的形成

由于坯、釉化学组成上的差异，烧成时两者会有不同程度的相互作用。两者组成差别越大，则它们之间的作用越明显。釉熔体渗入到坯体表层孔隙中，而坯体中某些成分也会扩散到釉中，釉熔体与坯体出现液相相互迁移，组分相互扩散，使坯与釉的接触地带的化学组成和物理性质介于上述两者之间，形成了坯釉中间层。它对调整坯釉之间的差别、缓和釉层中的应力、改善坯釉结合性能起到一定的作用。

3.6.3　釉层的性质

3.6.3.1　釉的熔融温度范围

釉和玻璃类似，无固定熔点，而是在一定温度范围内熔化。釉熔融温度的下限是指釉的软化变形点，习惯称为釉的始熔温度，上限是指釉完全熔融时的温度，又称为流动温度。始熔温度至流动温度之间的温度范围称为釉的熔融温度范围。而釉的成熟温度是指生产中的烧釉温度，可理解为在某一温度下釉料充分熔化，并均匀分布于坯体表面，冷却后呈现一定光泽的釉面时的温度。釉的成熟温度一般在釉的熔融温度范围后半段选取。

可采用高温显微镜来测定釉的始熔温度、流动温度和熔融温度范围。步骤为：将釉料制成 $\phi 2mm \times 3mm$ 的圆柱体，然后放入管式电炉中升温，通过高温显微镜不断观察柱体软化熔融情况。柱体棱角变圆时的温度为始熔温度；试样变为半球形的温度为全熔温度；试样流散开来，高度降为原来高度的 1/3 时的温度为流动温度。

釉的熔融性能与釉的化学组成、粒度、混合均匀程度、烧成速度等因素有关，主要决定于釉料的组成。化学组成对熔融性能的影响主要取决于釉式中 Al_2O_3、SiO_2 和碱性氧化物的含量和配比。根据釉式，釉的成熟温度随 Al_2O_3 和 SiO_2 的摩尔数增加而升高，且 Al_2O_3 对成熟温度的提高贡献大于 SiO_2。

碱金属与碱土金属氧化物都起着降低釉熔融温度的助熔作用。Li_2O、Na_2O、K_2O、B_2O_3 及 PbO 都是强助熔剂，又称为软熔剂。碱土金属氧化物主要在较高温度下发挥熔剂作用，又称为硬熔剂。

3.6.3.2 釉熔体的黏度与表面张力

(1) 釉熔体的黏度

能否获得扩展均匀、光滑而平整的良好釉面，与釉熔体的黏度和表面张力有关。在成熟温度下黏度适宜的釉熔体不仅能填补坯体表面的一些凹坑，还有利于釉与坯的相互作用，生成适应性良好的坯釉中间层。釉的黏度过小，容易出现流釉、堆釉或干釉缺陷；而釉的黏度过大则易出现波纹，引起橘釉、气孔，形成釉面无光、不光滑等缺陷。

釉的黏度主要取决于釉的化学组成和烧成温度。低碱硅酸盐釉料的黏度首先决定于硅氧四面体网络的连接程度。其黏度随 O/Si 比增大而降低，氧硅比增大时，会使大的四面体群分解为小的四面体群，四面体间连接减少，空隙随之增大，导致黏度下降。碱金属氧化物中 Li_2O 对黏度降低的影响最大，然后是 Na_2O 和 K_2O。碱土金属氧化物在高温时降低釉的黏度，而在低温下增加釉的黏度。+3 价及以上的高价金属氧化物，如 Al_2O_3、SiO_2、ZrO_2 等都增加釉的黏度。但 B_2O_3 对釉的影响呈现硼反常现象，即加入量<15%时，硼处于 [BO_4] 四面体中，黏度随 B_2O_3 含量增加而增加，当 B_2O_3>15%时，硼处于 [BO_3] 三角形中，结构松散，黏度下降。一般陶瓷釉在烧成温度下黏度值在 200Pa·s 左右。

(2) 釉熔体表面张力

釉熔体的表面张力对釉的外观影响很大。表面张力过大，阻碍气体的排出和熔体的均化，在高温时对坯体的润湿性不好，容易造成缩釉缺陷；表面张力过小，则易造成流釉，并使釉面小气孔破裂时所形成的针孔难以愈合，形成缺陷。

釉熔体表面张力的大小取决于釉料的化学组成、烧成温度和烧成气氛。在化学组成中，碱金属氧化物对降低表面张力作用较强，碱金属离子的离子半径越大，其降低作用越显著；碱土金属氧化物离子半径越大，表面张力越小，但降低作用不像碱金属离子那样显著。PbO 可明显降低表面张力。B_2O_3 会降低釉的表面张力。

釉熔体的表面张力随温度升高而降低，熔体的表面张力在高温阶段变化较小，在低温区则显著增大。

釉熔体的表面张力还与窑内气氛有关，釉熔体表面张力在同温度还原气氛下约比氧化气氛高 20%。

3.6.3.3　釉的热膨胀性

釉层受热膨胀主要是由于温度升高时，构成釉层网络质点热振动的振幅增大，导致质点间距增大所致。这种由于热振动引起的膨胀，其大小取决于离子间的键力，键力越大则热膨胀越小。

釉的热膨胀性通常用一定温度范围内的长度膨胀百分率或线膨胀系数表示如下：

$$A = \frac{L_{t_2} - L_{t_1}}{L_{t_1}} \times 100\% \tag{3-6-1}$$

$$\alpha = \frac{A}{t_2 - t_1} \tag{3-6-2}$$

式中，A 为长度膨胀百分率；L_{t_1} 为试样在温度为 t_1 时的长度；L_{t_2} 为试样在温度为 t_2 时的长度；t_1 为室温温度；t_2 为加热温度；α 为线膨胀系数。

釉的膨胀系数和釉料的化学组成密切相关。SiO_2 是网络生成体，Si—O 键键强较大，若其含量增加则釉的结构紧密，因此热膨胀小。含碱的硅酸盐釉料中，引入的碱金属和碱土金属离子削弱了 Si—O 键或打断了 Si—O 键，使釉的膨胀系数增大。维克尔曼及肖特等提出，玻璃或釉的膨胀系数与组成氧化物的质量分数符合加和性原则。而实际利用此原则计算的热膨胀系数值与实测结果有一定的偏差。阿宾经过对数百种硅酸盐玻璃和釉的研究，认为若用摩尔分数表示各氧化物含量，可有效地反映热膨胀系数的加和性关系，由此计算出来的 α 值与实测值较吻合。

3.6.3.4　釉层的化学稳定性

釉的化学稳定性取决于硅氧四面体相互连接的程度。连接程度越大，化学稳定性越高。在硅酸盐玻璃中碱金属和碱土金属离子嵌入硅氧四面体网络结构中，使硅氧键断裂，降低了釉的耐化学侵蚀能力。钠-钙-硅质玻璃的表面侵蚀，主要原因是由于水解作用，形成类似硅凝胶的薄膜，在这种情况下，玻璃的破坏速度就取决于水解速度和水通过硅凝胶保护层的扩散速度。

釉中含 PbO 对釉的耐碱性影响不大，但会降低釉的耐酸性。为了使釉中的铅不至于影响人体的健康，要求铅以不溶解的状态（如二硅酸铅）存在于釉中。氧化铝、氧化锌会提高硅酸盐玻璃的耐碱性，氧化钙、氧化镁、氧化钡能有效地提高玻璃相的化学稳定性。玻璃表面含有的高价离子都能阻碍液体侵蚀的进展。例如，含锆的玻璃特别耐碱和酸的侵蚀。

3.6.3.5　坯和釉的适应性

坯釉适应性是指熔融性良好的釉熔体，冷却后与坯体紧密结合成完美的整体，不开裂、不剥脱的能力。影响坯釉适应性的主要因素包括以下几点。

① 热膨胀系数对坯釉适应性的影响　釉是附着在坯体表面的，若两者膨胀系数不匹配，则在烧釉或使用过程中，由于温度变化而在釉层中产生应力，若此应力超过釉层强度则会导致开裂或脱落。为此要求坯和釉的热膨胀系数相适应。若釉的膨胀系数小于坯，冷却后釉受坯的压应力，形成正釉；反之，釉的膨胀系数大于坯，冷却后釉层受张应力，形成负釉。由于釉的抗压强度远大于拉伸强度，所以负釉容易开裂。而正釉处于受压状态，它能抵消部分加在制品上的张应力，因此可以提高制品的机械强度，改善表面性能和热性能。但如果坯、釉热膨胀系数差别过大，无论正釉还是负釉均会造成釉层开裂或剥落。一般要求釉的膨胀系数略小于坯。

② 坯釉中间层对坯釉适应性的影响　坯釉中间层在化学组成、组织结构上均介于坯、

釉之间，因此能缓冲和减轻由于坯、釉热膨胀系数差值造成的有害应力，使坯釉结合为紧密整体。中间层的厚度与坯釉组成及其差异程度、烧成温度、保温时间有关。坯釉组成差异大、烧成温度高或保温时间长，坯釉中间层的厚度较厚；反之较薄。

③ 釉的弹性、拉伸强度对坯釉适应性的影响　具有较高弹性的釉能够补偿坯釉接触层形变差所产生的应力与机械作用所产生的应变。即使坯、釉热膨胀系数差值较大，釉层也不一定开裂、剥落。釉的抗张强度高，抗釉裂的能力就强，坯釉适应性就好。釉的化学组成与其热膨胀系数、弹性模量、抗张强度三者之间关系复杂，难以同时满足这三方面的要求，故应在考虑热膨胀系数的前提下，使釉的拉伸强度较高、弹性较好为佳。

④ 釉层厚度对坯釉适应性的影响　当坯釉组成不变时，釉层中产生的应力和其厚度有密切关系。薄釉层在煅烧时其组分改变较大，且中间层相对厚度大于厚釉层，随釉层增厚，压应力降低，坯釉适应性变差。

3.6.4　釉料的制备及施釉

3.6.4.1　制釉工艺

釉用原料要求比坯用原料高，储放时应注意避免污染，使用前对长石和石英应分别拣选或预烧。软质黏土应进行淘洗。用于生料釉的原料应该不溶于水。

釉用原料的种类很多，用量与密度差别较大。尤其是乳浊剂、着色剂等辅助原料的用量远较主体原料少，但其对釉的性能的影响极为敏感。因此，除了应注意原料纯度外，还必须重视称料的准确性。

生料釉的制备与坯料类似，可直接配料磨成料浆。研磨时应先将瘠性原料等硬质原料磨至一定细度后，再加入软质黏土磨细成浆后入池陈化备用。

熔块釉的制备包括熔制熔块和制备釉浆两部分。熔制熔块的目的主要是降低釉料中原料的毒性和可溶性，也可使釉料的熔融温度降低。熔块的熔制视其产量及生产条件而定，可在坩埚炉、池炉或回转炉中进行。熔制熔块时应注意：原料的粒度和水分应控制在一定范围内，以保证混料均匀及高温反应完全，一般天然原料过 40～60 目筛；熔制温度应适当，温度过高挥发严重，影响熔块化学组成，温度过低，原料熔制不透，则配料时易水解；控制熔制气氛，如含铅熔块，应防止出现还原气氛。熔制后的熔块经水淬成小块，然后再与生料一起入磨磨细成浆，陈化备用。

3.6.4.2　釉浆的质量要求

为了便于施釉并获得优质的釉面，釉浆一般应满足以下要求。

① 细度　釉浆细度直接影响釉浆稠度和悬浮性，也影响釉浆与坯的黏附能力、釉的熔融温度及烧后制品的釉面质量。一般来说，釉浆细，则悬浮性好，熔融温度相应降低，坯釉黏附紧密且反应充分。但釉浆过细，稠度过大，易形成过厚釉层，降低产品的机械强度和热稳定性，高温反应时，釉层中气体难于排出，易产生棕眼、开裂、缩釉等缺陷。一般透明釉的细度以万孔筛余 0.1%～0.2% 较好，乳浊釉的细度万孔筛余应小于 0.1%。

② 釉浆的密度　釉浆密度直接影响施釉时间和釉层厚度。釉浆密度大时，短时上釉也可获得较厚釉层。但过浓的釉浆会使釉层厚度不均匀，易开裂、缩釉。釉浆密度小时，要达到一定厚度的釉层须多次施釉或长时间施釉。釉浆密度的确定取决于坯体的种类、大小及采用的施釉方法。颜色釉往往比透明釉大些，生坯浸釉时，釉浆密度为 $1.4～1.45g/cm^3$；素坯浸釉时密度为 $1.5～1.7g/cm^3$。

③ 流动性与悬浮性　釉浆的流动性与悬浮性直接影响施釉工艺的顺利进行及烧后制品的釉面质量。可通过控制细度、水分含量和添加适量电解质来控制。

3.6.4.3　施釉

施釉前应保证釉面清洁，同时使其具有一定的吸水性，因此生坯须经干燥、吹灰、抹水等工序处理。一般根据坯体性质、尺寸和形状及生产条件来选择合适的施釉方法。

（1）基本施釉方法

基本的施釉方法有浸釉、浇釉和喷釉三种。

① 浸釉法　是将坯体浸入釉浆，利用坯体的吸水性或热坯对釉的黏附而使釉料附着在坯体上。釉层的厚度与坯体的吸水性、釉浆浓度和浸釉时间有关。所用釉浆浓度较喷釉法大。多孔素烧瓷坯用釉浆其密度一般在 $1.28 \sim 1.5 \mathrm{g/cm}^3$ 之间，炻质餐具用釉浆密度为 $1.73 \mathrm{g/cm}^3$。除薄胎瓷外，浸釉法适用于大、中、小型各类制品。

② 浇釉法　是将釉浆浇于坯体上以形成釉层的方法。可将圆形陶瓷坯体放在旋转的机轮上，釉浆浇在坯体中间，借离心力使釉浆均匀散开。也可将坯体置于运动的传送带上，釉浆则通过半球形或鸭嘴形浇釉器形成釉幕流向坯体。适用于圆盘、单面上釉的扁平砖类及坯体强度差的制品。

③ 喷釉法　是利用压缩空气将釉浆通过喷枪或喷釉机喷成雾状，使之黏附于坯体上。釉层厚度取决于坯与喷口的距离、喷釉的压力和釉浆的密度等。此法适用于大型、薄壁及形状复杂的生坯。特点是釉层厚度均匀，与其他方法相比更容易实现机械化和自动化。

施釉线的采用和发展使施釉工艺进入机械化和自动化阶段。采用施釉线可使产量大幅度提高，质量也更稳定。常见的施釉线有喷釉系统和浇釉系统两种。近年来，意大利、德国、日本等国家陆续使用机器人在施釉线上施釉。

（2）发展中的施釉方法

随着陶瓷生产工艺技术的不断发展进步，施釉工艺也向高质量、低能耗、更适合现代化生产方向发展。近些年来新的施釉方法不断被采用。

① 流化床施釉　利用压缩空气使加有少量有机树脂的干釉粉在流化床内悬浮而呈现流化状态，然后将预热到 $100 \sim 200 ℃$ 的坯体浸入到流化床中，与釉粉保持一定时间的接触，使树脂软化而在坯体表面黏附一层均匀的釉料。

② 热喷施釉　热喷施釉是在一条特殊设计的隧道窑内将坯体素烧和釉烧连续进行的一种方法。先进行坯体素烧，然后在炽热状态的素坯上进行喷釉，喷釉后继续进行釉烧。这种方法的特点是热施釉、素烧、釉烧连续进行，坯釉结合好，能耗低。

③ 干压施釉　这种方法借助于压机，将成型、上釉一次完成。成型时，先将坯料装入模具加压一次，撒上少许有机黏合剂，然后撒上釉粉加压。釉层厚度在 $0.3 \sim 0.7 \mathrm{mm}$ 之间。采用干压施釉法，由于釉层上施加了一定的压力，故制品的耐磨性和硬度有所提高。同时减少了施釉工序，能耗小，生产周期大大缩短。但干压施釉对釉层厚度的均匀性不易控制。

④ 釉纸施釉　将表面含有大量羟基的黏土矿物（如含水镁硅酸盐的海泡石、含水镁铝硅酸盐的坡缕石等）与分散剂（如双氧水、多磷酸铵、醇类、酮类、酯类物质）或黏结剂（如氧化铝或二氧化硅溶胶、聚乙烯醇、羟甲基纤维素等）混合，制备成浓度 $0.1\% \sim 10\%$ 的悬浮液，把釉料均匀分散到悬浮液中，制成釉纸。施釉的方法有以下几种。

a. 成型和上釉同时进行。如在注浆成型时，可先将釉纸附在石膏模中，脱水后，釉纸附在坯体上。

b. 在成型后的湿坯上黏附釉纸。

c. 在干燥或烧成后的坯体上黏附釉纸。

这种施釉方法的特点是：不需要特别的施釉装置，制作釉纸及施釉过程中，粉尘或釉不挥发，减少环境污染。此外，可将成型与施釉同时进行。

3.6.5　陶瓷的装饰

3.6.5.1　陶瓷装饰的发展

陶瓷装饰的历史源远流长，我国在公元前 6000～前 5000 年新石器时代，磁山文化与裴李岗文化陶器上就有了表面磨光、涂刷白色、红色、褐黑色陶衣的装饰，除此之外，也有了拍印花纹、滚印花纹、附加堆纹、剔刻纹、镂雕纹。山西、河南的龙山文化朱绘陶器及朱绘磨光黑陶是烧成后彩绘的。出土的战国、秦汉时期的黑陶、灰陶有仿漆器彩绘的装饰。瓷器是中国的伟大发明，从商、周原始瓷的出现到汉代青釉瓷的诞生，直至明清，我国瓷釉历经形成、发展、成熟的历史阶段，艺术表现丰富多彩，共同形成了我国瓷釉百花争艳、流传千古的局面。到了 20 世纪 50 年代后，开始使用各种专用丝网印刷机，直接在器皿上印花装饰，无论是质量还是规模也都达到相当高的技术水平。目前，丝印陶瓷贴花纸基本上取代了胶印陶瓷贴花纸，成为产量大、效率高、成本低、艺术感染力强的陶瓷器皿的主要装饰手段。丝印陶瓷贴花纸技术的新进展如下所述。

① 毛细吸附型感光膜　这种感光膜是 20 世纪 70 年代新开发的一种制版材料。使用这种感光膜制版，只需用水润湿膜面，便可将其牢固地贴在网面上，再经曝光固化在丝网上。这种感光膜的主要成分是聚乙烯醇及重氮盐，耐印量为 3000 印，由于印品精细，制版操作简单，可印制较高级的产品。

② 热印刷油墨　传统的油墨分为两类：一类是挥发干燥型油墨；另一类是氧化干燥型油墨。常把这两类油墨统称为冷印刷油墨。氧化干燥型油墨干燥时间长；挥发干燥型油墨干燥需加热，浪费能源，又有溶剂挥发污染环境和着火等安全问题。近年来开发的热印刷油墨，由陶瓷颜料或贵金属制剂与热塑性树脂配制而成，主要原料为甲基丙烯酸酯类聚合物或蜡类物质，不含游离单体，软化温度低，一般在 50℃ 左右油墨便具有很好的流动性，利用耐热丝网便可印制贴花纸，但通常多用于直接法装饰陶瓷。这类油墨的印刷性能和转移性能均优于冷印刷油墨，由于不用溶剂，油墨中颜料相对增加，墨层遮盖力强，很适于玻璃装饰，过去不常用的淡色颜料也可使用。印刷之后，印迹很快散热并凝固干燥，便于套印，不易污染蹭脏。20 世纪 70 年代能够实现快速、多色网目陶瓷丝网印刷，主要原因是开发利用了热印刷油墨。

③ 三原色印刷陶瓷颜料　利用黄、品红和青三种原色印刷彩色美术作品，是胶印中一项很成熟的工艺技术。但是，长期以来，很难利用三原色原理印制丝印陶瓷贴花纸，主要原因是陶瓷颜料要在高温下呈色，有些颜料会在高温下发生反应，使颜色发生变化。近年来，在陶瓷颜料系列化、专用化、增加其稳定性能等研究基础上，已开发出青、品红和黄三种调和颜料，呈色基本达到色谱要求。用这三种基本色印刷成的转移贴花纸，烧成后可以呈现多色效果，缺点是红色尚不够鲜明，黑色色度不足，需补印黑色与红色，以加强烧成效果。目前，三原色陶瓷颜料尽管尚不够理想，但它完全突破了传统观念，进一步完善了这一课题，将对陶瓷装饰产生较大影响。

④ 超细网目调制版技术　长期以来，胶印陶瓷贴花纸的生产，可以复制层次丰富的美术作品，而丝网印刷则只能印制线条或墨块，难以反映作品的层次。近年来，由于照相技术的发展，丝网制版加网技术的不断提高，特别是优质精细的丝网、高分辨力的感光材料、特

细的陶瓷颜料的开发利用，为制备加网丝网版提供了有利条件。

⑤ 热转移贴花技术　最早的转移贴花纸，转移时需用黏合剂将其贴附于陶瓷表面。20世纪30年代改为水贴移花法，也称为冷转移法。冷转移贴花纸的结构是在纸基上涂水溶性胶，把图案印在胶面上，然后再印一层非水溶性树脂薄膜作为移花载体，贴花时将贴花纸浸入水中，20s后，借助水溶性胶可将画面从纸基上滑移下来，又借其黏附性将画面贴于瓷面。20世纪70年代初，研究成功热转移贴花纸，其结构是在纸基与画面之间不用水溶性胶，而使用蜡或热熔树脂。贴花时，先将器皿预热到120～150℃，以机械传动，自动定位，再用贴花机将热转移陶瓷贴花纸上的画面固定到贴花位置，器皿表面的温度使载花薄膜软化，并将画面牢固地贴附于瓷面，同时，又能使纸基上的蜡质熔化，使纸基与画面分离。利用热贴花技术，可以直接装饰素瓷、白瓷（烧釉后的瓷器），贴花后可直接进入窑内彩烧，瓷面洁净。热转移贴花纸的研究成功是由手工贴花过渡到机械贴花的一项重大突破。目前，国外20％的陶瓷使用丝网印刷机直接在瓷面上印花，80％的陶瓷使用贴花纸装饰。发达国家除少量以手工贴花外，主要是利用机械贴花，发展中国家则仍以手工贴花为主。随着陶瓷生产技术的发展成熟，当今行业的优势已逐渐倚重于装饰技术。只有提高陶瓷制品的综合装饰水平，提升产品的功能性、实用性及艺术性，大幅度提高产品附加值，才能在国际市场的竞争中立于不败之地。

3.6.5.2　装饰技术

（1）釉上彩饰

釉上彩饰是指在烧成后的制品釉面上进行彩饰加工的方法。通过彩绘、贴花等方法加彩后，进行低温彩烧，一般彩烧温度为600～900℃。因此，彩料不会因彩烧挥发或反应而变色，色彩品种较多，饱和度较高，色调鲜艳，色阶比较宽，可获得丰富多彩的装饰效果。然而，彩料与釉面结合的牢固度不高，因而易磨损，易被酸碱腐蚀，耐用性、耐候性均较差。釉上彩饰常用的方法有以下几种。

① 手工彩绘　手工彩绘是使用釉上彩，在成瓷釉面上进行绘画、描金、堆花等进行彩饰的一种方法。其装饰风格华丽、典雅。日用陶瓷的釉上装饰技法较多，如新彩、古彩、粉彩、贴花、喷花、金饰和电光彩等。下面扼要介绍几种手工彩绘装饰方法。

a. 新彩　新彩是受外来影响发展起来的一种装饰方法，所以曾有"洋彩"之称。新彩在操作上较其他彩饰方法（如古彩、粉彩）简便，颜色烧成前后色相变化不大，且容易掌握，成本较低，生产效率高，因而大有取代其他釉上彩之势，目前，在日用陶瓷、陈设艺术瓷的装饰上应用极为普遍。新彩的色相、色阶变化十分丰富，色彩明快，品种繁多，表现力强。新彩可以运用装饰和绘画的技法，不论人物、山水还是花草等内容均能表现。新彩可仿各种画种（如油画、水彩画、国画工笔及写意画法之类）的风格，也可与其他装饰方法结合运用，获得较高的装饰效果。

新彩所用的色料一般可分为水料和油料两种。所谓的水料，是用牛胶或阿拉伯树胶加清水调制而成的釉上色料。调配时先用浓胶液将磨细的色料润湿，然后稍加清水研磨成糊状，使用时再用清水稀释到所需浓度。可用10g干色料与3mL胶液进行调制。调配好的颜料存放期不能过长，因为胶液易腐化，影响使用效果。

油料是以乳香老油、樟脑油为调和剂制成的油性色料。调制方法与水料基本相同。但应注意，油料只能用樟脑油作为稀释剂，而水料则以水作为稀释剂，使用时，两种色料既可单独使用，又可结合使用。结合使用时，必须先绘水料，等其干后再在其上绘油料。

b. 古彩　古彩是中国陶瓷釉上彩中一种比较古老的传统装饰方法，创始于明代，是结合了唐代唐三彩、宋代红绿彩与明代釉下青花的装饰方法，实现了瓷器上红、绿、黄、蓝、紫五种色彩的绘饰，所以先有"斗彩"、"五彩"之称，后谓其"古彩"。当时，古彩比其他釉上彩的烧成温度高，为 770～800℃，彩烧后色彩呈现玻璃状，有坚硬的质感，所以又有"硬彩"之称谓。斗彩是以多种釉上颜色与釉下青花结合彩饰瓷器。其做法是在瓷坯上有计划地局部或部分着好青花彩料（釉下彩称为分水），然后再施透明釉高温烧成瓷器，再在瓷器上把未画纹样以各色釉上彩描绘完整后低温烧成。古彩多用于陈设艺术瓷装饰，也适用于装饰日用瓷。

c. 粉彩　粉彩是在古彩的基础上发展而来的，是景德镇陶瓷传统彩绘技术之一。粉彩的画法基本与古彩相同，不同的是古彩颜料透明，粉彩颜料呈乳浊状，烧后有珐琅质感。古彩用胶液调色料勾线、拓抹颜色，粉彩则用油调色料勾线、渲染，装饰形象需要有明暗层次变化，要求平涂的色块也和古彩一样，可用水、胶调色料均匀涂布，并要有一定的厚度。粉彩采用了不透明的玻璃白粉彩色料，彩绘时先将玻璃白平涂在要渲染颜料的部位，后在已干硬的玻璃白上洗染颜色，使画面有一种"彩之有粉，粉润清逸"的感觉，故名为"粉彩"。粉彩的画法和风格与国画工笔接近，能达到精细华美的程度，其特点是颜色明亮，粉润柔和，色彩丰富，绚丽雅致。粉彩主要用于艺术瓷装饰，日用瓷亦可使用，但应注意铅、镉溶出量的控制。粉彩装饰步骤与古彩相同，彩烧温度比古彩略低，为 780～830℃。在粉彩的基础上，引进了一些国外陶瓷颜料和外籍画家的绘画特点（即西画中的光影变化等），在画法和风格上比粉彩更加精细的彩绘装饰，称为珐琅彩。其图案精细华丽，微微凸起，色彩绚丽，装饰技法达到了相当细腻的程度。

② 釉上印花　釉上印花有两种方法：丝网印花和软模印花。既可印在烧成后的釉面上，亦可印于生坯釉面上。成品釉面上的丝网印花，多用于建筑陶瓷内墙砖的装饰。用油质调料调色，用丝网直接印到成品面砖上。在生坯釉面上印制图案，再经过 1100℃左右釉烧。

釉面印彩的底釉釉色可进行选择，然后与同样富于变化的图案花纹颜色相映，因而可产生各种变化效果，加上釉面上印出的图案花纹十分清晰、生动，具有较强的艺术感染力。由于经高温烧成，图案花纹已和釉面融为一体，具有较高的强度和耐磨性，特别适合于地面砖装饰。软模印花是采用橡皮印模印线、呢毡印模印色块来代替人工勾线填色的装饰方法。这种装饰方法适宜于表现各种图案纹样的装饰题材。适合于日用瓷、陈设艺术瓷、内墙腰线砖一类的小型、小批量制品装饰。

③ 釉上贴花　釉上贴花是根据各种器型设计出来的纹样，用陶瓷色料印刷成花纸，再转印于釉面上装饰的一种方法。贴花是釉上装饰方法中应用最广泛的一种，具有成本低、生产效率高、花面刻画细致、色彩丰富等优点。

贴花用的贴花纸是专业工厂生产的，带有着色图案的花纸，规格统一便于大批量生产。釉上贴花纸按其工艺制作可分为平印胶水贴花纸、平印薄膜贴花纸、丝印薄膜贴花纸、平印结合薄膜贴花纸等。釉上薄膜贴花纸又可分为有托膜纸和无托膜纸两种。由于薄膜贴花纸的薄膜是一种塑料，遇乙醇即溶解软化，易于黏附在陶瓷制品的表面，所以普遍采用乙醇溶液作为黏结剂。薄膜花纸的塑料薄膜的软化程度随着气温的变化而变化，乙醇黏结剂中乙醇与水的配比应随着气温的变化而随时进行调整。一般在夏秋季，乙醇 10%～20%，清水 80%～90%；在冬春季，乙醇 50%～70%，清水 30%～50%。以花纸贴附在瓷面后 10～15min 内全部软化为宜。

④ 釉上喷花　喷花又称为喷彩、镂花着彩。它是在刷花的基础上逐步发展、改进而来的喷雾装饰方法。喷花装饰初期只能喷一些普通产品，而又多喷用赤色，故又称为吹红。以

后吸取了搪瓷等产品的喷花技术，创造出适合于陶瓷产品的喷花方法，它的表现效果与刷花基本相同。

喷花的纹样，层次清晰，转折柔和，色彩艳丽，均匀明亮，画面统一，制作方便，用于半机械化的连续化生产，效率较高，为配套瓷器常用的一种装饰方法。喷花也可与贴花、腐蚀金彩、彩绘等结合运用，可分为釉下喷花与釉上喷花。

釉上喷花是用釉上新彩色料在瓷面上喷饰花纹，再烤烧而成的一种装饰方法，它以概括的手法和明朗的颜色来装饰画面，具有生动活泼、浓淡多变、光滑平亮、明快清新的特色。

釉上喷彩是指用调制好的陶瓷颜料，按照装饰设计的纹样要求，通过喷射工艺，将色料喷射在陶瓷制品表面的装饰方法。它是日用陶瓷装饰的主要方法之一，是在手工刷花的基础上改进形成的，并由单色喷花发展成为复杂的多色喷花。喷彩时，先用胶液将色料调制到适当浓度，并装入喷枪（喷笔）中，再将制作好的模版（用厚纸板或金属薄片等材料制成）套在制品的装饰部位，然后开启喷枪（喷笔）进行喷射，最后取下套版，纹样便清晰可见。釉上喷彩装饰的画面设计、主要工具、材料及模版制作等与釉下彩装饰的要求基本相同。多种色彩的纹饰可制作数套模版，喷一种颜色，套一次版。比较精细的喷彩，还可以喷出富有层次和丰富的色彩变化效果。

⑤ 热喷涂 把烧成后的制品再送入小型辊道窑中，在 600～800℃温度区内喷涂彩料。通过深入窑顶内的喷枪，以每分钟 10～20 次的往复频率，喷洒在砖面上。喷涂彩料分解成金属氧化物，在釉面上形成一层具有金、银等金属光泽的彩色薄膜。利用这种方法获得金属光泽涂层较为均匀，其附着力、光泽也比较高。

喷涂温度以在釉面始熔温度点附近为宜。温度太低，釉料活性低，附着不牢固；温度太高，油料已经熔融，易产生皱纹。喷涂彩料通常是金属卤化物溶液或有机盐，一般使用铁、钴、铬、镍、钛、钒等元素的有机盐，如乙酰丙酮盐，使用卤化有机物作为溶剂，使有机金属盐充分溶解。热喷涂方法也有在烧成窑中进行的，生坯在辊道窑中烧成进入冷却带时，选择合适的温度区间喷入喷涂彩料。

（2）釉下彩饰

釉下彩饰是指利用釉下彩料通过各种装饰技法在生坯或素坯上进行装饰，然后覆盖上透明釉或半透明釉，再经高温烧制而成。在素坯上装饰后施釉，于 1050～1150℃下釉烧，此法主要适用于二次烧成釉面砖等建筑陶瓷产品装饰；在生坯上装饰后再施釉，于 1250～1350℃下一次烧成，此法主要用于日用陶瓷装饰。釉下装饰经中、高温釉烧，彩料充分渗透于坯釉之中，彩料被釉层所覆盖，色彩鲜艳，经久耐磨，能保持良好的光泽及颜色的清晰度。其制品的价值远高于釉上彩装饰的制品。但烧成条件限制了釉下彩料的选用。此外，坯体条件（气孔率、表面平整度等）也使釉下彩装饰复杂化。在釉烧过程中，往往受熔融釉的侵蚀等影响，某些釉下彩料稳定性差，易分解变色和流散开来。所以，对釉下彩的工艺要求高，彩料品种也没有釉上彩丰富。

① 釉下绘彩 釉下绘彩是以手工绘画的方式装饰瓷器，虽速度慢，以单件制作为主要方式，但装饰画面逼真、灵活、艺术价值高，在工艺瓷生产中仍占有较大比重，同时可与其他方法综合应用，提高装饰速度。在某些实用品艺术化中，手工绘彩仍占有不可替代的地位。釉下手工绘彩由于是随釉一同烧成，温度较高，因而可使用的颜料很有限。各种釉下绘彩的工艺过程基本相同，即坯面绘彩—施釉—烧成。几种主要品种介绍如下。

a. 青花 青花是我国陶瓷装饰中珍贵的传统艺术，主要是以氧化钴作呈色剂，在坯体上进行纹样的描绘，再施透明釉后入窑烧成。成品在釉下呈现明亮的青色花纹。其特点是釉质莹澈清亮，白里泛青，纹样庄重稳健，朴素大方，具有浓厚的民族风格。青花既可装饰陈设瓷，又可用在日用瓷上，同时，青花还可以与釉里红、釉下彩、玲珑雕镂及釉上各种彩饰结合，进行综合装饰。

b. 铁锈花　铁锈花亦称釉下黑花，是用含铁的矿石——斑化石作颜料，在坯体上绘彩后施釉烧成的装饰。烧成后花纹的颜色很像铁锈，故有铁锈花之称。铁锈花画在白色化妆土上透明釉下，烧成后呈现白地黑花的效果，绘在黑釉下则呈现黑地红棕花纹。

铁锈花的画法是将铁矿石磨细作颜料，用水将颜料调成糊状，用手工笔蘸颜料在坯上拓抹花纹。由于坯体吸水性强，要求绘画拓抹颜料时，动作要迅速，产生的装饰形象和结构也十分生动自然，因而形成了一种粗犷豪放、飘逸洒脱的装饰风格，具有强烈的民间气息和民族艺术风格。

c. 釉里红　釉里红为传统釉下装饰之一，它以铜作着色剂的色料在坯体上描绘各种纹样，然后施透明釉，再经高温还原气氛烧成，在釉里透出红色的纹样，故称釉里红，又名釉下红。其呈色条件复杂，故产品极为名贵。

釉里红可以单独装饰，但大多数与青花结合在一起进行装饰，称为青花釉里红。其特点是既有青花的"幽靓雅致、沉静安定"，又增添了釉里红的浑厚明丽，丰富了色彩效果，构成了庄重高雅、敦厚朴实的艺术风格。

d. 釉下五彩　以各种釉下色料在泥坯或素烧坯上绘画，然后再施釉后入窑，高温一次烧成。釉下五彩装饰的颜料除着色氧化物外，还掺有无色氧化物（如石英、长石等），这样既可提高颜色的明亮度，又降低了颜色的饱和度，使色彩显得格外柔和、雅致。其特点是彩绘的纹样与坯釉在高温下同时烧成，色料充分渗透于坯釉之中。由于釉层的作用，更使装饰画面平滑光亮，晶莹润泽，经久耐用，不存在铅毒溶出的危害，具有独特的装饰效果。在各类艺术瓷、日用瓷中广为应用。釉下彩装饰对坯体没有特殊的要求，但有素烧坯彩饰、生坯彩饰和色坯彩饰之分。生坯在经过素烧后，坯体有一定的机械强度，使制品在彩绘时不易损坏。而且素烧坯的显气孔率提高，吸水率增大，有利于彩绘技巧的运用。因此，实际操作中很少在泥坯上进行彩饰。

② 釉下贴花　釉下贴花装饰，是将各种釉下色料，通过丝网或胶版印刷，制成花纸，再将花纸转贴到坯体上，然后喷施适量厚度的釉层，再经高温烧成的装饰工艺。工艺流程如下：

坯体——→贴花——→修整——→施釉——→烧成

釉下花纸的粘贴方法有灌水贴法和涂水贴法两种。灌水贴法将陶瓷颜料的色彩调配及彩饰技法用于盘、碗类素烧、坯釉的装饰，但在未素烧的坯体上，不能采用灌水贴法贴花，以免造成釉面冲泡而损坏坯体。涂水贴法大多用于立式器皿的装饰，一般在素烧坯上进行。贴花操作中，有时会出现爆花和剥釉现象，这主要是由于在印制花纸时，釉料与色料中加入的糖分过少，致使粘贴时吸水慢，粘贴不牢而引起爆花。如遇这种情况，可在粘贴的清水中加入少量羧甲基纤维素或饴糖。剥釉是由于坯釉的结合性能不好而造成，需要调整坯釉的配方，改善它们的结合性能。釉下贴花具有纹样细致平整、画面规格统一、颜色层次均匀、操作简便、成品率高、适合大生产等优点。

③ 釉下印花　釉下印花可以素坯印花，也可以生坯印花。对二次烧成制品，是先在素坯上进行印花，再施一层釉（透明或半透明釉），然后烧成。或在生坯上进行印花后，再施一层透明釉，然后在较高的温度下一次烧成。在釉下印花时，应以甘油、砂糖作为色料的结

合剂。制品在施釉前应在 $600\sim800℃$ 下进行预烧，以便将其中的干性油、矿物油等结合剂烧掉。如果涂有含油性结合剂色料的部位不经预烧，施釉时就会粘不上釉。在印制复杂的单色图案时，可利用以卷烟纸（胶印纸）凹版印制的图案进行转印。即先在纸上印图案，再把图案从纸上转印到制品表面。这样的凹版印花流水作业线，可使印花能力比通常的凹版印花法提高 $30\%\sim40\%$。

利用釉下彩丝网印花机可进行釉下丝网印花。考虑到丝网的疏密度和画面的清晰度，在色料中添加 $25\%\sim35\%$ 的黏合剂加以研磨。一般用松节油（$10\%\sim12\%$）和松香膏（$15\%\sim23\%$）作为黏合剂。在利用热塑性快硬颜料（蜡状物达 60% 的热塑性树脂混合物）时，须使用电热的金属丝模版印花。当颜料与冷的制品表面接触时，颜料立刻凝固，因此可在同一台丝网印花机上印刷多色画面。釉下印花特别是建筑墙地砖印花装饰，是近年来发展较快的装饰方法之一，目前比较先进的印花方式为滚筒式印花，在滚筒上用蚀刻或雕刻的方法刻上所需的纹样，印花料由一旁加入，随着滚筒不停地滚动，在滚筒下经过并与滚筒接触的砖坯就印上了图案。

该印花系统具有印花图案清晰、印花速度快、使用寿命长、无砖坯破损、不需擦网等一系列丝网印花系统所无法相比的优点。意大利 Ferro 公司研制成功一种喷墨装饰机——Kerajet 560，它是专为大规格的陶瓷地砖而设计生产的，通过电脑设计图案，与喷墨设备连接，对瓷砖表面进行装饰，可获得非常丰富的图案，且图案清晰，分辨率高。通过不同的生产工艺可以加工地砖、墙砖和其他的瓷片，根据加工原料的不同，可对颗粒砖、渗花砖、超硬釉面砖、釉抛砖等进行印花装饰。

④ 釉下喷彩　釉下喷彩装饰是在手工刷花的基础上改进和发展的一种装饰方法。

它利用压缩空气，通过喷枪（喷笔），把稀释的颜料按照一定的要求喷射到坯体上，形成所需的装饰纹样，然后再施釉烧成。

⑤ 釉下刷花　釉下刷花装饰是一种传统的装饰工艺。多色套版工艺的广泛运用，代替不了刷花。刷花可以比喷花表现得更精美，在艺术瓷的装饰中，它既能呈现独特的艺术效果，又可作为手工彩绘的辅助手段。

刷花的工艺流程如下：

素烧坯体——→糊纸——→刻划——→刷花——→整理、描绘——→喷釉——→烧成

由于刷花所具有的工艺特点，要求坯体需经过素烧，同时素烧过的坯体要擦光表面，以便糊纸刻划。刷花用的色料要研磨至极细，并用清水调制，忌用胶水或茶水调制。如有沉淀快的色料，可滴入少许食盐水。刷色的顺序是先冷（色）后热（色），先浓后淡，先外后内，因为热色飞在冷色上或淡色飞在浓色上尚可，否则，会造成不良后果。刷花时，还要注意速度快慢和用刷笔的正侧，大面积刷时可快刷并用刷笔正面，小面积则要慢刷并用刷笔侧面。刷花如同手工分水一样，可分明暗，可罩染和接色。色料混合后的呈色效果及色料层的厚度也会影响装饰效果，必须通过实践方能掌握。

（3）釉中彩饰

釉中彩饰是指装饰的色彩处于釉层中，是在施底釉后的坯品上或釉烧制品的表面进行彩饰，后施薄层面釉，再与坯品一次烧成或在低于釉烧温度下进行二次彩烧。

烧成后彩料渗透到釉层里面，冷却后釉面封闭，形成"釉中彩"，颇有釉下彩的艺术效果和风格。釉中彩饰是在釉下彩饰的基础上发展起来的，首先成为日用陶瓷装饰的一大技法。后在建筑用墙地砖上广泛应用。

釉中彩的形成一般有以下几种方式。

① 采用釉中彩色料进行彩饰，在高温下色料迅速完成物理化学反应，并以稳定的呈色渗入釉层中。

② 坯体上施一层底釉后，在其上进行印彩、喷彩或绘彩等彩饰，再罩上一层透明或半透明釉，与坯品一次烧成。

③ 使用釉中彩贴花纸，在施釉后的坯面上或釉烧制品上贴花再进行彩烧即成。

釉中彩与釉上彩相比，画面光亮，色彩鲜艳柔和。与釉下彩相比，则具有工艺操作简便、色彩较丰富的优点。

釉中彩采用高温快烧彩料，其中不含铅熔剂，且色料又渗入釉中，因此，画面铅溶出量极低。此外，画面耐酸性、耐碱性和耐机械磨损性明显提高，适于机械洗涤。釉中彩采用高温彩烧工艺，最高烤烧温度接近于釉烧温度，提高了制品的热稳定性。釉中彩装饰中，控制釉层色层的厚度和烧成温度是非常重要的，制品的釉层厚度为 $70\sim100\mu m$，平版调墨印刷色层厚度为 $10\sim15\mu m$，要达到理想的釉中彩效果，釉层厚度以 $90\mu m$ 为最好。如果釉层过厚，色料易扩散；釉层偏薄，色料难于渗入釉中，而露于釉层之上，达不到釉中彩的装饰效果。此外，适当掌握烤烧温度也是一个重要工艺环节，温度偏高，色料易扩散；温度偏低，色料不能很好地渗入釉中。因此，在实际生产应用中，应做好工艺参数的严格控制与实验。

（4）施釉装饰

施釉装饰是陶瓷器皿的重要装饰方法之一，宋代以前中国瓷器的装饰主流即是施釉装饰，宋代的五大名瓷便是施釉装饰的杰作。

由于施釉是某些实用功能的需要，所以施釉装饰的最大优势在于将装饰实现于实用功能之中，可起到事半功倍之效。

施釉装饰主要有以下几种方式。

① 颜色釉　目前颜色釉的品种较多，釉色丰富多彩，可以实现的颜色不仅包含光谱中的七色，而且各种过渡色几乎都能实现，在日用瓷、艺术瓷中均有广泛应用。颜色釉表面平滑、光亮，釉面硬度高、呈色纯正、色彩浑厚，可抗酸、碱侵蚀，对气体和液体具有不透过性。釉面反射力较高，色彩缤纷、晶莹悦目。

颜色釉既可以单色施釉，也可以利用二色或多色颜色釉装饰，如阴阳红、阴阳蓝等，由此产生强烈鲜明的颜色对比，可达到赏心悦目的艺术效果。

② 艺术釉　艺术釉的兴起应是装饰功能的直接需要，某些艺术釉也许最初是釉烧形成的釉面缺陷，因其特殊的效果又被人们刻意模仿从而形成名贵的艺术釉品种。艺术釉种类很多，包括的范围也很广，分类方法也各有差异。从形成机理上讲，主要采用了以下几类方法。

a. 依据釉的物理化学性能　依据釉的物理化学性能可产生令人意想不到的装饰艺术效果，如利用釉与坯膨胀系数的差异使釉面产生龟裂，或利用不同釉层的表面张力不同形成橘皮或石子效果，或引入高温反应中产生的气体形成显色成分的不均匀分布等。

b. 利用釉的热力学及动力学原理　利用釉高温反应过程中的热力学及动力学原理，通过配方组成的调节，可以实现诸如结晶釉、分相釉、偏光釉、乳光釉、无光釉等品种。

c. 花釉　花釉是一种色彩丰富、变化多样的色釉，实现花釉的方式通常有如下几种常用的方法。

（a）通过施釉的方式　通常是在制品上先施好底釉，然后在底釉上施不同色彩的面釉。底釉的施釉方法与单色釉相同，面釉应按照产品的不同形态、不同性质的原料以及不同的装饰要求，分别采用涂、点、喷、浸等手法，使釉面富有变化，出现预想的流纹、斑块、色丝等纹饰。另外，利用底釉和面釉成熟温度的不同以及它们高温流动性的不同，或施高温底釉低温面釉形成流纹，或施低温底釉较高温度的面釉形成斑纹等，亦可实现花釉的装饰。

（b）窑变花釉　花釉有窑变铜红花釉、钛锌花釉、各式窑变花釉、色泥花釉、混合花釉等。画面图案各种各样，无所不有，釉面绚丽多彩，变化自然。

（c）利用不同的分散介质处理色料　利用不同的分散介质分散不同的色釉，利用其不相溶混的性能，将不同的色釉搅拌在一起，通过边搅边浸或边搅边淋釉等方式施釉，可以获得非常自然的花釉纹理。剩余的及回收的釉浆可以继续使用。

（d）筛釉法　筛釉法是将釉料改造打成粉末，通过筛网将釉粉筛落到坯胎上。这一方法先应在需要施釉的坯胎部位上用羧甲基纤维素或树胶溶液描绘出图案、纹理，再筛上釉粉。描了图案、纹理的部分就会将釉粉牢固地粘上，而没有图纹的部位，筛落的釉粉又可回收。如果坯胎是平面状的，如地砖、釉面砖，则可用丝网印刷树脂溶液图纹后，再筛烧干釉粉。这种方法可以根据装饰意图，在同一器件上施几种不同的颜色釉。

（e）功能釉及特殊装饰效果釉装饰　所谓特殊装饰效果釉是指采用特殊的釉组成或采用几种不同釉的组合，使其在烧成过程中通过化学反应、析晶、偏析、液相分相等作用，从而产生特殊的装饰效果，如仿金属光泽釉、砂金釉、纹理釉、虹彩釉、偏光釉、金属干涉色釉等。特殊装饰效果釉的装饰，既涉及新型色釉料，也涉及相应的多种施釉与彩饰手段，成为当今建筑卫生陶瓷制品，特别是墙地砖制品增加花色品种、增强装饰效果、大幅度提高产品附加值的重要途径。

此外，需特别指出的是，随着人们环境保护意识和提高生活质量的意识日益加强，生态陶瓷、环境陶瓷产品应运而生，且发展异常迅速，由此，具有一定功能的装饰效果釉如夜光釉、变色釉、杀菌釉、自洁釉也纷纷涌现。此类制品因其有利于环境保护和生态平衡，有益于防病健身，故被称为 21 世纪的装饰精品。

3.7　干　燥

用加热蒸发的方法除去物料中部分水分的过程称为干燥。干燥的目的是排除坯体中的部分水分使之符合要求，同时赋予坯体一定的干燥强度，满足搬运以及后续工序（修坯、黏结、施釉）的要求。因此干燥是陶瓷生产的重要工序。

3.7.1　干燥机理

干燥是脱水的过程，也是一个消耗时间和能量的过程。研究干燥过程的目的，主要是为提高干燥速度，降低能耗。而且它们都必须建立在保证干燥质量的前提下。因此，下面将着重讨论坯体中物料与水分的结合方式，干燥过程及其特点，干燥过程中坯体的变化及制约干燥速度的因素。

3.7.1.1　物料与水的结合方式

按水分和物料的结合程度强弱，基本上可分为化学结合水、吸附水和机械结合水三类。水与坯体的结合形式列于表 3-7-1。

表 3-7-1 水与坯体的结合形式

结合形式	特 点	备 注
化学结合水（结晶水、结构水）	参与物质结构,结合形式最牢固,排除时必须要有较高的能量,化学结合水分解,物料的晶体结构必遭破坏	化学结合水的排除不属于干燥过程,排除温度高,烧成时才能排除,如高岭土中的结构水,排除温度为450～650℃
吸附水	物质表面的原子有不饱和键,产生分子场吸引水分子,出现润湿于表面的吸附水层,这种水密度大、冰点下降,存在于物料组织内部,一般在凝胶形成时将水结合在内	排除吸附水没有实际意义,因为坯体很快又从空气中吸收水分达到平衡
机械结合水	又称为自由水,它分布在纤维或物质固体颗粒之间,极易通过加热或机械方法除去	从工艺上讲,干燥过程只须排除其中的自由水

干燥过程实质上是排除自由水,一直排除到平衡为止。

3.7.1.2 干燥过程

干燥过程既是传质过程,也是传热过程。在陶瓷坯体中,材料颗粒与颗粒之间形成空隙,这些空隙形成了毛细管状的支网,水分子在毛细管内可以移动。在对流干燥中,热气体以对流方式把热量传到物料表面,物料表面得到热量后,以传导方式将热量传至物料内部,坯体的水分蒸发并被介质带走,坯体与介质之间同时进行着能量交换与水分交换两方面作用,称为表面蒸发或外扩散。同时坯体表面的水分浓度会逐渐降低,表面水分浓度与内部水分浓度形成了一定的湿度差,内部水分就会通过毛细管作用扩散到表面,成为内扩散。再由表面蒸发,直到坯体中所有机械结合水全部除去为止。

坯体在干燥过程中变化的主要特征是随干燥时间的延长,坯体的温度逐渐升高,含水率下降,体积明显收缩,气孔率提高,强度增加。这些变化都与坯体的含水率降低相关。一般来说,陶瓷坯体的干燥过程可分为升速干燥阶段、等速干燥阶段、降速干燥阶段和平衡阶段四个阶段。

① 升速干燥阶段 在干燥初期阶段,干燥介质传给坯体的热量大于坯体中水分蒸发所需热量,多余的热量使坯体受热后温度不断升高。当坯体表面温度达到干燥介质的湿球温度时,坯体吸收的热量与表面蒸发消耗的热量达到平衡,此阶段含水率下降不多,干燥速度先增加后保持不变。

② 等速干燥阶段 在此阶段中坯体含水率较高,内扩散水分能够满足外扩散水分需求,坯体表面保持润湿,即内扩散速度要大于外扩散速度,又称为外扩散控制阶段。外界传给表面的热量等于水分汽化所需热量,故表面温度恒定不变,等于介质湿球温度。坯体表面水分蒸汽分压等于该温度下纯水表面蒸汽压,干燥速度恒定。当干燥进行到临界水分点时,坯体内扩散速度小于外扩散速度,此时开始进入降速干燥阶段。此阶段是排除自由水的过程,故坯体产生体积收缩。若干燥速度过快,表面蒸发剧烈,外层快速收缩,甚至过早结成硬皮,使毛细管直径缩小,妨碍内部水分向外移动,增大了内外温差,使内层受压应力而外层受张应力,导致坯体出现裂纹或变形。因此,此阶段对干燥速度应慎重控制。

③ 降速干燥阶段 在降速干燥阶段,内扩散速度小于外扩散速度,坯体表面不能保持润湿,这一阶段又称为内扩散控制阶段。由于干燥速度的降低,干燥介质传给物料的热量大于物料中水分蒸发所需热量,使坯体温度不断升高。坯体略有收缩,气孔率增加。

④ 平衡阶段 当坯体干燥到物料水分降至平衡水分时,干燥速度降到零。此时坯体与周围介质达到平衡状态。平衡水分的多少与周围介质的温度、相对湿度和坯料组成有关。坯

体的干燥最终水分一般应高于储存时的平衡水分，否则干燥后将再吸收水分达到平衡水分。

坯体在干燥过程中内部和表面的水分梯度会使坯体中出现不均匀收缩，从而产生应力。当应力超过塑性状态坯体的强度时，就会引起开裂。开裂的形式很多，常见的有整体开裂、边缘开裂、中心开裂、表面裂纹、结构裂纹等。整体开裂一般在厚坯快速干燥时易在开始阶段出现。干燥开始后坯体表面与中心层水分差逐渐增大，当达到临界值时，试块内部应力达到峰值。即坯体沿整个体积产生引起不均匀收缩的临界应力时，可能导致坯体的完全破裂。

对于薄壁、扁平的陶瓷坯体干燥时，边缘的干燥速度比中心部位大得多，坯体表面和接近边缘部分处于张应力状态，中心部分处于压应力状态，则易于形成边缘开裂。另外，由于坯体边缘干燥速度比中心部分快，周边的收缩比整个坯体收缩结束早，形成一个硬壳骨架，随干燥的继续进行，中心部分的收缩受边缘硬壳的限制，形成中心裂纹。

另外，在坯体干燥过程中，若内部与外表的温度梯度与水分梯度相差过大，会产生表面龟裂。已干燥的陶瓷坯体再移至潮湿空气中，会从周围介质中吸湿，在坯体表面形成吸附结合水膜导致微细裂隙出现。随吸附水增多，裂纹会扩大。当可塑泥团组成和水分不均匀时，则挤制成型后坯体中将存在微小裂纹，干燥过程将形成结构裂纹。压制成型的粉粒之间的空气未排出时，也会使坯体形成不连续结构，干燥时出现层状结构裂纹。

3.7.1.3　影响干燥的因素

在生产中，为提高干燥效率应加快干燥速度，但干燥速度的提高受干燥设备和干燥条件的限制，而这一切又必须在保证干燥质量的前提下进行。影响干燥速度的因素有以下几个方面。

（1）原料种类与矿物组成

坯体干燥特性及干坯强度随泥料种类的不同而差异很大，具体来讲是由原料颗粒的形状、大小、堆积方式及气孔尺寸分布所决定的。从形状上看，片状结构比杆状结构的颗粒堆积致密，塑性大，水分渗透排出慢，干燥气孔率低，干坯强度也较高。例如，苏州土是含有大量杆状结构外形的高岭石，因而可塑性低，干燥气孔率高，干坯强度也较低。

坯料颗粒细度越细，比表面积越大，接触点越多，干燥速度越慢，但干坯强度也越高。例如，可塑黏土的颗粒细，能较好充填空隙，故干燥强度要比高岭土大，从堆积方式看，以高岭石为主的黏土，颗粒堆积方式以边-面形式为主，其坯体渗透性好，气孔率高；而伊利石黏土则以面-面形式堆积，可形成较致密、低渗透性的坯体。

坯体干燥强度与原料所含离子的种类和数量及气孔率有关。实验表明，高岭土泥料中含不同的阳离子，其干燥强度不同，其中以含 Na^+ 的泥料干燥强度最高，其余则以 K^+、Ca^{2+}、Mg^{2+}、Ba^{2+}、La^{3+} 顺序排列。阳离子种类对坯体干后气孔率的影响按以下排列顺序变化：

（气孔率高）$Na^+ < Ca^{2+} < Ba^{2+} < H^+ < Al^{3+}$（气孔率低）

从宏观上讲，黏土本身的组成、结构（如矿物组成、颗粒组成、干燥性等）对坯体的干燥收缩以及干坯机械强度的影响可用黏土的干燥敏感性指标来衡量。其表示方法很多，较普遍使用的是契日斯基干燥敏感性系数（K）：

$$K = \frac{w_1 - w_2}{w_2} \tag{3-7-1}$$

式中，w_1 为试样成型时的绝对水分；w_2 为试样收缩停止时的临界绝对水分。

根据契日斯基干燥敏感性系数的大小，可将黏土划分为三类：低干燥敏感性黏土 $K < 1.2$；中等干燥敏感性黏土 $1.2 < K < 1.8$；高干燥敏感性黏土 $K > 1.8$。

大量的研究实验证明，以高岭石为主要矿物的高岭土属于低敏感性黏土；以水云母矿物为主的黏土属于中等敏感性黏土；以蒙脱石和多水高岭石矿物为主的黏土则属于高敏感性黏土。

(2) 成型方法

坯体在成型过程中，往往由于受力不均匀或泥料的密度、水分不均匀以及黏土矿物的定向排列等原因，使坯体在干燥时产生不均匀收缩而变形，甚至开裂。

可塑法成型时，坯料中可塑黏土的含量较高，坯体在干燥时的收缩率和变形率也较高。而施加外力时，可使黏土颗粒顺其施力方向排列，颗粒之间有更多表面接触，使干燥强度提高。注浆法成型同样存在颗粒定向排列的情形。一般注浆坯靠近吸附面的部位结构较为致密，远离吸附面的部位结构较为疏松；同样，注浆坯体中的水分也并不均匀，距石膏模表面越远的部分水分越高。因而在干燥时，坯体各部位的收缩程度有差别。

压制成型用粉料的含水率不高，而且坯体形状简单，因此坯体的干燥变形率较可塑法和注浆法都要小得多。但若粉料水分不均匀时，模内坯料堆积，受力也不均匀，会导致坯体密度不均匀，干燥时发生不均匀收缩而变形。等静压成型时，坯体水分含量很低，密度大且均匀，因此，坯体在干燥过程中几乎无收缩与变形。

(3) 环境因素

生坯温度是影响坯体内水分扩散的重要因素。温度升高，水的黏度降低，表面张力减小，可提高坯体内水分扩散速度，也可加快处于降速干燥阶段的生坯内水蒸气的扩散速度。当温度梯度与湿度梯度方向一致时会显著加快内扩散速度，这是电热干燥、微波干燥、远红外干燥等方法的优点。

影响外扩散的主要因素有干燥介质、生坯表面的蒸汽分压、生坯表面的温度、干燥介质的流动方向、生坯表面黏滞气膜的厚度及热量的供给方式等。传统的生坯干燥方法靠热气体循环输入能量并带走水汽。一些新干燥技术，可通过增大能量输入（微波、电流和热辐射等）、降低周围介质蒸汽分压、加大气流速度和控制气流方向等方法来提高外扩散速度。

3.7.2 干燥方法

陶瓷坯体和原料的干燥方法及设备类型很多，干燥的方法主要有自然干燥和人工干燥两大类，陶瓷工业一般都采用人工干燥法。按操作方法一般分为间歇式、连续式干燥法；按加热方式分为传导式、对流式、工频式和辐射式等干燥法；按结构特点分为坑式、室式、隧道式、喷雾式和转筒式等干燥法。人工干燥法根据传热给物料的方式和获取热能形式的不同，可以分为热空气干燥、辐射干燥、电干燥、微波干燥等干燥法。

3.7.2.1 对流干燥

对流干燥是利用热气体的对流传热作用，将热传递给坯体，使坯体内水分蒸发而干燥的方法。其设备简单，热源易于获得，温度与流速易于控制调节，在陶瓷生产中，应用最为广泛。根据结构形式的不同可分为室式、链式、隧道式、推板式等。

一般在对流干燥中，热扩散与湿扩散方向相反，干燥介质的流速在 1m/s 以下，对流传热系数小，对流传热阻力大，传热过程慢，蒸汽外扩散阻力大，使干燥速度的提高受到限制。快速对流干燥是以高速（10～30m/s）、低温（70～180℃）的干燥介质正对被干燥的坯体喷出。由于气流速度快，坯体表面气膜厚度减薄，减少了传热及外扩散阻力，且由于间歇运动，坯体运动时停止喷吹，这时坯体表面水分蒸发吸热，温度稍有降低，热扩散与湿扩散方向一致，可大大加快干燥过程，又不至于引起坯体变形和开裂。一般日用瓷坯体带模干燥

5～10min 即可脱模；墙地砖坯体（100mm×200mm×10mm）从含水率 7.5％ 干燥到 1.0％ 只需 10～15min。

3.7.2.2 微波干燥

微波干燥是由微波辐射激发坯体水分子高频振动，产生摩擦而转化为热能使生坯干燥的方法。我国的微波干燥技术始于 20 世纪 70 年代初期。微波是指频率为 300MHz～300GHz、波长在 1mm～1m 之间的电磁波。微波加热所用的频率一般被限定在 915～2450MHz，微波装置的输出功率一般为 500～5000W。微波干燥的加热原理和高频介质加热完全一致。微波是一种高频交变电场，若外加电场方向频繁变化，水分子就会强烈吸收微波，随着电场方向的变换而转动，水分子之间产生剧烈碰撞与摩擦，电能转化为热能，故能使湿物料中水分获得能量而发生汽化，使物料干燥。微波干燥器主要由产生微波的振荡装置、干燥室及传送带组成。在微波加热过程中，处于微波电磁场中的陶瓷制品加热难易与材料对微波吸收能力大小有关，其吸收功率计算公式如下：

$$P = 2\pi f \varepsilon_0 \varepsilon_a \tan\delta E^2 \tag{3-7-2}$$

式中，P 为单位体积的微波吸收功率；f 为微波频率；ε_0 为真空介电常数；ε_a 为介质的介电常数；$\tan\delta$ 为介电损耗；E 为材料内部的电场强度。

可见当频率一定时，试样对微波吸收性主要依赖于介质自身的 ε_0、$\tan\delta$ 及 E。

采用微波热源，几乎能对物料内外同时加热，使热、湿扩散方向一致，内外干燥速度均匀，适用于热敏性物料。微波干燥具有选择性，水分含量高处，干燥速度快，因此微波干燥均匀。此外，微波干燥具有热效率高、便于控制、干燥设备体积小等优点。缺点是微波辐射对人体有害，微波干燥设备费用较高。

3.7.2.3 红外线干燥

红外线是一种比可见光波长，比微波短，波长在 0.72～1000μm 范围内的电磁波，其中波长 0.72～1.5μm 的称为近红外线，1.5～5.6μm 的称为中红外线，5.6～1000μm 的称为远红外线。当红外线遇到物体时，一部分反射，一部分透射，一部分被物体吸收而转变为热能，使物体温度升高。水为非对称性极性分子，它的固有频率或转动频率大部分位于红外波段内，对红外线有强烈的吸收作用，因此，只要入射的红外线的频率与湿物料中水的频率一致，就会吸收红外线，产生分子的激烈共振，温度升高，物料在输送过程中被加热干燥。红外线以电磁波形式传导辐射热能，不需要中间介质，不存在因中间介质引起的能量损耗，因此热效率高。红外线干燥设备适用于薄壁坯体的干燥。

3.7.2.4 工频电干燥

工频电干燥的原理是将坯体连接于电路中，因为未干燥的泥段与毛坯中含有不同程度的水分，而水是能导电的，通过工频电流使坯体内部发热，将水分从坯体中蒸发出去。电干燥与通常的对流干燥相比，因湿度梯度和温度梯度的方向相同，减小了内扩散阻力，加快了干燥速度，使湿坯较均匀地干燥。工频电干燥法广泛用于泥段或毛坯在修坯前的干燥。进行工频干燥时，坯体整个厚度同时加热，含水量高的部位电阻小、电流大、干燥速度快，能使水分不均匀的生坯含水率在递减过程中达到均匀化。一般大型电瓷生坯自然干燥需要 10～15d，而采用工频电干燥仅需 4h。此法干燥较均匀，设备简单，单位能耗低，周期短，操作方便。不足是当坯体内部水分含量很低时，蒸发单位质量的水分所消耗的电能急剧增大，因坯件升温速度快易开裂。因此，一般工频电干燥适用于水分含量为 17％～19％ 大型泥段的干燥。水分含量低于 8％ 时，一般改用热空气干燥。

3.7.2.5 高频电干燥

高频电干燥是把未干燥的坯体放在高频电场（$5 \times 10^5 \sim 6 \times 10^5 \text{Hz}$）中，坯体内的某些物体产生振荡，由于振荡的滞后性，产生了分子摩擦，因而使物体发热而进行干燥。坯体中水分含量越高，或电场频率越高，则介电损耗越大，也就是产生的热能越多，干燥速度越快。其特点是随着表面水分的汽化，将使坯体的内外形成温度梯度，其温度降低的方向与水分移动的方向一致，使干燥时坯体中的水分梯度很小，干燥速度较快而不产生废品。此外，高频电干燥还可以集中加热坯体中最湿的部分，坯体也不需要与电极直接接触。适用于形状复杂、难于干燥的厚壁坯体的干燥。高频电干燥电能消耗较工频电干燥多 $2 \sim 3$ 倍，设备复杂，且设备费用高。

3.7.3 排塑

3.7.3.1 排塑的目的和作用

新型陶瓷原料多为瘠性料，成型时多采用有机塑化剂或黏合剂，如热压铸成型的坯体含 $12\% \sim 16\%$ 的石蜡，轧膜成型后的坯体中含有聚乙烯醇等。在煅烧时，有机黏合剂在坯体中大量熔化、分解、挥发，导致坯体变形、开裂，机械强度也会降低，有时由于黏合剂中含碳较多，当氧气不足产生还原气氛时，会影响烧结质量，增加烧银、极化的困难，降低制品的最终性能。排除黏合剂的工艺称为排塑（胶）。其目的如下。

① 排除坯体中的黏合剂，为下一步烧成创造条件。

② 使坯体获得一定的机械强度。

③ 避免黏合剂在烧成时的还原作用。

排塑时必须严格控制温度制度。有时还借助吸附剂的作用使坯料中的塑化剂、黏合剂等全部或部分挥发，从而使坯体具有一定强度。

吸附剂的作用是包围坯体，并将熔化的塑化剂（如石蜡）及时吸附并蒸发出来。它具有多孔性，有一定吸附能力和流动性，可全部包围产品，在一定温度范围内，不与产品起化学变化。常用的吸附剂有煅烧氧化铝粉、石英粉、滑石粉、高岭土等，其中以煅烧氧化铝粉的效果最佳。

3.7.3.2 排塑过程中的物理化学变化

（1）热压铸坯体及石蜡在加热过程中的变化

① $80 \sim 100℃$ 时，坯体被吸附剂包围，自身温度升高，体积膨胀，坯体中的石蜡开始软化，由固态变成液态，并开始由坯体向吸附剂渗透。

② $100 \sim 300℃$ 时，坯体中的石蜡由固态变为液态，由坯体内部向边缘迁移，并渗透到吸附剂中去，而吸附剂中的液态石蜡炭化成为气态，挥发至窑体中，这是排蜡最剧烈、最关键的阶段。

③ $600 \sim 1100℃$ 时，坯体中低熔物出现，已具备一定的强度，并有 1% 左右的体积收缩。

（2）聚乙烯醇在加热过程中的变化

在排塑过程中，首先是附着在坯体中的水分挥发，然后才是聚乙烯醇的分解，产生大量二氧化碳和水。聚乙烯醇的挥发温度较宽，从 $200℃$ 开始挥发，直到 $450℃$ 基本挥发完毕，而且挥发过程几乎是恒速进行的。另外，聚乙烯醇的分解需在氧气中进行，当氧气不足时，聚乙烯醇中的碳产生还原性很强的一氧化碳，对电子陶瓷中的一些元素有还原作用。由于坯件发生不同程度的还原反应，在烧结时就不易结晶、成瓷，颜色也不正常，烧银时就出现渗银发黑，在极化时就不易加上极化电压，电性能参数也将随之下降。

随着坯件尺寸的增大，水分挥发完毕的温度也相应提高。因此，必须严格控制排塑过程的升温速度。在100℃左右，保温一段时间，让水分充分挥发，避免坯件变形和开裂。在500℃以前，若升温速度过快，将会造成坯件出现较多的麻坑和气孔。

3.8 烧 成

将陶瓷坯体加热至高温，发生一系列物理及化学反应，然后冷却至室温，坯体的矿物组成与显微结构发生显著变化，外形尺寸得以固定，强度得以提高，最终获得具备期望性能的陶瓷制品，这一工艺过程称为烧成。

烧成是制瓷工艺中一道关键工序。通过烧成，坯体在原料、加工、成型、干燥及施釉等工序中的隐患都可能暴露出来，而不适当的烧成制度也将造成难以回收的废品。因此，掌握成瓷机理，制定合理的烧成制度，正确地选择窑炉是十分重要的。

3.8.1 烧成过程中的物理化学变化

一般而言，所生产的陶瓷品种、原料、配方，生产工艺不相同，各种坯体在烧成过程中的烧成阶段、温度范围亦有所差异。况且，坯体在烧成过程中发生的物理化学变化十分复杂，因此，坯体的烧成阶段及温度范围并无严格的界限。为研究方便起见，以长石质瓷坯体为例，坯体在烧成时通常可以分为以下几个阶段，如表3-8-1所示。深入研究和掌握这些变化的类型和规律，才能制定出合理的烧成工艺，选择或设计窑炉，确定相应的热工制度，并为烧成缺陷的分析提供理论依据，有利于调整配方，改进工艺、设备和操作，达到优质、高效、低耗的目的。

表 3-8-1　长石质瓷坯体烧成阶段

序号	主要烧成阶段	温度范围
1	物理变化：干燥阶段，排除坯体内的机械水和吸附水，质量减小，气孔率增大	常温至300℃
2	物理变化：质量急速减小，气孔率进一步增大，机械强度增加； 化学变化：氧化、分解阶段，坯体内结晶水排除，坯体内的有机物氧化，坯体内碳酸盐分解，晶型转变（石英、氧化铝等）	300～900℃
3	物理变化：机械强度增加，体积收缩，气孔率降低至最小值，色泽变白； 化学变化：玻化成瓷阶段，进一步氧化、分解，形成液相、固相熔融，形成新的结晶相与结晶体成长，晶体的转变	900℃至止火温度 （1250℃左右）
4	物理变化：冷却阶段，液相中的结晶，液相的过冷凝固，晶体的转变	止火温度至常温

3.8.1.1 低温预热阶段（常温至300℃）

此阶段主要是排除坯体干燥后的残余水分，也称为小火或预热阶段。随着坯体中水分的排除，组成坯体的固体颗粒逐步靠拢，因而发生少量收缩，气孔率增大、强度提高。

低温阶段所发生的变化主要是物理变化，实际上是干燥过程的延续。因此要提高窑炉的生产效率，应当使入窑坯体水分含量尽量降低。一般应控制在2%以内。

3.8.1.2 氧化分解阶段（300～950℃）

生产中又称为中温阶段，其主要反应是有机物及碳素的氧化、碳酸盐分解、结晶水的排除及晶型转变。

① 碳素及有机物的氧化　坯体中的碳素和有机物来源于结合黏土。在低温阶段，坯体中碳素和有机物没有充分燃烧，随着温度增加到350℃出现了有机物及碳素的氧化反应：

$$C(有机物)+O_2 \longrightarrow CO_2 \uparrow$$

$$C(碳素)+O_2 \longrightarrow CO_2 \uparrow$$

这些反应要在釉面熔融和坯体显气孔封闭前结束。否则，就会出现烟熏、气泡等缺陷。

② 硫化铁的氧化　二硫化铁是一种有害物质，若不在釉面熔融和坯体显气孔封闭前氧化成氧化铁，则易使制品起泡。

$$FeS_2 + O_2 \xrightarrow{350\sim450℃} FeS + SO_2$$

$$4FeS + 7O_2 \xrightarrow{500\sim800℃} 2Fe_2O_3 + 4SO_2$$

③ 结晶水的排除　约在400℃后，坯体中所含的结晶水开始排除，黏土的晶体结构也开始破坏，失去了可塑性，例如：

$$\underset{(高岭土)}{Al_2O_3 \cdot 2SiO_2 \cdot 2H_2O} \xrightarrow{加热} \underset{(脱水高岭土)}{Al_2O_3 \cdot 2SiO_2} + \underset{(蒸汽)}{2H_2O}$$

④ 碳酸盐、硫酸盐的分解　当烧成炉内温度继续增加，达到500℃时，出现了碳酸盐分解现象（例如石灰石、白云石等）：

$$MgCO_3 \xrightarrow{500\sim750℃} MgO + CO_2 \uparrow$$

$$CaCO_3 \xrightarrow{500\sim1000℃} CaO + CO_2 \uparrow$$

⑤ 石英的晶型转变及少量液相的生成　在573℃时，β-SiO_2 迅速转变为 α-SiO_2，体积膨胀0.82%。在870℃时，α-SiO_2 缓慢转变为 α-鳞石英，体积膨胀16%。石英进行转变造成的体积膨胀，一部分会被此阶段的氧化和分解所引起体积收缩所抵消。

在900℃附近，在长石颗粒与石英颗粒、长石颗粒与分解后的黏土颗粒接触的位置处有共熔体的液滴生成。

3.8.1.3　高温阶段（950℃至最高烧成温度）

这个阶段从坯体开始玻化，到烧成终了为止，又称为玻化成瓷阶段。生产中也称为大火期。此阶段坯体开始烧结，釉层开始熔化。主要发生以下反应。

① 氧化分解阶段进行得不够彻底的反应，继续进行。

② 熔融的长石与低共熔物，构成瓷坯中的玻璃相；黏土颗粒及石英部分地溶解在这些玻璃相中；未被溶解的颗粒级石英等物质之间的空隙逐渐被玻璃态物质所填充；体积发生收缩，密度增加。

③ 在高温作用下，由高岭石脱水产物分解出的无定形 Al_2O_3 在950℃左右开始转变为 γ-Al_2O_3，γ-Al_2O_3 与 SiO_2 在1000℃可生成微量莫来石晶体。

$$Al_2O_3 \cdot 2SiO_2 \longrightarrow Al_2O_3(无定形) + 2SiO_2(无定形)$$

$$Al_2O_3(无定形) \longrightarrow \gamma\text{-}Al_2O_3$$

$$3\gamma\text{-}Al_2O_3 + 2SiO_2 \longrightarrow 3Al_2O_3 \cdot 2SiO_2(莫来石)$$

④ 由于玻璃相及莫来石的生成，制品强度增加，气孔减少，坯体急剧收缩。其强度、硬度增大。

⑤ 釉料熔融成玻璃体。

3.8.1.4 冷却阶段

冷却阶段是制品从烧成温度降至常温的全部过程，此阶段坯、釉发生以下变化。

① 随温度的降低，液相析晶，玻璃相凝固。

② 游离石英晶型转变。

在 573℃时，$\alpha\text{-SiO}_2$ 迅速转变为 $\beta\text{-SiO}_2$，体积收缩。在 270℃时，α-方石英转变为 β-方石英，体积收缩 2.8%。在一般情况下（特别在瓷器中），由于玻璃相多，而且玻璃相中 SiO_2 含量并未达到饱和，因此在冷却阶段不会出现方石英。但在陶炻质坯体中，由于液相数量少，石英颗粒未被全部溶解，就可能以固体状态的方石英存在，此时冷却时要特别注意。

3.8.2 烧成制度的确定

烧成制度包括温度制度、气氛制度和压力制度。对一个特定的产品而言，制定好温度制度和控制好烧成气氛是关键。压力制度起保证前两个制度顺利实施的作用。三者之间互相协调构成一个合理的烧成制度。制定烧成制度的依据包括以下几点。

① 以坯釉的化学组成及其在烧成过程中的物理化学变化的特点为依据。

② 以坯件的种类、大小、形状和薄厚为依据。

③ 以窑炉的结构、类型、燃料种类、窑内温度的分布、装窑方式和装窑疏密为依据。

④ 以相似产品的成功烧成经验为依据。

3.8.2.1 温度制度

温度制度包括升温速度、烧成温度、保温时间及冷却速度等参数，并最终制定出适宜的烧成曲线。一般通过分析坯料在加热过程中的性状变化，初步得出坯体在各温度或时间阶段可以允许的升温、降温速度等。这些是拟定烧成制度的重要依据之一。

具体可利用现有的相图、热分析资料（差热、失重、热膨胀曲线）、高温相分析、烧结曲线（气孔率、烧成线收缩、吸水率及密度变化曲线）等技术资料。

（1）升温速度的确定

低温阶段的升温速度主要取决于坯体的入窑水分。如果坯体进窑水分高、坯件较厚、装窑量大，升温过快将引起坯件内部水蒸气压力增高，可能产生开裂现象；若入窑坯体水分含量小于 1%，升温速度可以加快。正常烧成时坯体水分含量一般控制在 2% 以内。由于此阶段窑内气体中水蒸气含量高，故应加强通风使水汽及时排除，若升温速度太慢，窑内通风不好，饱和了水汽的炉气没有得到及时的排除，水汽还可能在坯体上冷凝，使制品局部胀大，造成"水迹"或"开裂"等缺陷。

氧化分解阶段的升温速度主要取决于原料的纯度和坯件的厚度，此外，也与气体介质的流速和火焰性质有关。原料较纯且分解物少，制品较薄，则升温可较快；如含杂质较多且制品较厚，氧化分解费时较长或窑内温差较大，则升温速度不宜过快；当温度尚未达到烧结温度之前，结合水及分解的气体产物的排除是自由进行的，而且没有收缩，因而制品中不会引起应力，故升温速度可快些。随着温度升高，坯体中开始出现液相，应注意使碳素等在釉层封闭坯体之前烧尽，否则这些碳素将推迟到烧成的末期或冷却的初期进行，就有可能引起起泡现象，在后期也易造成釉色不均匀的缺陷。因此，在氧化分解阶段，烧成时升温要均匀，保持良好的通风，并且要有一定的保温时间，尽量减少窑内温差。

高温阶段的升温速度主要取决于窑炉结构、装窑密度以及坯体的收缩变化程度。当窑炉的容积很大时，升温过快则窑内温差大，将引起高温反应的不均匀。坯体玻璃相出现的速度和数量对坯件的收缩产生不同程度的影响，应视不同情况决定升温的快慢。在高温阶段主要是收缩较大，但如能保证坯体受热均匀，收缩一致，则升温较快也不会引起应力而使制品开裂或变形。

（2）烧成温度及保温时间的确定

烧成温度必须在坯体的烧结温度范围内，而烧结温度范围则须控制在收缩率达到最大而显气孔率接近于零（吸水率<0.5%）的一段温度范围内。最适宜的烧成温度或止火温度可根据坯料的加热收缩曲线和显气孔率变化曲线来确定。但需指出，这种曲线与升温速度有关。当升温速度快时，止火或最适宜烧成温度可稍高，保温时间可以短些；当升温速度慢时，止火或最适宜烧成温度可低些，保温时间可以长些。在高温下短时间烧成，可以节约燃料，但对于烧结温度范围窄的坯料来说，由于温度较高，液相黏度急剧下降，容易导致缺陷产生，在此情况下则应在较低温度下延长保温时间。

高火保温的作用是使窑内温差尽量减小，以使坯体内部进行的各种反应更趋完善。陶瓷制品性能的好坏，在很大程度上取决于瓷质结构，即莫来石结晶相、玻璃相和气相三部分的组成、含量、大小及其分布状况。这些又与瓷坯在高温中发生的瓷化作用有着密切关系。

在高火保温期，莫来石晶体的成长及玻璃态物质的生成，在开始时进行得较剧烈，以后就逐渐减弱。在保温前期，由于瓷坯中的莫来石晶体与玻璃态物质分布得不均匀，因而被焙烧的制品是不均衡的系统。采用高火保温进行扩散过程后，就可获得组织均一的瓷体。因为在扩散过程中，莫来石结晶体比较均匀地分布在瓷体中，形成了骨架，其中充满了黏稠的玻璃态物质。针状结晶的莫来石与未被长石玻璃溶解的石英颗粒与瓷体内的其他构成部分，借助于玻璃状物质而连接在一起，就可以得到紧密一致的瓷体。

（3）冷却速度的确定

冷却速度主要取决于瓷坯内液相的凝固速度。如冷却速度缓慢，由于瓷胎中液相的黏度较小，化学活性较大，使莫来石晶体和石英微粒强烈地溶解在液相中，导致莫来石晶体不断长大，使结晶相与玻璃相接触面积大大减小，结果使包围晶体的玻璃相急剧增厚，釉层也易析晶失透。液相较多的坯体进行快速冷却时可以防止坯釉表面已被还原了的低价氧化铁重新氧化为氧化铁（制品泛黄），故瓷体的白度因之提高，并且莫来石晶体不致长得粗大，从而可提高其机械强度。所以高温冷却可以快速进行，但快速冷却应在液相转变为固相玻璃的温度前结束。此后冷却应缓慢进行，以便制品内温度分布均匀。在这个时期，制品内的液相完全凝固，不能快冷，如瓷坯中有大量石英，晶型转变时产生的应力对制品有显著的影响。制品比较厚大时，冷却速度过快，会导致制品内外温差过大，引起瓷件的冷却炸裂。温度在400℃以下，则可快速冷却。

3.8.2.2 气氛制度

气氛制度也称为火焰性质。在烧成时的各个阶段需控制一定的气氛，一是坯体进行物化反应所必需，二是气氛也决定了火焰的强弱。同一瓷坯在不同气氛下加热，其烧结温度、烧成收缩及气孔率等均不相同，故陶瓷制品各阶段的烧成气氛必须根据原料性能和制品的不同要求来确定。我国南北方因坯料的化学组成，铁、钛等氧化物含量不同，需选择不同的气氛制度。南方瓷的烧成多采用还原焰烧成制度（即小火氧化，大火还原）；北方瓷采用全部氧化焰烧成。

氧化气氛又称为氧化焰，此时燃料完全燃烧，空气过剩系数大于1，氧化焰火焰明亮，甚至无火焰。还原气氛也称为还原焰，这种情况下，供给的空气不足，火焰有明显的轮廓，燃烧空间昏暗浑浊，强还原气氛时，窑内 CO 含量在 $2\%\sim6\%$ 之间，弱还原气氛时，窑内 CO 含量在 $0.5\%\sim2\%$ 之间。中性气氛也称为中性焰，这种情况下，窑内烟气中无过多的 O_2，也无过多的 CO 等气体，这种状态难以控制。

（1）氧化气氛的作用与控制

在坯体水分排除阶段，在氧化分解与晶型转变期，一般需要氧化气氛。主要作用有以下两个。

① 将前一阶段沉积在坯体上的碳素和坯体中的有机物及碳素烧尽。

② 将硫化铁氧化。

对于氧化焰烧成的瓷器以及精陶、普陶等，玻化成瓷期的空气过剩系数 α 值应控制在 $1.2\sim1.7$。

（2）还原气氛的作用与控制

还原气氛主要有以下作用。

① 含 Fe_2O_3 较高的坯料，可以避免 Fe_2O_3 在高温下分解并放出氧气，致使坯体发泡。在氧化气氛下 Fe_2O_3 在 $1250\sim1370℃$ 分解，造成坯泡。而在还原气氛下在低于 Fe_2O_3 分解温度下，即完成了还原反应，避免了析氧发泡。

② FeO 与 SiO_2 等形成亚铁硅酸盐，呈淡青色，使瓷器具有青如玉的特点。

影响还原气氛的主要介质是 O_2，其次是 CO 和 CO_2。还原阶段应尽可能使 O_2 的百分浓度小于 1% 或接近于 0，空气过剩系数小于 1，CO 的浓度可根据坯料的组成控制在 $2\%\sim7\%$（$CO/CO_2=0.37\sim0.45$）。O_2 的百分浓度大于 1%，即使增加 CO 的含量，还原效果也不好，而 CO 含量过高，烟气过浓，釉面易发生沉碳，碳粒在釉熔融后烧去就会产生针孔等缺陷。在氧含量接近于 0 而 CO 含量不高时，延长还原时间，有利于提高坯、釉质量。

3.8.2.3 压力制度

压力制度是指各个烧成阶段窑内的压力分布情况。压力制度起着保证温度和气氛制度的作用。全窑的压力分布根据窑内结构、燃料种类、制品特性、烧成气氛和装窑密度等因素来确定。窑内压力制度决定了窑内气体的流动情况，从而影响窑内的热交换过程、窑内的温度分布及废气的排除，也影响燃烧室内燃料的燃烧情况。因此，压力制度是实现窑内温度和气氛制度的一个必要条件。

油烧隧道窑采用还原焰烧成时，一般窑的预热带需控制为负压（$-29.4Pa$ 以下），烧成带为正压（$19.6\sim29.4Pa$），冷却带为正压（$0\sim19.4Pa$），零压位则应处于预热带和烧成带之间；油烧隧道窑采用氧化焰烧成时，一般窑的预热带控制为负压，烧成带为微负压到微正压（$-4.9\sim4.9Pa$），冷却带为正压。为保持合理的压力制度，可通过调节总烟道闸板、排烟孔闸板来控制抽力，控制好氧化气幕、急冷气幕以及抽余热风机的风量与风压，调节车下风压和风量的方法。

3.8.3 烧成设备

3.8.3.1 烧成设备的分类

烧成陶瓷的热工设备是窑炉。陶瓷窑炉的种类很多，可从不同角度进行分类。

根据所用燃料不同，可分为烧固体原料的柴烧窑、煤烧窑；烧液体燃料的重油烧窑和柴油烧窑；烧气体燃料的煤气烧窑、天然气烧窑、液化气烧窑；以电为能源的电炉、高频感应炉、等离子炉等烧成设备。

根据制品与火焰是否接触可将烧成设备分为明焰窑、隔焰窑和半隔焰窑。明焰窑窑内火焰与制品直接接触，传热面积大，热效率高，且可方便调节烧成气氛，但明焰烧成时，对于上釉制品和表面质量要求高的制品就必须采用净化煤气或轻柴油作燃料，以免污染制品；隔焰窑窑内火焰沿着火道流动，借助隔焰板以辐射传热方式加热窑道内的陶瓷制品，由于火焰与制品不接触，故不会污染陶瓷制品，烧成质量较好，对燃料要求较宽，但烧成气氛很难调节。若将隔焰板上开孔，使火道内部分气体进入窑内与制品接触，从而便于调节窑内气氛，这种窑就是半隔焰窑。

　　此外，根据烧成用途还可将烧成设备分为素烧窑、釉烧窑、烤花窑、重烧窑等。根据烧成过程的连续与否可分为间歇式窑炉和连续式窑炉。

3.8.3.2　间歇式窑炉

　　间歇式窑炉的特点是间歇工作，即整个窑炉内温度按升温、保温、冷却几个阶段循环。优点是窑的结构简单，设备费用低，适合小规模生产。间歇式窑炉适用于不同烧成制度的制品的烧成，可根据制品的要求灵活改变和控制气氛。

　　（1）倒焰窑

　　倒焰窑是间歇式窑炉的一种，这类窑是根据火焰流通情况命名的。在火焰流经制品时，其热量以对流和辐射的方式传给制品。因为火焰在窑内是自窑顶倒向窑底流动的，所以称为倒焰窑。倒焰窑的窑型分为圆形的和方形的，有单层的和多层的，也有单室的和多室的。目前常用的以圆窑居多。

　　倒焰窑的工作流程如图3-8-1所示。同一般的火焰窑炉一样，它包括三个主要部分：窑室、燃烧系统和排烟系统。窑体由窑墙和窑顶组成，窑体和窑底构成窑室。同隧道窑一样，倒焰窑既可使用固体燃料，又可用液体燃料和气体燃料。目前国内各陶瓷厂一般以煤为燃料。倒焰窑的燃烧系统包括燃烧室、挡火墙和喷火口。倒焰窑的排烟系统由吸火孔、支烟道、主烟道、烟囱组成。

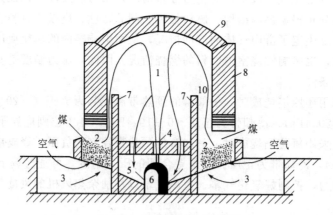

图 3-8-1　倒焰窑的工作流程

1—窑室；2—燃烧室；3—灰坑；4—窑底吸火孔；5—支烟道；6—主烟道；
7—挡火墙；8—窑墙；9—窑顶；10—喷火门

　　① 窑室　窑室是窑的主体，窑室大小的决定因素包括制品的工艺要求、工厂的生产规模、燃料的性质及操作工人的技术水平等。原则上应建容积大的窑，这是因为容积大的窑单位面积占有的窑墙表面积较容积小的窑少，相同数量的制品在大窑内烧成时消耗在窑墙积热散热的损失就比较少，因此消耗的燃料也就相对减少。然而也应注意容积大的窑，随着窑内

体积的增加，窑内温度的不均匀性就会增加，需要延长烧成时间，窑的使用周期也会增加，使单位产品成本增加，所以，窑体积的大小应该有一定限度。

用来烧制电瓷的单层单室的圆窑一般容积为 $60\sim100m^3$，直径一般为 $4\sim6m$。方窑的容积一般为 $50\sim150m^3$，最大不超过 $150m^3$。方窑的宽度受火焰长短的限制，如果过窄，当燃烧煤气或重油时，容易造成燃烧不完全。如果过宽，则窑的横向温度不均匀。自然通风的方窑，在两侧对称设置燃烧室时，其宽度以 $4\sim5m$ 为宜，其长度与宽度之比在 $1\sim2.5$ 之间。

窑室的高度决定于下层匣钵或制品的高温载荷、高度方向温度分布的均匀性、大型制品的尺寸及装出窑是否方便。电瓷工业倒焰窑的高度一般为 $3.5\sim4.3m$，特殊要求时高于此范围。当圆窑的直径大于 $3m$ 时，其高度与直径的比值一般为 $0.67\sim1.0$，随着直径的增加，比值逐渐缩小。方窑的高度与宽度的比值一般为 $0.67\sim0.85$。

② 燃烧系统　圆窑的燃烧室一般沿窑墙周长均匀地布置，但当窑门处散热较多，需把窑门两侧燃烧室之间的距离缩小或把两侧燃烧室的炉栅面积扩大。方窑的燃烧室在窑的两侧沿长度方向成对地布置。因为方窑的两端墙不设燃烧室，同时开有窑门，其砌筑厚度又较薄，散热量较多，因此在靠近两端墙的燃烧室应布置得稍密一些，或者把炉栅面积增大一些。两相邻燃烧室中心线之间的距离一般为 $1.7\sim2.5m$，圆窑取大值，方窑取小值。

有些高度大的倒焰窑，当使用气体或液体燃料时，为了使窑内上下温度均匀，可以在窑墙高度方向设置两排甚至多排的燃烧器。

挡火墙和喷火口的作用是使火焰具有一定的流动方向和流动速度，使之合理地进入窑内，挡火墙还具有阻止部分煤灰进入窑内的作用。挡火墙的高度过高，会出现窑的上部温度高而下部温度过低的现象；挡火墙的高度过低，则会出现相反的情况。挡火墙一般比窑床高出 $0.5\sim1.0m$。

喷火口是挡火墙与燃烧室上面窑墙之间的长方形通道，其长度与燃烧室相等或略大一些，宽度约为 $200mm$，喷火口的截面为炉栅面积的 $20\%\sim25\%$。喷火口的截面过大，喷出火焰的速度小，不能到达窑顶和窑的中心，造成窑的上部温度低而下部温度高；如果喷火口截面过小，则气流阻力增加，火焰难以从燃烧室喷出，容易把燃烧室的内衬和炉栅烧坏。

③ 排烟系统　吸火孔分布在窑底，又称为窑底孔，其作用是排出烟气并使烟气在窑内均匀分布。所以，吸火孔的大小、形状和分布会影响窑内温度分布的均匀性。

吸火孔的面积一般占炉栅面积的 $8\%\sim10\%$，占窑底面积的 $2.5\%\sim3.5\%$。吸火孔面积过大，烟气流出速度快，易导致窑内上下温度不均匀；吸火孔面积过小，烟气不易排出，使烧成时间延长，导致制品出现烟熏现象。吸火孔的数量多，面积小，容易分布均匀。但是，吸火孔数量过多，容易给烟道的布置带来困难，增加清灰的困难。吸火孔的形状有圆形、方形和长方形。圆形吸火孔对气流阻力小，但要采用异型砖。方形和长方形吸火孔结构简单、便于调整，但容易产生涡流现象，增加烟气阻力。

主烟道位于窑和烟囱之间，长度一般在 $10\sim18m$ 之间。主烟道过长，烟气运动的阻力增大；过短，窑内的抽力不易控制，从而使窑内的温度和气氛不易掌握。设计主烟道及支烟道时，希望其阻力不要太大，主烟道以少弯曲为好，支烟道的截面积要略大于所连接的吸火孔的总面积，主烟道的截面积也应略大于吸火孔的总面积。主烟道的设计还应考虑烟道清灰的方便，另外，为了控制窑内的抽力，主烟道的闸板不宜设在靠近烟囱处。

燃料燃烧的火焰从燃烧室上升到窑顶，受到窑顶的阻挡及窑底的吸力而下行，经过钵柱间缝隙，至窑底吸火孔、主烟道，最后通过烟囱排出。倒焰窑的生产方式是间歇式的。干坯装窑后，将窑门封紧点火焙烧，待烧成终了、停火冷却后，拉开窑门，卸出瓷件。倒焰窑结构简单、易于建造、投资少；窑的容积可大可小，适合烧制多种制品；在生产中灵活性大，适合于多品种、多规格产品生产或实验用。但传统的倒焰窑生产周期长、产量低、单位产品燃料消耗大，劳动强度大，劳动条件差。因此，传统的旧式的倒焰窑不断地被现代的间歇式窑炉或隧道窑取代。

（2）车底窑

车底窑又称为梭式窑、往复窑或抽屉窑，是一种窑底活动而窑墙和窑顶固定的倒焰窑。车底窑是一种窑车式的倒焰窑，其结构与传统的矩形倒焰窑基本相同。烧嘴安设在两侧窑墙上，并视窑的高矮设置一层或数层烧嘴。窑底用耐火材料砌筑在窑车钢架结构上，即窑底吸火孔、支烟道设于窑车上，并使窑墙下部的烟道和窑车上的支烟道相连接，利用卷扬机或其他牵引机械设备，使装载制品的窑车在窑室底部轨道上移动，窑车之间以及窑车与窑墙之间设有曲封和砂封。车底窑结构示意图如图 3-8-2 所示。

窑室内容车数视窑的容积而定，小容积梭式窑容车一辆或两辆，大容积梭式窑在宽度方向上可并排放两辆窑车，在长度方向上可排四辆或更多的窑车。梭式窑可在窑室长度方向上的两端都设置窑门，在窑外码装好制品的窑车由一端窑门推入窑内，制品烧好并冷却至一定温度后的窑车从窑室的另一端推出，接着把另外已装好制品的窑车推入窑室内；也可在同一

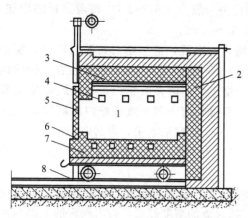

图 3-8-2　车底窑结构示意图
1—窑室；2—窑墙；3—窑顶；4—烧嘴；5—升降窑门；6—支烟道；7—窑车；8—轨道

侧的同一窑门推入，烧结冷却后推出，像书桌里抽屉一样在窑内来回移动，所以又称为抽屉窑。车底窑的生产方式更加灵活，每个窑体可以配备多个窑车，以提高窑炉的使用效率。窑内温差小，燃料消耗与传统倒焰窑相比，大为降低。因为制品是在窑外装车、卸车且易实现机械化操作，所以与传统的倒焰窑窑内装、卸制品相比较，大大改善了劳动条件和减轻了劳动强度。

先进的车底窑采用了喷射式高速调温喷嘴及优质的隔热保温材料作内衬。这种窑的工作原理与传统的倒焰式抽屉窑有根本的区别。它打破了传统倒焰窑中气体自然流动的状态，利用了高速调温喷嘴的喷射及循环作用，有效地组织了窑内气体的流动，强化了传热过程；同时它以优质的隔热保温材料作内衬，减少了窑的蓄热损失；在烧成制度的稳定方面，它比隧道窑更容易实现自动控制。因此，这种窑已成为一种灵活机动、温度均匀、调节精确、产品质量高、烧成时间短、节省燃料的自动化烧成设备。

喷射式快烧抽屉窑在许多方面优于传统的倒焰窑，而且在许多方面优于隧道窑。它对烧成周期的适应性强，也就是说，它能适应所烧制的产品对不同烧成周期与烧成温度的要求，因而在生产中可能烧制不同类型的产品，所以，对于生产中小型产品而品种多变、产量适中的工厂来说，这种窑是很理想的。

（3）钟罩式窑

钟罩式窑又称为罩式窑、顶帽窑，其外形像钟罩，窑底固定而窑顶和窑墙可以利用起重设备移动或降落在窑底座上。窑底上有吸火孔，下有支烟道和主烟道。沿着窑墙的不同高度

安装有高速等温喷嘴。制品烧成并经冷却后，将窑顶和窑墙吊起，移至另一个已经码好坯体的窑底座上，进行另一窑的烧成操作。钟罩式窑窑墙可以由多节组成，可根据需要灵活调节窑体高度，适合于烧制高大制品。

3.8.3.3 连续式窑炉

连续式窑炉是指陶瓷制品的装窑、烧制、冷却、出窑等操作工序可以连续进行的窑炉。其特点是窑内分为预热、烧成、冷却等若干带，各部位的温度、气氛均不随着时间变化而变化。坯体由窑的入口端进入，在输送装置的带动下，经预热、烧成、冷却各带完成全部烧成过程，然后由窑的出口端送出。

一般的连续式窑炉，在窑的中部设有燃烧室，构成固定的高温带——烧成带，坯体入窑至烧成带区段称为预热带，烧成带至出窑口之间区段称为冷却带。烧成带的高温燃烧产物向压力较低的预热带流动。沿预热方向移动的坯体，同时降低本身的温度，到预热带头部后，可利用风机将低温废气排出窑外。一般在窑头还设有封闭气幕，目的是在窑头形成 $1\sim2Pa$ 的微正压，避免了冷空气漏入窑内。预热带中部一般设置 $2\sim3$ 道扰动气幕，扰动气幕的作用是为了克服预热带气体分层现象，以减小窑内断面温差。在位于需要转换烧成气氛的位置设有气氛转换气幕，用以分割焰性并保证坯体充分氧化。在冷却带头部设立急冷阻挡气幕，其作用一是使坯体在 $700℃$ 以前急冷，缩短烧成时间，提高制品质量；二是防止烧成带烟气倒流至冷却带，避免产品熏烟。窑尾鼓入的大量冷空气在冷却带被预热，一部分作为助燃空气，送往烧成带，另一部分抽出供坯体干燥或气幕用。

（1）隧道窑

隧道窑因与铁路山洞的隧道相似而得名。隧道窑产生于 19 世纪下半叶，隧道窑是一条由耐火材料、保温材料和建筑材料砌筑而成的，内有窑车等运载工具构成的长直线形通道，长度一般为 $60\sim120m$，内部横截面积为 $3.5\sim5.5m^2$。隧道内的窑车构成可动窑底，各个窑车前后彼此连接。隧道窑工作时，运载工具（窑车）上装载有待烧的制品，随运载工具从隧道窑的一端（窑头）进入，装在窑车上的制品随窑车由预热带向冷却带前进，完成一系列物理化学变化后，从隧道窑的另一端（窑尾）随运载工具（窑车等）输出，而后卸下烧制好的产品，卸空的运载工具（窑车）返回窑头继续装载新的坯体后再入窑内煅烧。因此，隧道窑是一种连续烧成陶瓷制品的窑炉。

隧道窑尽管类型不同，其构造也会有一些差别，但是其基本结构和工作原理都是一样，隧道窑属于逆流操作的热工设备，即窑车上的坯体在窑内逆气流方向连续移动，目前应用最多的为单通道明火焰隧道窑。

目前先进陶瓷用得较多的是电热隧道窑。电热隧道窑在窑体预热带、烧成带安置电热元件；装好制品的窑具在传动机构的作用下，连续地经过预热带、烧成带和冷却带。现代陶瓷隧道窑预热带下部设置高速烧嘴，冷却带上、下设置高速喷嘴，因此下火道十分重要，它使高速烧嘴或喷嘴喷出火焰或空气得以顺利通畅地流动，形成横向循环气流，均匀有效地加热或冷却制品、窑车及窑车台面。干燥至一定水分的坯体入窑，首先经过预热带，受来自烧成带的燃烧产物（烟气）预热，然后进入烧成带，燃料燃烧的火焰及生成的燃烧产物加热坯体，使之达到一定的温度而烧成。燃烧产物自预热带的排烟口、支烟道、主烟道经烟囱排出窑外。烧成的产品最后进入冷却带，将热量传给入窑的冷空气，产品本身冷却后出窑，被加热的空气一部分作为助燃空气，送去烧成带，另一部分抽出去作坯体干燥或气幕用。

在隧道窑中，窑车前进的方向与窑内气流运动方向相反。对于烧油或烧煤气的隧道窑，窑内预热带处的压力处于负压状态，烧成带及冷却带处于微正压状态。最简单的烧煤的隧道窑，因不设鼓风机及抽风机，只依靠烟囱产生的抽力引导窑内气体流动，故全窑处于负压下操作，这种窑的预热带各截面温度分布很不均匀，烧成带不易维持还原气氛，冷却带不能实现必要的急冷速度，因而很少采用。

隧道窑的加热制度及操作注意事项包括以下几点。

① 压力制度　隧道窑内的压力变化随气体流动而变，情况甚为复杂，压力分布曲线如图 3-8-3 所示。一般认为压强控制，最重要的是控制其烧成带两端的压强稳定，原因是如果窑内的负压过大，则漏入的冷空气必然多，会使窑内的温度降低，且气体分层严重，窑内断面上的上、下温差加大；如果是还原气氛时，窑内的烧成带难以维持还原气氛，所以负压大的窑不易操作。如果窑内的正压过大，则大量热气体会从窑内向外界冒出，这样既损失了热量，也恶化了操作人员的劳动环境。窑内的热气体冒入车下的坑道还会烧毁窑车的金属构件，造成操作事故。

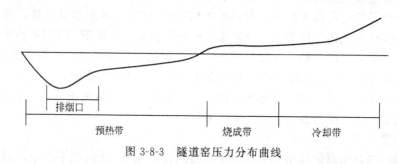

排烟口

预热带　　　　　烧成带　　　冷却带

图 3-8-3　隧道窑压力分布曲线

最理想的压强控制操作是将窑内维持为零压，但是实际生产时很难操作。只能将窑内的关键部位（如烧成带与预热带的交界面附近）维持在零压左右。

② 各带温度的控制　预热带温度控制的目的是保证所焙烧的制品自入窑起到烧成带的第一对燃烧室为止，按照升温曲线的要求均匀地加热升温。进行温度检测时，窑头、预热带中部约 500℃，预热带末端为 900℃；靠近窑车台面的温度，使窑通道内上、下的温差减小。控制手段为通过调节排烟总闸板、各支排烟道闸板以及各种气幕来实现。

例如，若总闸板开度大，则预热带的负压值大，易漏入冷空气，加剧窑内冷、热气体的分层，增大窑内断面的上、下温差。若总闸板开度小，则窑内抽力就会不足，从而排烟量减少，不易升温。

减少预热带上、下的温差的措施包括以下几个。

a. 采用开启封闭气幕和搅动气幕。

b. 可采用低蓄热窑车以减少上、下温差。

c. 在预热带增设辅助的高速烧嘴来增加窑内气流的强烈扰动以减少温差和强化传热。

d. 加强窑的密封。

e. 可增设窑底均压系统。

烧成带的温度控制，主要控制实际燃烧温度和最高温度点温度。一般来说，火焰温度应高于制品烧成温度 50～100℃。火焰温度的控制是调节单位时间内燃料的消耗量和助燃空气的配比。单位时间内燃烧的燃料量多而空气配比又恰当，则火焰温度高。燃料燃烧后喷出的烟气有扰动作用（尤其是使用高速调温烧嘴时），所以烧成带内的温度分布是较为均匀的，即断面上的上、下温差不大。隧道窑最高温度点一般控制在最末一、二对烧嘴之间。最高温度点前移会使保温时间过长，这样易使制品过烧变形；反之，过后则保温不足，会形成欠烧。烧还原气氛的隧道窑，其烧成带还要控制气氛的转化温度。

冷却带的温度控制，在700℃以前可以进行急冷，即依靠急冷阻挡气幕喷入的冷空气将产品急冷。而对于一些裸烧的大件产品，为了避免冷风喷入不均匀而会引起产品的炸裂问题，可以考虑抽出200℃以下的热空气作为急冷气幕所用。400～700℃为缓冷阶段，这一冷却段由于有晶型转变，所以操作时一定要小心，要掌握合适的冷却速度，400℃以后可以快速冷却至80℃左右出窑。在窑尾可以直接鼓入冷风。

③ 烧成带的气氛控制　烧氧化气氛的隧道窑，其气氛制度比较容易控制，只需要控制空气过剩系数大于1，但不要太大，以节约燃料和提高燃料的燃烧温度。而烧还原气氛的隧道窑在烧成带之前的一小段要控制为氧化气氛，后一段要控制为还原气氛，用氧化气氛幕来分隔这两段。现代烧油或烧燃气的隧道窑通过控制燃料量与助燃空气量的配比来控制氧化气氛和还原气氛。烧氧化气氛时，助燃空气要略微过量；而烧还原气氛时，助燃空气则要略微不足。

操作人员常通过观察火焰的状况简单地判断出气氛的性质。烧氧化气氛时，火焰清晰明亮，可以一眼望到底，清楚地看到窑内制品的轮廓；烧还原气氛时，火焰浑浊，不容易看清窑内制品的轮廓。

现代陶瓷隧道窑的一个发展方向是全陶瓷纤维型，其优点包括以下几个。

① 窑墙厚度薄，自重轻，隔热保温效果好，蓄热量少，耐火度高。

② 安装方便，安装时只需要用耐火螺栓将耐火纤维砌块直接连接在钢板上。

隧道窑的缺点包括以下几个。

① 耐火纤维的粉尘或熔渣掉到陶瓷制品上会污染陶瓷制品，影响陶瓷制品的外观质量。可在耐火纤维的外表面涂刷一层耐火涂料解决这一问题。

② 价格相对较高。

隧道窑与间歇式窑炉相比，其热利用率高，生产连续化，周期短，产量大，质量高，窑内温度相对稳定，窑体使用寿命长，还改善了工人的劳动条件，减轻了劳动强度。

（2）辊道窑

辊底式隧道窑也称为辊底窑或缝式窑，其窑底由数百根互相平行的辊子组成辊道，在传动装置的带动下，所有辊子均向同一方向转动，使放在其上的坯体由入口向出口方向移动，经过窑内烧成陶瓷制品。辊子是辊道窑的重要组成部分，在烧成带使用的辊子材质与使用温度必须能够适应，在使用温度下，应具有足够的高温机械强度及抗氧化性能，常用的有刚玉质、莫来石质、高铝质、碳化硅质辊子等。在预热带和冷却带也可采用金属辊子。辊子直径一般为25～50mm，长度为1.5～3.2m。

辊道窑是一种小截面的隧道窑，具有许多普通隧道窑所无法比拟的优点。

① 升温快，温度分布均匀，便于控制窑内上下温差。

② 适合于进行快速烧成，易于实现烧成工序自动化。

③ 辊道窑不必使用蓄热量大的窑车，热耗量也大大降低。

④ 操作简单，占地面积小，投资少，但只适合于烧制扁平、小型陶瓷制品。

意大利Mori公司推出Monker型宽体托盘式辊道窑，窑内有效宽度为3.2m，单窑生产能力可达100万～120万件/年。放置托盘采用了一种航天领域的PM耐热合金材料，其重量仅为普通陶瓷辊子的1/7，长期使用温度为1250℃，使用寿命可达4年。

目前，辊道窑的发展趋势为：一是向高温、宽截面大型化方向发展；二是研究能满足要求的材质（特别是辊子材质）的烧嘴和自控系统；三是设法降低造价。

3.8.4 窑具主要原料

陶瓷生坯入窑煅烧时，常用不同材质及形状的耐火制品支撑或托放，它们统称窑具。具体的名称是：匣钵、棚板、支柱、垫片等。采用窑具可提高窑炉的空间利用率，防止燃料烟灰沾污产品，坯体相互之间不致粘接。陶瓷工业用窑具的种类颇多，按照其化学组成及使用的主要原料可划分为以下几类。

3.8.4.1 硅铝质

硅铝质窑具指的是不同数量氧化硅与氧化铝的装窑用器具，包括黏土质及高铝质。陶瓷生产中长期采用的是黏土——熟料质（习惯上采用高岭土质熟料或矾土熟料与耐火黏土配制而成，Al_2O_3 的含量为 30％～46％）及高铝质（采用矾土熟料或合成莫来石作熟料，以高铝质黏土作结合剂，Al_2O_3 含量大于 46％）两种，后者也可称为莫来石质。而黏土质窑具可称为低莫来石质，高铝质大部分属于莫来石质。

黏土质窑具的性能指标不高，在 20～850℃ 之间，急冷急热导致其破裂的次数不大于 8～12 次，热导率为 0.7～1.16W/(m·K)，这类窑具的使用寿命不长，通常用于烧成温度靠近 1300℃ 左右。高铝质窑具的机械强度和抗热震性能较好，其荷重开始软化温度也较高，可达 1460℃，热导率为 1.35～1.63W/(m·K)，使用温度可达 1400℃。

3.8.4.2 硅铝镁质

硅铝镁质窑具是由高铝原料及镁质原料配成的，一般以矾土熟料或合成莫来石为骨料，以堇青石为基质，故又可称为莫来石-堇青石质。有人认为，若以堇青石熟料为骨料、基质为高铝黏土形成的莫来石，则可称这类窑具为堇青石-莫来石质。由于堇青石的热膨胀系数小（20～80℃ 时约 $1.3×10^{-6}℃^{-1}$），因而使这类窑具的抗热震性得到改善。根据 MgO-Al_2O_3-SiO_2 系统相图，堇青石（$2MgO·2Al_2O_3·5SiO_2$）的组成位于莫来石的初析晶区，达到 1460℃ 会分解为莫来石和液体，有时还会发生 $2Al^{3+}$ 与 $Mg^{2+}+Si^{4+}$、$2Al^{3+}+Mg^{2+}$ 与 $2Si^{4+}$ 之间的相互置换，加上由于析出区的液化温度变化较小而液相数量变化较大，使得含堇青石的材料烧结与熔融温度的范围相当狭窄，从而使硅铝镁质窑具的荷重软化温度较低，软化温度的范围也缩小，因此莫来石-堇青石质窑具的使用温度限制在 1300℃ 左右。

3.8.4.3 碳化硅质

碳化硅有良好的热物理性能，它的热导率很高，90％ SiC 砖当温度为 500℃ 时，$λ=$15.12W/(m·K)，1100℃ 时，$λ=11.63$W/(m·K)。碳化硅的热膨胀系数较小，$α=(5.57～5.59)×10^{-6}℃^{-1}$。它在高温下不会发生塑性变形，由于具有这些优良性能，所以自 20 世纪 60 年代以来已用于制造窑具。它的使用温度远高于前两类窑具，可在 1400～1700℃ 之间使用，但碳化硅在氧化气氛中 900～1200℃ 范围内易氧化，生成挥发性的 SiO 和 CO 或 SiO_2 与 CO_2，使材料膨胀、松散甚至开裂，这是其致命弱点。

制造碳化硅质窑具通常采用耐火黏土作结合剂，这类窑具抗热震性好，可使用到 1450℃，还可加入高铝原料（如氧化铝）作结合剂，以减少游离石英的出现，从而进一步提高窑具的抗热震性、高温强度及使用温度，上述窑具一般含 SiC 在 60％～90％ 之间。

3.8.4.4 熔融石英质

以熔融石英为骨料可以制造装窑用耐火制品。熔融石英的热膨胀系数很小（含 SiO_2 为 99.5％ 时，$α=0.54×10^{-6}℃^{-1}$），而且高温黏度大，所以用它来配置窑具，抗热震性好，高温荷重软化温度也比硅铝质及硅铝镁质窑具高，使用温度可达 1380℃。这类窑具目前是用耐火黏土作结合剂，一般用量为 30%～35%，所以又可称为黏土-熔融石英质窑具，也有用碳化硅或矾土熟料取代部分熔融石英，再与黏土及黏结剂制成窑具，熔融石英质材料在高温下长期使用过程中，石英玻璃颗粒会转变为方石英，逐渐膨胀以致松散、剥离，强度降低，这是其主要的弱点。

3.8.5 低温烧成和快速烧成

3.8.5.1 低温烧成与快速烧成的作用

一般来说，凡烧成温度有较大幅度降低（如降低幅度在 80～100℃）且产品性能与通常烧成的性能相近的烧成方法称为低温烧成。至于快速烧成也是相对而言的。它是指产品性能无变化，而烧成时间显著缩短的烧成方法。如在 1h 内烧成的墙地砖和在 8h 内烧成的卫生陶瓷，这两者都是快速烧成的典型例子。因此快速烧成的"快"字是相对的，"快"的程度应视坯体类型和窑炉结构等具体情况而定。低温烧成和快速烧成的作用如下。

① 节约能源。陶瓷工业中燃料费用占生产成本比例很大，国外在 25% 左右，国内在 30% 左右。根据前苏联资料介绍，烧成温度对燃料消耗的影响，可用下式表示：

$$F = 100 - 0.13(t_2 - t_1) \tag{3-8-1}$$

式中，F 为温度为 t_1 时的单位燃料消耗与温度为 t_2 时的单位燃料消耗之比，%。

由上式可知，当其他条件相同时，温度每变化 100℃，单位燃料消耗变化 13%。

缩短烧成时间对节约能源的效果更为显著。如一次烧成的墙地砖在隧道窑中 26h 烧成时单位产品热耗为 460550kJ/m²，而同样产品在辊道窑中 90min 烧成时热耗为 146540kJ/m²。这足以说明快速烧成的节能作用。快速烧成既可节约燃料，又可提高产量，使生产成本大幅度下降。

② 充分利用原料资源。低温烧成的普通陶瓷产品，其配方组成中一般都含有较多的熔剂成分。我国地方性原料十分丰富，这些地方性原料或低质原料及某些新开发的原料往往含有较多的低熔点成分，来源丰富、价格低廉，很适合制作低温坯釉料，或者快烧坯釉料。因此，低温烧成和快速烧成能够充分利用原料资源，并且能促进新型陶瓷原料的开发利用。

③ 提高窑炉和窑具的使用寿命。陶瓷产品的烧成温度在较大氛围内降低后，可以减少匣钵的破损和高温荷重变形。对砌炉材料的材质要求也可降低，以减少建窑费用，同时还可以增加窑炉的使用寿命，延长检修周期。匣钵材质也可降低性能要求，延长其使用寿命。

④ 缩短生产周期，提高生产效率。

⑤ 低温烧成有利于色料的呈色效果，丰富釉下彩和色釉的品种。

⑥ 快速烧成可使坯体中晶粒细小，从而提高瓷件的性能。

3.8.5.2 降低烧成温度的工艺措施

（1）调整坯釉料组成

碱金属氧化物会降低黏土质坯体出现液相的温度，并促使坯体中莫来石形成。向高岭石-蒙脱石质黏土中引入 Li_2O 时，液相出现温度由 1170℃ 降至 800℃，莫来石可在 1000℃ 出现；引入 K_2O 时液相出现温度降至 925℃，莫来石可在 1100℃ 出现。与碱金属氧化物类似，碱土金属氧化物对液相的出现温度及晶相的形成也有强烈的影响。生产实践中，坯体组成中碱金属氧化物可由伟晶花岗岩、长石、霞石正长岩、锂云母、锂辉石等天然矿物引入。而碱土金属氧化物可由滑石、硅灰石、菱镁矿、白云石、透辉石等矿物引入。当日用瓷或电瓷坯料中加入 1%～2% 滑石时，会降低烧成温度 20～25℃；加入 3% 磷灰石时，可使日用瓷烧成温度降低 50℃；加入 2% 锂辉石时，可使日用瓷烧成温度降低 30～40℃。

（2）提高坯料细度

坯料颗粒越细，则比表面积越大，烧结活性越大，烧成温度越低。

3.8.5.3 快速烧成的工艺措施

（1）正确选择原料和坯釉料组成

为了适应快速烧成，在满足使用性能和成型性能的前提下，应尽量减少坯料中黏土的用量，优先选用收缩小、灼减量小、杂质少的原料（叶蜡石、硅灰石、透辉石、预烧过的瓷料）。另外，坯料热膨胀系数要小，导热性好，晶型转化成分少。快烧的釉料要求其化学活性强，始熔温度高，高温黏度随温度变化快些。

（2）减少坯体入窑水分、提高入窑温度

残余水分少则可在短时间内排尽，而且生成的水汽量也少，不至于在快烧条件下产生较大应力。入窑温度高则可提高窑炉预热带的温度，缩短预热时间。

（3）控制坯体的厚度、形状和大小

瓷坯导热性差，加热时，坯体表面和中心的温差与坯厚的平方成正比。加热至一定温度所需时间也与坯厚的平方成正比。所以快烧只适用于壁薄、体积小、形状对称的坯体，否则快速升温产生的内应力会使坯体破坏。

（4）选用温差小和保温性能好的窑炉

降低窑炉截面高度，采用高速等温喷嘴等，有利于减小窑内温差，强化传热；低蓄热量的窑炉易于升温与冷却。

（5）提高窑具材料的质量

快速烧成时，窑具首先承受大幅度温度的变化，因此要求抗热震性好、传热性能好。

3.9 新型陶瓷简介

陶瓷已经是人类生活和现代化建设中不可缺少的材料之一，它的概念也远超出了传统陶瓷的范畴。具有高强、耐温、耐腐蚀特性或具有光、电、磁等性能及各种敏感性能的陶瓷材料，由于其制备工艺、化学组成、显微结构及特性不同于传统陶瓷，而被称为新型陶瓷，又称为特种陶瓷、先进陶瓷、高技术陶瓷、精细陶瓷等。新型陶瓷是采用人工精制的无机粉体，通过结构设计、精确的化学计量、合适的成型方法和烧成制度而达到特定的性能，经过加工处理使之符合使用要求的无机非金属材料。

目前，人们习惯上将新型陶瓷分为两大类，即结构陶瓷（或工程陶瓷）和功能陶瓷，但新型陶瓷往往具备多种的功能，有些材料不仅可作为结构材料，也可作为功能材料，故很难确切地加以划分。

虽然新型陶瓷与传统陶瓷都是经过高温热处理而合成的无机非金属材料，但它们在所用原料、成型方法和烧成制度及加工要求等方面却有很大区别，具体表现见表 3-9-1。

表 3-9-1　新型陶瓷与传统陶瓷的区别

区别点	传统陶瓷	新型陶瓷
原料	主要是天然矿物原料	主要为人工合成原料
成型	注浆、可塑法成型为主	压制、热压铸、注射、流延、热压为主
烧成	温度一般在 1350℃ 以下,燃料以煤、油、气为主	结构陶瓷常需在 1600℃ 左右烧结,功能陶瓷需精确控制烧成温度,燃料以电、气为主
性能	一般以外观效果为主	以内在性能为主
加工	一般不需加工	常需切割、研磨和抛光等
用途	日用为主	主要用于信息、能源、电子、航空航天等行业

3.9.1　新型陶瓷工艺

随着科学技术的发展,新型的陶瓷制备技术不断涌现。这些新工艺的出现,不仅可以使制备的新型陶瓷性能提高,还能收到显著的经济效益。但如何有效地控制工艺过程,使其达到预期的结构和预定的性能,尚待进一步探索与研究。下面从粉体制备、成型和烧结三个方面简述新型陶瓷的生产工艺。

3.9.1.1　粉体制备

粉体制备是新型陶瓷生产工艺中的首要步骤,粉体的化学组成、晶体结构和颗粒形貌及粒度分布,均会对新型陶瓷的成型、烧结等后续工艺产生重要影响,同时也是制品性能达到要求的关键。制备方法可分为固相法、液相法和气相法。

（1）固相法

① 热分解反应法　热分解反应基本形式（S 代表固相,G 代表气相）为：

$$S_1 \longrightarrow S_2 + G$$

很多金属的硫酸盐、硝酸盐、有机酸盐等,都可以通过热分解反应法而获得特种陶瓷用氧化物粉末。如将硫酸铝铵 $[Al_2(NH_4)_2(SO_4)_4 \cdot 24H_2O]$ 在空气中进行热分解,即可制备出 Al_2O_3 粉末。

② 固相反应法　固相反应法是将反应原料按一定比例充分混合研磨后进行煅烧,通过高温下发生固相反应直接制成或再次粉碎制得。由固相热分解可获得单一的金属氧化物,但氧化物以外的物质,如碳化物、硅化物、氮化物等以及两种金属元素以上的氧化物制成的化合物,仅仅靠热分解很难制备。通常是按最终合成所需的原料混合,再使用高温使其发生化学反应。

③ 氧化还原法　非氧化物特种陶瓷的原料粉末多采用氧化物还原法、还原碳化法、还原氮化法制备。如 SiC、Si_3N_4 等粉末的制备。

（2）液相法

液相法是目前实验室和工业上应用最为广泛的合成超微粉体材料的方法。与固相法比较,液相法可以在反应过程中利用多种精制手段。另外,通过所得到的超微沉淀物,很容易制取各种反应活性好的超微粉体材料。液相法制备超微粉体材料可简单地分为物理法和化学法两大类。

物理法是从水溶液中迅速析出金属盐,一般是将溶解度高的盐的水溶液雾化成小液滴,使液滴中的盐类呈球状迅速析出,然后将这些微细粉末状盐类加热分解,即得到氧化物超微粉体材料。

化学法是通过溶液发生反应生成沉淀,通常是使溶液通过加水分解或离子反应生成沉淀物，如氢氧化物、草酸盐、碳酸盐、氧化物、氮化物等，将沉淀加热分解后，可制成超微粉体材料。

① 溶胶-凝胶法　溶胶-凝胶法是指将金属氧化物或氢氧化物的溶胶变为凝胶，再经干燥、煅烧，制得氧化物粉末的方法。即先制成微细颗粒悬浮在水溶液中（溶胶），再将溶胶滴入一种能脱水的溶剂中使粒子凝聚成胶体状，即凝胶，然后除去溶剂或让溶质沉淀下来。溶液的 pH 值、溶液的离子或分子浓度、反应温度和时间是控制溶胶凝胶化的四个主要参数。溶胶-凝胶法的优点为通过受控水解反应能够合成亚微米级（$0.1\sim1.0\mu m$）、球状、粒度分布范围窄、无团聚或少团聚且无定形态的超细氧化物陶瓷粉体，并能加速粉体在烧成过程中的动力学过程，降低烧成温度。

② 水解法　水解法可分为无机盐水解法和金属醇盐水解法。无机盐水解法主要是利用一些金属盐溶液在高温下可水解生成氢氧化物或水合氧化物沉淀。金属醇盐是金属与醇反应生成的含有 Me—O—C 键的金属有机化合物，其通式为 $Me(OR)_n$，Me 为金属，R 为烷基或烯丙基。金属醇盐易于水解，生成金属氧化物、氢氧化物或水合物沉淀。金属醇盐一般具有挥发性、易于精制。该方法不需要添加碱，加水就能进行分解，而且也没有有害的阴离子和碱金属离子，因而生成的沉淀纯度高，反应条件温和，操作简单，制备的粉体活性高，具有很好的低温烧结性，但成本昂贵。

③ 沉淀法　沉淀法是液相化学合成高纯度纳米微粒采用最广泛的方法之一，包括直接沉淀法、共沉淀法和均匀沉淀法等。

a. 直接沉淀法　直接沉淀法是制备超细微粒广泛采用的一种方法。其原理是：在金属盐溶液中加入沉淀剂，在一定条件下生成沉淀并从溶液中析出，将阴离子除去，沉淀经洗涤、热分解等处理可制得超细产物。直接沉淀法操作简单，对设备要求不高，不易引入杂质，产品纯度高，成本低。不足是除去溶液中的阴离子较困难，产品粒度分布较宽，分散性较差。

b. 共沉淀法　共沉淀法是在混合的金属盐溶液（含有两种或两种以上的金属离子）中加入合适的沉淀剂，由于解离的离子是以均一状态存在于溶液中，经反应生成组成均匀的沉淀，沉淀热分解得到高纯超微粉体材料。共沉淀法的关键在于保证沉淀物在原子或分子尺度上均匀混合。

金属离子浓度与沉淀剂浓度、操作温度、两种溶液混合的方式和均匀化速度（如搅拌），其他杂质的存在、性质和作用以及溶液中 pH 值等的影响，反应副产物的去除方法（如洗涤等），沉淀物的干燥方式，沉淀物的灼烧（升温程序），化合物间的转化等因素都会对沉淀产生影响。沉淀条件不同，后续处理方式不同，都会影响沉淀颗粒，乃至于影响到分解后氧化物粒子的大小、形貌、团聚状态和性能等。

共沉淀法的优点是：可实现原子（离子）、分子水平上的混合，混合均匀；操作简便，成本低；共沉淀法中的沉淀生成情况，能够利用溶度积通过化学平衡理论来定量讨论；产品转化率高。不足是过剩的沉淀剂会使溶液中的全部正离子作为紧密混合物同时沉淀。利用共沉淀法制备超细粉体时，洗涤工序非常重要。此外，离子共沉淀的反应速率也不易控制。

（3）气相法

气相合成法的原理是：将所欲制备成超微粉体的相关物料通过加热蒸发或气相化学反应后高度分散，然后将冷却凝结的超微颗粒收集，过程的实质是一种典型的物理气相"输运"或化学气相"输运"反应，或是两者的结合。制备粉体及超微粉体的气相法包括等离子体气相合成法、激光法、化学气相沉积法、溅射法、离子化学气相沉积法、激光诱导化学气相沉积法等。这里主要介绍等离子体气相合成法和激光法。

① 等离子体气相合成法 等离子体法是在惰性气氛或反应性气氛下通过直流放电使气体产生高温等离子体，从而使原料熔化和蒸发，蒸气遇到周围的气体就会被冷却或发生反应生成超微粉。在惰性气体的保护下，几乎可以制备任何金属的超微粉。从工艺设备和工艺过程来看，等离子体气相合成法与等离子体气相沉积法大同小异。差别在于前者产品是粉末制品，后者是薄膜。与激光法比较，该法制备粉末量大。

② 激光法 激光法是利用高能激光束在惰性气氛中直接辐射金属或氧化物，让这些物质蒸发，冷凝后直接得到这些金属或氧化物的超微粉。或在 N_2、NH_3、CH_4 等反应气氛中将激光束辐射到金属上，金属被加热蒸发后与气体发生反应制得其氮化物和碳化物等。激光法对于合成氮化物、碳化物、硼化物超细粉尤为合适，特别是 Si_3N_4、SiC 的纳米级粉末，而这些非氧化物超细粉用化学共沉淀法和溶胶-凝胶法等液相法不易制备。与其他气相合成法相比，激光法合成粉末更易保证高纯超细且不团聚，通常粉末细度为 10～20nm。该法制备的超微粉纯度高、粒径小，其不足是能耗大，超微粉回收率低，价格昂贵。目前，激光合成 Si_3N_4、SiC 等正向商业化发展。

3.9.1.2 成型

新型陶瓷的成型技术和方法对于制备性能优良的陶瓷制品具有重要意义。新型陶瓷的成型技术与方法比起传统陶瓷来说，更加丰富且具有不同的特点。前面介绍的陶瓷成型方法均可用于新型陶瓷的成型，除此之外还有一些其他成型方式，如轧膜成型、流延成型等，下面加以简介。

（1）轧膜成型

轧膜成型是最初用于橡胶和塑料工业中的一种塑性成型工艺，在特种陶瓷的生产中应用是新近发展起来的。近年来由于粉料质量和泥料塑性的不断提高，轧膜成型用来挤制 100～200mm 宽、0.1～3mm 厚或更薄的片状坯膜，半干后用以冲制不同形状的片状产品。其工作原理是：当轧膜机两个相向滚动的轧辊转动时，由于摩擦力的作用，置于轧辊之间的可塑泥料团（由粉末原料加入适量胶合剂、增塑剂混练而成）不断受到挤压，使泥料中的每个粒子都均匀地覆盖上一薄层有机黏结剂，同时在轧辊连续不停的挤压下，泥料中的气泡不断地被排除，最后轧出所需厚度的薄片或薄膜，再由冲片机冲出一定形状的坯件。

轧膜成型工艺简单，生产效率高，膜片厚度均匀，适于生产批量较大的厚度在几毫米至0.05mm 的薄片状产品，在新型陶瓷生产中应用较为普遍，如晶体管底座、铁氧体、电容器、厚膜电路基板等。生产设备简单，粉尘污染小，但用该法成型的产品干燥收缩和烧成收缩较干压制品的大。由于轧辊的工作方式，使坯料只在厚度方向和前进方向受到碾压，在宽度方向缺乏足够的压力，因而对胶体分子和粉粒具有一定的定向作用，使坯体的机械强度和致密度具有各向异性，成型制品的平行方向和垂直方向烧成收缩不一，这是轧膜成型应注意的问题。但对尺寸较小的陶瓷基片并无多大影响。

（2）流延成型

薄片制品以往通常采用模压法和轧膜法成型，但随着对制品性能和尺寸要求的不断提高，特别是对于要求表面光洁、超薄型的制品，上述两种方法已不能适应，目前比较成熟且能够获得超薄型瓷片的方法就是流延法，又称为带式浇注法或刮刀法。现已广泛应用于独石电容器瓷、多层布线瓷、厚膜和薄膜电路基片、低压压敏电阻器及铁氧体磁记忆片等新型陶瓷的生产。

流延成型的工艺流程大致如下：首先在准备好的粉料内加入溶剂、抗凝剂、除泡剂、黏结剂、增塑剂等混磨，形成稳定、流动性好的浆料。再把浆料放入流延机的料斗，浆料从料斗下部流至向前移动的薄膜载体上，膜片厚度由刮刀控制。坯膜连同载体进入干燥室烘干制得模坯，然后按需要的形状冲片、切割或打孔。在生产中，控制刮刀口间隙的大小是控制膜厚的关键。在自动化水平较高的流延机上，在离刮刀口不远的坯膜上方，装有透射式 X 射线测厚仪，可连续对膜厚度进行检测，并将所测得的厚度相关信息反馈到刮刀高度调节螺旋测微系统，可制得厚度为 $10\mu m$、误差为 $1\mu m$ 的高质量坯膜。

流延成型设备不太复杂且工艺稳定，可连续操作，生产效率高，自动化水平高，坯膜性能均匀且易于控制。但其坯料溶剂及黏合剂含量较高，坯体密度小，烧成收缩高。

3.9.1.3 烧结方法

正确地选择烧结方法是使新型陶瓷具有理想结构和预定性能的关键，新型陶瓷烧结方法很多，常见的如下。

（1）热压烧结

热压从工艺特点来说，是把成型和烧结工艺结合起来的工艺，一般在 $100\sim300MPa$ 的气压下，将粉末压坯或装入模具中，使粉料经受几百度到 $2000℃$ 高温的作用，将被处理物体压制成型并烧结致密。陶瓷热压用模具采用石墨、氧化锆等。一般石墨可承受 $70MPa$ 的压力，$1500\sim2000℃$ 的温度，氧化锆可承受 $200MPa$ 的压力。

热压法的主要优点是：极大地降低了成型压力，仅为金属模压压力的 $1/10\sim1/3$；大幅度降低了烧结温度，缩短烧结时间，如 Al_2O_3、SiC、Si_3N_4 三大系列材料的热压温度一般为 $1500\sim1800℃$，烧结时间一般为 $30\sim50min$，连续热压烧结一般为 $10\sim15min$；制品密度极高，晶粒极微细。实践表明，热压制品特别是连续热压制品的晶粒尺寸可以控制在 $1\sim1.5\mu m$，比普通烧结法小得多，这是因为热压过程是在短时间内完成的，晶粒的长大得到了有效的控制。通过热压法可以制得几乎达到理论密度的制品；可以制造大型制品及薄壁管，薄片及带螺纹状等形状复杂的制品。但热压法对压模材料要求高，一般为高纯高强石墨，而且其寿命短，损耗大；生产效率低，难以形成规模化生产，制备成本高；制品表面粗糙，精度低，一般要进行精加工。

（2）热等静压

热等静压亦称为高温等静压，从工艺特点来说，是把成型和烧结工艺结合起来的工艺，也可以说是高压保护气氛下的热压烧结工艺。热等静压用金属或其他材料（低碳钢、Ni、Mo、玻璃等）代替橡皮模（加压成型中的橡胶模具），用气体代替液体，使金属箔内的粉料均匀受压，热等静压的压力传递介质为氮气、氩气等惰性气体。一般在 $100\sim300MPa$ 的气压下，将粉末压坯或装入包套的粉料放入高压容器中，使粉料经受几百度到 $2000℃$ 高温的作用，将被处理物体压制成型并烧结致密。或者将成型后的铸件，包括铝合金、钛合金、高温合金等缩松缩孔的铸件进行热致密化处理，通过热等静压处理后，铸件可以达到 100% 致密化，提高铸件的整体力学性能。

热等静压强化了压制和烧结过程，可大大降低制品的烧结温度，消除孔隙，特别是大尺寸孔隙，常规烧结中，在三个颗粒交界处的大孔洞不会收缩。但这些孔洞在工艺初期阶段就消失了。因而热等静压工艺使陶瓷能够在相对较低的温度下致密化。烧结温度降低能够控制甚至避免晶粒长大及不必要的反应，使产品的微观结构晶粒细小化，可获得高的密度和强度，同时能够获得较好的各向同性。同热压法比较，热等静压温度低，制品密度提高，甚至难以进行烧结的陶瓷也能进行充分致密化，适宜于制造陶瓷发动机零部件、长纤维陶瓷/陶瓷、氮化硼、氮化硅、碳化硅等难烧结的材料。

（3）反应烧结

反应烧结是通过多孔坯体同气相或液相发生化学反应，使坯体质量增加，孔隙减少，并烧结成具有一定强度和尺寸精度的成品的一种烧结工艺。同其他烧结工艺比较，反应烧结有如下几个特点：质量增加，烧结坯体不收缩无尺寸变化，因而反应烧结可以制造尺寸精确的制品；反应速率取决于传质和传热过程。对普通烧结过程，物质迁移发生在颗粒之间，而对于反应烧结，物质迁移过程发生在长程范围内，故其反应速率较快。

影响反应烧结的因素有坯体的原始密度、粉体的粒度和坯体厚度等。例如，反应烧结氮氧化硅时，若是粗颗粒硅粉，氮的扩散通道少，扩散入硅颗粒中心部位的时间长，因此反应增重少，反应层厚度薄。坯件原始密度大也不利于反应进行。

（4）化学气相沉积法

化学气相沉积法简称CVD法，是将准备在其表面沉积一层瓷质薄膜的物质置于真空室中，加热至一定温度后，将欲披覆瓷料的气态化合物通过加热基体的表面。气体与加热基体的表面接触后，气相发生分解反应，并将瓷料沉积于基体表面。随着分解产物的不断沉积，晶粒不断长大，直至形成致密多晶结构。适当控制基体表面温度和气体的流量，可以控制瓷料在基体表面的成核速度，即控制了瓷膜的晶粒大小。

虽然气相沉积成瓷的速度较慢，通常不大于 $0.25mm/h$，但该工艺可获得质量极高的瓷膜，具有晶粒细小、高度致密、不透气、高纯度、高硬度和高耐磨等特点。这是其他工艺方法无法比拟的。

用CVD法形成的瓷膜具有晶粒定向的特征，虽然是多晶体，但在晶粒生长时，几乎都按照某一晶轴垂直于基体表面的方式长大。这种定向排布对介电性能、光学性能等可能有益，但对于力学性能不利。后来又发展了一种控制成核热化学沉积法，可以有效地消除这种陶瓷晶粒的定向生长，使瓷膜为各向同性。

（5）溅射法

溅射法成瓷也是在真空条件下进行的，其工艺特点是基片无须进行加热。工作时将待沉积的基片置于真空罩内，令其披覆面紧靠着一块瓷片，该瓷片是由作为披覆用的瓷料制成的，此瓷片称为靶。当此靶受到高达 $10^8W/cm^2$ 的电子束能量轰击时，靶材上的原子即会被轰出，并沉积于紧靠着它的待披覆基体表面，然后在此材料表面上逐步成核并长大，形成一层多晶瓷膜。

近年来发展了一种不用高能电子束的反应溅射法，成功地进行了氮化铝瓷膜的沉积，溅射室的真空度为 $1.33\times10^{-1}\sim1.33Pa$ 时，通入 $Ar:N_2=1:1$ 的混合气体，在 $12\sim15MHz$、$3\sim5kW$ 的高频电场作用下电离并呈现辉光放电，在磁感应强度为 $5\times10^{-2}T$ 磁场下，带负电的氮离子被磁场加速轰击到近侧的高纯铝质靶材上，将铝原子击出并与之反应生成氮化铝，然后沉积到距离靶片数厘米远的基片上，基片材料可用载玻片、微晶玻璃片或铝片等。

此外，随着科学技术的不断发展，新型陶瓷的烧结方法也不断涌现，例如超高压超高温烧结、微波烧结、电场烧结等。

3.9.2　结构陶瓷简介

结构陶瓷又称为工程陶瓷。因其具有耐高温、高硬度、耐磨损、耐腐蚀、低热膨胀系数、高热导率等优点，被广泛应用于能源、汽车、空间技术、化工等领域。结构陶瓷材料有氧化物体系、非氧化物体系及氧化物与非氧化物的复合体系。

3.9.2.1 氧化物陶瓷

氧化物陶瓷是发展比较早的高温结构陶瓷材料，在高温下具有优良的力学性能、耐化学腐蚀性、电绝缘性，其中比较常用的有氧化铝、氧化锆、氧化镁等陶瓷。

（1）氧化铝陶瓷

氧化铝陶瓷是结构陶瓷中研究得最成熟的一种。其主晶相为 $\alpha\text{-}Al_2O_3$，其含量在 $75\%\sim99\%$ 之间。习惯上以配料中氧化铝的含量进行分类。氧化铝含量在 75% 左右的称为 75 瓷，氧化铝含量在 99% 左右的称为 99 瓷，氧化铝含量在 90% 以上的称为刚玉瓷。

氧化铝陶瓷的主晶相 $\alpha\text{-}Al_2O_3$ 在配方中的含量对氧化铝陶瓷的性能有显著影响。$\alpha\text{-}Al_2O_3$ 的含量高，陶瓷烧成温度也高，机械强度也提高，体积电阻率提高，介电损耗降低，热导率随之增高。

氧化铝陶瓷的机械强度高，烧结产品抗弯强度为 250MPa，热压产品可达 500MPa；电阻率高，电绝缘性能好，常温体积电阻率为 $10^{15}\Omega\cdot cm$，绝缘强度为 15kV/mm。另外，还具有熔点高、硬度大、抗腐蚀性和化学稳定性好等优点。因而成为氧化物陶瓷中用途最广、产量最大的陶瓷材料，可用作装置、机械构件、刀具、基板、人工关节、坩埚等。

（2）氧化锆陶瓷

氧化锆陶瓷是新近发展起来的仅次于氧化铝陶瓷的一种重要的结构陶瓷。在氧化锆陶瓷的制造过程中，为了预防其在晶型转变中发生体积变化而产生开裂，常在配方中添加 CaO、MgO、Y_2O_3、CeO 等金属氧化物作为稳定剂，形成置换型固溶体，此固溶体可以亚稳态保持立方相到室温，称为全稳定 ZrO_2，当添加剂量不足时称为部分稳定 ZrO_2。生产结构陶瓷，一般采用部分稳定 ZrO_2。ZrO_2 陶瓷的制备方法通常有两种：一种是添加剂直接加入法；另一种是预先生成部分（或全部）稳定的 ZrO_2 法。

ZrO_2 陶瓷具有密度大、硬度高、耐火度高、化学稳定性好等特点，尤其是其抗弯强度和断裂韧性等性能在所有陶瓷中是最高的，因而受到重视，应用领域日益扩大。可用作发动机构件、刀具、密封件、模具、喷嘴等。

3.9.2.2 非氧化物陶瓷

非氧化物陶瓷是由金属的碳化物、氮化物、硅化物和硼化物等材料制造的陶瓷的总称。随着科技的发展，对材料性能的要求不断提高。在结构材料领域中，特别是在耐热、耐高温结构材料领域中，希望能够出现以往氧化物陶瓷材料和金属材料无法胜任的条件下使用的陶瓷材料，非氧化物陶瓷为此提供了可能。如 Si_3N_4、SiC 等陶瓷材料可在发动机和燃气轮机中获得广泛应用。

非氧化物不同于氧化物，在自然界很少存在，一般需要人工合成原料后按陶瓷工艺制成制品。在原料合成过程中，应避免与氧气接触，否则会生成氧化物，所以非氧化物原料的合成及其烧结都必须在保护气氛下进行，以免生成氧化物，影响材料性能。

（1）碳化物陶瓷

碳化物是以通式 Me_xC_y（Me 可以是金属元素，也可以是非金属元素）表示的一类化合物。碳化物陶瓷具有高熔点、高硬度、高热导率等性能特点。碳化硅陶瓷是碳化物陶瓷中较常用的一种。

纯 SiC 是电绝缘体，但当含有杂质时，电阻率大幅度下降，因此常用作发热元件和非线性压敏电阻材料。SiC 共价键的键性极强，在高温状态下仍保持高的键合强度，且热膨胀系数低，耐腐蚀性优良，高温性能优越，可用作耐火材料、隔热材料及热机零部件等；利用

SiC 材料的高强、耐磨、高热导率特性，用作磨料、轴承、滑动件、密封件。

（2）氮化物陶瓷

氮化物陶瓷主要有氮化硅陶瓷、氮化铝陶瓷、氮化硼陶瓷和赛隆陶瓷等。氮化物陶瓷的制作工艺有以下几种：在碳存在的条件下用氮或氨处理金属氧化物；用氮或氨处理金属粉末或金属氧化物；以气相沉积氮化物；氨基金属的热分解等。

氮化硅是共价键化合物，有两种晶型，即 α-Si_3N_4 和 β-Si_3N_4。前者是针状结晶体，后者为颗粒状结晶体，均属六方晶系。Si_3N_4 结构中氮与硅原子间键力很强，所以 Si_3N_4 在高温时很稳定。

Si_3N_4 陶瓷很难烧结，因此常用反应烧结、热等静压、热压烧结等方式烧成。如用常压烧结则需加入适量的烧结助剂。Si_3N_4 作为结构材料具有以下特性：硬度大，强度高；热膨胀系数小，高温蠕变小；抗氧化性能好，可耐氧化到 1400℃；耐化学腐蚀性好，能耐大多数酸的腐蚀；摩擦系数小，只有 0.1，与加油的金属表面相似。

由于氮化硅陶瓷的优异性能，在许多工业领域获得应用。因其耐高温性、耐磨性好，用于陶瓷发动机、柴油机和航空发动机的零件；因其抗热震性好、耐腐蚀、摩擦系数小、热膨胀系数小，在冶金和热加工工业中被广泛应用，如水平连铸中的分流环；因其耐磨性、耐腐蚀性好和导热性好，广泛应用于化学工业中，如密封环；因其耐磨、强度高、摩擦系数小，广泛应用于机械工业上作轴承等滑动件。

赛隆（Sialon）陶瓷就是 Si_3N_4-Al_2O_3-SiO_2-AlN 系列化合物的总称，即由 Si、Al、O、N 四种元素构成，但其基体仍为 Si_3N_4。赛隆陶瓷因在 Si_3N_4 晶体中固溶了部分金属氧化物使其相应的共价键被离子键取代，因而具有良好的烧结性能，可用常压烧结，也可采用反应烧结、热压烧结等。

赛隆陶瓷具有高温强度大、化学稳定性好、耐磨性强、密度小等诸多优良性能，因此用途广泛，如用作磨具材料，金属压延或拉丝磨具，切削刀具及热机或其他热能设备部件，轴承等滑动件。

3.9.3　功能陶瓷简介

功能陶瓷是指具有电、光、磁及部分化学功能的多晶无机固体材料，即应用中侧重使用其非力学性能。其功能的实现主要取决于材料所具有的各种性能，如电绝缘性、半导体性、导电性、压电性、铁电性、磁性、吸波性、生物适应性、化学吸附性等。大体可分为电功能陶瓷、磁功能陶瓷、光功能陶瓷和生化功能陶瓷四类。下面简单介绍几种主要的功能陶瓷。

3.9.3.1　铁电陶瓷

铁电陶瓷是指具有铁电性的陶瓷材料，铁电性是指在一定温度范围内具有自发极化，在外电场作用下，自发极化能随之取向，且电极化强度与电场强度呈现电滞回线现象的特性。应用铁电性与力、热、光等物理效应相联系的陶瓷材料，即压电陶瓷、热释电陶瓷、透明铁电陶瓷等。

（1）压电陶瓷

压电陶瓷是具有压电效应的陶瓷，即能进行机械能与电能相互转变的陶瓷。压电陶瓷是铁电陶瓷经人工极化处理后获得的。表征压电陶瓷压电性的参数主要有压电系数、机械品质因数、弹性常数、频率常数等，不同用途的材料对性能要求也各不相同。如压电振子主要是利用其本身的谐振特性，要求压电、弹性性能稳定，机械品质因数高；换能器要求机电耦合系数和机械品质因数高。压电陶瓷材料种类很多，常用的有 $BaTiO_3$、$Pb(Zr_{1-x}Ti_x)O_3$、$PbTiO_3$。目前，压电陶瓷主要应用在宇航、能源、信息、海洋等众多领域，如压电变压器、压电换能器、压电延迟线、压电滤波器、超声雾化器、压电电机、声呐、压电起搏器、血压器等。

（2）热释电陶瓷

某些晶体由于温度变化而引起自发极化强度发生变化的现象称为热释电效应。而具有热释电效应的陶瓷称为热释电陶瓷。热释电效应的大小由热释电系数 P 来衡量，热释电系数越大，随温度变化产生的电压变化就越大。对于用红外探测的热释电陶瓷，希望热释电系数大，材料对红外线吸收大，热容量小，这样受红外线辐射后升温快，灵敏度高。热释电陶瓷可用来制作红外探测器、热成像仪和体温传感器等。

（3）透明铁电陶瓷

20 世纪 70 年代，哈尔特林和兰德在 PZT 固溶体中添加 La_2O_3 而研制成功 PLZT 透明铁电陶瓷，这种透明铁电陶瓷不仅透光性好，而且还具有电控可变双折射效应、电控光散射效应、铁电电光效应。由此可制成各种光储存器、光闸、光调制器、光滤波器等，广泛地应用于光纤通信、集成光学、信息处理等领域。

3.9.3.2 敏感陶瓷

敏感陶瓷是某些传感器的关键材料之一，用于制作敏感元件，是利用某些陶瓷的电阻率、电动势等物理量对热、湿、光、电压、磁场及某种气体、某种离子的变化特别敏感的特性，按其相应特性，可把这些材料分别称为热敏陶瓷、湿敏陶瓷、光敏陶瓷、压敏陶瓷、磁敏陶瓷及气敏陶瓷、离子敏感陶瓷。敏感陶瓷多数属于半导体陶瓷。下面介绍几种主要的敏感陶瓷。

（1）热敏陶瓷

热敏陶瓷是一类电阻率随温度变化而发生明显变化的材料，按阻温特性分为负温度系数热敏陶瓷（NTC）、正温度系数热敏陶瓷（PTC）、临界温度热敏陶瓷及线性热敏陶瓷等。

PTC 热敏电阻主要是 $BaTiO_3$ 系陶瓷，通过对 $BaTiO_3$ 进行掺杂，并控制烧结气氛，可获得充分半导体化，晶界具有适当绝缘性的 PTC 热敏电阻。PTC 热敏电阻不仅可用来探测及控制某一特定温区或温度点的温度，也可作为电流限流器使用。例如用于电机过热保护、液面探测、温度控制与报警，以及用作非破坏性保险丝等。此外，利用其伏安特性及电流经时变化特性，还可用于定温加热、消磁、电机启动和延时开关等。

NTC 热敏电阻大多是锰、钴、镍、铁等过渡金属氧化物按一定的配比混合，采用陶瓷工艺制备而成，温度系数通常在 $-6\%\sim-1\%$ 之间。NTC 热敏电阻可广泛地应用于测温、控温、温度补偿、稳压以及延迟等电路及设备中，其优点是电阻值在空气中稳定，灵敏度高，价格便宜。临界温度热敏陶瓷是指在某一特定温度，电阻值急剧变化，这种变化具有再现性和可逆性，可用作温度开关和温度探测器。应用较多的临界温度热敏陶瓷材料是 V 系氧化物。

（2）压敏陶瓷

压敏陶瓷是电阻值随外加电压变化而灵敏变化的陶瓷材料，即呈非线性变化的伏安特性。制造压敏陶瓷的材料主要有 SiC、ZnO、$BaTiO_3$ 等，其中性能较优、比较成熟的是氧化锌。压敏电阻用途很广，几乎渗透到各行各业，主要起过压保护和稳定电压的作用。

（3）气敏陶瓷

气敏陶瓷的电性能随所处环境气氛改变而变化。不同类型的半导体气敏陶瓷，对某一类或某一种气体特别敏感。其气敏特性大多是通过待测气体在陶瓷表面附着、发生某种化学反应、与表面电子产生交换等作用来实现的。半导体气敏陶瓷按所用主要原料可分为 SnO_2 型、ZnO 型、钙钛矿型、氧化铁型等。主要用作气体报警、大气污染监测、燃烧控制等。

（4）湿敏陶瓷

湿敏陶瓷的电阻率或介电常数能随湿度变化而变化。其种类较多，其中最常用的是半导体陶瓷系，按组成有 $MgCr_2O_4$-TiO_2 系、ZnO-Li_2O-V_2O_5 系、TiO_2-Nb_2O_5 系等。主要用于食品、酿造、制药及环境等领域的湿度检测及控制。

（5）光敏陶瓷

光敏陶瓷是指在光照射下，吸收光能，产生光电导或光生伏特效应。利用光电导效应来制造光敏电阻，可用于各种自动控制系统；利用光生伏特效应则可制造光电池。光敏陶瓷的材料主要有 CdS 和 CdSe。

3.9.3.3　磁性陶瓷

磁性陶瓷主要是铁和其他一种或多种金属元素的复合氧化物，通常称为铁氧体，其导电性属于半导体材料，因制备工艺和外观类似陶瓷而得名。按铁氧体的晶体结构主要分为三大类：尖晶石型（MFe_2O_4）、石榴石型（$R_3Fe_5O_{12}$）及磁铅石型（$MFe_{12}O_{19}$）（M 为铁族元素，R 为稀土元素）。按其磁学性质和应用情况可分为软磁、硬磁、旋磁、矩磁、压磁等类型。

（1）软磁铁氧体

软磁铁氧体是以 Fe_2O_3 为主要成分的亚铁磁性氧化物，是制造电子仪器的基本材料之一，具有电阻率高、在高频段也具有高磁导率的性能、可能大批量生产、价格较便宜的特点，是品种最多、应用最广泛的一种磁性材料。常见的软磁铁氧体有 Ni-Zn 铁氧体和 Mn-Zn 铁氧体。主要用于各种磁芯及磁头材料。

（2）硬磁铁氧体

硬磁铁氧体又称为永磁铁氧体，是一种具有单轴各向异性的六角结构的化合物。主要是钡、锶、铅三种铁氧体及其复合的固溶体。由于这类铁氧体材料在外界磁场消失以后，仍能长久地保留着较强的恒定剩磁性质，可以用于对外部空间产生恒稳的磁场。其应用很广泛，例如，在各类电表、发电机、电话机、扬声器、电视机和微波器件中作为恒磁体使用。

（3）旋磁铁氧体

铁磁介质中的磁化矢量永远不是完全静止的，它不断地绕磁场方向运动。这一运动状态在超高频电磁场的作用下就产生所谓旋转性的现象。具有这种旋磁性的铁氧体称为旋磁铁氧体。由于铁氧体的旋磁性多用于微波器件，因此旋磁铁氧体又称为微波铁氧体。目前在微波技术中应用的铁氧体材料主要可分为尖晶石型、石榴石型和磁铅石型（六角晶系）三种类型。由于它们的磁性和微波电磁性能各有其特点，在微波技术中的应用也各有不同。

（4）矩磁铁氧体

矩磁铁氧体是一种磁滞回线具有近似矩形的铁氧体。其饱和磁感应强度和剩余磁感应强度的大小相近。这种铁氧体材料在计算机技术、自动控制系统、电视及无线电通信、微波技术与雷达等领域都有重要用途。例如，作为二进制电子计算机的"1"和"0"两种状态的记忆元件、各种开关和控制系统的"开"和"关"两种状态的开关元件以及逻辑系统的"是"和"否"两种状态的逻辑元件来使用。但是最主要的还是用于计算机的存储器。矩磁铁氧体按其化学成分大致可分为三大类：以锰铁氧体为基的 Mg-Mn、Mn-Cu、Mn-Cd 铁氧体等；以镍铁氧体为基的 Ni-Zn、Ni-Mn 铁氧体等；以锂铁氧体为基的 Li-Ni、Li-Mn 铁氧体等。

若按使用温度又可分为常温铁氧体、中温铁氧体和宽温铁氧体。按其驱动磁芯的电流大小又可分为大电流铁氧体、中电流铁氧体和小电流铁氧体等。

(5) 压磁铁氧体

压磁铁氧体又名磁致伸缩铁氧体，具有较高的磁致伸缩系数。这种材料在外加磁场中发生几何长度的改变，可以把电振荡转变成机械振动，或者相反将超声波振动变成电振荡。选用适当的压磁铁氧体材料产生可供利用的超声波。具有较好磁致伸缩性能的压磁铁氧体是Ni-Co系铁氧体。

3.9.4　发展中的新型陶瓷

信息、能源、材料被誉为当今科学技术的三大支柱。新型陶瓷作为一种新材料，以其优异的性能在材料领域独树一帜，受到高度重视，已经成为当今社会不可缺少的材料之一。随着科技的不断进步，新型陶瓷材料必将获得惊人的进展。下面对新型陶瓷发展的一些热点进行简要的叙述。

3.9.4.1　纳米陶瓷材料

纳米材料研究是目前材料科学研究的一个热点，纳米材料从根本上改变了材料的结构，可望得到诸如高强度金属的合金、塑性陶瓷、金属间化合物以及性能各异的原子规模复合材料，为克服材料科学研究领域中长期未能解决的问题开拓了新的途径。工程陶瓷因其具有硬度高、耐高温、耐磨损、耐腐蚀以及重量轻、导热性能好等优点，得到了广泛的应用。但是工程陶瓷的缺陷在于它的脆性（裂纹）、均匀性差、可靠性低、韧性、强度较差，因而使其应用受到了较大的限制。随着纳米技术的广泛应用，纳米陶瓷随之产生，希望以此来克服陶瓷材料的脆性，使陶瓷具有像金属似的柔韧性和可加工性。英国材料学家 Cahn 指出，纳米陶瓷是解决陶瓷脆性的战略途径。

利用纳米技术开发的纳米陶瓷材料是指在陶瓷材料的显微结构中，晶粒、晶界以及它们之间的结合都处在纳米水平（1～100nm），使得材料的强度、韧性和超塑性大幅度提高，克服了工程陶瓷的许多不足，为替代工程陶瓷的应用开拓了新领域。并对材料的力学、电学、热学、磁学、光学等性能产生重要影响。

(1) 纳米陶瓷粉体

纳米陶瓷粉体是介于固体与分子之间的具有纳米数量级（1～100nm）尺寸的亚稳态中间物质。随着粉体的超细化，其表面电子结构和晶体结构发生变化，产生了块状材料所不具有的特殊的效应。

具体地说，纳米粉体材料具有以下优良性能：极小的粒径、大的比表面积和高的化学性能，可以显著降低材料的烧结致密化程度、节省能源；使陶瓷材料的组成结构致密化、均匀化，改善陶瓷材料的性能，提高其使用可靠性；可以从纳米材料的结构层次（1～100nm）上控制材料的成分和结构，有利于充分发挥陶瓷材料的潜在性能。另外，由于陶瓷粉料的颗粒大小决定了陶瓷材料的微观结构和宏观性能。如果粉料的颗粒堆积均匀，烧成收缩一致，且晶粒均匀长大，那么颗粒越小，产生的缺陷越小，所制备的材料的强度就相应越高，这就可能出现一些大颗粒材料所不具备的独特性能。

目前纳米陶瓷粉体的制备方法多种多样，但应用较广且方法较成熟的主要有气相合成法和凝聚相合成法两种，再加上一些其他方法。

气相合成法主要包括气相高温裂解法、喷雾转化法和化学气相合成法，这些方法较具实用性。化学气相合成法可以认为是惰性气体凝聚法的一种变型，它既可制备纳米非氧化物粉体，也可制备纳米氧化物粉体。这种合成法增强了低温下的可烧结性，并且有相对较高的纯净性和高的表面及晶粒边界纯度。原料在坩埚中经加热直接蒸发成气态，以产生悬浮微粒和（或）烟雾状原子团。原子团的平均粒径可通过改变蒸发速度以及蒸发室内的惰性气体的压强来控制，粒径可小至 $3\sim4nm$，是制备纳米陶瓷最有希望的途径之一。

凝聚相合成法（溶胶-凝胶法）是指在水溶液中加入有机配体与金属离子形成配合物，通过控制 pH 值、反应温度等条件让其水解、聚合，经溶胶-凝胶而形成一种空间骨架结构，再脱水焙烧得到目的产物的一种方法。此法在制备复合氧化物纳米陶瓷材料时具有很大的优越性。凝聚相合成法已被用于生产小于 10nm 的 SiO_2、Al_2O_3 和 TiO_2 纳米团。

（2）纳米陶瓷的成型和烧结

目前单相与复相纳米陶瓷材料制备工艺为：先对纳米粉体加压成型，然后通过一定的烧结过程使之致密化。由于纳米粉体尺寸小，具有巨大的比表面积，因此在材料成型和烧结过程中易出现开裂现象。除采用常规成型方法外，也研究一些新的方法来提高素坯密度，如采用脉冲电磁场在纳米粉体上产生持续几微秒的 $2\sim10GPa$ 的压力脉冲，可使素坯密度达到理论密度的 $62\%\sim83\%$。纳米陶瓷除采用常压烧结外，还采用真空烧结、微波烧结等技术。为减缓烧结过程中晶粒的长大，常采用快速烧结的方法，如对用粒径为 $10\sim20nm$ 的含钇 ZrO_2 纳米粉体制得的坯体烧结时，使升温速度为 $500℃/min$，在 $1200℃$ 保温 2min，烧结密度可达到理论密度的 95%，整个烧结过程仅需 7min。

（3）纳米陶瓷材料的应用与发展前景

由于纳米颗粒具有巨大的表面和界面，因而对外界环境（如温度、湿度、气体浓度等）十分敏感，可利用此特性制备温度传感器或各种敏感器件。

利用纳米材料的巨大表面效应，可将纳米粉体制成轻烧结体，其密度只有理论密度的 1/10，用来制造各种过滤器及热交换器。

利用纳米材料的超塑性，使陶瓷材料的脆性得以改变，如纳米二氧化钛陶瓷在室温下就可发生塑性变形，在 $180℃$ 塑性变形可达 100%。

在陶瓷基体中引入纳米分散相并进行复合，不仅可以大幅度提高其断裂强度、断裂韧性及硬度，而且也能提高材料的耐高温、抗热震、抗高温蠕变等性能。

纳米陶瓷作为一种新型高性能陶瓷，是近年发展起来的一门全新的，将成为 21 世纪重要的高新技术产品，越来越受到世界各国科学家的关注。纳米陶瓷材料具有广泛的应用前景，纳米材料的研究必将进一步推动陶瓷材料科学理论的发展。

3.9.4.2 功能梯度材料

功能梯度材料是近些年新发展起来的一种新型功能材料。1987 年日本学者平井敏雄等首先提出功能梯度材料这一概念，该材料的应用目标主要是航天飞机的防热系统和发动机。即以连续变化的组分梯度来代替突变界面，消除了物理性能的突变，使热应力降至最小。起初，其定义为：功能梯度材料（functionally graded materials, FGM）是指构成材料的要素（组成、结构）沿厚度方向由一侧向另一侧呈连续梯度变化，从而使材料性质和功能也呈梯度变化的一种新型材料。现在功能梯度材料完整的定义是根据使用要求，选择使用两种不同性能的材料，采用先进的材料复合技术，使材料中间的组成和结构呈连续梯度变化，内部不存在明显的界面，从而使材料的性质和功能沿厚度方向也呈梯度变化的一种新型复合材料。

制备和发展功能梯度材料成为当今材料相关学科研究的重要组成部分，更是高科技功能材料、航天、航空、核工业、生物工程等部门的迫切需要。

（1）功能梯度材料的分类

按照不同的分类方法，功能梯度材料可以分为不同的种类。根据不同的梯度性质变化，功能梯度材料可分为密度功能梯度材料、成分功能梯度材料、光学功能梯度材料和精细功能梯度材料四类；根据应用领域不同，功能梯度材料可分为耐热功能梯度材料、生物功能梯度材料、电子工程功能梯度材料、光学工程功能梯度材料四类。

① 耐热功能梯度材料　它是梯度材料的主要应用领域，以金属-陶瓷组合为主。主要应用在航天工业和能源等领域。如航空发动机、原子炉构件、核熔炉内壁材料等。

② 生物功能梯度材料　动物的牙、骨骼、关节等都是无机材料和有机材料的完美结合，重量轻、韧性好、强度高。用功能梯度材料制造的人造骨骼、人造牙齿等可较好地接近上述要求。例如，用功能梯度材料制成的人造牙齿，埋入生物体内部的部分由多孔质且和生物体有良好相容性的陶瓷组成，由内向外气孔率减小，露在外部的是致密且高硬度的高韧性陶瓷。

③ 电子工程功能梯度材料　梯度制造技术非常适合于制造基板一体化，二维及三维复合型电子产品，通过控制基板和电子元器件之间的梯度组成可有效地解决两者易分离的缺陷，达到提高产品性能的目的。例如压电功能梯度材料、电磁功能梯度材料、导电及绝缘功能梯度材料等。

④ 光学工程功能梯度材料　在光学领域，梯度材料的典型例子是梯度折射率光纤，较传统的复合光纤具有明显的优越性，传输的频带宽、衰减小，适用于大容量、高密度、长距离的光学信号传输。

（2）功能梯度材料的制备

制备出的FGM可以是金属-金属、金属-陶瓷、非金属-非金属、非金属-陶瓷等。功能梯度材料制备的关键是控制材料结构，使组成和显微结构按照要求逐渐变化。

制备功能梯度材料可分为高温环境制备和低温环境制备两种途径。近几年来有的学者开始采用低温工艺方法制备功能梯度材料，所制备出的功能梯度材料具有较优异的性能。不过，这些研究才刚刚起步。而且低温制备FGM的工艺方法主要集中在电化学领域，主要有电镀、电泳、电铸、化学镀和多层复合镀等方法。

高温环境制备方法则是以原料的蒸气、熔融状态或烧结等高温状态，采取一定的工艺来制取功能梯度材料。

目前，高温环境制备功能梯度材料的主要方法有以下几种。气相沉积法是利用具有活性的气态物质在基体表面沉积成膜的技术。按沉积机理的不同分为物理气相沉积（PVD）和化学气相沉积（CVD）两类。自蔓延烧结法（简称为SHS法）也称为燃烧合成法，主要是利用高放热反应的能量使化学反应自动持续进行，制备梯度功能材料。合成过程一般是将待反应的混合物压制成块状，而后在其一端进行强烈点火使反应发生，直至自蔓延完成合成反应。此法是利用材料本身化学反应热使材料固结的一种方法。适合于生成热大的化合物的合成，如AlN、TiN、TiC等。等离子喷涂法是将喷涂原料粉末送入等离子射流中，在熔融或半熔融状态下喷涂在衬底上形成多层喷涂层，通过改变原料粉的组合和控制合理的工艺参数，调整组织和成分，得到功能梯度材料。该法的优点是可以方便地控制粉末成分的组成，沉积效率高，比较容易得到大面积的块材且适合于几何形状复杂的器件表面梯度涂覆。但得到的功能梯度材料孔隙率高，层间结合力低，容易剥落，材料强度不高。粉末冶金法将金属、陶瓷、晶须等颗粒状原料按梯度铺成积层结构，采用一定的工艺压实成型后，进行烧结后处理，通过控制原料粉末的成分（粒度）、烧结温度、烧结时间等工艺条件，最终可获得沿截面具有连续成分或晶粒度梯度的材料。这种工艺比较适合制备大体积的材料。其主要缺点是工序比较复杂，制得的梯度材料有一定的孔隙率。叠层压制烧结法是将原料粉按一定比例混合后造粒，然后按所设计比例逐层充填，再加压成型，最后烧结的方法。薄膜积层法即在不同配比的金属颗粒和陶瓷颗粒中添加黏结剂混合之后，在减压条件下经脱泡处理，并调节黏度制得浆料，用刮浆刀在胶片上形成厚度为几十微米到 2mm 的薄膜，再将不同配比的薄膜进行叠层压实，经脱黏结剂处理后，加压烧结成阶梯状功能梯度材料。该梯度层的组成、厚度和梯度易于控制，但层与层之间易开裂，材料孔隙率比较高，材料的力学性能偏低。

高温环境下制备功能梯度材料还有多种方法，如焊接法、粉末叠层法、熔渗法、扩散键合法及电火花烧结法等。

（3）功能梯度材料的发展方向

FGM 的研究已由最初的耐高温的热应力缓和型材料扩大到机械、电子、声学、光学、核工程、生物等领域。目前对于 FGM 的研究虽然已取得一定进展，但在以下方面还需进一步研究。

① 设计方面　首先是非均质材料的组成（结构）性能体系的深入研究，通过完善连续介质理论、量子（离散）理论、渗流理论及微观结构模型，并借助计算机模拟对材料性能进行理论预测，尤其需要研究材料的晶面（或界面）；同时大力开发研究计算机辅助 FGM 设计专家系统，用人工智能理论积累、整理与材料设计、制备、评价有关的数据库、知识库，为材料的研制提供实验设计和优化控制，从而提供设计精度。

② 材料制备方面　开发可制备大尺寸及复杂形状的 FGM 制备技术；开发更精确控制梯度组成的技术；深入研究制备工艺机理，尤其要加强非平衡系统的研究。

③ 特性评价方面　对于以热应力缓解为主的 FGM，应进一步使性能评价的实验方法标准化，完善评价指标；对于缓和热应力以外的 FGM，则要根据具体应用条件来研究确定评价指标及方法。

从发展趋势看，今后 FGM 的研究仍以材料设计、合成和评价为中心，不断完善设计、评价系统，针对具体目标合成大规模的实用材料。可以预期，随着研究的不断深入，将会有更多的功能梯度材料诞生，FGM 将会在各个工业领域发挥重大作用。在未来的高科技的角逐中，FGM 必将展示它的魅力。

3.9.4.3　智能材料

智能材料目前还没有统一的定义。不过，现有的智能材料的多种定义仍然是大同小异。大体来说，智能材料就是指具有感知环境（包括内环境和外环境）刺激，对之进行分析、处理、判断，并采取一定的措施进行适度响应的智能特征的材料。具体来说，智能材料需具备以下条件。

① 具有感知功能，能够检测并可以识别外界（或者内部）的刺激强度，如电、光、热、应力、应变、化学、核辐射等。

② 具有驱动功能，能够响应外界变化。

③ 能够按照设定的方式选择和控制响应。

④ 反应比较灵敏、及时和恰当。

⑤ 当外部刺激消除后，能够迅速恢复到原始状态。

在建筑方面，科学家正集中力量研制，使桥梁、高大的建筑设施以及地下管道等能自诊断其"健康"状况，并能自行"医治疾病"的材料。英国科学家已开发出了两种"自愈合"

纤维。这两种纤维能分别感知混凝土中的裂纹和钢筋的腐蚀，并能自动黏合混凝土的裂纹或阻止钢筋的腐蚀。黏合裂纹的纤维是用玻璃丝和聚丙烯制成的多孔状中空纤维，将其掺入混凝土中后，在混凝土过度挠曲时，它会被撕裂，从而释放出一些化学物质，充填和黏合混凝土中的裂缝。防腐蚀纤维则被包在钢筋周围，当钢筋周围的酸度达到一定值时，纤维的涂层就会溶解，从纤维中释放出能阻止混凝土中的钢筋被腐蚀的物质。

在飞机制造方面，科学家正在研制具有如下功能的智能材料：当飞机在飞行中遇到涡流或猛烈的逆风时，机翼中的智能材料能迅速变形，并带动机翼改变形状，从而消除涡流或逆风的影响，使飞机仍能平稳地飞行；可进行损伤评估和寿命预测的飞机自诊断监测系统，该系统可自行判断突然的结构损伤和累积损伤，根据飞行经历和损伤数据预测飞机结构的寿命，从而在保证安全的情况下，大大减少停飞检修次数和常规维护费用，使商业飞机能获得可观的经济效益。此外，还有人设想用智能材料制成涂料，涂在机身和机翼上，当机身或机翼内出现应力时，涂料会改变颜色，以此警告。

在医疗方面，智能材料和结构可用来制造无须电机控制并有触觉响应的假肢。这些假肢可模仿人体肌肉的平滑运动，利用其可控的形状回复作用力，灵巧地抓起易碎物体，如盛满水的纸杯等。药物自动投放系统也是智能材料一显身手的领地。日本推出了一种能根据血液中的葡萄糖浓度而扩张和收缩的聚合物。葡萄糖浓度低时，聚合物条带会缩成小球，葡萄糖浓度高时，小球会伸展成带。借助于这一特性，这种聚合物可制成人造胰细胞。将用这种聚合物包封的胰岛素小球，注入糖尿病患者的血液中，小球就可以模拟胰细胞工作。血液中的血糖浓度高时，小球释放出胰岛素，血糖浓度低时，胰岛素被密封。这样，患者血糖浓度就会始终保持在正常的水平上。军事方面，在航空航天器蒙皮中植入能探测激光、核辐射等多种传感器的智能蒙皮，可用于对敌方威胁进行监视和预警。美国正在为未来的弹道导弹监视和预警卫星研究在复合材料蒙皮中植入核爆光纤传感器、X射线光纤探测器等多种智能蒙皮。这种智能蒙皮将安装在天基防御系统平台表面，对敌方威胁进行实时监视和预警，提高武器平台抵御破坏的能力。智能材料还能降低军用系统噪声。美国军方发明出一种可涂在潜艇上的智能材料，它可使潜艇噪声降低 60dB，并使潜艇探测目标的时间缩短为原来的 1/100。

除上述几个方面外，智能材料的再一个重要进展标志就是形状记忆合金，或称记忆合金。这种合金在一定温度下成型后，能记住自己的形状。当温度降到一定值（相变温度）以下时，它的形状会发生变化；当温度再升高到相变温度以上时，它又会自动恢复原来的形状。目前记忆合金的基础研究和应用研究已比较成熟。一些国家用记忆合金制成了卫星用自展天线。在稍高的温度下焊接成一定形状后，在室温下将其折叠，装在卫星上发射。卫星上天后，由于受到强的日光照射，温度会升高，天线自动展开。除此之外，还有人用记忆合金制成了窗户自动开闭器。当温度升至一定程度后窗户自动打开，温度下降时自动关闭。用记忆合金制作支撑架的乳罩也很有特色，乳罩在水中可以任意揉搓清洗，但当它被穿戴到身上时会自动保持自己的形状，并能根据穿着者体形的变化在一定范围内变化。

3.9.4.4 环境调和材料

环境调和材料是在 1988 年第一届 IVMRS 国际会议上首先提出。环境调和材料是指与生态环境和谐或能共存的材料。日本的铃木、山本等提出，环境负担小，而再循环利用率高的材料称为环境材料。其类型为：材料生产过程中产生污染少、所需能源少、资源消耗少的材料，称为节能材料；材料或物质使用后可再循环利用，称为再循环材料；可净化或吸附有害物质的材料，称为净化材料；可促进健康或抗菌的材料，称为增进健康材料；调光、调湿、调温、防射线及吸波材料，称为调节环境材料。又把净化材料，调节环境材料，再循环材料，及节省能源、资源，对环境负荷最小并与生态环境和谐的材料称为绿色材料；有益健康、抗菌的材料，称为红色材料；利用太阳能、核能、地热、风能、燃料电池等新型能源的材料，称为能源材料。

日本在1982年开发的陶瓷吸附材料，以天然矿石大谷石为主要组成，主要成分为方石英和火山灰，具有吸臭、吸湿和增加活性等性能，可用于包装袋、聚酯纤维板、裤子、尿布等，还可以增加农作物土壤活力。除臭铁多孔体是用粒度为$10\mu m$的铁粉涂覆在聚氨基甲酸乙酯泡沫塑料上，在$1300℃$烧成而得。其比表面积为$0.2m^2/g$，密度为$0.8g/m^3$，可用于冰箱、洗手间或室内除臭。

增进健康材料中常温远红外陶瓷可提高空气和水的活性。由远红外陶瓷制成的内墙板，可以使室内空气活化，使人有清爽感。普通水的pH值在7左右，用远红外线照射20h后，其pH值变为8.3，呈弱碱性，称为活性水。弱碱性离子水有益于健康，因此净化水时除加入活性炭外，最好加入部分远红外放射体，以提高水的活性。此外，许多日常用品如鞋垫、口罩、手套、护膝、护腕、护腰等，都可以加入部分远红外陶瓷。

具有抗菌功能的陶瓷制品，它是在陶瓷制品生产过程中，加入无机抗菌剂，从而使陶瓷表面具有抗菌作用的一种新型功能陶瓷。抗菌剂种类较多，其抗菌机理也各不相同，除可用在建筑卫生制品中外，还可用在各种涂料、搪瓷、水泥制品、塑料制品、纤维和纺织制品中。釉面砖和卫生陶瓷为上釉产品，抗菌剂是通过加入釉料中，而使产品表面具有抗菌功能。陶瓷釉用抗菌剂为多功能抗菌剂，它同时具有抗菌、防霉、净化空气及远红外效应等功能。抗菌功能为8h杀菌（乙肝菌、大肠杆菌等）率接近100％，并且有明显的抗菌作用；净化空气功能为NO_x的净化率达80％以上，并能分解有机物及异味；远红外效应辐射量达90％，可提高人体血液微循环。另外，这种抗菌剂可产生负离子，发生量为150个/cm^2，负离子具有净化空气、灭菌作用。

参 考 文 献

[1] 戴金辉，等．无机非金属材料概论．第2版．哈尔滨：哈尔滨工业大学出版社，2004．
[2] 曹文聪，等．普通硅酸盐工艺学．武汉：武汉理工大学出版社，1996．
[3] 林宗寿，等．无机非金属材料工学．武汉：武汉理工大学出版社，2008．
[4] 西北轻工业学院．玻璃工艺学．北京：中国轻工业出版社，2006．
[5] 潘金龙，等．玻璃工艺学．北京：中国轻工业出版社，1994．
[6] 田英良，等．新编玻璃工艺学．北京：中国轻工业出版社，2009．
[7] 许红亮，等．玻璃工艺学．北京：化学工业出版社，2008．
[8] 徐祖耀，等．材料科学导论．上海：上海科学出版社，1986．
[9] 周张建，等．无机非金属材料工学．北京：中国轻工业出版社，2010．
[10] 姜健华，等．无机非金属材料工学原理．北京：化学工业出版社，2005．
[11] 武秀兰，等．硅酸盐生产配方设计与工艺控制．北京：化学工业出版社，2004．
[12] 李健梅，等．中国水泥工业发展现状及未来趋势．广州化工，2013．
[13] 李坚利，等．水泥工艺学．武汉：武汉工业大学出版社，1999．
[14] 尹晓萍，等．立磨粉磨技术的发展趋势．新技术水泥导报，2006．
[15] 高长明，等．预分解窑水泥生产技术及进展．北京：化学工业出版社，2006．
[16] 杨春华，等．新世纪水泥回转窑的燃烧技术和装备．新技术水泥导报，2002．
[17] 杨永利，等．无机材料生产技术：水泥方向．北京：北京理工大学出版社，2013．
[18] 谈国强，等．硅酸盐工业产品性能及测试分析．北京：化学工业出版社，2004．
[19] 西北轻工业学院．陶瓷工艺学．北京：轻工业出版社1980．
[20] 李世普，等．特种陶瓷工艺学．武汉：武汉工业大学出版社，1990．
[21] 李玉平，等．无机非金属材料工学．北京：化学工业出版社，2011．
[22] 林宗寿，等．无机非金属材料工学．武汉：武汉工业大学出版社，1999．
[23] 刘康时，等．陶瓷工艺原理．广州：华南理工大学出版社，1990．
[24] 周玉，等．陶瓷材料学．哈尔滨：哈尔滨工业大学出版社，1995．
[25] 师昌旭，等．材料大词典．北京：化学工业出版社，1994．
[26] 赵宗寿，等．无机非金属材料工学．武汉：武汉工业大学出版社，1998．
[27] 单连伟，等．无机材料生产设备．北京：北京大学出版社，2013．